KB068817

건설플랜트 계약관리의 이해와 실무

배승윤

박영사

제가 이 책을 처음으로 구상했던 시기는 약 5년 전입니다. 당시 저는 많은 경험을 쌓지는 못했지만, 그래도 업계에 종사하게 된 이후로 여러 프로젝트를 수행하며 많은 의문점과 아쉬움을 가졌습니다. 특히 계약 관련 업무에 종사하면서 건설/플랜트 업계에서의 해외 계약에 대한 부분은 학교나 직장에서 체계적으로 지식과 노하우를 습득할 수 있는 환경이 되지 않는다는 점을 뼈저리게 느꼈습니다. 글로벌 건설 산업의 트렌드와 계약 조항은 점점 진화하는데, 우리는 기존에 일하던 대로, 그리고 위에서 시키는 대로만 업무를 수행하고 있는 것이 아닌가 하는 회의감이 많이 들었습니다. 조직 내에서 노하우가 축적되고 이것이 후배들에게 잘 전해져 내려온다면 이도 한 가지 방법이 될 수는 있지만, 이 또한 개개인의 경험의 공유 및 전달 수준에서 머물 뿐, 정리된 이론 체계나 업의 본질에 대한 이해, 그리고 이를 바탕으로 한 구체적인 업무 지침서 등이 미비한 것 같아 많이 아쉬웠습니다.

이 때 저는 제가 가지는 아쉬움을 책으로 펴내면 어떨까 하는 생각을 하게 되었습니다. 내가 우리 업종의 계약 관련 지식 체계가 잘 수립되지 않고, 축적된 노하우가 공유되지 않는다는 점에 대해 아쉬움을 가지고 있다면, 나와 같은 아쉬움을 느낄 수 있는 다른 사람이 그 아쉬움을 채워줄 수 있는 책을 쓰면 어떨까?

이에 더해 책을 써야겠다고 마음을 먹게 만든 계기가 또 있었습니다. 지난 2010년대 내내 벌어졌던 국내 건설 및 조선 기업들의 플랜트 사업에서 입게 된 대형 손실들이었습니다. 2000년대 중국은 세계의 공장으로 불리며 전 세계에서 원자재를 끌어들여 각종 제품들을 만들고 이를 전세계에 수출해 왔습니다. 덕분에 세계 교역은 매우 활발해졌고, 중공업 등 각종 산업이 호황 싸이클로 접어 들었으며, 원유 가격이 급등하는 등 경기에 대한 전망이 매우 밝아서 세계 곳곳에서 많은 투자가 이루어졌습니다. 건설/플랜트 산업 또한 오랜 기간 기다리던 호황이 도래했고, 한국의 조선 및 건설 기업들도 정유,

석유화학, 해양플랜트 등에서 대형 프로젝트들을 연속적으로 수주 했습니다.

하지만 충분한 준비가 되지 않은 채 달려들었던 이 사업들은 2008년 금융 위기를 지나면서 수년 후 결국 독이 든 사과가 되어 돌아왔습니다. 지난 시기에 수주해왔던 많은 프로젝트들이 시간이 지나니 황금알을 낳는 거위가 아니라 독이 든 사과로 판명이 난 것입니다. 이 때문에 2013년 이후 많은 건설 및 조선 기업들이 해당 대형 플랜트 프로젝트에서 천문학적인 손실이 생겼다고 보고하기 시작했고, 당시 수주했던 대형 프로젝트 들로부터 발생한 손실은 심지어 2019년까지도 기업에 악영향을 끼쳐 왔습니다.

그 결과로 인해 모 기업에서는 분식 회계 건으로 CEO가 감옥에 가는 일도 발생했고, 상당수의 대형 건설 및 조선 기업들이 수조 원씩의 적자를 발표하는 등 후폭풍이 휘몰아 쳤습니다. 이 후 전체 산업의 경기는 급속도로 가라앉고 기업들은 살아남기 위해 증자를 단행하거나 M&A를 통해 다른 기업으로 넘어가는 등 2020년대 들어서야 당시 위기를 무사히 넘겼다는 징조가 보이기 시작했습니다. 이러한 일이 발생하게 된 근본적인 원인은 무엇이었을까요?

당시 언론들에서는 위기의 원인을 무리한 저가 수주로 인한 출혈 경쟁, 즉 수주를 하기 위해 가격을 무리하게 낮춰서 경쟁해 결국 제 살 깎아먹기에 지나지 않았다고 보도를 하곤 했습니다. 혹은 우리 기업이 원천 기술이 없어 설계를 직접 수행하지 못하기 때문이라고 분석하기도 했습니다. 틀린 말은 아니지만 과연 당시 위기의 근본적인 원인을 저가 수주 혹은 설계 역량 부족 때문이라고 단정지어 진단할 수 있을까요? 저는 이러한 진단을 단편적인 해석이라 판단하고, 최소한 업계 종사자들만이라도 근본적인 문제에 대한 이해가 필요하다고 생각하였습니다.

이러한 생각으로 5년 전에 처음 구상한 책은 3년 여 전부터 본격적으로 집필하기 시작해서 이제서야 완성이 되었습니다. 처음 구상했던 방향과는 약간 달라지기도 하고, 집필하게 된 저의 의도를 충분히 반영하지 못한 것 같아 약간 아쉬움이 있기도 하지만, 제가 이 책을 통해 추구하고자 하는 바는 명확합니다. 건설/플랜트 업계에서 일하는 분들이 가지는 많은 어려움들을 해결하는데 이 책이 도움이 되고, 특히 계약 업무 관련하여 보편적으로 활용될 수 있는 지식 체계를 만들어 나가는 데 보탬이 되고자 합니다.

축적의 시간이라는 책이 있습니다. 서울대학교 산업공학과 이정동 교수

님을 비롯한 26명의 서울공대 교수님들이 한국 경제가 처하고 있는 현 상황과 이를 극복할 수 있는 방안들에 대해 가지고 계신 식견을 정리해 펴낸 책입니다. 다양한 분야에서 서로 다른 교수님들이 다양한 시각으로 문제점을 진단하였지만, 그 기저에 깔려 있는 근본 원인에 대한 진단은 동일합니다. 바로 축적된 경험의 부재입니다. 우리나라가 전쟁 이후의 폐허로부터 급속하게 발전해 오며 취했던 많은 전략들, 즉 벤치마킹 혹은 패스트 팔로잉(Fast-Following)과 같은 방식이 예전과 같은 효과를 거두지 못하고, 일종의 신흥국과 선진국 사이에서 샌드위치 신세가 되어 있는 상황에서 이 같은 어려움을 극복하기 위해서는 사고의 전환이 필요하다는 것입니다. 쉽게 표현하면 경험의 축적을 통해 창의적으로 개념을 설계할 수 있는 역량을 갖추어야 한다고 할 수 있습니다.

건설/플랜트 산업 또한 마찬가지입니다. 한국 기업들은 90년대 이후 해외 대형 토목 및 플랜트 공사에 뛰어들어 괄목할 만한 성장을 이뤄 왔습니다. 유럽 등 선진국들에 비해 상대적으로 저렴한 원가 구조와 특유의 빨리빨리 문화를 통해 고객이 원하는 납기를 맞추어 줌으로써 신뢰를 쌓았습니다. 하지만 2008년 금융 위기 전후로 시장의 분위기가 급격히 바뀌면서 기존의 성공 방정식이 통하지 않게 되었으나 한국 기업들은 이 흐름을 읽지 못하고, 축적된 경험 없이 도전했다가 예기치 않은 결과를 가져오게 되었습니다. 2020년대인 현재 한국 건설 및 플랜트 관련 기업들은 당시보다 많은 경험을 축적하였습니다. 커다란 실패로부터 기인한 수많은 교훈들을 통해 이제는 다시 한 번 세계 무대에서 날개를 펼칠 기회가 찾아올 것이라 생각합니다.

하지만 그러한 경험들이 단순히 축적되었다고 해서 경쟁자들을 충분히 따돌릴 수 있는 여건이 되었다는 것은 아닙니다. 국내 기업들이 가지고 있는 경험은 아직 업력이 오래된 유럽 및 미국 등의 기업들에 비할 바가 아닙니다. 또한 20여 년 전에 상대적으로 저렴했던 원가 구조도 이제는 중국 및 인도의 신흥 경쟁자들에 상당히 뒤쳐지는 편입니다. 이에 저는 단순히 경험을 축적하는 것뿐이 아닌, 축적된 경험을 효과적으로 활용할 수 있는 방안이 필요하다고 생각합니다. 그것은 바로 '축적된 경험의 지식체계화'입니다.

건설/플랜트/엔지니어링 산업은 노동 집약 산업이라 볼 수도 있지만, 그보다 고도의 지식 기반 산업이라 보는 것이 더욱 합당합니다. 물론 현장 시공에서의 단순 노무비나, 디자인 및 엔지니어링에서의 기술력 차이가 기업의 경쟁력을 결정짓는 요인이라 할 수도 있지만 이러한 원가 및 기술 경쟁력의 본질을 따져보면 하이테크를 요구하는 IT 산업과는 근본적으로 다르며, 이는 기본적으로 지식의 축적 및 활용을 필요로 합니다. 이러한 본질적인 특성을 고려하면, 적극적인 연구 개발 투자 등을 통해 새로운 기술 개발을 요하는 IT나 기타 하이테크 산업과는 다른 접근 방법을 필요로 합니다.

지식 기반 산업이라 함은 축적된 지식을 활용하여 부가 가치를 창출해내는 지식 서비스를 제공하는 산업을 의미합니다. 이러한 산업에서는 축적된 데이터베이스로부터(Data) 유용한 정보(Information)를 도출해내고, 정보들이 사용자의 필요성에 의해 지식(Knowledge)으로 가공됩니다. 이렇게 취득된 지식들은 적절성 및 정확성 등에 대한 검증 과정을 통하여 적절한 지식으로 등재되어 기존 지식에 더하여 축적되며, 축적된 지식들은 추론 과정을 통해 적절하게 변형되어 활용됩니다. 이러한 과정을 통하여 의미 없는 데이터들이 의미를 가진 지식으로 진화되며, 이렇게 구축된 프로세스를 지식 체계(body of knowledge)라 부릅니다.

건설/플랜트/엔지니어링 산업을 지식 기반 산업으로 정의할 수 있는 이유는 산업의 유니크(Unique)한 특성상 한 번 활용된 지식(이전 프로젝트의 실적)은 동일한 형태로 다시 활용될 수 없으며, 어떠한 형태로든지 새롭게 가공되고 재해석되어야 새로운 프로젝트에서 유의미한 지식으로 활용될 수 있기 때문입니다. 따라서, 단순히 이전에 생성된 데이터 및 정보의 저장, 혹은 재활용이 전부인 것이 아니라 합당한 과정을 통해 축적된 지식이 유용하게 재활용될 수 있는 프로세스가 수립되어야 합니다. 예를 들어, 5년 전에 대구에 지은 미술관을 동일한 디자인으로 현 시점에 서울에 새로 짓는다고 할 때, 같은 디자인, 같은 사양의 자재 및 동일한 시공사를 선정한다고 해도 동일한 예산으로 지을 수는 없습니다. 서울과 대구의 토지 가격이 다르고, 지반 상태가 달라 파운데이션 시공 시 적용 가능한 기술 및 원가가 달라질 수 있으며, 서울시의 교통 혼잡 때문에 필요한 자재 운송 비용 및 장비 동원 비용이 달라질 수 있고, 인플레이션 및 지역의 차이로 인한 노무비 또한 다를 것이기 때문입니다. 따라서 건설/플랜트/엔지니어링 산업에서 한 번 축적된 지식은 분석 및 추론 과정을 통해 변형되어 활용될 수밖에 없으며, 이러한 전체 과정을 지식 체계화라 할 수 있습니다.

오늘날 한국 기업들이 다양한 분야에서 축적된 경험을 체계화하려는 노력을 하고 있지만 이 책에서 주로 다루는 내용인 계약과 Project Control 관련해서는 아직 미진해 보입니다. 단순히 이전 발생했던 이슈들을 정리 및 분석해서 새 프로젝트에 적용하는 수준을 벗어나, 모든 자료가 데이터베이스화되고 새로운 데이터가 들어오면 이전 데이터와 비교 검토하여 정보화되며, 이에 대한 적절한 추론 및 분석 과정을 통해 지식, 경험, 노하우 등이 체계화되어 기업 내 구성원들이 상시적으로 체득할 수 있는 프로세스가 필요합니다.

이러한 프로세스를 구축하기 위해서는 우선적으로 해당 영역에 대한 본질적인 이해가 필요합니다. 저를 비롯한 많은 분들은 지난 수 십년 간 현업에서 업무를 수행하면서 기초 지식 및 이해도 없이 몸으로 부딪쳐 왔습니다. Project Control이 무엇을 의미하는지, 영문 계약을 어떻게 이해해야 하는지, 주기적으로 제출하는 리포트가 왜 중요한지, 베이스라인이 계약적으로 어떤 효력을 가지고 있는지, 발주처는 왜 리스크 분석(Risk Analysis)을 요구하는지, 하도급 계약을 어떻게 관리해야 하는지, 원가 관리 및 분석 프로세스가 왜 중요한지 등에 대해서 우리는 누가 가르쳐 주는 바 없이 일을 하며 배워 왔습니다. 현업에서 실제 경험을 통해 얻을 수 있는 실전 깨달음도 중요하지만, 그 깨달음을 뒷받침해 줄 수 있는 본질적인 이해가 수반될 때 그러한 깨달음은 더욱 강력해 집니다.

제가 영국 대학원을 통해 관련된 학업을 수행하며(Commercial Management and Quantity Surveying) 놀랐던 점은 그동안 현업에서 일하면서 몸으로 부딪쳐 깨달은 단편적인 것들에 대해 영국에서는 이미 체계적으로 잘 정리해 놓았다는 것이었습니다. 이렇게 정리된 지식 체계를 통해 관련 지식을 습득하고 산업에 대한 이해를 갖춘 후 경험을 축적할 수 있어야 축적된 경험이 차후에 효과적으로 활용될 수 있을 것입니다.

이런 생각이 아직 경험도 많지 않은 제가 감히 이렇게 책을 저술하게 된 이유입니다. 효과적인 지식 체계라 함은 어느 한 사람의 노력만으로 만들어지지 않습니다. 집단 지성과 같이 다양한 사람들의 지식, 경험 및 의사 등이 한데 어우러져 분석, 토론, 검증 등의 과정을 거쳐 하나의 지식 체계로 만들어질 때, 여기에 경험들이 축적되어 새로운 단계로 나아갈 수 있는 기반이 될 수 있습니다.

저는 이 책을 통해 우리가 마주하는 많은 문제들에 대한 답을 제시해 주지 않습니다. 정답을 제시해 줄 수 있는 능력도 되지 않을 뿐더러, 우리 사는 복잡한 세상에서 다양한 이해관계자가 모여 함께 만들어 나가는 대규모 프로젝트에서 정답은 애초에 존재하지 않기 때문입니다. 본문에서 언급되는 다양한 내용들은 이미 글로벌 학계에서 어느 정도 컨센서스를 이루고 있는 내용들이기는 하지만, 실제 업무 현실은 이론과는 다른 형태로 나타나는 경우가 많기 때문에 현업에서 그대로 따라야 한다고 주장하지도 않습니다. 대신 그동안 제가 일하면서 겪어왔던 경험들, 그리고 개인적으로 공부하면서 습득한 약간의 이론들을 토대로 제가 생각하는 프로젝트 및 계약의 본질, 그리고 이를 어떻게 이해해야 하는지에 대한 저의 관점과 생각 등을 담았습니다.

길지 않은 경력과 깊지 않은 학습 역량을 토대로 감히 이렇게 의견을 제시한다는 것이 두렵기도 하지만 본 책의 내용이 국제 건설/플랜트/엔지니어링 시장에서 국내 기업들이 경쟁력을 갖출 수 있도록 관련된 지식 체계를 형성하는 데 보탬이 될 수 있으면 좋겠다는 바람입니다. 이 책에 담겨진 저의 생각에 대한 여러 의견 및 반론 등을 제시해 주는 것 자체가 지식 체계가 형성되는 과정입니다. 본 책을 읽으시는 분들은 실제 업무 하시면서 겪으셨던 경험과 본인의 생각을 비교해 보시고 다른 의견이 있으시면 언제든지 제시해 주시면 좋겠습니다. 아래 메일 주소로 의견을 보내 주시거나, 제가 운영하는 블로그에 남겨 주시어 허심탄회하게 서로의 의견을 나누어 보는 자리를 만들어 보는 것도 좋을 것 같습니다.

Bsy1154@gmail.com

Blog.naver.com/40fireballer 건설계약 공부방

마지막으로 이 자리를 빌려 이 책을 저술하는 데 도움을 주신 전·현직 동료들께 감사의 인사를 드립니다.

차례

건설플랜트 계약관리의
이해와 실무

건설 프로젝트와 계약에 대한 기본적인 이해

이 책의 주제인 건설, 플랜트 프로젝트의 계약에 대해 논하기 위해서는 먼저 계약을 짚기 전에 건설 및 플랜트 산업, 그리고 그 안에서 대부분의 일이 진행되는 형식인 프로젝트란 무엇인가를 먼저 짚어볼 필요가 있다.

우리는 보통 '건설 회사에 다니고 있다, 혹은 건설 산업에서 일한다'와 같은 표현을 사용하곤 한다. 하지만 한 명의 건설 산업 근로자로서 우리가 속해 있는 이 산업의 본질적인 특성을 이해하고 있다고 말하기는 어렵다. 따라서 우선적으로 1부를 통해 산업의 본질적인 특성을 짚어보고, 산업에서 매우 중요하게 다루어야 할 분야 및 방법론, 즉 Project Control과 EVM에 대해 논한다. 본 저서의 핵심 주제인 계약과 리스크는 결국 산업의 본질적인 특성에서부터 비롯되기 때문이다.

건설 산업을 약간 더 세부적으로 나눠서 칭하는 다른 용어들이 있다. 건축, 플랜트, 엔지니어링, 토목, 발전, 화공, 해양 등이 그러한 단어들이다. 건설 산업의 본질은 어느 영역이냐에 관계없이 모두 동일하다 할 수 있지만, 적용되고 활용되는 구체적인 방법론들은 조금씩 다를 수 있다. 필자의 주 경력은 플랜트 및 엔지니어링이다. 따라서 본 저서에서 다루는 구체적인 경험 및 방법론들은 플랜트 및 엔지니어링에 치우쳐져 있으니 이 점을 고려하여 읽어 주기 바란다.

프로젝트의 본질

우리는 프로젝트라는 말을 입에 달고 사는 경우가 많다. 일상 생활에서는 크게 프로젝트라는 단어를 사용할 일이 없긴 하지만, 회사에서는 분야를 막론하고 프로젝트에 심심치 않게 참여한다. 작게는 회사 내부의 업무 프로세스의 개선을 위해 다양한 조직의 담당자들이 모여 프로세스 개선 프로젝트를 추진하는 경우도 있고, 크게는 게임 회사에서 정해진 시한을 가지고 진행하는 신작 개발 프로젝트, 프로젝트 자체가 업의 주 영역인 건설 기업에서의 신도시 개발 프로젝트, 화성에 인류를 보내기 위한 우주선 개발 프로젝트 등이 있다. 역사적으로는 핵폭탄의 개발을 위해 진행했던 맨하튼 프로젝트(Manhattan Project) 및 인간 유전자 지도를 분석하기 위한 인간 게놈 프로젝트(Human Genome Project) 등이 있다.

이러한 프로젝트를 성공적으로 수행하기 위해 프로젝트 매니지먼트(project management)라는 경영학적 관점에서의 수행 모델 및 방법론이 개발되고, PMI(Project Management Institute)를 비롯한 여러 기관에서 학문적으로 연구하여 개개인의 성취 여부를 자격 검정을 통해 인증해 주는 등(PMP/PRINCE 2) 이론적으로 체계화하기 위한 노력을 하고 있다.

이러한 프로젝트와 관련된 매니지먼트 프로세스 등은 앞서 언급한 여러 기관에서 다양하게 정의하고 있는데, 정의하는 과정에서 각 기관마다 표현하는 방식 등이 약간 다르기는 하지만 그 본질은 결국에는 다르지 않다. 기업이 프로젝트를 수행하는 이유는 프로젝트의 결과를 통해 이익을 창출하기 위한 목적이며, 프로젝트를 성공적으로 이끌기 위해서는 이러한 본질적 요인에 대한 이해가 필요하다.

〈PMBOK; Project Management Body of Knowledge에서의 정의〉
A project is temporary in that it has a defined beginning and end in time, and therefore defined scope and resources.

〈PRINCE 2에서의 정의〉
A project is defined as a temporary organization that is created for the purpose of delivering one or more business products according to an agreed business case.

위의 정의들은 효과적인 프로젝트 매니지먼트의 방법론을 개척하고 있는 세계적인 두 기관에서 정의하고 있는 프로젝트(project)의 의미이다. PMP 자격증을 주관하는 미국 PMI는 PMBOK(Project Management Body of Knowledge)라는 표준 지침서를 통해 프로젝트를 temporary, time 및 scope and resources라는 세 단어로 정의한다. 즉, 프로젝트는 정해진 기간 중에, 한정된 자원을 가지고 수행하는 임시적인 작업이라는 것이다.

영국 정부에서 수립한 PRINCE 2에서는 비슷하지만 약간은 다른 단어를 통해 정의하지만, 결국에는 temporary라는 프로젝트의 본질에 대해서는 동일하다 할 수 있다.

결국 위와 같은 정의를 통해 파악할 수 있는 프로젝트의 본질은,

- 영구적이지 않은 임시적이며(temporary)
- 정해진 범위 및 목적물이 있고(defined scope and resources/delivering one or more business products)
- 시작과 끝이 분명하다(defined beginning and end in time)

라고 이해할 수 있다.

이러한 프로젝트의 본질은 업무를 수행하는데 있어 많은 부분에서 다른 접근 방법을 필요로 한다. 다음의 경우를 생각해보면 그 차이를 쉽게 이해할 수 있다.

A 정유 기업에서는 기존 제품 대비 변경된 성분의 최종 정유 제품을 생산해내기 위해 새로운 신규 투자를 집행하고자 한다. 이를 위해 새로운 설비를 설계 및 시공하는 데 3년이 걸리고, 이렇게 세워진 신규 공장에서는 신제품을 20년 간 생산할 예정이다. 다음과 같은 질문을 통해 프로젝트의 본질을 생각해 보자.

- 공장을 건설하는 과정과 완공 후 제품 생산을 위해 필요한 인적 자원은 동일할 수 있을까?
- 공장 건설 과정에서 필요한 비용과 제품 생산을 위해 필요한 비용은 동일한 성격의 비용일까?
- 공장 건설 과정과 제품 생산 과정에서 동일한 시간 관리 프로세스(time management process)를 적용할 수 있을까?
- 공장 건설 과정과 제품 생산 과정에서 최적의 품질(quality)을 유지하기 위해서 적용해야 하는 절차 및 기준은 동일할 것인가?
- 공장 건설 과정과 제품 생산 과정에서 각각의 목표를 달성하기 위해 필요한 각종 기준 지표들(KPI; Key Performance Index)은 동일하게 적용할 수 있을 것인가?

프로젝트 및 기타 업무 경험이 있는 분들은 위 질문들에 대해 스스로 생각해 보았을 때 긍정적인 답을 얻기 어려울 것이다. 우선적으로 공장을 건설하는 데 필요한 인력과 건설된 공장을 운영, 유지 및 보수하는 데 필요한 인력은 동일할 수 없고, 필요한 사람 수 또한 다르다. 시공과정 중에 하루 평균 천 명 이상의 현장인력을 필요로 하는 대형 공장을 운영하기 위해서는 자동화된 설비 덕분에 수십 명만 필요로 할 수도 있다. 건설 과정 중에 투입되는 비용은 동원되는 인력에 대한 노무비, 크레인 및 지게차 등을 포함한 각종 설비(동원 비용), 필요한 자재에 대한 재료비 및 특수한 전문 서비스에 필요한 용역비 등이 있을 수 있지만 제품을 대량으로 양산하는 과정에 있어서는 제품 생산에 필수적인 재료비가 대부분이고 기타 필요한 인건비 및 경비 등은 상대적으로 소액에 불과할 것이다.

또한 주어진 기한 내 계약한 목적물을 인도해야 하는 건설 프로젝트는 납기일을 준수하지 못할 경우 상당한 초과 비용이 발생할 우려가 크기 때문에 이를 준수하기 위해 특수한 시간 관리 절차 등을 필요로 한다. 물론, 제품 생산 과정에서도 자동화된 설비가 어떠한 이유로 멈추게 되면 막대한 원가 차질이 발생할 수 있지만 정해진 납기일 준수를 위한 시간 관리 방법론과 양산 공정상의 비효율을 방지하기 위해 필요한 방법론은 엄연히 다를 수밖에 없다.

이처럼 시작과 끝이 분명하고 정해진 목적물을 만들어내는 프로젝트 성 작업과 동일/유사한 작업이 지속적으로 반복되는 일반 제조/제작 공정에서 적용되어야 하는 방법론은 서로 상이하다. 따라서 프로젝트를 성공적으로 수행하기 위한 방법론 및 프로세스를 수립하기 위해서는 이러한 프로젝트의 본질적인 특성을 고려해야 한다.

PMI와 PRINCE 2에서 정의하는 Project Management 핵심 영역

PMI(미국)	PRINCE 2(영국)
Integration	Business Case
Scope	Organisation
Schedule	Quality
Cost	Plans
Quality	Risk
Resources	Change
Communications	Progress
Risk	
Procurement	
Stakeholder	

참고문헌

• PMI Global Standard, 2013, A Guide to the Project Management Body of Knowledge (PMBOK Guide) fifth edition

건설, 플랜트, 엔지니어링 업의 본질

우리가 흔히 통칭하여 부르는 건설업(Construction Industry)은 그 대상물의 형태에 따라 일반 건축, 토목, 주택, 플랜트, 엔지니어링 등의 여러 명칭으로 불리기도 하지만 위에 언급한 다양한 형태의 업의 본질은 동일하기에 큰 그림에서 하나의 용어, 즉 건설업이라 통칭하여 부를 수 있다. 건설업과는 큰 관련이 없어 보이는 조선업 또한 일부분은 건설업의 특징을 가지고 있는데, 조선업을 칭하는 영어 단어가 ship-manufacturing이 아닌 shipbuilding인 것을 보면 여러 물질을 조합하여 기존에 없는 새로운 합성물을 만들어낸다는 의미를 가진 영어 단어인 build를 사용한 것 자체가 건설업의 본질을 일부 포함하고 있음을 알 수 있다.

한국의 경제는 내수 중심의 건설업과는 본질적으로 다른 제조업 위주의 수출 대기업 중심으로 돌아가고 있으며, 이러한 이유로 보통 사람들은 건설업의 본질을 이해하지 못하고 일반 제조업과 동일하게 생각하는 경향이 있다. 심지어는 같은 그룹 내의 주력인 제조업 계열사가 잘 나간다는 이유로 제조업 기업의 best practice(모범 사례; 좋은 사례를 벤치마킹하여 기업의 내재 경쟁력을 끌어올리기 위한 방법)를 끌어와 건설 기업에 적용시키는 사례까지 종종 발생한다. 어떤 때는 무리하게 적용하여 건설업의 본질을 침해하는 경우까지 발생해 기업이 기존에 보유하고 있던 경쟁력을 되려 약화시키기도 한다.

이렇듯 건설업에 종사하는 사람의 입장에서 이러한 업의 본질을 이해하는 것은 매우 중요하다. 특히, 건설업이 우리가 쉽게 접할 수 있는 제조업과 어떤 부분에서 차이점을 가지고 있는지 이해할 수 있어야 적합한 업무 프로세스를 정립하고 기업이 필요로 하는 성과를 창출해 낼 수 있다.

그럼 과연 건설업의 본질적인 특징은 어떠한 것이 있는지 살펴보도록 하자. 지금부터 언급하는 건설업의 특성들은 필자의 독자적인 생각이기보다는 전세계 학계에서 공통적으로 지적하고 있는 사항들이다.

▌프로젝트 기반 산업(Project based industry)

건설업은 제조업과는 달리 앞서 1장에서 설명한 본질적인 프로젝트의 특성을 가지고 있다. 시작과 끝이 명확하고, 그렇기 때문에 항상 시간의 제약에 시달리게 된다. 또한, 빌딩이나 인프라 구조물, 플랜트 등과 같은 건설 대상 목적물은 세상 어디에도 없는, 즉 유일무이한 본질적 특성을 가지고 있다. 시간의 제약과 유일무이함(Uniqueness), 이 두 가지 특성은 프로젝트를 기반으로 하는 건설업의 본질을 정의하며, 제조업과 극명하게 갈리는 부분이기도 하다.

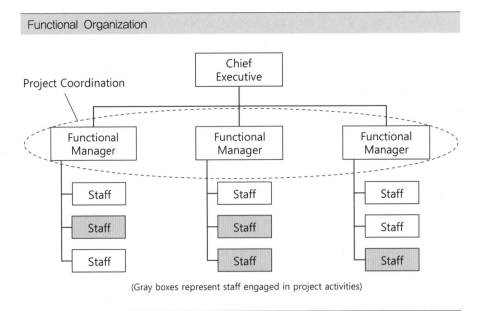

(Gray boxes represent staff engaged in project activities)

출처: PMBOK Guide, ANSI

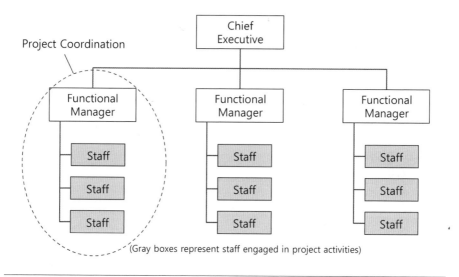

Projectized Organization

Project Coordination

Chief Executive

Functional Manager

Functional Manager

Functional Manager

Staff / Staff / Staff / Staff / Staff / Staff / Staff / Staff / Staff

(Gray boxes represent staff engaged in project activities)

출처: PMBOK Guide, ANSI

이러한 건설업의 본질적 특성을 기반으로 한 방법론들은 제조업의 그것과 분명하게 구분된다. 조직의 구성에서부터 시작해서 최종 생산품을 납품하는 단계에까지 건설업에 적용되는 방법론들은 제조업의 그것과 다를 수밖에 없으며, 또 달라야 한다. 대표적으로 조직 구성의 예를 들 수 있다. 건설/플랜트 프로젝트의 상당수는 프로젝트 기반 조직으로 구성되고 운영된다. 이는 기본적으로 프로젝트의 특성상 각 기능 조직 중심의 구조보다는 프로젝트에만 집중할 수 있는 구조가 더욱 효율적이기 때문이다. 또한 건설 현장이라는 공간의 제약으로 인해 프로젝트 중심으로 기업의 조직이 갖춰질 수밖에 없기도 하다.

또한 시작과 끝이 분명한 프로젝트의 특성에서 비롯하는 몇 가지 특징들이 있다. 먼저 프로젝트를 새로 시작할 때마다 기존과는 다른 프로젝트의 특성으로 인해 분명한 학습 곡선 효과(Learning Curve)가 나타난다는 점이다. 새로운 일을 하기 때문에 처음에는 일의 진척이 더디다. 다양한 이해관계자 사이에서 의사 소통 방식 또한 수립해야 한다. 어느 정도 적응이 되면, 일의 진행 속도가 빨라지지만 시간이 지날수록 잘 풀리지 않는 일들만 남아 다시 진행 속도가 느려진다.

프로젝트는 또한 동일한 제품을 여러 개 생산하는 것이 아닌, 하나의 결과물을 여러 단계를 통해 만들어 나가는 과정이기 때문에 일의 순서가 중요하다. 일의 순서가 잘못 배치되었을 경우에는 주어진 시간 안에 일을 마무리하지 못할 가능성이 매우 높으므로 이를 위한 적절한 시간 관리 방법론이 필요하다.

▌노동 집약 산업

19세기, 20세기 초반으로 돌아가보면 제조업 자체가 노동 집약적 산업이었다. 섬유 공장이나 식품 공장, 자동차 공장 등에서 노동자들이 라인 옆에 줄 지어 서서 분업화된 시스템 아래 정해진 공정을 수행하는 모습들이 우리가 볼 수 있는 일반 제조업 공장의 모습이었다. 하지만 지금은 공장 자동화, 스마트화로 인해 상황이 많이 바뀌어 이제는 일반 제조업은 더 이상 노동 집약 산업이라 부르기도 어렵게 되었다. 실제 정유 화학 공장이나 철강 공장 등은 사람이 하는 일이 그렇게 많지 않으며, 매출 규모가 커짐에 따라 신규 고

1913년 미국 디트로이트 포드 자동차 공장의 모습

출처: 조선일보

출처: 뉴시스

용이 비례적으로 늘어나지도 않는다.

하지만 건설업은 이와 다르다. 물론 19세기보다는 상황이 많이 나아졌겠지만, 요즘도 공사 현장을 보면 많은 인부들이 현장에서 작업하고 있으며, 아직까지는 그렇게 될 수밖에 없는 구조이다.

왜 건설업은 21세기에도 노동 집약적인 구조에서 탈피하지 못하고 있을까?

가장 큰 이유는 지역 특수성과 현장(site)의 존재라 할 수 있다. 건설업은 극히 일부를 제외하고(모듈러 플랜트, 해양 플랜트 등) 건축 구조물이 자리잡는 위치에서 주요 작업이 발생하게 된다. 따라서 대부분의 생산 공정이 환경에 큰 영향을 받지 않고 최첨단 시설물을 갖추고 있는 옥내 공장에서 이루어지는 일반 제조업과는 달리 건설업은 각 현장에서 작업할 수밖에 없기 때문에 이러한 첨단 설비의 혜택을 받기 어렵다. 공장 내에서 첨단 설비의 도움과 함께 효율적인 프로세스로 제품을 만드는 것이 아닌, 원재료를 현장으로 운반하

출처: 연합뉴스

여 현장에서 상대적으로 낮은 생산성으로 작업이 이루어지는 것이다. 필연적으로 많은 인력이 필요할 수밖에 없다.

또 하나 건설업을 노동집약적으로 만드는 이유는 본질적인 속성인 유일무이함이다(Uniqueness). 각각의 건축물은 본질적으로 다른 디자인적 특성을 가질 수밖에 없다. 즉, 건축물을 완성하는 데 필요한 부속품들은 표준화된 규격을 가지기 어렵고 따라서 제조 라인을 통한 대량 생산이 상대적으로 어렵다. 건축물을 구성하는 창문이나, 전기 용품, 인테리어 등은 규격화할 수 있으나 가장 기본이 되는 하부 구조물, 외부 벽 등은 지반 등의 현장 조건에 맞춘 특화된 설계에 의해 현장에서 시공하는 것이 일반적으로 이용되는 공법이므로 이를 위해 많은 인력이 필요하게 된다.

최근에는 이러한 단점을 극복하기 위해 구조물을 만드는 프로세스를 선행화하여 공장 내에서 일반 제조 공법을 적용해 얻을 수 있는 효율성을 이용하는 방안(pre-fabrication)과 더불어 건축 구조물을 모듈화(Modularization) 하여 공장 내 모듈 제작 후 현장에서 조립만 하는 방안 등이 대안으로 제시되어 적극 활용되고 있는 추세이다.

▌세분화/파편화(Segmented/fragmented)

현장 및 프로젝트 중심의 건설 산업은 세분화라는 또 하나의 특징을 나타낸다.

지역 및 현장 중심의 건설 산업은 필연적으로 해당 지역의 인력을 동원할 수밖에 없다. 부산에서 건물을 짓기 위해 경기도에서 인력을 데려갈 수는 없는 노릇이다. 그렇게 하기 위해서는 거주 비용까지 지원해야 하는 경우가 많아 비용이 상당히 증가할 수밖에 없기 때문이다. 특정 기술을 가진 고급 인력의 경우, 해당 지역에서 수급이 되지 않을 경우 높은 비용을 부담하면서까지 타 지역에서 데려와야 하는 경우도 있겠지만, 건설업 자체는 그렇게 높은 기술 수준을 요하는 산업이 아니기 때문에 이런 경우는 많지 않다.

또한 건설 프로젝트는 단위 프로젝트 당 규모가 크고 기간도 매우 길다고 할 수 있다. 소규모 건축물을 짓는 경우에는 수 십억 예산으로 수 개월만에 끝나는 공사도 있지만, 대규모 인프라 시설 같은 경우는 최소 3년 이상, 길면 10년까지 걸리는 경우도 있고, 수 조원 이상의 예산을 필요로 하는 경우도 많다. 이러한 대규모 프로젝트들은 상시로 존재하는 것이 아니기 때문에 기업 입장에서는 이러한 프로젝트를 수행하기 위한 인력을 상시로 보유할 수 없다. 따라서 기업들은 프로젝트 유무에 따라 필요 인력을 외부에서 아웃소싱(outsourcing)하는 형태로 비즈니스를 운영해 왔고, 이는 연쇄적인 하도급 구조를 형성하게 된 큰 이유이다.

이와 같이 시공 과정에서 필요한 현장 인력 등에 대해서는 건설 프로젝트를 총괄하는 원청 기업이 아닌 다양한 형태의 계약을 통해 현지에서 동원하는 것이 대부분이다. 이에 더하여, 건설 과정에서 필요한 크레인, 덤프 트럭, 트레일러 및 굴삭기 등등의 중장비에 대해서도 원청 기업이 실제적으로 소유하고 있다고 하더라도 현장까지 이동시키기에는 기술적, 비용적 어려움이 따르기 때문에 현지 소규모 기업들과 계약 관계를 형성하게 된다.

건축물을 형성하는 데 필요한 각종 자재 또한 마찬가지이다. 건축물의 소유주나 건설 프로젝트를 추진하는 원청 기업 입장에서 이때 필요한 많은 종류의 자재들을 자체적으로 제작 및 조달하는 것은 현실적으로 불가능하며 시장에서 경쟁할 수 있는 형태의 비즈니스 모델이라 할 수 없다. 구조를 형성하는 데 필요한 철근 및 콘크리트, 배관 라인 및 전장/계장 용품들, 그리고 실내를 구성하는 사무용품 및 창문 등등 필요한 모든 자재를 한 곳에서 조달하는 것은 불가능하다. 이처럼 시공을 위해 필요한 각종 자재를 조달하는 과정에서도 수많은 기업들과 계약관계를 가지게 된다.

이 외에도 건설 산업에는 프로젝트를 추진하는 원청 기업이 효율성의 이유로 인해 내재화시키지 못하는 다양한 전문 서비스의 영역 또한 존재한다. 기본, 상세 설계 및 특정 분야에 전문화된 안전 설계 등의 디자인 영역뿐 아니라 품질 검수 및 리스크 컨설팅 등 다양한 분야가 있다. 프로젝트가 상시 존재하는 것이 아니고 전문성을 갖춘 고급 인력을 기업 내부적으로 보유하기 위한 비용이 크기 때문에 다양한 형태로 아웃소싱하는 경우가 많다.

이렇게 건설 산업은 건축물 하나를 구축하기 위해서도 수많은 기업들이 다양한 형태의 계약을 통해 복잡하게 얽혀 있는 구조이며, 이를 세분화(segmented)되어 있다고 표현한다. 프로젝트 하나를 위해 수많은 기업들이 협업해야 하는 구조에서는 각 기업들이 각자 맡은 분야에서의 전문성을 발휘해서 그 효과를 극대화하는 경우도 있지만, 필요한 정보의 전달 및 커뮤니케이션이 원활하지 않아 문제가 생기는 경우도 있고, 서로의 이해관계가 달라 협력관계가 아닌 갈등관계로 상황이 악화되는 경우도 있다. 사공이 너무 많으면 배가 산으로 가듯이, 프로젝트를 이끌어가는 다양한 이해관계자들의 방향성과 역할이 적절히 조율되지 않으면 프로젝트에 악영향을 주게 된다.

▌지식 기반 산업(Knowledge-Intensive Industry)

건설/플랜트 산업은 많은 사람들이 단순 노가다 산업으로 인식한다. 물론 이 관점이 틀렸다고 할 수는 없다. 앞서 서술한 바와 같이 건설/플랜트 산업은 상당수 인력에 의존하는 노동 집약 산업이기에 그러한 시각을 부정할 수는 없다.

하지만 건설/플랜트 산업은 동시에 고도의 지식 기반 산업(Knowledge-Intensive Industry)이라고 간주할 수 있다. 건설 기업의 경쟁력을 좌우하는 요소가 무엇일까? 시공 과정에서의 원가 경쟁력 차이(단순한 노무비와 같은 원가 요소뿐 아니라 숙련공에 의한 생산성 및 시공 기술의 차이 포함)일 수도 있고, 디자인 및 엔지니어링 과정에서의 기술력 차이일 수도 있다. 이러한 원가 및 기술 경쟁력의 본질을 따져보면 기본적으로 지식의 축적 및 활용을 필요로 한다. 즉, 지난 세월 동안 축적된 방대한 지식 및 이러한 지식의 활용 능력이 오늘날 기업의 경쟁력을 결정짓는다고 할 수 있으며, 그렇기에 건설/플랜트 산업은 지식 기반 산업이라 볼 수 있다. 물론 이는 같은 지식 기반 산업이라 하더라도 적극적인 R&D 투자 등을 통해 새로운 기술 개발을 요하는 IT나 기타 하이테크 산업과는 접근 방법이 다르다.

지식 기반 산업이라 함은 축적된 지식을 활용하여 부가 가치를 창출해내는 지식 서비스를 제공하는 산업을 의미한다. 이러한 산업에서는 축적된 데이터베이스(Data)로부터 유용한 정보(Information)를 도출해내고, 이러한 정보들이 사용자의 필요성에 의해 지식(Knowledge)으로 가공된다. 이렇게 취득된 지식들은 적절성 및 정확성 등에 대한 검증 과정을 통하여 적절한 지식으로 등재되어 기존 지식에 더하여 축적되며, 이렇게 축적된 지식들은 추론 과정을 통해 적절하게 변형되어 활용된다. 이러한 과정을 통하여 큰 의미 없는 데이터들이 의미 있는 지식으로 진화되어 활용되며, 이렇게 구축된 프로세스를 지식 체계(body of knowledge)라 부를 수 있다.

건설/플랜트 산업을 지식 기반 산업으로 정의할 수 있는 이유는 산업의 유일무이함(Uniqueness)의 특성상 한 번 활용된 지식(이전 프로젝트의 실적)은 동일한 형태로 다시 활용될 수 없으며, 어떠한 형태로든지 새롭게 가공되고 재해석 되어야만 새로운 프로젝트에서 유의미한 지식으로 활용될 수 있기 때문이다. 따라서, 단순히 이전 데이터 및 정보의 저장 혹은 재활용이 전부인

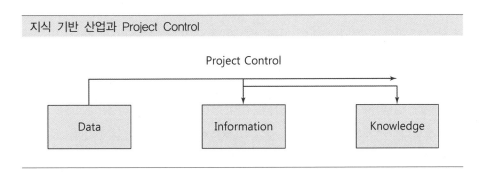

지식 기반 산업과 Project Control

Project Control

Data Information Knowledge

것이 아니라 합당한 과정을 통해 축적된 지식이 유용하게 재활용될 수 있는 체계가 수립되어야만 한다.

예를 들어, 5년 전에 대구에 지은 미술관을 동일한 디자인으로 현 시점에서 서울에 새로 짓는다고 할 때, 같은 디자인, 같은 사양의 자재 및 동일한 시공사를 선정한다고 해도 동일한 예산으로 지을 수는 없다. 서울과 대구의 토지가격이 다르고, 현장 조건(Site Condition)이 달라 지반 공사 및 하부 구조물 구축 시 필요한 비용이 달라질 수 있으며, 서울시의 교통 혼잡 때문에 필요한 자재 운송 및 장비 동원 비용이 달라지고, 시간이 지남에 따라 인플레이션과 지역적 차이에 의한 노무비 또한 다를 것이기 때문이다. 결국 건설/플랜트 산업에서는 한 번 축적된 지식은 어떠한 형태로든 변형되어 활용될 수밖에 없으며, 그 과정은 적절한 지식 체계(body of knowledge)의 수립 없이는 이루어질 수 없다.

이렇게 건설/플랜트 산업에서의 지식 체계 프로세스를 다루는 과정에서의 핵심 역할은 Project Control이라 할 수 있다. 이에 대해서는 제3장 〈Project Control이란 무엇인가〉에서 상세히 다룬다.

▌경기 민감형/후행적 산업(Cyclical & Time lag)

건설 산업은 대표적인 경기 민감형 산업으로 간주된다. 경기 민감형 산업이란 경기 주기에 따라 영향을 민감하게 받는 산업이라 할 수 있는데, 경기가 호황일 때와 불황일 때에 따라 이러한 산업에 속하는 기업들은 실적이 크게 요동치곤 한다.

경제학계에서 일반적으로 거론하는 주기의(Cycle) 종류는 여러 가지이다. 조선업의 경우는 배의 선령에 따라 25~30년 주기가 거론되기도 하고, 반도체 산업은 2년 주기가 일반적이다. 유명한 경기순환론으로는 러시아의 경제학자가 주장한 콘트라디에프 순환주기, 미국의 학자가 주장한 쿠즈네츠 주기 그리고 프랑스의 학자가 주장한 주글라 주기 등이 있다.

콘트라디에프(Kondratiev)는 경기가 50~60년의 장기적인 기간을 주기로 순환한다고 주장하였는데, 그 주된 근거는 장기적인 관점에서 핵심 기술의 등장에 따른 산업의 변화라고 할 수 있다. 콘트라디에프 주기에서의 첫 번째 파동은(wave) 18세기 말부터 시작된 증기기관의 등장으로부터 비롯된 1차 산업혁명이다. 당시 증기기관의 도입으로 인하여 방직 공장에서의 생산성은 상당한 수준으로 향상되었다. 두 번째 파동은 증기기관 이후에 발전된 철강 생산 능력과 철도의 등장이라 할 수 있다. 철강의 품질이 향상되고 생산 능력이 증대되면서 다양한 분야에서 철강을 이용할 수 있었고, 세계 곳곳에서 철도가 생겨나면서 물류의 운송이 획기적으로 발전되어 산업 전체의 생산성이 향상될 수 있었다. 세 번째 파동은 19세기 말부터 등장했던 전기, 자동차 및 화학 공업에 의한 산업의 발전이었다. 네 번째 파동은 두 차례의 세계대전에 의해 파괴되었던 세계를 복구시키는 과정에서 발생한 경기 주기라 할 수 있고, 마지막이라 할 수 있는 다섯번째 파동은 현재도 진행중인 ICT 혁명이다.

쿠즈네츠(Kuznets)의 경기순환론은 콘트라디에프보다는 짧은 경기 순환 주기를 언급한다. 대략 18~20년 주기의 경기 순환을 얘기하는데, 그 주된 근거는 부동산 건설 활동과 부동산 가격의 부의 효과로 주장한다. 집의 가격이나 임대료가 오르면 새로운 건축이 활발해지고, 다시 수요와 공급이 균형을 이루게 되면 집값은 안정세를 되찾게 되어 건축 붐은 가라앉는다. 다시 일정 기간이 흐른 후에 인구의 증가, 도시화에 따른 수요의 증대와 기존 건축물이 노후화되어 이에 대한 재개발/재건축 수요가 증가한다.

그리고 8~10년 주기의 순환을 주장하는 주글라 사이클은 공급 혁신에 의한 투자, 고용 창출, 임금 상승, 소비 확대 및 투자로 이어지는 선순환을 반복하다 비용 부담과 경쟁 격화로 창조적 파괴가 일어나는 경제 순환이다. 설비 투자의 내용 연수와 관련해 나타나는 경기 순환을 논할 때 주로 언급된다.

건설업이 왜 경기 민감형 산업에 속하는지는 다양한 의견이 있지만, 경기에 민감하게 반응한다는 사실 자체는 학계의 중론이다. 건설업은 이렇게 경기에 민감하게 반응하는 것에 더하여 시차를 두고 경기에 후행적이기도 하다.

건설업 프로젝트는 기본적으로 그 주기가 상당히 긴 편이다. 기획 단계에서부터 시작하면, 아무리 작은 건물이라도 1년 이상 걸리는 것이 대부분이고, 5~6년을 넘어가게 되는 프로젝트도 부지기수이며 심지어는 10년 이상 소요되는 초대형 프로젝트들도 존재한다. 이런 대형 프로젝트를 추진하는 프로젝트 주인(시행사, 개발사, 정부 및 대기업 등) 입장에서 이러한 프로젝트를 위해서는 대규모의 자본적 지출(CAPEX; Capital Expenditure)이 필요하기 때문에 최종 의사결정(FID; Final Investment Decision) 시점까지 최대한 조심스럽게 접근하려고 한다. 특히, 석유화학이나 조선과 같은 경기 민감형 산업에서는 경기가 좋지 않거나, 혹은 이제 막 경기가 돌아서는 시점에서는 프로젝트 착수 결정을 하기 어려운 경우가 많고, 대신 '경기가 확실히 돌아섰다'라는 경기에 대한 판단 및 목표 수익률 달성에 대한 근거가 확실해지기 시작하는 시점에 의사결정이 나는 경우가 많다.

하지만 보통 3년 이상이 걸리는 건설업의 프로젝트 기간을 감안하면, 최종 의사결정 이후 수 년이 지나 건축물이 완공되는 시점에는 이미 경기가 과열될 만큼 과열되어 있거나 혹은 이미 정점을 찍고 하강을 시작했을 수도 있다. 이러한 시점에 시장에 대규모로 공급되는 제품들, 즉 상업 부동산 시장에서의 새로운 상가 건물들, 신축 공장 완공에 따른 대량의 신규 석유화학 제품들, 해운 및 용선 시장에서 신규 투입되는 신조선들은 이러한 하락 싸이클을 더욱 부추기고 경기는 더욱 가파르게 꺾이게 된다.

이와 같이 건설업의 순환 주기는 일반 경기 순환 주기와 같이 움직이는 것이 아니라 어느 기간 후행해서 움직인다. 일반 경기가 바닥을 찍고 상승하고 있을 때도 건설업은 새로운 투자가 일어나지 않아 침체되어 있는 경우가 많으며, 경기가 정점을 찍고 하강하고 있을 때도 진행되고 있는 수많은 프로젝트들로 인하여 건설업은 여전히 호황을 겪기도 한다. 이렇게 경기가 한창 정점을 찍고 하강할 때는 관련 기업들이 신중하게 경영해야 하는 시기이기도 하다. 진행중인 프로젝트가 많아 레버리지 등을 동원하여 일을 벌여 놓았지만 경기가 정점을 찍고 급속하게 하강하는 바람에 관련 기업들이 자금 조달에 어려움을 겪는 경우가 많기 때문이다. 건설업에 종사하는 기업들이 재무구조를 보수적으로 가져가야 할 필요성이 있는 이유이기도 하며, 특히 개발사업이 아닌 시공을 위주로 한 전통적 개념의 건설 기업들은 자기 자본의 비율이 극히 낮기 때문에 유동성 위기를 피하기 위해서는 신중한 경영이 필요하다.

▌저생산성/보수적/반혁신적

소제목이 상당히 자극적이기는 하지만 건설 산업이 본질적으로 가지고 있는 애로점을 잘 나타내는 단어라 할 수 있다. 건설 업종에 종사하는 사람들이 잘못해서 이러한 문제점을 가지고 있다는 의미가 아닌, 업종 자체에서 본질적으로 가지고 있는 한계점이다. 하지만 이는 궁극적으로 건설업계에서 극복해내야 할 사항들이다.

건설업이 만드는 최종 목적물은 세상 어디에도 없는 유일무이한 대상이다. 대규모 아파트 단지를 짓는다 하더라도 1동과 2동은 100% 동일한 건축물이라 할 수 없다. 1동과 2동 아래에 위치한 지반의 상태가 약간이라도 다르기 때문이며, 이 때문에 건축물을 지지하는 하부 구조와 디자인 등이 조금 달라질 수 있다. 100% 동일한 제품을 대량 생산하는 일반 제조업과 비교하면 생산성이 상당히 낮을 수밖에 없다.

또한 건설업은 기본적으로 하이테크 산업이 아니다. 기본 디자인이나 시공 기술 측면에서 기술적 진보 및 혁신을 지향하기는 하지만 하이테크라 부를 수는 없다. 건축물의 종류에 따라 조금씩 다르기는 하지만 대부분 사람이 머무는 공간이라는 측면에서 안정성이 강조되기 때문에 새로운 기술이 반영되기 위해서는 시간이 상당히 걸리는 편이다.

아울러 지역 기반 산업이라는 특성상 한 프로젝트에서 축적된 지식과 경험이 타 지역을 기반으로 한 새로운 프로젝트에서 적용되기가 상당히 어려운 편이다. 세분화된 산업 구조 또한 이러한 지식 및 경험의 공유를 어렵게 하고 의사소통 채널이 복잡하기 때문에 새로운 기술의 적용 및 혁신이 쉽지 않다. 이러한 모든 사항이 건설 산업에 지속적인 혁신이 자리잡기 어려운 구조로 만들며 결국에는 산업 자체를 보수적으로 만든다. 이는 업종 자체의 본질적인 문제로 한국뿐이 아닌 전세계적인 공통의 문제라 할 수 있다.

이러한 건설업이 당면하고 있는 본질적인 문제점들을 해결하기 위해 많은 사람들이 노력을 들이고 있으며, 이를 위해 혁신 기술을 도입하려는 시도를 하고 있다. 이러한 노력들, 그리고 관련된 산업 및 계약에서의 변화 가능성 등에 대해서는 3부에서 논해보고자 한다.

참고문헌

- PMI Global Standard, 2013, A Guide to the Project Management Body of Knowledge (PMBOK Guide) fifth edition
- 매일경제, 2010, [경제역사로 본 인물] 쿠즈네츠
- 한국경제, 2003, [헬로! 이코노미] '경기 사이클'.. 4단계 거쳐 순환

Chapter
03

Project Control이란 무엇인가

　건설 프로젝트에 실무진, 특히 PM이나 관련 부서원으로 참여하다 보면 Project Control이란 단어를 쉽게 접한다. 특히 외국계 발주사와 함께 진행하는 대형 EPC 프로젝트를 수행 하다 보면 Project Control 관련된 업무를 수시로 접할 수 있고, Project Control Manager 혹은 Project Controller/Project Control Engineer와 같은 직책이 상시 존재한다는 것을 알 수 있다. 이러한 Project Control을 우리말로 직역을 하면 프로젝트 통제, 혹은 제어로 이해할 수 있는데 통제와 제어라는 의미에서의 Project Control은 실제 프로젝트 수행 과정에서 요구하는 Project Control의 역할과는 어울리지 않는다. 오히려 우리말로는 Project Management의 뜻으로 사용되는 '프로젝트 관리'라는 용어가 실제 Project Control이 뜻하는 바와 더욱 잘 어울린다. 하지만 우리가 이해하고 있는 '프로젝트 관리'의 의미 또한 Project Control이 뜻하는 의미와 정확하게 일치하지는 않으므로 여기서는 원 표현 그대로 Project Control이라는 단어를 사용하려고 한다.

　Project Control은 엄밀한 기준으로는 프로젝트 계약 관리와는 다른 범주에 속한다. 어떤 기업들은 Project Control과 계약 관리를 하나로 묶어 하나의 조직으로 운영하기도 하지만, 별개의 조직으로 운영하는 기업들도 있다. 하지만, 특히 수주산업에서, 계약과 Project Control은 상호 보완적인 관계로 Project Control의 핵심 영역인 범위(Scope)가 계약에 의해 정의된다고 할 수 있다. 프로젝트를 정의하는 문서 자체가 계약서이며, 범위에 대한 변경 절차 자체가 계약서로부터 정의되기 때문이다. 따라서, 프로젝트에 참여하고 있는 실무진으로서, 특히 계약 관련 업무를 담당하고 있다면 이러한 Project Control 영역에 대한 이해가 필수적이다.

많은 한국 사람들이 잘못 이해하고 있는 부분이 Project Control Manager의 역할을 위에서 언급한 통제/제어의 의미로 파악해 Project Manager 아래에서 실질적으로 프로젝트를 통제/제어하는 권한 및 책임을 가진 사람으로 생각한다는 점이다. 이런 경우에는 Project Control Manager를 프로젝트의 부 책임자인 Deputy Project Manager의 역할로 인식하여 PM과 함께 실질적으로 프로젝트의 성공을 위한 조직 관리를 포함한 프로젝트 모든 사안에 대해 책임을 가진 직책으로 이해한다. 하지만 실질적으로 Project Control이라 함은 엔지니어링과 같은 하나의 전문 분야로 이해해야 하며, 포괄적으로 프로젝트 전체를 대표하는 책임을 가지지 않는다. 따라서 아래 조직도에서 볼 수 있듯이 Project Manager 아래에 부 대표 식으로 존재하는 직책이 아닌 다른 기능 책임자(설계/조달/시공 등)들과 같은 레벨에서 자신만의 영역을 갖춘 전문 영역으로 이해해야 한다.

그렇다면 Project Control은 무엇을 control 한다는 것일까? 이와 같은 프로젝트 조직도에서 무엇에 대한 책임을 가지게 되는 것일까?

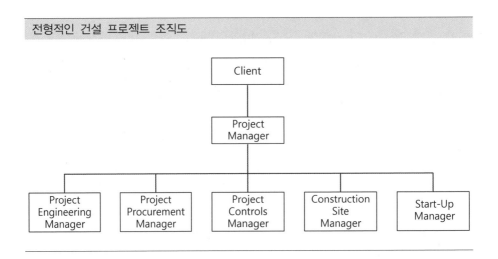

전형적인 건설 프로젝트 조직도

▌프로젝트의 본질, 그리고 세 가지 필수 요소

서울에 사는 당신이 가족들과 함께 부산으로 여행을 간다고 생각해보자. 오랜만에 휴가를 내어 가는 여행이기에 이 여행은 당신에게 매우 중요한 프로젝트이다. 이 프로젝트를 기획하면서 당신은 가장 먼저 무엇을 확인할 것인가?

당신은 가장 먼저 전체 일정을 확인할 것이다. 당신이 사무실에서 벗어나 휴가를 낼 수 있는 기간, 그리고 배우자 또한 같은 기간 동안 시간을 낼 수 있는지를 확인해야 하며 자녀가 있다면 자녀 또한 마찬가지이다. 혹 부모나 다른 친인척 등과 함께 여행을 가려면 그들의 스케줄 또한 확인해야 한다. 모든 스케줄이 확인되면 여행의 시작과 끝이 정해질 것이다.

이와 동시에 당신은 당신이 가지고 있는 자금을 확인해야 한다. 물론 동원할 수 있는 자금이 있기 때문에 여행을 결정했겠지만, 여행 스케줄이 확인된 순간 사용 가능한 예산을 다시 한 번 확인해야 한다. 이 예산이 확인이 되어야 여행 기간 중에 구체적인 일정을 짤 수 있다. 동원 가능한 자금에 여유가 있다면 구체적인 일정에 따라 예산을 조정할 수도 있지만 상당한 경우에는 정해진 예산에 따라 일정을 조정해야 한다.

여행 기간이 일주일이라 할 때 당신은 다음과 같은 수많은 사항을 계획해야 한다.

- 비행기를 타고 갈 것인가? 차를 가져갈 것인가 아니면 KTX를 타고 갈 것인가?
- 일주일 동안 부산에만 있을 것인가 아니면 주변 거제, 김해 및 울산 등의 근처 지역을 모두 여행할 것인가?
- 숙박은 어디서 해결할 것인가?
- 부산 지역의 어떤 맛집들을 찾아갈 것인가?

당신이 구체적인 일정을 어떻게 짜던 이러한 일정은 모두 시간 및 돈과 관련이 된다. 구체적으로 무엇을 하느냐에 따라 전체 여행 기간(혹은 상세 여행 일정) 및 전체 소요 비용이 달라진다. 따라서 전체적으로 정해진 일정, 즉 월요일에 출발해서 일요일에 서울에 돌아오기 위한 기본 스케줄에 벗어나지 않는 상세 일정을 짜야 하며, 각 상세 일정에 필요한 경비의 총 합이 전체 예산을 초과하지 않도록 해야 한다.

수요일쯤 되면 당신은 전체 일정을 재점검할 것이다. 상세 일정은 계획대로 진행되고 있는지, 이대로 진행하면 남은 일정 동안 계획했던 일들을 모두 소화할 수 있을지, 비용은 계획에 맞게 지출되고 있는지, 그리고 남은 일정을 소화하기에 남아 있는 예산은 충분한지 등을 검토한다. 남아 있는 예산이 남은 일정을 위해 충분하지 않다면 예산에 맞추어 일정을 조정하거나, 아니면 예산을 증액해야 한다. 이러한 모든 과정이 순조롭게 진행되면 당신과 당신 가족의 여행 프로젝트는 계획대로 진행된 성공적인 프로젝트로 마무리된다.

위와 같이 예를 든 가족 여행 프로젝트의 경우, 여행 준비 및 실행 과정에서 많은 부분 의사결정에 영향을 준 요인은 결국 시간과 돈이다. 이러한 시간과 돈을 어떻게 다루어야 하는가, 더 나아가 시간과 돈을 결정하는 범위(Scope)를 다루는 것을 바로 Project Control이라 할 수 있다.

이 Project Control이 무엇을 다루고 왜 필요한가를 이해하기 위해서는 프로젝트의 본질에 대해 생각해 볼 필요가 있다. 우리가 프로젝트를 정의할 때, 그 본질을 대표적으로 표현해 주는 두 단어는 Temporary, 그리고 Unique이다. 이를 다른 말로 표현하면, '프로젝트는 분명하게 시작과 끝이 존재하는 임시적인 속성과, 세상에 완벽하게 동일한 프로젝트가 존재하지 않는, 유일무이하다'라는 속성이 있다. 이 본질에 대해 생각해보면 Project Control이 무엇을 의미하고 목적으로 하는지 이해할 수 있다.

'시작과 끝이 분명하게 구분된다'라는 프로젝트의 기본 속성은 프로젝트 자체가 시간에 매우 의존한다는 점을 알려준다. 따라서 한정된 시간 동안 어떤 일을 해야 할지를 명확하게 정의해 주어야 하고 그 일의 순서를 최대한 효과적으로 배치해야 한정된 시간 안에 필요로 하는 일을 모두 완료할 수 있다.

세상에 동일한 프로젝트가 없다는 유일무이함의 속성 또한 마찬가지다. 유일무이한 프로젝트란 그 프로젝트를 통해 수행되어야 하는 일이 동일할 수가 없다는 의미이다. 따라서 프로젝트를 기획하는 단계에서 그 프로젝트를 통해 어떤 일들을 구체적으로 수행해야 하는지 정의하는 것이 가장 첫 번째로 해야 할 일이다.

위 얘기를 다시 정리해보자. 어떤 프로젝트를 수행하기 위해서는 그 프로젝트를 통해 얻고자 하는 것과 이를 위해 해야 하는 업무를 정의해 주는 것이 가장 첫 번째 해야 할 일이다. 이를 범위(Scope)에 대한 정의라 하고 이를 관리해주는 것을 범위 통제 및 관리(Scope Control & Management)라 한다. 수행해야 할 일을 정의하고 나면 그 일을 수행하는 순서와 기간을 정한다. 이를 위해 필요한 행위가 바로 일정 관리(Time Management)이다. 수행해야 할 일과 필요한 기간이 정의되면 그에 따라 필요한 돈이 산출된다. 이를 위해 필요한 행위는 원가 관리(Cost Management)라 할 수 있다. 다시 말해, 프로젝트의 본질적 속성에 따라 해당 프로젝트를 수행하기 위해 필요한 업무를 선정하고 이를 적절히 관리 및 통제하기 위한 프로젝트의 세 가지 요소를 범위(Scope), 시간(Time) 및 원가(Cost)라 한다. 그리고 이 세 가지의 핵심 요소를 통제 및 관리하는 업무 영역을 Project Control이라 부른다.

이번에는 Project Control의 필요성에 대해 건물주의 입장으로 생각해보자.

당신은 서울 마곡지구에 보유하고 있던 토지에 신축 건물을 올리려고 한다. 이때 당신이 크게 관심을 가지는 사항은 다음과 같은 세 가지이다.

- 신축 건물을 올리는 비용이 얼마나 들 것인가?
- 신축 건물을 올리고 준공 허가를 받을 때까지 시간이 얼마나 걸릴 것

프로젝트의 3 요소; Project Triangle

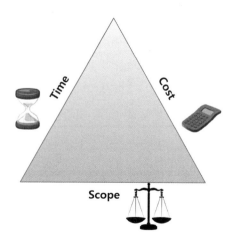

인가?(즉, 언제부터 세를 받을 수 있을 것인가?)

- 세를 얼마나 받을 수 있을 것인가?

이 세 가지 중 세 번째는 건물주에게 의사결정을 위해 필수적인 고려 사항이기는 하지만 건설 프로젝트의 영역이 아닌 임대시장의 영역이기 때문에 Project Control과는 직접적인 관련이 없다고 할 수 있다. 첫 번째와 두 번째 사항은 시간과 돈에 관련된 Project Control의 영역이며 건물주의 투자 예산 수립과 그에 따른 이익에 직접적으로 연결되는 핵심 고려 사항이다. 건축 과정에서 소요되는 비용이 초기 계획했던 예산을 초과하게 되면, 이는 건물주에 있어서는 투입되어야 하는 자본이 증가하여 결과적으로 투입 자본에 대한 이익률(ROI; Return on Investment)이 감소하게 되어 건물주가 추구하는 핵심 가치를 침해한다. 소요 시간 또한 마찬가지이다. 기존 계획보다 완공일이 늦어지게 되면 세를 받을 수 있는 시점이 늦어져서 잠재적인 건물주의 이익이 침해되고, 또한 공기가 길어지면 원가 또한 증가하는 경우가 대부분이기 때문에 직접적인 자본 이익률 감소 효과 또한 발생한다.

이처럼 Project Control은 프로젝트 주인(Project Owner)의 핵심 가치와 직결되는 영역을 다루며, 그 본질은 수행 과정에서 다음과 같은 질문들에 대해 지속적으로 답을 구하고, 그 과정에서 식별되는 리스크를 최소화하여 계획 수립 당시의 목표를 달성하기 위한 노력이라 할 수 있다.

- 이 프로젝트를 완료하는 데 비용이 얼마나 들 것인가? 주어진 예산 내에 프로젝트를 완료할 수 있을 것인가? 어떠한 방법론으로 이를 예측할 것인가? 예산을 준수하는 것이 어려워 보인다면 어떻게 해야 할 것인가?
- 이 프로젝트를 완료하는 데 시간이 얼마나 필요할 것인가? 우리는 현재 어느 위치에 와 있는가? 주어진 기간 내에 프로젝트를 끝낼 수 있을 것인가? 어떠한 방법론으로 이를 예측할 것인가? 공기를 준수하는 것이 어려워 보인다면 어떻게 해야 할 것인가?

따라서 Project Control은 프로젝트 생애주기 중 특정 단계에만 국한되는 것이 아니라, 전 생애 주기에 걸쳐 시간과 비용에 대한 측정(measuring) 및 전망을(forecasting) 기반으로 체계적으로 관리하는 과정이라 할 수 있다.

▌프로젝트 생애주기(Life Cycle)에서의 Project Control

일반적인 프로젝트 매니지먼트(Project Management) 이론에서 프로젝트 생애 주기(Life Cycle)는 다음과 같이 정의된다.

> 착수(Initiation) → 기획(Planning) → 수행(Execution) → 관찰 및 통제 (Monitoring and Controlling) → 완료(Closing)

이러한 생애 주기 내에서 Project Control은 관찰 및 통제(Monitoring and Controlling) 단계에서만 그 역할을 하는 것이 아니라 전 과정에서 아래와 같은 역할을 수행한다.

1. 착수(Initiation) 및 기획(Planning) 단계

- 프로젝트 Feasibility 검토(수익성 등 측면): 최종 의사결정(Final Investment Decision; FID)을 위한 조언 수행
- 예산 수립(cost/budget estimate) 및 자금 조달 계획(Financing)에 대한 조언
- 일정 수립 및 계약 리스크 분석에 의거한 적절한 계약 형태(procurement route) 조언

2. 수행(Execution) & 관찰 및 통제(Monitoring and Controlling) 단계

- Baseline 수립
- 예산 집행(payment) 및 진행률 평가(valuation)
- 원가 분석 및 예측(cost analysis and forecast)
- 일정 분석 및 예측(schedule analysis and forecast)
- Change/Variation에 의한 영향도 분석(cost & schedule 측면)
- 원가(Cost) 및 일정(schedule) 리스크에 대한 분석 및 대응 방안 조언

3. 완료(Closing) 단계

- 최종 정리 및 평가(Final Valuation/Account)
- 수행 실적에 대한 분석 및 Lessons Learned 도출

전 생애주기에서 이러한 Project Control의 역할이 매우 중요한 이유 중에 하나는 특정 프로젝트의 완료 단계에서의 결과물은 다른 프로젝트의 기획 단계에서 주요 의사결정의 기반이 되는 핵심 자료로 활용된다는 점이다. 다시 말해, 건설/플랜트 기업에서 매출의 근간이 되는 프로젝트들은 각자 독립적으로 존재하기보다는 상호 간에 유기적으로 엮여 있다고 볼 수 있으며, Project Control이 각 프로젝트들을 연결해 주는 고리 역할을 한다고 할 수 있다.

▌Project Manager vs. Project Control Manager

위에서 언급했듯이 많은 사람들이 Project Control Manager의 역할에 대해 혼동한다. 특히 Project Manager와 Project Control Manager의 역할에 대해 직급상 위아래 정도로만 생각하지 맡은 역할 및 책임에 대해 구분을 하지 못한다.

Project Manager는 프로젝트에 대해 전체적으로 책임을 지는 직책이다. 기업에 따라 Project Manager의 책임과 권한을 일부 제한하는 경우도 있지만, 일반적으로는 프로젝트의 총 책임을 맡는 직책이라 간주할 수 있다. 위에서 상세히 설명한 Project Control Manager는 프로젝트에서의 일정과 비용을 책임지는 직책이다. 정확히 얘기하면 이에 대해 책임을 진다기보다는 프로젝트가 어떻게 진행이 되고 있고, 예산은 어떻게 집행되고 있으며, 완료 시점은 어떻게 전망이 되며, 최종 원가는 어떻게 전망이 되는지 등에 대해 지속적으로 확인하고 분석하며 정리하여 경영진에 보고하는 책임을 가진다. 의사결정권자가 아닌 옆에서 분석하고 조언하는 컨설턴트 느낌의 직책이라 할 수 있다.

혼동하기 쉬운 Project Manager와 Project Control Manager의 차이는 다음과 같은 예를 보면 쉽게 이해할 수 있다.

Project Manager는 항해하는 배의 선장(Captain)이다. 배의 모든 것을 책임지고 지시를 할 수 있는 권한을 가지고 있다. Project Control Manager는 항해하는 배의 방향을 책임지는 항해사(Navigator)라 할 수 있다. 항해사는 항해의 모든 것에 책임을 지지 않는다. 다만 배의 방향, 속도 및 변화를 제어하고, 어디에 위치해 있는지, 목적지를 향해 제대로 가고 있는지 등을 지속적으로 확인해서 선장에 보고한다.

　따라서 건설 프로젝트에서의 Project Control Manager의 주 역할은 일정과 비용에 대한 끊임없는 확인과 분석, 그리고 예측이다. 이들이 하는 분석과 전망에 의해 프로젝트는 방향을 정하고 최종 목표를 향해 나아간다. 이들이 프로젝트의 현재 위치를 잘못 측정하거나 프로젝트가 가고 있는 방향에 대해 잘못된 예측을 하면 프로젝트는 올바른 방향으로 나아갈 수 없다.

　분석과 전망이란 아무것도 없는 상태를 기반으로 하여 이루어지는 것이 아니다. 특히 여러 가지 분석 기법들, 다양하고 복잡한 용어와 수식과 함께 등장하는 고차원적인 분석 방법론들, 그리고 이를 기반으로 하여 수행하는 전망 기법들은 일견 화려해 보이지만, 이러한 방법론들이 Project Control의 핵심 영역인 것은 아니다. 오히려 이러한 기법들은 여러 선구자들이 개척해 놓은 방식을 필요에 따라 그대로 차용하여 사용하기만 하면 된다.

　이러한 분석 기법들보다 Project Control 관점에서 신경 써서 고려해야 할 점은 분석을 위해 필요한 적절한 데이터이다. 주춧돌이 튼튼하지 않으면 건물을 세울 수 없듯이, 적절하고 신뢰성 있는 데이터를 확보하지 못한다면 화려한 분석 기법들은 의미가 없다. 이는 Project Control을 담당하는 사람들이 끊임없이 데이터와 씨름해야 하는 이유이기도 하다.

▌Project Control과 데이터(Data)

　앞서 언급한 것처럼 Project Control의 본질은 일정과(Time) 비용(Cost)을 측정하고, 분석하며, 방향을 예측하고 전망하는데 있다. 이러한 본질을 영어로 표현하면 estimate, analysis, measure, forecast 등의 단어가 적절하다.

　그렇다면 이러한 단어들로 그 특성을 표현할 수 있는 Project Control의 기반은 무엇일까? 무엇을 통해서 추정 및 견적(estimate)할 것이며, 무엇을 분석(analysis)할 것이며, 무엇을 측정(measure)할 것이고, 무엇을 기반으로 전망 및 예측(forecast)할 것인가? 추정을 하던 분석을 하던 측정을 하던 예측을 하던 그 기반이 되는 무엇인가가 존재해야 한다. 그것은 바로 데이터이다.

　신규 프로젝트를 기획하는 단계에서 최종 의사결정(FID; Final Investment

Decision)의 기반이 되는 핵심 요소 중 하나는 프로젝트 목적물을 운영하여[1] 이익을 창출할 때까지 필요한 비용이 어느 정도일까를 추정하는 것이다. 발주자 입장에서 이러한 투자 비용을 마련하기 위해 자기 자본을 동원하거나 혹은 프로젝트 파이낸싱(Project Financing) 등을 통해 타인 자본을 끌어들여야 하는데, 어느 경우이건 그 비용의 크기에 굉장히 민감할 수밖에 없다. 투입되는 초기 자본의 크기를 신뢰할 수 있는 예측을 통해 가늠할 수 있어야 프로젝트 예상 및 목표 수익률을 산출해 낼 수 있고, 이를 통해 프로젝트 진행 여부를 결정할 수 있다.

따라서 어떤 프로젝트이든, 특히 프로젝트의 규모가 크면 클수록, 이러한 예상 비용을 산출해낼 수 있는 신뢰성 있는 데이터를 필요로 한다. 여기서 신뢰성 있는 데이터라 함은 그 데이터 자체에 합당한 근거가 있어야 한다는 의미이다. 근거를 갖추기 위해서는 산출 방법이 논리적, 학문적으로 논증 가능해야 하거나, 혹은 기반이 되는 데이터 자체가 독립적으로 존재하는 것이 아닌, 비교 검토 가능한 다른 신뢰성 있는 지표를 기반으로 해야 한다.

이때 가장 신뢰성 있는 비교 검토 가능한 지표란 결국 추진하고자 하는 프로젝트와 유사한 실적 프로젝트의 데이터라 할 수 있다. 도심부 상업용 건물 신축이라 하면 과거 유사한 건물 신축 시 발생했던 실적 원가를 기반으로 예상 비용을 계산할 것이며, 태양광 발전소 건설의 경우 또한 유사한 과거 발전소 건설 시의 실적 원가를 바탕으로 비용을 산출할 것이다. 과거 데이터를 기반으로 이후 기간동안 발생했던 인플레이션, 인건비 변동 추이, 원자재 가격 변동 내역, 지역적 차이 등의 변수들을 고려하여 최대한 합리적인 추정을 할 수 있다. 이러한 이유로 신뢰성 있는 데이터를 기반으로 한 비용 추정의 중요성을 잘 알고 있는 선진 기업들은 항상 진행했던 프로젝트의 실적 데이터들을 체계적인 기준 및 절차를 통해 정리하고 분석하며 축적해 놓는다.

---

1) 건설 프로젝트의 최종 목적물은 공공 공사를 제외하고는 이익을 추구한다는 데 있어 운영 목적은 동일하지만 그 종류에 따라 운영하는 방식 및 수익을 거두는 구조가 다르다. 상업용 건물이라면 건설 과정을 통해서 만들어진 공간을 임차인에게 임대해 주어 그 대가인 세를 받아 수익을 올린다. 정유나 석유화학 공장이라면 공장 완공 후에 제품 생산을 통해 수익을 올리는 구조이다. 건축물이라 할 수는 없지만 상업용 배의 경우에는 대부분의 경우 선주들이 배를 임대해 주어 용선료를 통해 수익을 창출하고, 석유(Oil and Gas) 플랫폼은 석유 및 가스 생산을 통해 수익을 거둔다.

기업뿐만이 아니다. 영국과 같은 경우는 이러한 건설 데이터베이스를 협회 차원에서 시스템화 하여 기업들이 비용을 추정할 때마다 참조할 수 있도록 구축해 놓았다(BCIS; Building Cost Information Service). 단일 기업이 구축하는 데이터베이스 보다는 협회 차원에서 구축하는 데이터베이스가 훨씬 더 광범위한 데이터를 포함할 수 있어 기업들 입장에서는 더욱 참고할 만하다.

이렇게 축적된 데이터는 정보(Information)를 형성하고 이를 기반으로 하여 의미 있는 지식(Knowledge)을 탄생시킨다. 지식이라 함은 경험을 통해 만들어진 방법론이다. 이전 유사한 프로젝트를 통해 원가, 공정, 기성 등의 데이터를 축적하고 이에 대한 분석을 통해 새 프로젝트에 적용할 수 있는 방법론을 수립하면 지식 기반의 프로젝트 경영이라 할 수 있다. 건설 산업은 결국 이렇게 축적된 데이터로부터 생겨나는 지식 기반의 산업(Knowledge based

영국 BCIS 데이터베이

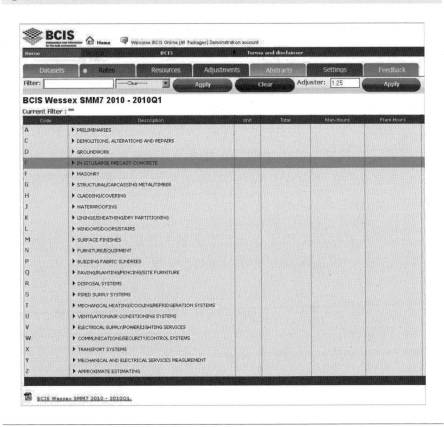

Industry)이라 할 수 있고, 그 핵심이 되는 지식 및 방법론에 대한 기반을 제공해 주는 과정이 바로 Project Control이다. 다음 사례들을 참고하면 이를 쉽게 이해할 수 있다.

1. 해외 플랜트 건설로 유명한 건설사에 다니는 A 과장은 신규 입찰 예정인 발전 플랜트의 견적을 책임지는 매니저 역할을 맡았다. 회사에서는 이 프로젝트에 나름 사활을 걸고 있다. 기본적으로 1차 견적가를 산출해내야 하는데, 어떤 기준으로 어떻게 견적 내역을 준비할 것인가?

2. 발주처에 제출한 견적(Commercial + Technical Proposal)이 입찰을 통과해 우선 입찰자(Preferred Bidder)로 선정되었다. 최종 계약 전, 발주처로부터 상세한 작업 일정 등을 담은 Baseline[2]을 제출할 것을 요구 받았다. 이 Baseline은 주요 계약 마일스톤(Milestone)[3]을 포함해야 하며, 각 마일스톤 사이의 상세 작업(activity)들은 논리적으로 연결(logically linked)되어 있어야 한다. 이러한 상세 작업들은 무엇을 기반으로 하여 어떻게 정의하고 상호간에 어떤 관계를 가지고 있으며 얼마나 기한을 부여할 것인가?

3. A 과장은 결국 프로젝트 계약을 따 내고 견적팀에서 프로젝트 수행 조직인 PM으로 발령받았다. 맡은 보직은 Project Control Manager이며, 프로젝트의 공정 및 원가에 대해 동료들과 함께 책임지게 되었다. 프로젝트 총 책임자인 PM으로부터 받은 업무 수행에 대한 지침은 다음과 같다.

'프로젝트 진행 과정 중에 공정과 투입 원가 등을 지속적으로 관찰(monitoring) 및 측정(measuring) 하여 이를 발주처 및 매니지먼트에 보고(report)

---

2) 프로젝트의 범위, 일정 및 원가 요소 등을 포함하여 기준을 잡아주는 공식 계약 문서. 프로젝트 수행 과정에서 합의된 Baseline을 기준으로 공정률, 투입 원가 등을 지속적으로 측정(measuring) 및 관리(controlling)해 주고 계획 비 실적을 비교 검토해 향후 일정 및 예상 원가 등을 전망(forecast)하며, 문제가 생길 시 이에 대한 분석을 통해 새로운 계획을 도출한다.

3) 계약 시 합의하는 프로젝트의 주요 사건(Event). 이러한 마일스톤들은 대금 지불(payment)의 근거가 되기도 하고, LD(Liquidated Damages)의 기준이 되기도 하며 대금 지불이나 배상과는 관련이 없는 단순 계약적 요구 사항이기만 할 수도 있다.

하고, 계획 비 실적을 분석하여 향후 예상되는 일정 및 원가를 전망하며(forecast), 계약 납기일 및 주어진 예산에 차질이 예상될 시에는 이에 대한 대책 및 대응 방안을 마련하여 보고할 것'

A 과장은 본인이 맡아야 할 역할에 대해 곰곰이 생각해 본 후 다음과 같이 반드시 확인해야 할 사항을 정리하였다.

- 프로젝트의 공정율과 투입 원가는 어떤 기준으로 측정할 것인가?
- 측정 주기 및 보고는 얼마나 자주 할 것인가?
- 향후 전망은 어떤 기준으로 어떻게 할 것인가?
- 공정 지연 및 예산 초과가 우려될 경우 대응 방안을 어떻게 마련할 것인가?

위와 같은 A 과장이 맡은 업무 중 실적 데이터를 기반으로 하지 않는 업무는 없다. 구체적인 예를 들어보자.

프로젝트의 공정률을 측정하기 위해 가장 우선적으로 해야 할 것은 분류된 작업(WBS, Work Breakdown Structure)에 대해 가중치(Weight Factor)를 할당하는 것이다. 일반적으로 건설 프로젝트의 WBS에서 가장 상위 레벨은 설계(Engineering), 조달(Procurement) 및 시공(Construction)으로 정의한다. 이 외에 프로젝트 특성에 따라 시운전(Commissioning), 설치(Installation), 운송(Transportation) 등이 있을 수 있지만 이 경우에는 가장 일반적인 E, P, C만 고려해서 생각해보자.

설계(E)는 10%, 조달(P)은 50%, 시공(C)은 40%의 가중치를 부여한 경우를 생각해보자. 이렇게 가중치를 부여하는 근거는 무엇일까? 계약서에 특별히 지정한 가중치를 포함시켜 놓았을 수도 있고, 발주자와 계약자 사이에 특별한 가중치 설정 방법을 합의하여 그 기준으로 할 수도 있다. 만약 특별히 정해진 기준이 없다면, 일반적으로 사용하는 방법은 각 영역에 해당하는 원가, 혹은 계약가를 기준으로 가중치를 정한다.

설계에 10%의 가중치를 부여한다는 것은, 설계에 대한 원가 혹은 계약가 비중이 전체 공사 원가 혹은 계약가에서 10%를 차지한다는 것을 의미한다. 그렇다면 설계에 배정된 원가는 어떻게 계산된 것일까? 물론 이 원가는 프로젝트 견적 당시에 프로젝트 요구 조건(Requirements)을 준수하기 위해 필요할 것으로 예상되는 공수(Man-Hours) 및 각 기업이 자체적으로 책정하는 공수당 단가를 고려하여 책정된다. 입찰 초청(ITT)을 받은 계약자는 이를 기준으로 견적하여 제안서(Proposal)를 제출하고, 이후 발주자와의 협상 과정을 통해 최종 계약가를 결정한다.[4]

새롭게 추진하는 프로젝트를 위한 예상 공수를 산출할 시에 산출 근거가 필요하며 이는 이전에 수행했던 프로젝트의 실적 공수를 기반으로 할 수밖에 없다. 물론 세상에 동일한 프로젝트는 존재하지 않기 때문에 과거에 수행했던 프로젝트 중 가장 관련성이 높은 프로젝트를 기준으로 하며, 견적 오류를 줄이기 위해 그 기준을 최대한 세분화하여 원가 요소별(Cost Element)로 구분된 실적 원가를 기준으로 추정한다.

예를 들어, 플랜트 배관 설계에 필요한 공수를 견적하기 위해서는 과거 수행했던 공사 중 가장 유사한 공사의 실적 원가를 찾아서 세분화된 원가 요소를 신규 프로젝트 견적에 이용하는 식이다. 물론 프로젝트마다 특성의 차이가 있기 때문에 여러 가정을 통해 보정 작업을 한다. 이 보정 작업은 가정을 기반으로 하기 때문에 본질적으로 오류 가능성을 내재하고 있으며, 기업의 경험과 역량을 감안한 리스크를 고려하여 보정을 하는 수밖에 없다. 하지만 벤치 마크 대상이 되는 실적 프로젝트의 원가 요소가 신뢰성이 없다면 아무리 보정을 잘 했다고 하더라도 그 결과는 신뢰하기 어려우며, 따라서 견적 자체가 잘못될 가능성이 높아진다.

지금 논의한 내용을 확장하면, 잘못된 데이터, 즉 잘못된 실적 원가 요소를 기반으로 견적된 프로젝트는 견적 오류의 가능성이 매우 높으며, 계약 이후 매니지먼트 과정에서도 잘못된 Baseline을 수립하여 프로젝트의 방향성 측면에서 잘못된 지침을 주게 된다. 계약 마일스톤 및 완료 일정을 준수하기 위해 계약자가 수행할 수 있는 역량을 넘어서는 무리한 수준으로 자원을 배분(resources allocation) 하거나 혹은 각 activity별 잘못된 관계를(Relation) 수

---

4) WBS 각 항목에 대한 금액을 견적할 때, 발주자 요구 조건에 따라 해당 견적에 계약자의 이익 (profit)을 포함시키는 경우도 있고, 아니면 각 영역에 할당되는 금액은 순수 원가만 포함하도록 하고 이익에 해당하는 부분은 별개의 WBS로 구분해서 분리하는 경우도 있다. 물론 발주자 요구 조건이 이익 부분은 별개의 WBS로 구분하는 것이라 하더라도 계약자는 이익 부분을 숨겨서 각 WBS에 적절히 묻어놓는 경우도 있다.

립할 가능성이 높기 때문이다.

　Project Control은 기존의 데이터를 이용해 각종 분석을 하는 행위뿐 아니라, 프로젝트 진행 과정에서 분석을 통해 새로운 데이터 자체를 생성하기도 한다. 만약 잘못된 데이터를 통해 수립된 계획에 기반하여 자원이 투입되면, 새롭게 생성되는 실적 데이터 역시 신뢰성을 가지지 못한다. 계약자가 일반적으로 수립하는 계획은 대부분 가장 효율적으로 일할 수 있는 모범 사례(Best Practice)를 기반으로 하는데, 계획을 수립할 때 참고하는 데이터가 오류를 내포하고 있다면, 계획에 따라 산출되는 실적 데이터 또한 오류를 가질 수 있으며, 이후 이렇게 오류를 내포한 실적이 Best Practice로 잘못 간주된다.

　이렇게 오류에 기반한 실적이 Best Practice로 잘못 간주되면, 이를 기반으로 한 견적은 적절하다 할 수 없다.

　다시 말해, Project Control이라는 과정은 프로젝트 전체 수행 과정 중에 데이터를 분석하고 이를 통해 새로운 데이터를 생성하는 과정이라 할 수 있으며, Project Control 시스템이 제대로 작동하지 않는다면 계약자는 결코 프로젝트를 성공적으로 수행할 수 없다고 말할 수 있다. 따라서 Project Control은 단일 프로젝트뿐이 아닌, 건설/플랜트 산업에서 계약자의 역량을 가늠할 수 있는 하나의 척도이자, 기업을 지속 가능하게 해주는 핵심 원동력이라 할 수 있다.

　다시 A 과장의 예로 돌아가보면, A 과장은 프로젝트에 대한 초청(ITT)을 받은 순간부터 수행 단계의 프로젝트 완료 시점까지 전 과정에 관여하면서 Project Control 업무를 수행하고, 프로젝트 관련 데이터를 다룬다. 이 과정이 없다고 해서 프로젝트를 수행하지 못하는 것은 아니다. 하지만 Project Control을 적절히 수행하지 못한다면, 그 기업은 프로젝트를 성공적으로 마무리할 수 없고, 새로운 프로젝트에 효과적으로 대응할 수 없으며, 더 나아가 기업 자체가 지속 가능할 수 있을지 여부도 의문이다. Project Control 역량 없이 몇 개의 프로젝트는 큰 차질 없이 마무리할 수 있을지 몰라도, 수 십년 이상 해당 비즈니스를 지속적으로 유지하기는 불가능하다.

　이런 이유로 필자에게 누군가가 실력 있는 계약자를 어떻게 구분할 것이냐고 질문을 던진다면, 필자는 우선적으로 Project Control 역량이라 대답할 것이다. 뛰어난 Project Control 역량을 가지고 있는 기업은 견적 단계에서 합리적인 기준을 통해 견적을 산출할 수 있고, 뛰어난 예산 및 원가 관리 능력을 통해 원가를 적절하게 통제할 수 있으며, 필요한 시점에 공기와 잔여 예산에 대한 효과적인 분석을 수행하여 발생할 수 있는 공기 지연 및 예산 초과 리스크에 선제적으로 대응할 수 있다. 따라서 저가 수주 및 예산 통제 실패로 인한 무리한 클레임 또한 추진할 필요도 없다.

특히 2000년대 이후로 건설/플랜트 산업에서는 EPC 계약 방식이 유행하며, 구조가 더욱 복잡해지고 계약자에 더 많은 리스크를 전가하여 Project Control은 기업이 반드시 보유해야 할 핵심 역량이 되었다. 한국의 많은 건설/플랜트 기업이 지난 십 수년간 EPC에서 어려움을 겪은 이유는 여러 가지가 있을 수 있지만, 그 이유 중 하나는 바로 Project Control 역량 부족이라 할 수 있다.

| 참고문헌 |

- http://www.projectcontrolacademy.com/difference-project-controls-project-management
- Wayne J. Del Pico, 2013, Project Control: Integrating Cost and Schedule in Construction

획득 가치관리
(EVM; Earned Value Management)

획득 가치관리(EVM; Earned Value Management)는 Project Control의 핵심 개념을 이해하기 쉽게 만든 이론 체계이다. 앞서 제3장 〈Project Control이란 무엇인가〉에서 언급했듯이 프로젝트와 관련된 데이터를 분석하는 여러 기법이 있는데, EVM은 그 중 가장 대표적으로 활용되는 기법이라 할 수 있다. PM 부서에서 일하는 분이나 PMP 자격증을 취득하기 위해 관련 내용을 공부해 보신 분들은 이미 상당히 익숙하겠지만 중요한 개념이기에 여기서 소개해 본다. 한 가지 당부 드리고 싶은 점은 EVM은 성과에 대한 척도를 여러 가지 복잡해 보이는 지수 및 용어로 나타내고 이 용어 때문에 더욱 혼선이 오는 경우가 많은데, 용어 자체보다는 개념에 대한 이해가 중요하니 단순 문제 풀이를 위한 용어 암기보다 핵심 개념에 대한 이해에 집중했으면 하는 바람이다. 특히 EVM을 바라볼 때, 각 용어와 공식이 나타내는 단순한 의미보다 프로젝트가 현재 어느 위치에 있고, 어떤 방향으로 나아가고 있는지 제시해주는 EVM의 본질적인 측면에 주목해 주었으면 한다. 이는 Project Control의 본질과 맞닿아 있기 때문이다.

어떤 대상의 가치를 평가하기 위해서는 적절한 평가 기준이 있어야 한다. 일반적으로 물건의 가치를 나타내는 가격은 화폐 단위로 표시되는데 화폐의 가치가 지속적으로 변하기 때문에 우리가 인지하는 가격이 물건이 내재하고 있는 가치를 정확하게 나타낸다고 보기는 어렵다. 그래서 평가 대상의 가치를 제대로 평가하기 위해서는 여러가지 평가 방법론들을 이용하며, 이때 여러 가지 지표들을 이용하여 그 결과를 나타낸다.

부동산의 현재 가치가 싼지 비싼지를 평가하기 위해서는 단순히 현재 호가/실거래가만 보아서는 안 된다. 서울에서 10억에 거래되는 아파트의 가격 자체는 이 아파트가 싼지 비싼지 알려주지 않기 때문이다. 이 아파트가 3년 전에 7억이었는데 지금은 10억이 되었기 때문에 비싸다고 얘기할 수는 없다. 이 아파트의 가격이 3년 동안 3억이 올랐을 뿐이지 7억이나 10억 자체는 싼지 비싼지 여부를 알려줄 수 없으며, 3년 전 7억이라는 가격이 싼 것일 뿐 현재 10억의 가격은 제 가치를 반영한 가격일 수도 있고, 혹은 여전히 싼 가격일 수도 있기 때문이다. 따라서 부동산 가격의 적절성 여부를 평가할 시에 사용될 수 있는 여러 지표 중 하나가 소득 대비 주택 가격 비율(PIR; Price to Income Ratio)이다. 부동산을 구매할 수 있는 주요 원천은 결국 매년 발생하는 소득이기 때문에 구매 여력과 부동산 가격의 비율을 따져 가격의 적절성을 평가하는 기준으로 이용한다. 흔히 얘기하는 '연 소득을 몇 년 모아야 아파트 한 채를 살 수 있을까'하는 질문에서부터 비롯되는 지표이다. 예를 들어, 5년 전에 PIR이 10이었는데 현재 15가 되었다면 '소득 수준 대비 부동산이 비싸졌다'라고 평가할 수 있으며, 외국 주요 도시의 PIR은 8인데 서울은 15라면 '외국 주요 도시 대비 서울의 부동산 가격이 상대적으로 비싸다'라고 얘기할 수 있다.

주식 또한 마찬가지이다. 우리가 주식 거래에서 보고 있는 가격은 해당 주가가 싼지 비싼지 평가하는 데 아무런 도움이 되지 못한다. 해당 기업이 발행한 주식 수가 모두 다르기 때문이다. 따라서 주식의 가치를 적절히 평가하기 위해 여러 지표가 이용되는데 그 중 하나는 이익 대비 가격 비율(PER; Price Earning Ratio)이다. 기업의 본질적인 존재 이유인 이익을 해당 주식이 시장에서 거래되는 시가 총액과 비교하여 해당 주식이 싼지 비싼지 평가하는 지표이다. PER이 5 수준에서 거래되는 주식은 PER이 15 수준에서 거래되는 주식보다 일반적으로 싸다고 평가한다.

우리가 진행하는 프로젝트 또한 마찬가지이다. 우리 프로젝트가 어떻게 진행되고 있는지 판단하기 위해서는 적절한 평가 지표가 필요하다. 고위 임원이 프로젝트 진행 현황에 대해 물었는데 그냥 "잘 진행되고 있습니다" 혹은 "망했습니다"라고만 얘기할 수는 없다. 현재 상황을 적절하게 판단하여 현 시점에 어떻게 진행되고 있는지 수치화하여 표현할 수 있어야 이를 기반으로 적절한 의사결정을 내릴 수 있다. 획득 가치관리(EVM)는 이 관점에서 유용하게 활용될 수 있는 방법론이다.

▌시간과 돈의 함수

대부분의 건설/플랜트 프로젝트의 주 목적은 수익 창출이다. 따라서 프로젝트 주인, 즉 발주자의 입장에서 수행 기간 내내 가장 관심을 가지는 부분은 '완료 시점까지 원가가 얼마나 들어갈 것인가'와 '언제부터 공장을 가동하여 수익을 창출해 낼 수 있을까' 라는 질문에 대한 답이다. 미래에 어떤 일이 벌어질지 아무도 알 수 없지만, 건설/플랜트 프로젝트는 대개 상당히 큰 규모의 자금이 투입되어야 하고, 그 중 상당 부분을 투자자로부터 투자를 받거나 금융 기관으로부터 차입 받는 형태로 조달하기 때문에 공사 완료 시점과 해당 시점까지의 투입 비용 등에 대한 끊임없는 분석과 전망이 필요하다.

모든 프로젝트는 기획 단계에서부터 필요한 예산 및 일정 등에 대해 상세한 계획을 잡고 이에 따라 자금 조달 계획을 세운다. 초기에 계획한 예산이 적절한지 여부, 그리고 기한 내에 공사가 마무리될 수 있을지 등을 가늠하기 위해서는 수행 기간 중 지속적으로 진행 현황에 대한 확인이 필요하다. 이때 중요한 점은 계획과 비교해서 현황을 평가해 주어야 한다는 것이다. 현재 시점에서 공정률을 50% 달성했다는 현황은 의미 있는 정보를 제공해주지 못한다. 현재 시점까지 계획이 40%였는데 실제 50%를 달성하여 계획보다 10%만큼 앞서 나가고 있다거나, 계획이 60%였는데 실제로는 50%를 달성하여 계획보다 10%만큼 뒤쳐져 있다는 구체적인 정도를 판단할 수 있는 수준이 되어야 의미 있는 정보라 할 수 있다.

계획 대비 진행 현황을 지속적으로 체크하는 항목은 두 가지이다. 먼저 공정 현황으로 현재 시점까지 계획했던 양의 작업을 실제로 마무리했는지 여부를 확인한다. 만약 계획보다 지연이 발생하고 있다면 원인을 분석해서 만회

계힉(Catch-up Plan)을 준비하든지, 혹은 예상 완료 시점을 뒤로 조정하여 공정 지연에 의해 발생할 수 있는 리스크를 최소화할 수 있도록 해야 한다. 다른 하나는 원가 현황으로 초기에 책정한 예산 집행 계획에 맞추어 실제로 원가가 발생하고 있는지 여부를 확인한다. 특정 시점에 계획했던 수준보다 원가가 초과로 발생하고 있다면 그 원인을 분석하고 절감 계획을 수립해야 하며, 마땅치 않을 시 추가 자금 조달 등의 계획을 세워야 한다.

그렇다면 시간과 돈이라는 두 가지 중요한 특성을 어떻게 하나로 엮어서 유용한 지표로 활용할 수 있을까?

▌작업 범위(Scope)의 확정

현재 진행 상황이 제대로 되고 있는지를 파악하기 위해서는 항상 계획과 비교하여 분석하여야 한다. '현재 상황을 기존 계획과 비교 분석하여 이로부터 의미 있는 결과를 도출한다'라는 명제에는 계획이 타당하고 실현 가능해야 한다는 기본 전제가 깔려 있다. 예를 들어, 달성 불가능한 계획을 세워 놓고 수행 기간 내내 비합리적인 계획과 비교 분석하여 보고 자료를 만든다면 이를 통해 의미 있는 결과를 얻어내기 어렵다. 과하게 낙관적인 계획(optimized plan)을 세우면 진행 과정 중 내내 만회 계획(Catch-up Plan)에 대한 압박에 시달릴 수 있고, 작업을 너무 독촉하다 보면 성급한 의사결정, 과도한 초과 작업으로 인한 생산성 저하, 낮은 설계 품질에 의한 추가/재작업 및 잦은 작업 실수 등과 같은 악효과가 발생할 수 있다. 반면에 너무 보수적으로 계획을 세우면 수행 기간 내내 프로젝트는 수월하게 진행되는 것처럼 보일 수 있으나, 계획 자체가 최적의 생산성을 기준으로 수립된 것이 아니기 때문에 계약자가 기대하는 수준의 생산성을 달성하기 어렵다. 시간과 돈은 주어진 대로 모두 소진하는 경향이 크기 때문이다.

그렇다면 타당하고 실현 가능한 계획은 어떻게 수립할 수 있을까?

우리가 어떤 일을 할 때 가장 우선적으로 정해야 하는 것은 구체적으로 어떤 일을 해야 하는가이다. 카페를 창업하기로 결정했다고 해보자. 가장 먼저 고민해야 하는 것은 '카페를 창업하기 위해 무엇을 해야 하지?'라는 것이다. 카페를 창업한다는 목적을 달성하기 위해 수행해야 하는 구체적인 일을 정의해 주어야 한다. 순서를 고려하지 않고 일반적인 카페 창업을 위해 필요한 일을 생각해보면 주로 사업자 등록, 입지 선정, 장비 구매, 인테리어 결정 및 시공 등이 있을 수 있다. 카페를 오픈하기로 한 날짜를 정하고 그 날짜까지 위 사항들을 모두 완료하기 위한 구체적인 계획을 세운 후 임대 계약 등을 포함해서 계획대로 일을 마무리한다. 하지만 막상 오픈 전날이 되고 보니 가장 중요한 것 하나를 빼먹었다. 바로 무엇을 팔지, 즉 메뉴를 결정하지 않았다. 카페를 시작하기 위해 가장 필수적인 요소를 깜빡하고 준비하지 못했으니 계획된 날짜에 카페를 오픈하지 못하고 메뉴 개발이 완료될 때까지 매출 없이 하염없이 임대료만 내고 있을 상황이 된 것이다.

실제로는 저런 황당한 일이 발생하지 않겠지만 공사를 수행하다 보면 필수적으로 수행하여야 할 작업인데 계획에 포함되어 있지 않은 경우가 종종 발생한다. 공식적인 계약 변경(Variation)에 의한 경우도 있지만 계획에 포함되어야 할 작업이 사전에 검토되지 않아 누락되는 경우도 종종 발생한다. 이렇게 프로젝트 내에서 수행해야 할 작업에 대해 정의해 주는 것을 Scope of Work(SOW)라고 한다. 보통 계약서에서 계약서 본문 외 부속 서류 중에 가장 먼저 첨부되어 있는 부분이다.

이렇게 작업 범위(Scope)에 대해서 정의해 줄 때 몇 가지 고려해야 할 점이 있다. 먼저 작업을 정의할 때 상세하고 명료하게 해 주어야 한다. 같은 단어 및 문장을 보더라도 내가 이해하는 바와 상대방이 이해하는 바가 다른 경우가 있다. 문장이 깔끔하지 않거나 서로 다르게 해석할 수 있는 모호한 단어를 사용하는 경우인데, 무엇을 해야 할지에 대한 본질적인 내용이므로 작업 범위에 대한 정의를 보는 모든 사람이 똑같이 이해할 수 있도록 표현되어야 한다. 또한 해당 작업이 어떤 기준을 만족시켜야 성공적으로 완료된 것으로 간주할 수 있는지 명료하게 표현되어야 한다.

예를 들어 계약서 내에 다음과 같은 문구가 있다고 해보자.

The FPSO will stay connected up to a 10-year cyclone storm condition.

위와 같이 기술된 요구 조건은 보는 사람에 따라 해석이 다를 수 있다. 어떤 사람은 10-year cyclone이 올 때 FPSO가 단지 연결만 되어 있으면 된다고 해석할 수도 있고, 어떤 사람은 FPSO의 특성상 connected라는 문구는 결국 operation을 의미한다고 주장할 수도 있다. 물론 전체 문맥과 다른 계약 문구를 보고 더욱 명확하게 문구의 의도를 파악할 수 있지만, 위 문구만 보면 다르게 해석할 수 있는 여지가 있다.

이렇게 작업 범위(Scope)를 정의해 주는 과정은 단순히 계약서를 작성해야 하는 계약 상대방 사이에서만 필요한 것은 아니다. 기업 내부에서도 계획을 수립하는 과정에서 명확한 작업 범위를 정의해 주어야 해당 작업 기준을 통해 관련된 내부 관계자들이 혼선 없이 효과적으로 업무를 수행할 수 있다.

▌Work Breakdown Structure; WBS

작업 범위에 대한 정의를 내려주고 나면 필요한 작업들을 구조화해 주어야 한다. 이는 다음과 같은 장점이 있기 때문이다.

- 작업* 간의 순서 및 관계를 명확하게 할 수 있다.
- 각각의 작업*을 완성하기 위한 세부 작업 항목들(activity list)을 각 작업에 할당할 수 있다.
- 각각의 작업* 그리고 총합적인 결과에 대한 성과 평가 목적으로 용이하다.

여기서 작업*이라 표시한 부분은 각각의 작업 행위를 의미하기보다는 여러 작업 행위들의 종합적인 결과로 나타날 수 있는 산출물을 구분하는 단위를 의미한다. 프로젝트란 결국 특정한 결과물을 만들어가는 과정이므로 최종 산출물을 구성하는 중간 단계의 산출물 단위로 구분하고 이를 구조화한다. 이렇게 구성되어 계급화된(hierarchy) 작업* 구조를 WBS라 부른다.

구조화/계급화 되어 점점 세분화되어 내려가는 각 산출물 단위 중 가장 낮은 레벨에 위치해 있는 것을 Work Package라 부른다. 각 Work Package는 산출물 단위로 더 이상 나누어지지 않으며 상세한 작업 행위를 뜻하는 activity로 구성된다. Work Package를 더 이상 나누지 않는 이유는 이 수준에서는 충분히 관리 가능한 수준으로 간주하여 더욱 세부적인 단계로 구성하면

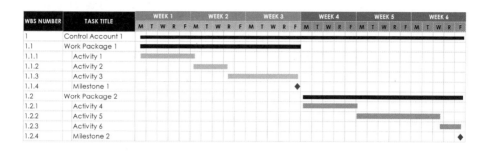

WBS NUMBER	TASK TITLE	WEEK 1					WEEK 2					WEEK 3					WEEK 4					WEEK 5					WEEK 6				
		M	T	W	R	F	M	T	W	R	F	M	T	W	R	F	M	T	W	R	F	M	T	W	R	F	M	T	W	R	F
1	Control Account 1																														
1.1	Work Package 1																														
1.1.1	Activity 1																														
1.1.2	Activity 2																														
1.1.3	Activity 3																														
1.1.4	Milestone 1																														
1.2	Work Package 2																														
1.2.1	Activity 4																														
1.2.2	Activity 5																														
1.2.3	Activity 6																														
1.2.4	Milestone 2																														

너무 복잡하여 오히려 효율성이 떨어지는 것으로 판단하기 때문이다. 예를 들어 배관 라인에 대한 시공 작업을 WBS로 구성한다고 해보자. 만약에 배관 라인을 구성하는 피팅(Fitting)류들 하나하나를 각 Work Package로 구성한다면 전체 관리하여야 할 activity의 수는 수십만 개로도 모자랄 것이다. 이런 수준의 스케줄은 현실적으로 사람이 관리 가능한 수준이라 할 수 없다.

이렇게 만들어진 WBS의 각 부분에는 해당 산출물을 완료하는 데 필요한

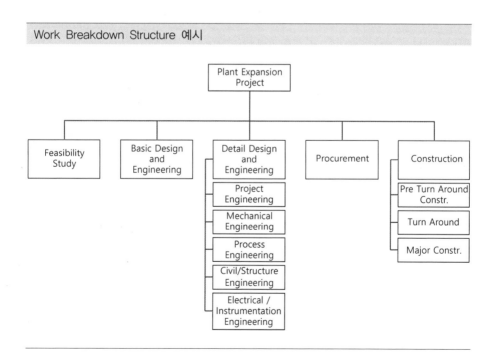

자원이 할당된다. 일정과 예산이 바로 할당되는 자원이다. 구체적으로 정의된 작업 산출물, 그리고 각 산출물에 할당된 자원들은 타당하고 실현 가능한 계획을 수립하는 근거가 된다. 작업 범위의 정의 및 확정 그리고 이를 바탕으로 하여 작성한 WBS가 구체적인 계획을 세우기 위한 출발점이 된다.

▌획득 가치(Earned Value) 커브(Curve)

작업 범위(Scope)와 WBS가 정의되면 이를 기반으로 하여 구체적인 계획을 세운다. 계획을 세울 때는 단순히 테이블로 나타낼 수도 있지만 흔히 한 눈에 의미를 알아볼 수 있도록 그래프로 표현한다. 현업에서는 이를 주로 S-Curve라 부르는데 대개의 프로젝트 진행 실적이 S자 모양을 띠기 때문이다.[1] 그래프를 그릴 때 x 축은 시간, y 축은 돈으로 표기한다. y축은 결국 프로젝트의 가치(계약가 혹은 원가)이기 때문에 x축 완료 시점에 y축은 프로젝트의 가치에 도달할 수 있도록 계획을 세워주어야 한다. 이를 계획 가치라 하여 Planned Value(PV)라 한다.

이러한 계획 곡선인 PV에 상응하는 실적을 나타내는 곡선은 두 가지가 있다. 하나는 공정에 대한 곡선이고 다른 하나는 집행되고 있는 원가에 대한 곡선이다. 공정에 대한 곡선은 Earned Value(EV)라 표기하며, 특정 시점까지 완료된 작업의 가치, 즉 획득된 가치를 나타낸다. 프로젝트의 전체 가치가 1억 달러라면, 공정률이 50% 완료된 시점에 5천만 달러로 표기된다. EV 곡선과 PV 곡선을 비교하면 공정이 계획 대비 어떻게 진행되고 있는지 한 눈에 파악할 수 있다.

---

1) 이는 특별한 이유가 있다기보다는 프로젝트의 본질적인 특성과 관련이 있다. 프로젝트는 본질적으로 기존에 없는 결과물을 만들어내는 과정이기 때문에 초기에는 이전에 경험해보지 못한 새로운 업무, 관계 등으로 인하여 진척이 더뎌 공정이 잘 진행되지 못하는 경우가 많다. 그러다가 일이 어느 정도 손에 익으면(학습 곡선 효과; Learning Curve) 진행 속도가 가팔라지다가 뒤로 갈수록 문제가 많아 잘 해결되지 않는 일들 위주로 남기 때문에 다시 진행 속도가 느려지게 된다. 설계를 동반하는 EPC 프로젝트의 경우 각 WBS 구성 항목에 대한 비중을 금액 기준으로 나누는데, 보통 설계는 전체 원가 중 차지하는 비중이 낮아(대부분이 인건비) 초반에 더디게 진행되는 것처럼 보이는 이유가 되기도 한다. 이런 경우, 전체 원가에서 상당수를 차지하는 장비 및 자재 구매가 본격화되면 진행률이 급속히 증가하는 경향이 있다.

집행 원가에 대한 곡선은 Actual Cost(AC)라고 표기한다. y축의 기준이 프로젝트의 전체 가치이기 때문에 특정 시점까지 집행되고 있는 원가를 나타내는 곡선이라고 보면 된다. 이때 한 가지 주의해야 할 점은 Actual Cost라는 개념은 실제 대금의 지불 여부와는 관련이 없다는 점이다. 이것은 회계 처리 원칙과 관련이 있어서 여기서 상세히 다루기는 어렵지만, 실제 현금이 오가는 것과는 별개로 원가에 대한 진행률을 평가한다는 발생주의 원칙[2]에 따른 것이다. 예를 들어, 특정 장비를 구매하는 데 있어 공급자와 구매 계약 시 대금은 계약 시 20%, 납기 시 80% 지불하기로 계약한다고 해도, 해당 장비에 대한 원가 처리는 계약 시 20%, 납기 시 80%로 처리하지 않는다. 이러한 원가 처리 기준에 대해서는 각 국가별 회계 기준도 다르고 산업별로도 그 특성에 따라 처리 방식이 조금씩 다르기 때문에 회계 기준에 어긋나지 않는 한 일반적으로 각 기업이 내부적으로 평가하는 방식에 준한다.

이렇게 계획 곡선(PV)/획득 가치(공정) 곡선(EV)/원가 곡선(AC)을 종합하면 다음 그래프와 같이 표현된다. 간단한 그래프이지만 많은 내용을 설명해 줄 수 있으며, 그래프와 같이 표기되어 있는 각종 평가 지표들은 일견 어렵고 복잡해 보이지만 그 의미를 알고 보면 전혀 어렵지 않다.

다음 그래프가 나타내고 있는 상황은 많은 프로젝트 수행 기업들이 겪고 싶지 않은 상황이다. 현 시점을 기준으로 계획(PV) 곡선을 가운데 두고 공정 곡선은(EV) 아래, 원가 곡선은(AC) 위에 위치해 있다. 이는 계획보다 공정은 뒤쳐져 있고 원가는 초과 발생되고 있는 상황을 의미한다. 이 상황에 특별한 반전이 일어나지 않는다면 공정은 완료 계획일보다 늦어지고 원가는 예산을 초과할 수 있다. 이에 더해 약속된 납기를 맞추지 못한다면 지체 상금과 (Liquidated Damages) 같은 추가적인 비용이 발생할 수도 있다. 즉, 현재 상황에서 예상되는 원가(EAC; Estimated at Completion)에 추가적인 비용이 발생할

---

2) 회계에서의 발생주의는 현금주의와 구분되는 원칙으로 현금의 유출입과는 무관하게 거래가 발생한 시점(수익과 비용의 발생 시점)을 기준으로 회계 장부에 기록한다. 현금을 아직 받지 않았더라도 물건을 팔았다면 수익으로 인식하고 아직 현금을 주지 않았더라도 규정된 시점에 비용으로 인식한다. 현행 회계 기준은 상당수 발생주의 원칙을 따르고 있는데, 이는 기업의 경영 성과를 측정하기에 현금주의보다 유용하기 때문이다. EVM에서의 원가 곡선도 이러한 발생주의 원칙을 따르며, 세부적으로는 다양한 방법으로 적용되기 때문에 여기서는 더 구체적으로 언급하지 않는다.

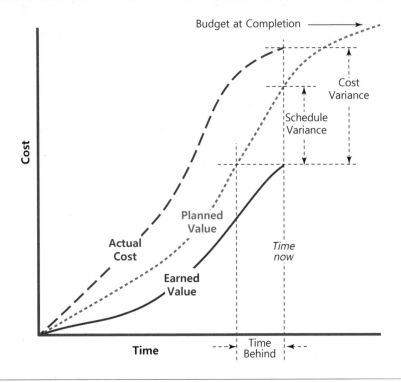

Budget at Completion

Cost Variance

Schedule Variance

Planned Value

Actual Cost

Time now

Earned Value

Cost

Time

Time Behind

출처: chambers.com.au

가능성이 크다.

▌EVM 성과 지표

위와 같은 간단한 곡선들을 분석하면 현재 프로젝트의 진행 상황을 정량화하여 평가할 수 있는 성과 지표(Performance Index)들을 구할 수 있다. 이러한 지표들을 이용하면 단순히 '프로젝트가 지연되고 있습니다', 혹은 '원가가 많이 초과하게 생겼습니다'와 같은 모호한 분석 및 평가가 아닌, 구체적인 수치와 지표를 기반으로 현재의 상황을 객관적으로 평가하고, 이를 통해 적절한 시점에 문제 해결을 하는 데 도움이 되는 의사결정을 할 수 있다.

지금부터 소개하는 각종 지표들은 이와 같이 현재의 상황을 평가할 수 있는 도구들이다. 어려워 보이지만 의미를 이해하면 전혀 어렵지 않으니 천천히 같이 살펴보도록 하자.

[원가에 대한 성과 지표]
- Cost Variance(CV): CV는 현재 시점까지 획득한 가치와(EV) 발생한 원가(AC) 사이의 차이이다. $CV = EV - AC$로 표시된다. 이상적으로 흘러가는 프로젝트는 작업이 완료된 만큼만 원가가 발생해야 하므로 CV는 0이 되어야 하지만 원가가 초과로 발생하고 있다면 CV는(-)로 표시된다. 프로젝트가 잘못 흘러가고 있다는 징조이다. 원가 절감 계획을 잘 수행해서 계획 대비 원가를 절감하고 있다면 CV가(+)로 표시될 수 있다.
- Cost Performance Index(CPI): 현재 시점까지 획득한 가치와(EV) 발생한 원가(AC) 사이의 비율이다. $CPI = EV/AC$로 표시된다. CPI가 1이라면 계획한대로 잘 진행되고 있다는 의미이며, 1보다 작을 경우는 원가가 초과 발생하고 있는 의미, 1보다 클 경우는 원가가 절감되고 있다는 의미이다.

[공정에 대한 성과 지표]
- Schedule Variance(SV): 현재 시점까지 획득한 가치와 계획의 차이이다. $SV = EV - PV$로 표시되며, SV가(−)로 나타나는 경우에는 계획보다 늦다는 의미이므로 공정이 지연되고 있음을 의미한다. SV가(+)인 경우에는 계획보다 빠르게 진행되고 있음을 뜻한다.
- Schedule Performance Index(SPI): 현재 시점까지 획득한 가치와 계획의 비율이다. $SPI = EV/PV$로 표시되며, SPI가 1인 경우는 계획대로 진행되고 있다는 의미, 1보다 작은 경우는 공정이 지연되고 있으며 1보다 큰 경우에는 계획보다 빠르게 진행되고 있음을 나타낸다.

위 지표들은 모두 프로젝트의 현재까지의 성과를 평가하기 위한 지표들이다. 이렇게 간단한 정량화를 통해서 상당히 긴 프로젝트의 전체 기간 중 현재 어디까지 와 있는지를 알아볼 수 있다. 하지만 위 지표들은 모두 일어난

EVM을 통한 성과 평가 지표 정리

성과측정		스케줄		
		SV > 0 & SPI > 1.0	SV=0 & SPI=1.0	SV < 0 & SPI < 1.0
원가	CV > 0 & CPI > 1.0	스케줄 선행 예산 절감	적기 인도 예산 절감	납기 지연 예산 절감
	CV=0 & CPI=1.0	스케줄 선행 예산 준수	적기 인도 예산 준수	납기 지연 예산 준수
	CV < 0 & CPI < 1.0	스케줄 선행 예산 초과	적기 인도 예산 초과	납기 지연 예산 초과

일을 나타내어줄 뿐, 우리가 가장 관심 있어 하는 프로젝트가 언제쯤 끝날지 그리고 돈이 얼마나 더 투입되어야 하는지를 직접적으로 알려주지는 않는다. 따라서 현재까지의 결과를 토대로 앞으로의 일을 전망하기 위해서는 위 지표들을 활용한 추가적인 작업이 필요하다.

[원가 예측 지표]

프로젝트 기획 단계에서부터 완료 시점까지 전망되는 최종소요비용을 끊임없이 예측해야 한다. 이를 여기서는 Estimate at Completion(EAC)라 표기한다. EAC 부터는 결정된 일이 아니라 예측의 영역이기 때문에 결과값을 도출하기 위해 필요한 가정이 있으며, 다양한 방법론이 이용될 수 있다.

- EAC #1: EAC=BAC(Budget at Completion, 예산)/CPI으로 나타낸다. 예산을 위에서 계산한 CPI로 나누어 준 값이다. CPI는 현재까지의 가치를 발생 원가로 나눈 값이므로, 지금까지의 추이가 앞으로도 계속될 것이라는 가정이다. 총 100의 가치를 가지는 일 중의 50(EV)이 마무리되는 시점에 80(AC)의 원가가 발생하였다면, 남은 50의 일을 수행할 때도 80의 원가가 발생할 것이라 가정한다. 간단한 가정을 통해 쉽게 추정해볼 수 있는 방법이다.
- EAC #2: EAC=AC+(BAC−EV)으로 나타낸다. 지금까지 발생한 원

가는 계획을 초과했지만 남은 작업에 대한 원가는 계획대로 발생할 것이라는 가정이다. 현 시점까지는 적절한 관리에 실패해 원가 초과 현상이 발생했으나, 지금부터라도 원가를 제대로 관리해서 남은 작업은 계획대로 진행하고자 하는 상황을 생각해볼 수 있다.

- EAC #3: $EAC = AC + [(BAC - EV)/(CPI \times SPI)]$로 나타낸다. 현재까지 발생한 원가에 더하여 향후 발생할 원가를 현재까지 원가가 발생한 추이(CPI)대로 발생할 것이라는 가정에 기반하는데 여기까지는 첫 번째와 동일하다. 다만 여기서 공정 지표를 반영하여 다시 한 번 보정을 취해주며, 이는 원가라는 항목이 공정과 독립적으로 존재할 수 없다는 전제가 그 기반이 된다. 즉, 공정이 지연되면 원가가 추가로 발생할 가능성이 높기 때문에 공정 지표를 배제할 수 없다는 전제이다.

[공정 예측 지표]

원가뿐 아니라 남아 있는 일정에 대해서도 타당성 있는 예측이 필요하다. 예상되는 완료 시점을 EAC(t)라 표현할 때 EAC(t)를 결정하는 변수는 남아 있는 작업을 완료하는 데 걸리는 시간이다. 이러한 시간을 예측하기 위해 원가 예측 시와 마찬가지로 현재 시점까지의 일정 관련 성과 지표인 SPI 등을 활용하는 방법 등이 있지만 이 경우 일반적으로 원가 예측보다 정확도가 떨어진다고 알려져 있다. 따라서 여기서는 위에서 언급한 각종 일정 관련 성과 지표들을 활용하는 것이 아닌, 별개의 EVM 자료들을 활용하여 남은 일정에 대한 예상 시간을 예측하는 새로운 방법론인 'Earned Schedule'에 대해 간략히 다뤄보고자 한다.

기존의 EVM 개념에서 일정 관련한 지표들의 가장 큰 문제점은 금액으로 표현되는 계획 가치(PV)의 값은 변하지 않고 고정되어 있으며, 획득 가치(EV), 즉, 완료한 일의 양은 느리기는 하지만 언젠가는 결국 계획 가치(PV)를 따라잡는다는 현실이다. 계획된 완료 시점이 아직 지나지 않은 경우에 위에서 거론한 일정 관련 지표들(SV/SPI)이 나름 의미를 가지지만, 계획된 완료 시점이 지나고 난 후에는 프로젝트가 성공적으로 마무리되지 못했음에도 불구하고 지표들은 개선되고 있는 추이를 보인다. 결국 왜곡된 지표를 보여줌으로써 적절한 의사결정을 방해할 수 있다. 또한 일정 지표가 돈의 단위로 표시되

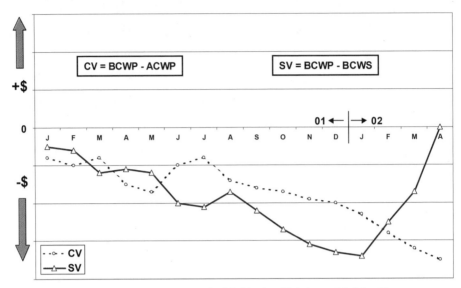

Note: Project completion was scheduled for Jan 02, but completed Apr 02.

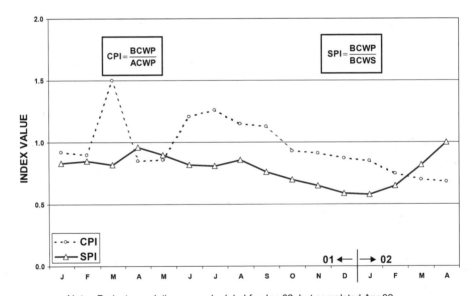

Note: Project completion was scheduled for Jan 02, but completed Apr 02.

출처: Schedule is Different, Walt Lipke

기 때문에 현재 위치와 향후 일정에 대한 전망을 한눈에 파악하기 어렵게 만든다.

위 그래프를 보면 본 프로젝트는 1월에 완료되었어야 함에도 불구하고 지연되어 4월에 완료되었으나 공정 관련 지표인 SV(Schedule Variance)와 SPI(Schedule Performance Index)는 1월부터 오히려 개선되는 모습을 보인다. 이는 EVM에서의 일정 관련 지표들이 프로젝트의 어느 지점부터는 그 유용성이 떨어질 수밖에 없다는 것을 의미한다.

Earned Schedule의 개념은 이러한 문제점과 그에 대한 고민에서부터 출발한다. 기본 가치 측정의 단위를 돈을 기준으로 나타내는 EV과 달리, ES는 그 기준을 시간으로 변환한다. 따라서 EV에서의 SV가 금액의 단위로 표시되어 그 의미를 파악하기가 쉽지 않았다면, ES 개념에서의 SV는 명확하게 시간

Earned Schedule의 개념도

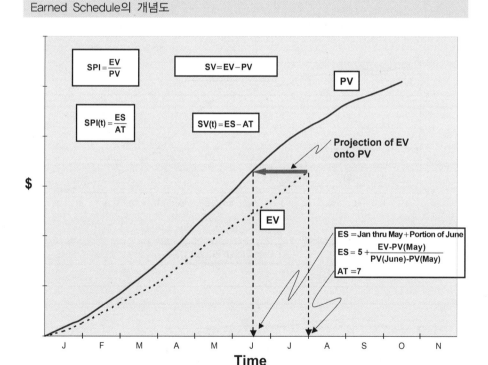

출처: Forecasting Project Completion Date Using Earned Schedule and Primavera P6, Asaad Alshaheen

의 단위로 표시되기 때문에 확실하게 눈에 들어온다.

ES의 개념도 결국 EVM의 기본 방법론을 차용하는데, 위 그래프상에서 각종 수식들이 복잡해 보여도 내용은 단순하며, 한 가지만 기억하면 된다. '현재 시점까지 획득한 가치(EV)가 계획대로 진행되었다면 언제 달성할 수 있었을까'라는 점이다. 위 그래프에서 현재 시점은 7월 말이다. 하지만 공정은 계획보다 상당히 뒤쳐져 있는데 현재까지 달성한 공정을 수평으로 이동시켜 계획상에서의 같은 공정 수치를 기록해야 했던 시점을 확인해 보면 6월 중순이 된다. 즉, 이 프로젝트는 현재 시점에서 계획보다 1.5개월만큼 뒤쳐져 있다. 금액으로 표기되는 EVM에서의 일정 지표들보다 훨씬 명확하고 이해하기 쉽다.

또한 EVM의 방법론에서는 완료 시점이 지난 프로젝트에 대해 잘못된 신호를 줄 수 있는 일정 지표들을 만들어 내는데, ES에서는 아래 그래프에서와

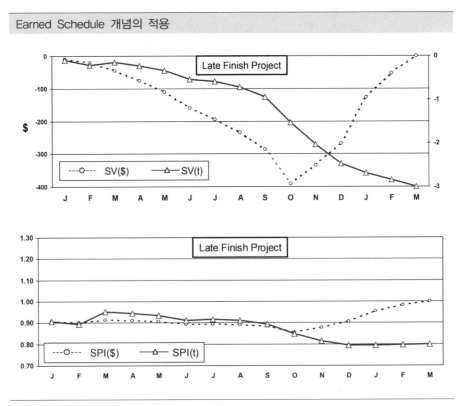

Earned Schedule 개념의 적용

출처: Schedule is Different, Walt Lipke

같이 계획 완료 시점 이후에도 관련 지표들이 제대로 된 의미를 전달해 준다.

아쉽게도 현재 건설/플랜트 프로젝트에서 대부분의 Project Control 조직이 사용하고 있는 Primavera P6 소프트웨어에서는 ES 계산을 위한 기능을 제공하지 않는다. 하지만 소프트웨어 자체가 가지고 있는 다양한 기능들을 통해 ES 개념에 부합하는 분석을 수행할 수 있으니 참고하도록 하자.

참고문헌

- APM Guideline, 2008, Earned Value Management
- Global PM Institute, 2014, EPC Project Management Practice
- https://plan.io/blog/Scope-of-work/
- Agata Czarnigowska, 2008, Earned Value Method as a tool for Project Control
- Mosaic, 2021, Earned Value Formulae
- Walt Lipke, 2003, Schedule is different
- Asaad Alshaheen, 2018, Forecasting Project Completion date using Earned Schedule and Primavera P6

PART

02

리스크 관점에서의
계약

2부에서는 본격적으로 이 책의 핵심 주제인 계약과 리스크에 대해 다룬다. 많은 사람들이 계약에 대해 어려워하는 이유는 여러 가지가 있지만, 그 중 하나는 우리가 계약의 본질적인 속성에 대해 이해하지 못하고 있기 때문이다. 계약이란 형태의 사람 간, 혹은 조직 간의 합의는 본질적으로 어떤 일에 대해 본인이 직접 수행하는 것보다 타인 혹은 타 조직이 수행하게 하는 것이 더욱 유리한 경우에 성립된다. 내가 소유하고 있는 물건만으로 어렵지 않게 컴퓨터를 직접 만들 수 있다면, 컴퓨터를 구매하는 계약이 필요할 이유가 없다.

내가 할 수 있는 일을 타인에게 시킨다는 의미는 내가 직접 수행할 때 발생할 수 있는 리스크를 타인에게 시킴으로써 회피 혹은 완화한다는 의미를 내포한다. 따라서 계약은 필연적으로 계약의 대상에 내재되어 있는 리스크를 다룬다. 더욱 구체적으로 얘기하면 프로젝트에 내재된 리스크를 다양한 방법을 통해 회피하거나 완화하고 계약 상대방에 전가한다. 이러한 이유로 계약은 리스크 관점에서 바라봐야 한다.

이렇게 리스크 관점에서 계약을 해석하면 우리가 매일 접하는 계약서가 다른 의미로 다가온다. 계약 조항이 왜 이렇게 구성되어 있는지 이해할 수 있고, 실제 업무를 수행하는 과정에서 순간순간 벌어지는 일들에 어떻게 계약적으로 대응해야 할지 알 수 있다. 지금부터는 이러한 내용을, 특히 계약이 리스크를 어떻게 다루는지 구체적으로 알아보고자 한다. 그리고 이를 위해 필요한 배경적인 지식들, 그에 대한 나의 생각 또한 같이 다루었다. 2부를 읽는 독자가 이후에는 계약 조항들을 단편적으로 해석하는 것이 아닌, 그 뒤에 숨어 있는 포괄적인 배경과 의미를 이해하고 실무에서 계약적인 이슈에 대해 현명하게 대응할 수 있도록 보탬이 되는 것이 2부의 목표이다.

Chapter 05

서양인들의 계약에 대한 관점

　이 장을 쓰기 위해서는 많은 고민이 필요했다. 한 사람 한 사람의 생각과 행동 양식 등을 이해하기도 어려운데 수많은 사람들이 모인 특정 집단의 습성과 문화, 사고 방식을 단정지어 얘기한다는 것은 상당히 무리가 있는 접근이라는 것을 알기 때문이다. 그럼에도 불구하고 전문 사회학자가 아닌 필자가 이런 무리수를 두어 이 장의 주제에 대한 지극히 주관적인 견해를 피력하려는 이유는 이 주제가 다같이 생각해봐야 할 주제라고 생각하기 때문이다.

　지금은 많이 나아졌지만 필자가 업계에 처음 들어온 십수 년 전만 하더라도 계약에 대한 국내 기업들의 인식은 지금과 같지 않았다. 계약 전 계약서 내에 포함될 주요 문구들이 무슨 의미인지 제대로 검토하지도 않고, 실행 부서의 총 책임인 PM에서도 계약 조항들을 이해하지 못한 채 프로젝트를 수행하곤 했다. 내부 전략을 수립할 때 계약 조항에서 비롯되는 리스크는 무시하고, 계약에 근거하지 않는 무리한 주장들을 쏟아내며 이해당사자 간 불필요한 갈등 관계를 야기하기도 하였다.

　각 프로젝트, 개개인의 성향에 따라 다르지만 발주자는 국내 기업들의 이러한 접근 방법에 대해 상당한 불만을 표출하며 왜 합의된 계약을 준수하지 않는지 도저히 이해할 수 없다는 태도를 보이기도 하였다.

　이러한 전체적인 상황에 대해 일반화하여 얘기한다는 것은 확실히 무리가 있는 접근 방법이다. 그리고 한국 기업들만 이렇게 계약을 무시한다고 단정짓기도 어렵다. 하지만 계약을 담당하는 사람으로서 단순히 어느 한 쪽을 비판 혹은 비난하기보다 왜 이러한 인식의 차이가 있는지, 이 상황을 어떻게 이해하고 우리는 앞으로 어떻게 대응해야 할지에 대한 고민이 들기 시작했던 것이 이 장을 서술하게 된 계기이다. 계약을 수행하는 양 사가 합의한 계약을 이해하는 방법이 다르다면, 그 양 극간을 좁히고 현명하게 계약을 수행하기 위해서는 그 본질적인 이유를 이해해 보려고 해야 한다는 생각이다. 주로 계약자의 역할을 수행하는 국내 EPC 기업들이 계약을 이해하고 접근하는 방법, 해외 건설 프로젝트의 주요 발주자인 서양 기업들이 계약을 이해하는 방법, 그리고 그 본질적인 차이에 대해 프로젝트를 수행하는 당사자들이 이를 이해하고 프로젝트를 수행한다면, 불필요하고 소모적인 논쟁을 줄이고 더욱 협력적인 자세로 프로젝트를 끌어갈 수 있다고 생각한다.

▌아시아적 유교 문화

계약을 대할 때 합의된 내용을 쉽게 무시하는 듯한, 그리고 계약에 기반하지 않는 주장을 하는 태도 등은 비단 한국 기업들만의 문제는 아니다. 이와 같은 계약에 대한 관점은 한국뿐 아니라 중국을 포함한 아시아 국가들에서 일반적으로 나타나는 현상이다.[1] 이들 국가에서는 프로젝트를 수행하는 데 있어 계약은 계약 자체로 존재하되 계약을 넘어서는 더 중요한 무엇인가를 일반적으로 중요시한다. 그 결과로 표면적으로는 계약을 존중하는 듯 하지만 계약에 근거하지 않는 다른 무언가를 밀어 부치는 경우가 많다. 이렇게 그들이 계약보다 더 중요하게 받아들이는 것은 단순 계약 문서가 아니라 그들 사이에 설정되는 관계이다.

양사 사이에 계약이 이루어질 때 그들은 동등한 입장에서 계약을 맺는다

---

1) 필자의 경험에 의하면 이러한 자세는 비단 동아시아 국가들에서만 나타나는 것은 아니다. 때와 상황에 따라 다르지만 서양 선진 엔지니어링 기업들 또한 계약에 근거하지 않는 무리한 주장을 하기도 한다. 하지만 정도의 차이는 분명히 존재하고, 무리한 주장을 하는 경우에도 접근 방법이 상당히 다른 경우가 많기 때문에(계약 조항에 대한 무리한 해석 적용 vs 계약서 자체를 무시하고 접근하는 방법) 이 장에서는 그러한 행동 방식의 차이에 대해 이해하고 대응 방안에 대해 다뤄보고자 한다.

고 할 수도 있지만, 다른 한편으로는 한 쪽은 돈을 주면서 일을 시키는 입장, 다른 한 쪽은 돈을 받으면서 시키는 일을 하는 입장으로 볼 수 있다. 이를 우리나라에서는 소위 '갑을 관계'라 칭하며 '갑'과 '을'이 동등한 관계가 아닌, '갑'이 '을'보다 우월하다는 느낌을 준다. 실제로도 일을 하면서 '갑'과 '을'이 동등한 관계에서 프로젝트를 수행하는 경우를 찾기는 매우 어렵다. 물론 '갑'과 '을' 사이에서 각자가 가져가야 할 책임을 문서로 규정하기는 하지만 규정된 문서보다는 그들이 차지하고 있는 위치, 즉 '갑'의 위치, '을'의 위치, 그리고 그들 사이의 관계가 더욱 중요하다. 따라서 이들 아시아 국가에서는 '관계'가 '계약'보다 더욱 중요하게 여겨져 기 합의한 계약 내용들을 무시하여 '갑'의 입장에서 일방적으로 찍어 누르거나, 혹은 '을'이 지속적인 좋은 '관계'를 유지하기 위해 솔선하여 계약적 권리를 찾지 않는 등의 상황이 자주 발생하곤 한다.

이렇게 문서로 합의된 '계약'보다 눈에 보이지 않는 '관계'를 더 중요시하는 성향은 어떻게 이해해야 하는 것일까? 왜 아시아 문화권에서는 이러한 경향이 자주 나타나는 것일까?

여러 의견이 있을 수 있지만 필자는 이러한 특성을 유교문화권의 영향에서 찾고자 한다. 약 2,500년 전부터 중국에서 형성되어 아시아 각국으로 전파된 유교 문화는 각 나라마다 받아들이는 정도가 다르기는 하지만 오랜 기간 동안 문화적 관습으로 전해져 내려오며 우리 머릿속에 깊이 각인되어 생활 양식을 지배해왔다. 중국과 베트남 같은 나라는 최근의 공산주의 이념에 영향을 많이 받아 유교적 관습이 많이 약해지긴 했지만 그래도 아직 가족주의, 연장자 존중 등과 같은 생활 양식은 여전히 유교 문화에 뿌리를 두고 있다. 우리나라는 전세계에서 유교의 영향력을 가장 크게 받은 나라로 여러 종교가 혼재해 있지만 생활 양식만은 아직도 유교 문화에 뿌리를 둔다.

유교 문화의 특징을 한 문장으로 정의하기 어렵지만, 그래도 그 중에서 중요한 관념을 하나 꼽는다면 '다움'이라 할 수 있다. 우리가 어렸을 때부터 많이 들어왔던 '학생은 학생다워야 한다', '군인은 군인다워야 한다', '어린 놈이 어디 감히'라는 표현이 '~다워야 한다'라는 각자의 위치를 강조하는 관념에서부터 출발한다. 학생이라는 주어진 위치, 군인이라는 주어진 위치 등 사람 각자가 주어진 위치가 있고 그 위치에 요구되는 역할에 충실해야 한다는 당위적인 접근을 강조한다. 예전 유교 경전을 보면 군자 및 선비 등이 가져야 할 마음의 자세, 역할 등을 상세히 서술하고 그에 충실히 따르는 것이 그들의 의무라고 가르쳐왔다.

종교라기보다는 우리 삶을 지배하는 생활 규범에 가까운 유교는 중국 역사상 가장 혼란스러웠던 시기에 탄생했다. 2,500여 년 전 중국의 춘추전국시대에는 오늘날에 상상하기 어려울 정도로 많은 전쟁과 정략, 배신, 그리고 학살 등이 역사를 지배해 왔던 시기이다. 주나라의 중앙 정부가 힘을 잃자 봉건 제후들은 각각 중국의 지배력을 차지하기 위해 수백 년 간 수많은 전쟁을 치뤄 왔다. 드라마 '왕좌의 게임'에서 찾아볼 수 있는 혼탁한 시대가 이 시기에 펼쳐졌음이 틀림없다. 난세는 영웅을 만든다는 말처럼 이렇게 혼란스러운 시대에서 이후 시대를 지배할 새로운 사상이 탄생한다는 것은 필연인 것일까? 혼돈의 시대를 끝내고 평화로운 새로운 시대를 열어야 한다는 시대정신이 등장하고 이에 따라 나타난 새로운 사상은 오로지 본능에 의한 야만적인 세상에 질서를 부여하기 위해 각자의 역할에 충실해야 한다는 새로운 규범을 들고 나온다. 이것이 바로 유교 사상이다.

이렇게 등장한 유교 사상은 사람 하나하나가 각자의 위치에서 부여된 역할에 충실해야 한다는 새로운 관념을 불어넣는다. 군주는 백성을 위한 통치를 한다는 본 역할에 충실하고, 군인은 군주에 충성하고 상급자에 복종하며 목숨을 다해 전투에 임한다는 역할에 충실하며, 농민은 생산자 역할에 충실하는 등 각자 역할에 충실하면 전쟁은 일어나지 않는다. 이것이 오늘날까지 전해져 내려오는 유교 사상의 핵심이며 이를 다른 말로 표현하면 '다워야 한다'라는 당위의 개념이다.

이를 오늘날의 관점에서 바라보면, 학생은 공부를 열심히 하는 것이 본연의 역할이므로 허튼 짓을 하지 않고 공부에 혼신의 힘을 다해야 한다. 선생님은 학생을 가르치는 역할에 충실해야 하며, 부모는 자식을 바르게 키우는 일, 그리고 자식은 부모를 공경하고 건강하게 성장하기 위해 최선을 다해야 한다. 이는 모두 '해야 한다'라는 당위의 개념이며, 사회적 합의에 의해 생겨난 것이 아닌 자연율에 의한 타고난 것이다. 즉, 나의 역할은 나의 노력 여하에 따라, 그리고 합의 내용에 따라 정해지는 것이 아니라 내가 자식으로 태어난 이상, 법으로 규정한 학생인 이상, 그리고 자식을 낳고 부모가 된 이상 나의 의사가 아닌 자연적인 법칙에 의해 나의 역할이 정해진다고 할 수 있다.

이러한 당위성 안에는 필연적으로 '관계'가 설정된다. 나의 위치라 함은 단독적으로 성립되지 않는다. 부모는 자식이 있기 때문에 부모이고, 선생은 학생이 있기 때문에 선생이며, 군주는 백성이 있기 때문에 군주이다. 따라서 '다워야 한다'라는 당위적인 표현 안에는 상호간의 관계가 포함되어 있고 이에 따라 우리는 관계로부터 자유로워지지 못하고 관계를 통해 정의된 상호간의 역할에 충실해야 한다.

본 주제로 돌아가 보면, 이러한 유교 문화가 강하게 형성되어 있는 아시아권에서는 계약 당사자 간에 합의한 계약 내용보다 그들 사이의 관계가 더 중요하게 여겨지는 경향이 많다. 발주자에게는 필연적으로 일을 시키면서 돈을 준다는 역할이 부여되고, 계약자는 돈을 받으면서 일을 한다는 역할이 부여된다. 이렇게 부여된 역할 자체가 그들이 상호 간에 합의한 계약 내용보다 더욱 본질적으로 중요하게 여겨지므로 이를 바탕으로 서로 간의 역할과 책임, 그리고 의무를 기대한다. 또한 이렇게 기대하는 역할은 계약적으로 합의한 내용보다 과거의 경험에 더 많이 의존하는 경향이 있다.

예를 들어 보자. 전통적인 플랜트 계약에서 현장(site)에 대한 정보는 발주자가 제공하게 되어 있고, 이에 대한 오류가 생겼을 시에 그에 대한 결과는 발주자가 책임지게 되어 있다. 하지만 어떤 발주자가 기존 계약의 형태를 바꾸어 계약 내용에 발주자가 제공한 현장(site) 정보의 오류 또한 계약자가 책임지도록 되어 있다고 해보자.

플랜트에서의 현장(site) 정보는 만약 잘못되었을 경우에는 기본설계 자체가 바뀔 수 있는 상당히 중요한 필수 정보이다. 현장(site)의 주인은 발주자이므로 그에 대한 정보 생성 및 오류 확인은 발주자가 수월하게 할 수 있으므로 리스크 배분의 원칙에 의해 일반적으로 발주자가 그 리스크를 부담한다. 이 책임을 계약자가 부담하게 되면 계약자 입장에서 쉽게 현장(site) 정보를 얻을 수도 없고, 그 정보가 정확한지 쉽사리 판단할 수도 없으며, 현장(site)에서 추가 조치가 필요할 경우 계약자 단독적으로 조치를 취하기도 매우 어렵기에 이 리스크는 계약자에게 상당히 부담스럽다. 하지만 이러한 독소 조항을 발견하더라도 이에 강하게 저항하지 않는 경우가 많다.

계약자가 리스크가 큰 독소 조항에 대해 심각하게 생각하지 않는 이유는 여러 가지가 있다. 먼저 그러한 큰 일이 발생하지 않으리라는 접근 방법이다. 일단 수주는 해야 하니 발생할 확률이 크지 않은 리스크는 나중에 생각한다. 다음으로 당위론 적인 접근이다. 계약서에 뭐라고 쓰여 있든 과거 경험적으로, 그리고 상식적으로 현장(site)의 주인은 발주자이므로 그에 대한 책임은 발주자가 져야 한다는 생각이다. 계약서를 통해 합의된 조항과는 별개로 발주자가 가져야 할 의무가 있기 때문에 문제가 발생하면 클레임을 통해 손실을 보상받을 수 있다는 생각이다. 현장(site)에 대한 책임은 누가 뭐라해도 발주자에게 자연적으로 부여된 의무라고 간주하는 셈이다.

▌ 사회계약론

그렇다면 서양인들은 계약을 어떤 관점으로 바라볼까?

그들이 계약을 어떻게 여기는지에 대해 이해하기 위해서는 서양인들이 구축해 놓은 현대 사회의 체제 및 그 기반이 되는 철학을 먼저 알아야 한다.

서양 세계에서는 약 5백여 년 전부터 화려한 르네상스 시대 및 다른 대륙으로 진출하게 되는 대항해시대를 겪으며 그 이전 천 년 이상을 지배해 왔던 종교적 세계관에서 벗어나려는 몸부림을 치고 있었다. 시대가 바뀌기 위해서는 새로운 물결을 뒷받침할 수 있는 새로운 사상이 등장할 수밖에 없는데, 기존 종교적 관념을 기반으로 사고하던 방식이 이 시기 들어 합리적이고 이성에 기반한 사고로 전환되기 시작하였다.

이 당시 등장했던 중요한 사상적 흐름이 '사회계약론'이다.

당시 유럽은 대륙에서의 오랜 종교 전쟁과 영국에서의 정파 싸움으로 인해 피폐해져, 권력의 정당성에 대한 의문이 많이 제기되었다. 이러한 의문에 대한 답을 찾아가던 과정에서 합리적인 설명에 대한 필요가 대두되었고, 우리가 추구하여야 할 사회 구조 및 본질에 대한 설명으로 제기된 사상이 '사회계약론'이다.

사회계약론의 기초적인 토대를 마련하기 시작한 사람은 홉스이다. 그는 '리바이어던'이라는 그의 대표 저서를 통해 '만인의 만인에 대한 투쟁'이라는 유명한 어구를 알린다. 이는 인간이 자연상태에서 자신의 욕구 충족이나 보호를 위해 폭력적 성향을 드러내는 상시적인 투쟁 상황에 있다는 것을 전제로 한다. 이렇게 정글과 같은 자연 상태를 극복하기 위해 인간은 자신의 보호를 위한 목적으로 자신의 힘과 권리를 대리인에게 일부 양도하게 되는데, 이러한 대리인은 사회 구성원과 계약 관계에 있으며 계약이 이행되지 않을 때 이를 처벌할 수 있는 힘을 가지게 됨으로써 그 힘에 의해 울타리 안에 있는 구성원들은 보호받으며 그 힘에 복종하게 된다. 이 힘을 가진 대리인은 궁극적으로 국가가 되며, 따라서 국가가 생성되는 원리 자체가 구성원들과 국가 사이의 '계약'에 있다는 주장이 홉스의 '사회계약설'의 요지이다.

존 로크의 '사회계약론' 또한 홉스의 사상과 궤를 같이 한다. 그는 인간이 자연상태를 벗어나서 사회를 이루게 되는 계기가 인간이 자신의 재산을 더욱 잘 보호받기 위하여 적정한 존재에게 자신의 권리를 위임하는 것이라 본다. 따라서 계약이 이루어진 후에는 그 계약에 복종해야 하지만 그 계약을 이루게 되는 계기가 지켜지지 못한다면 그 사회 및 정부는 존재 의의가 없기에 해체되어야 한다고 주장한다.

장 자크 루소는 이렇게 이어진 '사회계약론'의 정점을 찍고 오늘날 대부분의 국가에서 가지게 되는 사회 및 정치의 형태를 뒷받침하는 사상을 전개한다. 루소는 홉스와 로크에 더하여 개인의 자유의지의 중요성을 강조하고, 사회 계약의 목적은 이러한 자유를 보장하는 것이라 주장한다.

뜬금없이 서양 철학 사상의 한 조류를 언급한 이유는 이 부분이 오늘날 서양 사람들이 계약을 어떻게 생각하고 간주하는지 이해하는 데 도움이 되기 때문이다. 이 시기에 등장한 '사회계약론'은 영국의 명예혁명 이후, 그리고 프랑스의 시민혁명 이후 오늘날 우리가 알고 있는 민주주의에 기반한 정부를 어떻게 구성해야 할지에 대한 이론적 토대가 되었다. 그리고 그 이론의 핵심은 사회라는 것이 '계약'에 의해 성립되었다는 것이다. 따라서 '계약'이라는 행위는 사회와 국가라는 사회구성원의 대리인에게 힘과 권한을 부여하는 원천이 되며, 이러한 계약이 준수되지 않을 경우 사회 구성원 개인은 국가가 가지는 법의 권한에 의해 자유를 제한 받을 수 있고, 사회나 국가의 경우 국민의 힘으로 해체할 수 있는 권리가 있다. 즉, '계약'을 통해 사회와 국가가 형성되고, '계약'을 준수함에 따라 사회적으로 권리가 생기며, '계약'이 준수되지 않을 경우 사회와 국가는 존재의의가 없다는 주장이다.

물론 오늘날 민주 국가 형성의 근거가 되는 '사회 계약'과 우리가 평소에 쉽게 접하는 소위 '사 계약'은 그 기본 개념이 다르다. 하지만 '사회 계약'을 통해 그들이 '계약'을 어떤 관점으로 바라보는지 이해할 수 있다.

오늘날 서구 정치체제의 근간이 되는 사상적 토대를 제공한 '사회계약'의 개념을 통해 서양인들은 사회와 그 구성원 사이의 관계를 규정한다. 다시 말해 '계약'을 통해 사회와 개인 사이의 책임과 역할을 규명한다. '계약'이 잘못되거나 이를 준수하지 않으면 이는 애초에 설정된 토대 자체가 무너지게 되므로 '계약'은 예외적인 사유를 제외하고는 절대적으로 준수해야 하는 신성한 개념이다.

이 점에서 서양인들이 계약을 바라보는 관점과 아시아 유교 문화권의 차이가 있다. 유교 문화권에서는 각자의 위치에 따른 책임과 역할이 자연적으로 규정되어 있고 이것은 인위적으로 체결된 '계약'보다 우선적으로 본다. 즉, 본연의 위치에 따라 '자연적으로' 규정된 관계가 '계약'에 의해 형성되는 관계보다 우선한다고 간주하는 것이다. 반면에 서양의 계몽주의 관점에서 '계약'은 관계를 형성하는 도구이다. '계약'이 없으면 관계가 성립되지 않으며, 각자의 책임과 역할은 자연적으로 규정되지 않고, '계약'을 통해 규정된다고 간주한다.

이 관점에서 앞서 들었던 예로 돌아가 보자. 현장(site)에 대한 모든 정보를 가지고 있는 발주자가 그에 대한 책임을 가져가는 것은 합리적이라고 할 수 있다. 하지만 현장(site)에 대한 모든 책임을 발주자가 부담해야 한다는 원칙이 자연 법칙이 아닌 이상 계약서에 해당 내용을 반영해서 그에 대한 책임을 계약자에 전가할 수도 있다. 발주자가 원하는 것은 계약자가 그에 대한 리스크를 비용으로 산출해서 그만큼 입찰 가격에 반영하는 것이다. 현장(site)에 대한 리스크를 계약자가 부담하는 형태로 계약을 체결하였는데 차후에 발주자가 제공한 정보가 잘못되어 계약자가 클레임을 제기하는 상황이 발생하였다. 발주자 입장에서는 이해가 가지 않는다. 왜 계약서에 합의를 하고 나서 다른 소리를 하는가?

▋우리는 어떻게 해야 할까

세상 많은 일을 이분법적으로 옳다 그르다 나눌 수 없듯이, 이 또한 우리가 잘못되었다, 그들의 접근 방식이 옳다고 주장할 수는 없다. 하지만 이렇게 상호 간 관점의 충돌이 발생할 경우 그 결과는 어떻게 귀결될지에 대해 생각해 볼 필요가 있다.

한국이나 중국, 그리고 기타 동남아시아 국가들과 같은 유교 문화권에서는 기존에 우리가 많이 인식해왔던 당위론에 기반한 접근 방법이 통할 수도 있다. 계약 내용보다는 상호 간의 관계에 더 주력해서 지속적으로 더 좋은 관계를 가져가기 위한 전략적인 의사결정에 의해 계약 합의 사항에 크게 신경 쓰지 않을지도 모른다.

하지만 이러한 접근 방법이 서로 다른 문화권과의 계약 관계에서 이루어질 경우 상호 간의 인식의 충돌이 생길 가능성이 크고 실제로 최근 십수 년 동안 우리는 이를 많이 경험해 오고 있다.

적극적인 영업 전략을 통해 해당 산업에서 큰 영향력을 발휘하고 있는 신규 고객의 새 프로젝트를 수주하는 데 성공했다고 생각해보자. 계약자는 이 고객이 향후 십 년 동안 열 개 이상의 대형 프로젝트를 준비하고 있다는 것을 알고 있기 때문에 어떻게 해서든 프로젝트를 성공적으로 수행하고 고객과 좋은 관계를 유지해 나가며 신규 프로젝트 또한 따내고자 한다. 이를 위해 첫 프로젝트에서의 계약 조건도 고객이 원하는 방향으로 많이 양보하였고 계약 가격 또한 이익이 거의 남지 않는 수준에서 입찰에 참여하여 고객에 좋은 인상을 남기고자 노력하였다.

하지만 프로젝트를 수행하는 과정에서 많은 문제가 발생한다. 계약자 입장에서 받아들일 수 없는 내용이 계약서에 상당수 담겨져 있기 때문에 발주자와 계약자의 프로젝트 수행 조직 간 갈등이 발생하고, 잦은 충돌 속에 관계는 악화된다. 관계를 좋게 가져가기 위해 무리한 계약 조건을 많이 떠안았지만 그로 인해 오히려 관계가 악화되는 셈이다. 그러다가 계약자가 계약 독소 조항으로 인해 발생한 손실을 만회하기 위해 무리한 클레임을 추진하게 되면 양사 사이의 관계는 정점을 찍게 된다. 계약자의 영업조직은 다음 프로젝트 또한 수주하기 위해 여러 노력을 하지만 한 번 무너진 신뢰는 다시 회복하기 힘들기 때문에 신규 프로젝트 수주는 실패한다. 물론 계약에 근거하지 않은 클레임 또한 받아들여지지 않아 해당 프로젝트는 상당한 손실을 기록하며 마무리된다.

이와 같은 사례는 한국 EPC 기업들 사이에서 심심치 않게 발생했던 사례이다. 전체 과정을 되짚어 보며 이렇게 잘못 얽힌 실타래를 어디서부터 풀어나갈 수 있을지 생각해보자.

발주자는 신규 프로젝트의 입찰을 기획하며 입찰자들이 ITT[2]에 기반한 합당한 견적을 제출하기를 기대한다. 자신들이 기획하고 추진하고자 하는 프로젝트를 얼마의 가격으로 수행할 수 있을 것인지 가늠할 수 있는 첫 번째 단계라고도 할 수 있다. 이때 발주자가 원하는 수준의 가격으로 접수되지 않으면 최종 투자 결정을 연기하고 컨셉을 바꾸거나 다른 방법을 통해 가격을 낮출 방안을 찾기도 한다. 다시 말해 입찰자가 제출하는 가격은 프로젝트 요구사항(Project Requirement)에 기반해야 하며 발주자가 프로젝트를 통해 추구하고자 하는 가치를 달성하기 위해 필요한 비용이 반영되어 있어야 한다. 발주자가 추구하고자 하는 가치를 가격에 반영하고 그에 대해 양사가 합의하는 과정을 거쳐 계약에 이르게 되며, 계약 조항, 그리고 (계약 조항에 상응하는) 계약 가격이 이러한 과정으로부터 비롯한 최종 산출물이라 할 수 있다.

따라서 '관계'를 합의의 결과물로 보는 서구 합리주의의 시각에서 볼 때, 프로젝트의 계약 조항은 양 당사자 간의 합의의 결과로 볼 수 있으며 이러한 합의가 지켜지지 않을 시 '관계'는 존재할 이유가 없다고 할 수 있다. 그들 입장에서 계약 조항을 준수하지 않는 행태는 '관계'를 부정하는 행위에 다를 바 없으며, 이 경우에 '관계'를 지속시킬 이유가 없다. 이는 '관계'가 합의 사항과는 별개로 각자가 가지고 있는 위치와 그 역할에 따라 규정된다고 간주하는 아시아적 유교 문화의 믿음과는 다르다. 유교 문화에 근거한 아시아적 사고 방식에서는 계약 조항을 준수하지 않는 행위가 '관계'를 깨트리는 딜 브레이커(Deal Breaker)가 아닌 반면에, 서구적 사고 방식에서 이는 '관계'를 부정하는 딜 브레이커(Deal Breaker)인 셈이다.

---

2) ITT(Invitation To Tender): ITB(Invitation To Bidder)라고 부르기도 하며 입찰자들에게 발주자가 제공하는 입찰 초청서라 할 수 있다. 프로젝트에 대한 일반적인 설명 및 일정 등을 포함하고 있다.

물론 서구적 시각에서 볼 때도 계약적으로 합의된 사항과는 별개로 '관계'를 유지하는 것이 필요할 때도 있다. 과거 80년대 후반부터 2000년대 초반까지 저유가로 인하여 해양플랜트는 세계적으로 발주량이 많지 않고 수익성 또한 좋지 않았던 기간이 있었다. 당시 한국 조선소들은 해양플랜트를 간간히 수주하여 얼마 되지 않은 물량으로 해양사업부는 간신히 명맥을 유지하고 있는 상황이었다. 시장 상황이 좋지 않기 때문에 좋은 가격에 수주할 수 없었고, 조선소들은 플랜트 공사의 특성상 수시로 발생하는 원가 초과(Cost overrun) 상황에 직면하곤 하였다. 이때 조선소들은 클레임 등을 통해 발주자에 손실을 보전하기 위한 추가 보상을 요청하였고, 주 발주자인 오일 메이저[3]들은 추가적인 자금을 투입하여 손실을 보전해주곤 하였다.

당시 한국 조선소들이 계약적 근거를 통해 손실을 보전 받을 수 있었던 것은 아니다. 당시에도 조선소 클레임을 뒷받침하는 계약 조항들은 존재하지 않았고, 손실을 보았으니 추가적으로 보상해 달라고 하는 동정을 유발하는 클레임에 가까웠다고 할 수 있다. 그럼에도 불구하고 발주자들이 이러한 손실을 보전해 준 이유가 무엇일까?

당시 상황을 보면 그들 입장에서 조선소들의 손실을 보전해 주어야 할 필요가 있었다. 해양플랜트는 특성상 일반 육상 플랜트 건설과는 달리 모듈 제작을 위한 장소, 즉 야드가 필요하다. 한정된 공간에 관련 설비들을 효율적으로 배치해야 하고 안전 규정이 까다로우며 고사양의 재질을 많이 사용하는 해양플랜트는 시공 작업 자체도 상대적으로 까다로워 숙련된 인력들을 상당히 많이 필요로 한다. 만약 이런 숙련 인력들을 보유한 야드가 손실로 인하여 부도나거나 폐업하게 되면 발주자 입장에서는 주요 공급자를 하나 잃게 되는 것이고, 그 결과로 향후 유가 상승으로 인해 해양플랜트 산업이 활기를 띠게 될 때 적절한 역량을 갖춘 야드의 부족으로 인하여 전체적인 가격 상승이 올 수 있다. 서구적 시각에서도 이렇게 전략적인 공급망관리 측면에서 계약 외적인 '관계'를 유지하기 위한 노력을 하는 경우가 있다.

하지만 이런 예외적인 상황을 기본 전제로 간주하고 프로젝트를 수행한다면 큰 문제가 생길 수 있다. 실제로 한국 조선소에서 기존 오일 메이저들과

---

3) Exxon Mobil, Chevron, BP, Total, Shell과 같은 대형 다국적 석유 기업을 오일 메이저(Oil Major)라고 부른다.

의 관계에서 일명 '동정 클레임(sympathy claim)'에 익숙하던 조선소 해양 사업부들은 새로운 시대(석유 가격 상승에 따른 해양플랜트 산업의 활황)에서 등장한 새로운 고객과의 관계에서 실패를 겪고 만다. 예전 불황 시절의 석유 기업들이 전략적인 공급망 관리(SCM; Supply Chain Management)의 일환으로 눈감아주었던 계약에 근거하지 않은 클레임들을 신규 고객들은 용인하지 않았다. 이렇게 기존의 관계만을 중요시하고 새로운 상황에 적응하지 못하여 순진하게 접근했던 한국 조선소들은 해양 플랜트 사업으로 인해 큰 위기를 겪게 된다. 관계를 중시하며 하던대로 하면 되겠지 라고 생각 하였으나 새로운 고객들에게는 통하지 않았다.

앞서 정답은 없는 문제라 했지만 사실 우리가 가야 할 방향은 명확하다. 냉혹하기 짝이 없는 국제 비즈니스 세계에서 관계에 치중해서 '내가 이렇게 해 주면 상대방도 알아서 잘 해 주겠지'라는 순진한 생각은 통할 수가 없기 때문이다. 수주 전 영업 및 견적 단계에서 불합리하거나 향후 독이 될 수 있는 조항을 발견 하였음에도 당장의 수주를 위해 '나중에 어떻게 잘 넘어갈 수 있겠지'라는 생각, 수행 단계에서 계약 요구 조건을 따르지 않고 관행적으로 명확한 근거 확보도 없이 클레임 하면 발주자가 손실을 보전해 주겠거니 하는 생각, 그리고 발주자의 행위로 인해 손실을 보더라도 향후 좋은 관계를 유지하기 위해 클레임을 걸지 않겠다는 전략 등은 모두 순진한 발상에 지나지 않는다.

실제 프로젝트에서 계약 전에 상대방이 구두로 좋은 조건을 내걸었다고 해도 이를 문서화하지 않으면 수행 단계에서 모두 독이 되어 돌아온다. 발주자가 제공한 입찰 문서에 독소 조항이 포함되어 있어 이에 대한 질의 및 우려를 전달하였으나, 형식적으로 들어가는 조항이고 실제 프로젝트 수행하는 과정에서 큰 문제가 되지 않는다는 말만 믿고 다시 이의를 제기하지 않았더니 계약 후 수행 과정에서 이로 인한 큰 논쟁이 발생하는 일이 부지기수이다. 계약은 합의 사항이고 합의 사항은 문서로 되어 있지 않으면 효력이 없다.

사람 사는 세상에서 사람을 믿지 못하고 어떻게 모든 것을 문서화하여 일을 진행할 수 있느냐는 비판을 제기할 수 있지만, 그것이 오늘날 우리가 사는 세상이고 이런 세상에서의 비즈니스는 냉혹하다. 오늘날 대부분 국가의 정치 체제, 그리고 법 체계는 서양의 계몽주의 사상에서부터 비롯된 것이며 국제 비즈니스에서 분쟁이 생길 때에도 그 틀 안에서 판단을 내린다. 계약을 '관계'가 형성되기 위한 필수 불가결한 기본 전제로 보는 그들의 사상에서는 계약을 준수하지 않으면 '관계'가 존재할 수 없다. 따라서 계약 조항을 준수하는 것은 오늘날 국제 비즈니스를 이행하기 위한 첫 번째 필수 조건이라 할 수 있다.

참고문헌

- 버트런드 러셀, 1945, 서양철학사
- 장 자크 루소, 1762, 사회계약론
- Thierry Leterre, 2011, Contract Theory
- https://blog.naver.com/hslee1427/221034971384

계약과 리스크

우리는 불확실한 세상에 살고 있다. 수많은 것들이 복잡하게 얽혀 있어 조그만 것 하나만 잘못되어도 큰 변화를 일으킬 수 있기 때문에 미래에 어떤 일이 벌어질지는 아무도 알 수 없다. 우리가 매일 내리는 의사결정은 이러한 불확실성에 기반해서 이루어진다. 이렇게 미래에 대한 가정, 기대감, 전망 등에 의거해서 내리는 결정은 본질적으로 리스크를 수반한다.

이렇게 리스크는 우리 삶, 그리고 업무에서 뗄 수 없기 때문에 그로 인한 부정적인 영향을 받지 않기 위해서는 잘 통제해야만 한다. 특히 세계의 장벽이 없어지면서 많은 국가와 기업들이 치열한 무역 경쟁에 노출되고, IT를 비롯한 기술의 발달로 인해 많은 정보가 생성되고 공유되면서 리스크에 노출되는 빈도는 더욱 많아졌다고 할 수 있다. 언제 어디서 무슨 일이 벌어질지 모르는 불확실성이 점점 커지고 있는 상황이다. 이러한 배경에서 각 기업들은 살아남기 위해 리스크 관리의 중요성을 강조하고 시스템을 구축하여 리스크를 적절히 통제하고 대응할 수 있는 방안을 마련 중이다.

전문가들은 일반적으로 리스크에 대응하는 5가지 자세가 있다고 얘기한다.

- Umbrella approach: 모든 가능성을 다 열어 두고 상당히 큰 수준의 리스크 프리미엄을 가격에 부과한다.

- Ostrich approach: 머리를 모래 속에 묻고 단순히 모든 것이 다 잘 될 것이고 어떻게든 될 것이라고 가정한다.
- Intuitive approach: 멋져 보이는 모든 리스크 분석은 믿을 수 없고 오직 나의 직관과 본능만 신뢰할 수 있다고 말한다.
- Brute force approach: 통제할 수 없는 리스크에 집중하면서 '우리는 저것들을 모두 통제할 수 있어'라고 말한다.
- Snowboard approach: 스노우보드를 타고 언덕을 내려오면서 미리 계획을 세우고 분석하여 함정이 어디 있는지 파악하고, 마음속에 리스크 레지스터를 가지며, 아니다 싶으면 계획을 수정한다. 통제할 수 있는 것과 없는 것을 구분하여, 속도와 경로는 통제할 수 있지만 날씨는 통제할 수 없다는 것을 인식한다. 내려가면서 리스크 관리가 필요한 행동에 집중하고 안전하게 도착하여 승리한다.

마지막 대응 방법을 제외하고는 모두 오늘날의 치열한 비즈니스 환경에서 살아남기 어려운 자세이다. 하지만 우리는 일반적으로 마지막 자세보다 처음 네 가지 자세를 쉽게 접하곤 한다.

▌건설/플랜트와 리스크

건설 프로젝트는 본질적으로 리스크에 취약하다. 하나 하나가 다른, 이전에는 세상에 존재하지 않았던 것을 만드는 과정이기 때문이다.

대부분의 빌딩이나 시설물들은 사실 비슷한 구조를 가지고 있다. 기본적으로 설계를 하고, 자재를 조달해서 만들고 테스트하는 과정이라는 점에서는 동일하다. 대부분의 빌딩은 하부 구조물, 프레임, 외벽, 내벽, 각종 마감재 및 지붕이라는 구조를 가지고 있다는 점에서는 비슷하다. 하지만 세부적으로 들어가면 큰 차이가 있다. 우선 건물을 올리는 위치가 다르고, 사용하는 자재의 종류 및 사양이 다르며, 공법이 다르다. 각기 다른 인력이 시공하고, 또 다른 인력이 운영한다. 따라서 이를 관리 감독하는 인력 또한 다르고, 각기 다른 방법론을 적용한다.

무엇을 만들던 이전에 없었던 새로운 시도라는 특징은 한 가지 본질적인 특성을 암시한다. 건설 프로젝트는 '변경'이 매우 잦을 수밖에 없는 구조라는 점이다. 이러한 변경이 많이 생기면 그것은 계획에 좋지 않은 영향을 끼쳐 계획보다 지연되거나 예산이 초과되고, 혹은 품질이 낮아지는 등의 기대하지 않은 부정적인 결과를 불러 일으킨다. 하지만 이것은 그렇게 놀랄 만한 일은 아니다. 왜냐하면 본질적으로 완벽한 디자인, 완벽한 사람, 완벽한 공법이란 존재할 수 없기 때문이다. 따라서 신이 아닌 이상 '변경'은 발생할 수밖에 없다는 사실을 받아들이고, '변경' 가능성을 완전히 제거하는 것에 주력하기보다는 발생할 수 있는 '변경'을 어떻게 효과적으로 통제할 수 있느냐에 주력하는 것이 필요하다.

이러한 본질적인 특성은 건설/플랜트 프로젝트에 내재하는 리스크를 '풍성하게' 만든다. 이렇게 다양하고 풍성한 리스크는 프로젝트에 참여하는 누군가가 그 책임을 가져가야 하며, 전통적으로는 다음과 같이 그 책임을 분담해 왔다.

- 투자자 및 발주자는 자금 조달 및 투자 수익에 대한 리스크를 책임진다.
- 디자인 팀은 디자인 리스크를 책임진다.
- 시공사는 시공 작업에 필요한 시간과 작업의 질, 그리고 현장 인력에 대한 안전 리스크를 책임진다.
- 벤더와 공급업자는 각자 제조/제작하는 부품 및 자재의 성능과 품질에 대한 책임을 진다.
- 운영 기관은 준공 후 운영과 유지 보수 리스크에 대한 책임을 진다.
- 보험 회사는 사고나 불가항력에 의해 발생할 수 있는 결과에 대한 책임을 진다.
- 정부 기관은 해당 건축물이 관련 법령 및 규정에 부합할 수 있도록 하는 책임을 진다.

하지만 이러한 전통적인 리스크 배분 방식에 대한 의문점이 들기 시작하면서, 건설/플랜트 산업 전반적으로 더욱 다양하고 합리적인 리스크 배분 방식에 대한 논의가 시작되었다. 각 프로젝트를 추진하는 주체마다 중요시하는 돈의 가치, 즉 Value for Money[1]가 다른데 비슷한 프로젝트라 해서 같은 방식으로 리스크를 배분하는 방식이 과연 합당할까? 또한 프로젝트의 특성이 각각 다른데 천편일률적으로 리스크를 배분하는 방식이 과연 프로젝트에 내재된 전체 리스크를 최소화하기 위한 적절한 방식일까?

이러한 의문점들을 통해 본질적으로 수반되는 다양한 리스크들을 어떻게 적절하게 관리할 수 있을지에 대한 논의가 진행되고, 이에 따라 조달 방식의 변화와 같은 다양한 방법론들이 도입되고 있다.

▌계약의 본질적인 속성

계약을 바라보는 여러 시각이 있다. 일반 사람들이 계약을 접할 때는 어떤 딱딱한 규정집 같은 느낌을 받을 것이다. 프로젝트에서 계약 실무를 하는 사람들 입장에서는 프로젝트 수행을 위한 가이드라인, 혹은 일종의 바이블로 여길 수도 있고, 영업 조직의 입장에서는 협상 문서, 법률가의 입장에서는 문제가 생겼을 때 누구 책임이 더 큰가를 따질 수 있게 기준을 제시해주는 문서로 여길 수 있다.

하지만 특정 이해관계자의 입장이 아닌, 프로젝트의 큰 그림에서 계약을 보면 계약은 프로젝트의 전체적인 프레임을 만들어 주는 역할이라 할 수 있다. 계약 당사자 간에 계약을 통해 책임을 지우고 리스크를 배분한다. 특히 조달 경로(Procurement Route)라고 부르는 전체적인 계약 구조를 보면 프로젝트의 주인인 발주자가 프로젝트 리스크를 어떤 관점에서 바라보고 있는지 알 수 있다.

---

1) Value for Money(VFM)는 우리 말로 '돈의 가치'로 해석될 수 있으며 실생활에서 흔히 사용하는 표현인 '돈 값 못한다'에서 돈 값을 의미한다고 생각하면 된다. 즉, 내가 어떤 물건을 사기 위해 해당하는 가격, 돈을 지불했을 때는 그에 상응하는 가치를 기대하고 지불하는 것인데, VFM은 내가 돈을 지불하면서 얻고자 하는 '기대 가치'를 의미한다. 이러한 '기대 가치'는 사람마다 달라서 같은 물건을 같은 가격을 지불하고 사지만 어떤 사람에게는 기대 이하고, 어떤 사람에게는 기대 이상일 수도 있다. 따라서 프로젝트의 내재하는 리스크란 결국 프로젝트 참여자가 기대하는 '기대 가치', 즉 Value for Money에 연계되기 때문에 유사한 프로젝트라 하더라도 프로젝트의 주인, 참여자들이 기대하는 가치에 따라 리스크가 다를 수 있다. 더욱 상세한 설명은 제9장 〈Value for Money〉를 참고하시기 바란다.

이론적으로 리스크를 배분하는 원칙은 해당 리스크를 가장 적절히 통제하고 관리할 수 있는 프로젝트 참여자가 해당 리스크에 대한 책임을 가져가는 것이다. 따라서 발주자가 특정 영역의 리스크를 계약자 혹은 다른 프로젝트 참여자에 넘기는 형태의 계약 프레임을 만들어 놨다면, 그것은 발주자가 해당 리스크를 상당히 크게 인식하고 있으며, 자체적으로 부담하기 어렵기 때문에 다른 쪽에서 그 리스크를 맡아줬으면 한다는 의도를 가지고 있음을 알 수 있다. 물론 시장 원리가 존재하고 계약의 형평성 문제가 있기 때문에 어떤 리스크를 상대방에 넘겼으면 다른 리스크를 받아와야 한다. 이렇게 리스크를 상호 간에 주고받으면서 합의를 보는 과정이 계약 과정이라 볼 수 있다. 다른 말로 하면 계약 과정이란 결국 프로젝트에 내재된 리스크를 배분(Risk Allocation)하는 과정이라 할 수 있다.

이러한 관점에서 프로젝트에 내재된 리스크를 더욱 합리적으로 배분하기 위해 다양한 형태의 조달 경로가 등장하게 된다. 전통적인 Design-Bid-Build 형태를 넘어서서 Design and Build, EPC, CM, EPCM, Develop and Construct, Novation 등 다양한 형태의 조달 방식이 등장한다. 공공 공사의 경우 자금 조달과 재정 투입에 대한 리스크를 공공 영역에서 민간 영역으로 넘기기 위해 PPP(Public-Private Partnership; 민관협력사업)라는 형태의 계약 구조가 등장하고 그 안에서도 다양한 형태의 인프라 시설물의 특성에 맞춰 세분화된 방식이 등장한다. 계약가를 정하는 방식 또한 단순히 총액 확정 방식(Lump Sum)이나 물량 정산 방식(Re-measurement)을 벗어나 원가를 보장해주는 Cost plus Fee, 원가 절감에 대한 동기를 부여해 주는 Profit Sharing의 형태 혹은 Maximum Guaranteed Price 등의 다양한 방법들이 이용된다. 이렇게 다양한 방식들이 한 프로젝트 안에서도 섞여 있어서 담당자들을 곤혹스럽게 만드는 경우가 종종 있다. 이는 좋게 얘기하면 프로젝트에 내재된 전체 리스크의 총량을 줄이기 위함이고, 안 좋게 얘기하면 식별된 리스크들을 발주자 입장에서 다른 참여자들에게 떠넘기기 위함이다. 따라서 우리가 계약을 바라볼 때, 계약 구조는 본질적으로 리스크를 배분하는 과정이라는 점을 인식하고, 그 리스크들이 어떻게 배분되었는지를 잘 파악하면 전체 프로젝트를 어떻게 수행해야할지에 대한 전략을 세울 수 있다.

▌계약은 어떻게 리스크를 다루는가

그렇다면 계약은 구체적으로 어떻게 리스크를 배분하는 것일까? 그 과정을 살펴보기 위해서는 먼저 일반적으로 건설/플랜트 프로젝트에 내재되어 있는 리스크가 어떤 것들이 있는지 알아보아야 한다.

일반적으로 건설 프로젝트에 내재되어 있는 리스크는 다음과 같이 분류할 수 있다.

- 자금 조달
- 디자인
- 시간
- 원가 및 비용
- 품질
- 완공된 설비에 대한 유지 보수 및 운영

위와 같은 사항들에 내재된 리스크를 계약을 통해 어떻게 배분하는지 살펴보자.

자금 조달 리스크

프로젝트는 타당성 평가와 자금 조달에서부터 시작된다. 상업적 목적을 위한 프로젝트라면 타당성 평가를 통해 기대하는 수준의 수익을 올릴 수 있는지 여부에 대한 검증을 거쳐 진행된다. 이때 한 번 완공된 건물 및 시설물은 수십 년을 운영해야 하므로 오랜 기간에 걸쳐 수익이 발생하는데, 투자한 자본을 오랜 기간에 걸쳐 회수해야 하므로 자금 조달 시 향후 전망되는 인플레이션, 금리 수준 등을 고려한다.

향후 수익도 마찬가지이지만 자금 조달 및 회수 관련해서도 불확실성에 의존해서 미래를 전망할 수밖에 없다. 5년 후에 유가가 어느 수준에 와 있을 것인지, 시설물을 운영하기 위한 인력의 인건비 수준, 기준 금리 등이 어떻게 될지는 아무도 알 수 없다. 따라서 3년 동안 외부 자금을 차용해서 예산을 집행하고, 20년 동안 매출을 통해 회수하여 대출금을 상환한다고 할 때, 책정되어야 하는 이자 수준, 이자 및 원금을 갚기 위해 필요로 하는 최소 이익 및 이에 상응하는 매출 수준 등을 추정하기 위해서는 많은 가정이 필요하다. 물론 이는 결국 커다란 리스크 요인이다.

이러한 자금 조달에 대한 리스크는 전통적으로 프로젝트의 주인, 즉 발주자가 부담해 왔다. 민간 영역에서는 이러한 리스크를 완화하기 위해서 투자 파트너들을 모집하여 리스크를 나누어 분담하는 경향도 있다. 공공 영역에서도 약 30여 년 전부터 이러한 자금 조달에 대한 리스크를 전가하기 위해 새로운 형태의 계약 구조가 등장하기 시작했다. '민관협력사업(PPP)'이 바로 그것이다.

PPP 방식의 사업에서는 자금 조달을 공공 기관이 하는 것이 아니라 민간 영역에서 담당한다. 공공 인프라 시설물에 대한 지분, 혹은 일정 권한을 민간에 넘기고 대신 자본을 민간에서 조달한다. 정부 입장에서는 자금을 조달하기 위해 필요한 예산을 투입하고, 국채/지방채 발행 등을 통해 증가할 수 있는 부채 리스크를 민간에 전가할 수 있다. 물론 리스크에 대한 부담은 궁극적으로는 공정해야 하므로, 정부는 자금 조달 리스크를 민간에 넘기는 만큼, 다른 종류의 리스크를 부담하게 된다.

이러한 PPP 방식의 계약에서는 프로젝트 이해관계자가 상당히 많아지는 등 계약 구조가 복잡해진다. 하지만 자금 조달에 대한 리스크를 계약을 통해 어떻게 배분하는지를 보여주는 계약 구조, 조달 방식이라 할 수 있다.

디자인 리스크

디자인 리스크는 건설/플랜트 프로젝트에서의 대표적인 리스크라 할 수 있다. 프로젝트의 대표적인 리스크 요인인 '변경'은 상당수 디자인에서부터 비롯되고, 디자인의 '변경'은 그 시점에 따라 프로젝트에 큰 파급력을 가져올 수 있으므로 프로젝트의 성패는 디자인 리스크를 어떻게 통제 하느냐에 달려 있다 해도 과언이 아니다.

전통적으로는 디자인 리스크를 전문적인 디자인 회사 혹은 컨설턴트에 일임하는 방식으로 진행해 왔다. 주어진 사양, 즉 시방서(Specification)를 토대로 디자인 회사가 자체적으로 디자인을 진행한다. 이때 디자인 회사에 지불해야 하는 계약가를 산정하는 방식은 크게 두 가지로 하나는 총액 확정 방식

(Fixed Lump Sum), 다른 하나는 실제 발생한 원가를 토대로 한 실비 정산 방식(Cost plus Fee) 및 단가 정산 방식(Unit Rate)이다.

총액 확정 방식(Fixed Lump Sum)은 발주자 입장에서 지불할 대금을 고정시킴으로써 비용에 대한 리스크를 최소화할 수 있지만, 디자인을 담당하는 기업 입장에서는 어떻게 해서든 주어진 금액 안에 맞춰 디자인을 진행해야 하므로 디자인 품질이 저하될 수 있는 우려가 있다. 다시 말해 비용에 대한 리스크를 줄이는 대신, 디자인 품질에 대한 리스크는 커진다. 따라서 디자인 품질이 우려된다면 일반적으로 총액 확정 방식 대신 실비 정산 혹은 단가 정산 방식을 택하게 된다. 실제 발생하는 원가, 즉 설계를 위해 투입되는 공수(Man-Hour)를 기준으로 대금이 지급됨으로써 품질 저하에 대한 우려를 낮출 수 있다. 물론 그만큼 원가가 증가할 가능성이 있기 때문에 총액 확정 방식과는 반대로 디자인 품질 리스크는 낮추는 반면 비용에 대한 리스크는 커진다. 프로젝트가 단순한 구조이면 총액 확정 방식으로 진행해도 무리가 없겠지만, 디자인 가치가 큰 랜드마크 프로젝트나 디자인의 복잡성이 매우 큰 프로젝트의 경우에는 총액 확정 방식으로는 디자인 리스크를 적절히 통제하기 어려운 경우가 많다.

또한, 디자인 품질에 대한 리스크도 줄이고 싶고, 비용에 대한 리스크도 어느 정도 통제하고 싶다면 일종의 절충형으로 상한선을 설정해 놓는 경우가 있다. 이 경우 기본적으로 실제 발생한 원가를 토대로 대금을 지급하되, 어느 선 이상은 넘기지 못하도록 계약한다. 이렇게 계약하면 디자인 기업 입장에서는 어느 정도 디자인 품질은 준수하되, 상한선은 넘지 않도록 자체적으로 원가 통제 노력을 하게 해주는 동기부여를 가지게 된다.

디자인 측면에서 하나 더 고려해야 할 리스크는 시공성(constructability/buildability)이다. 디자인의 결과는 도면 안에서만 머무는 것이 아니라 실제 현장에서 시공되어 실물로 드러나게 된다. 디자인 전문 기업은 실제 시공 작업을 진행하지 않기 때문에 현장에서 발생할 수 있는 다양한 문제들과 공법 등에 대한 이해 없이 설계를 진행하는 경우가 많다. 이러한 시공성을 고려하지 않은 디자인을 토대로 시공을 진행하다 보면 다양한 문제에 봉착할 수 있기 때문에 시공성에 대한 리스크 또한 디자인 단계에서 고려해야 한다. 이때 한 가지 선택할 수 있는 방법은 시공 계약자를 이른 시점에 선정하여 디자인 과정에서 시공자의 노하우와 공법 등을 디자인에 반영시키는 것이다. 이러한 방법을 Two-Stage Tendering이라 하며, 관련하여 상세한 내용은 3부 제21장 〈조달 경로의 발전〉에서 다룬다.

디자인 리스크가 상대적으로 작다고 판단이 되거나, 혹은 계약자가 이에 더 잘 대응할 수 있다고 판단이 되면 디자인 리스크를 발주자가 부담하지 않고 계약자에 전가시키는 경우가 있다. 이렇게 진행하는 대표적인 방식이 Design and Build, 즉 소위 얘기하는 EPC이다. EPC에서는 하나의 계약자가 설계와 시공에 대한 책임을 모두 가져간다. 이 경우 대부분은 설계 혹은 시공 기업이 주 계약자로 발주자와 계약을 맺고, 전문성을 가진 영역을 제외한 나머지 영역에 대해 다른 기업과 하도급 계약을 맺는 형태로 진행된다. 설계 전문 기업이 주 계약자로 선정되면 시공을 다른 기업에 하도급을 주고, 시공 전문 기업이 주 계약자로 선정되면 설계를 다른 전문 기업에 하도급을 주는 형식이다.

EPC 형태의 계약은 발주자 입장에서는 다양한 장점이 있는데, 디자인 리스크를 포함한 극단적인 수준의 리스크를 계약자에 전가하기 때문이다. 계약자 입장에서는 많은 리스크를 떠안기 때문에 그에 상응하는 리스크 프리미엄을 요구해야 하는데, 시장 상황이 허락하지 않으면 필요한 리스크 프리미엄을 받아내지 못하는 경우가 상당히 많다. 물론 발주자 입장에서도 독이 되는 경우가 있다. 만약 계약자가 디자인 리스크에 제대로 대응하지 못하여 품질이 엉망이 되는 경우에 이는 결국 발주자에게 악몽으로 돌아온다. 아무리 지체상금 등 법적인 조치를 취한다 하더라도 결국 건축물의 주인인 발주자가 입게 될 손해를 모두 보상 받기 어렵다. 따라서 리스크를 줄이기 위해 EPC 방식을 택할 때에는 발주자도 계약자가 전체 리스크를 감당할 역량이 되는지 등에 대해 꼼꼼히 따져봐야 한다.

시간 리스크

건설/플랜트 프로젝트에서의 시간 리스크는 절대적이라 할 수 있다. 시작과 끝이 분명한 프로젝트의 본질적인 속성상 시간과 일정에 대한 통제를 제대로 하지 못할 시 막대한 손해로 이어질 수 있기 때문이다. 따라서 발주자 입장에서는 프로젝트 기획 단계에서부터 시간에 대한 리스크를 어떻게 통제하고 줄일 수 있을까에 대한 많은 고민을 한다.

기본적으로 시공 과정에 대한 시간 리스크는 발주자가 통제할 수 없다. 시공 공법, 일정 관리, 동원되는 인력에 대한 관리 등 시간과 관련된 모든 요소에 대해 노하우를 갖춘 시공 계약자가 발주자보다 시간 리스크 대응 역량이 월등하기 때문이다. 따라서 대부분의 계약에서 시공 과정에 대한 시간 리스크는 시공 계약자가 책임지는 형태로 구성된다. 그 결과물 중에 하나가 공기 지연에 대한 지체 상금(Delay Liquidated Damages)이라 할 수 있다.

반면에 디자인 과정에 대한 시간 리스크는 발주자가 부담하는 형태로 많이 진행된다. 디자인 과정에서는 프로젝트 주인이 추구하는 가치, 즉 Value for Money(VFM)가 디자인에 충분히 반영되어야 하는데, 이러한 것에 대한 고려 없이 일정 준수만을 강조한다면 디자인 품질이 엉망이 될 수 있기 때문이다. 따라서 디자인을 중요시하는 발주자는 디자인 과정에 대한 시간 리스크를 같이 부담하며 업무를 진행시킨다.

하지만 디자인에 대한 주도권을 가진 채 그에 대한 시간 리스크를 최대한 줄이고자 하는 발주자도 있다. 이러한 발주자가 사용할 수 있는 계약 구조로 'Develop and Construct'라는 방식이 있다.

Develop and Construct 방식에서는 발주자가 시공자를 선정하기 전에 디자인 기업을 먼저 선정하고 계약을 진행한다. 그리고 설계가 완료되기 전에 시공자를 선정하고 그 시점에 설계에 대한 계약 이행 책임을 시공자에게 이관한다. 이렇게 계약을 이관하는 방식을 Novation이라 하고 설계에 대한 계약이 시공자에 Novation되면 시공자는 Design and Build/EPC 계약과 마찬가지로 설계에 대한 책임까지 가져가는 프로젝트의 주 계약자가 되는 것이다. 이렇게 Develop and Construct 방식으로 진행하면 설계가 완료되기 전에 시공에 대한 입찰 및 계약을 하고, 또한 가능한 시공 작업을 미리 착수함으로써 전체적인 일정을 단축할 수 있는 장점이 있다. 물론 확정 물량(BoQ: Bill of Quantities)이 아닌 잠정 물량(BoAQ: Bill of Approximate Quantities)을 토대로 입찰을 진행하기 때문에 향후 물량 변동으로 인한 계약 변동과 분쟁 가능성이 존재한다.

Develop and Construct 방식이 전형적인 EPC 방식과 다른 점은 Novation 이전에 발주자가 디자인 기업을 선정하고 설계 과정에 관여함으로써 발주자가 원하는 가치를 디자인에 반영시킬 여지가 있다는 점이다. 전형적인 EPC 계약은 시간 및 디자인에 대한 리스크를 계약자에 전가할 수 있는 반면, 디자인에 대해 발주자가 관여할 수 있는 여지가 적어 발주자가 추구하는 가치에 대한 기대치를 만족시켜주지 못하는 경우가 많은데 Develop and Construct는 EPC의 이러한 단점을 개선한 형태라 할 수 있다. 'Develop and Construct' 또한 제21장 〈조달 경로의 발전〉에서 상세히 다룬다.

만약 발주자가 시간에 대한 리스크에 크게 개의치 않는다면 선택할 수 있는 가장 바람직한 형태의 계약 형태는 전통적인 Design-Bid-Build 방식이다. 설계가 완료된 이후에 입찰 및 시공을 진행하기 때문에 '변경'에 대한 리스크가 적고, 확정된 내역서(Bill)를 통해 입찰을 진행하기 때문에 합리적인 수준에서 비용을 통제할 수 있다.

비용 리스크

대부분의 건설/플랜트 프로젝트의 목적은 결국 수익을 창출하기 위함이므로 비용에 대한 이슈에 상당히 민감한 편이다. 특히 대규모 플랜트와 같은 경우는 기획 단계에서 상당한 수준의 자금 조달 계획을 세워야 하고, 당연하게도 이러한 규모의 자금은 대부분 자체 조달이 되지 않으므로 여러 투자자로부터 투자를 받거나 금융 기관으로부터 대출을 받아야 한다. 그들로부터 충분한 자금을 조달 받기 위해서는 합리적인 자금 투입 및 상환 계획까지 수립해야 한다. 따라서 적절히 비용을 통제하기 위해 다양한 방식의 계약 구조가 등장하게 된다.

가장 효과적으로 비용 리스크를 줄일 수 있는 계약 구조는 당연 EPC 방식이다. 그 중에서도 흔히 LSTK(Lump Sum Turn Key)[2]라고 부르는 총액 확정의 EPC 방식이 발주자 입장에서 비용 통제하기에 가장 효과가 좋으며, 이는

---

2) LSTK(Lump Sum Turn Key): 프로젝트의 모든 사항을 계약자가 마무리하고, 고객은 마지막에 열쇠를 꽂고 돌리기만 하면 된다는 의미에서 Turn-Key 계약이라 부른다. 계약 총액이 확정되어 있는 Lump Sum과 묶어서 LSTK라 부르며, 극단적인 형태로 거의 모든 책임을 계약자가 부담하는 형태의 계약이다.

많은 건설 기업들을 곤혹스럽게 하였다. EPC 계약 구조는 기본적으로 대부분의 리스크를 계약자에 전가한다. 여기에 계약가 결정 방식을 총액 확정(Lump Sum)으로 하게 되면 계약자 입장에서는 계약서를 통해 정의된 '계약 변경(Variation)'을 제외하고는 추가적인 보상을 요구할 수 있는 근거가 거의 없는 셈이다. 물론 이렇게 함으로써 계약자가 원가 절감에 많은 노력을 기울일 수밖에 없는 긍정적인 취지가 있기는 하지만, 복잡한 플랜트 프로젝트에서 계약자가 합리적인 견적과 적절한 원가 통제에 실패해서 많은 손실을 보게 되는 경우가 여럿 발생하기도 하였다.

계약가를 확정한다는 것은 본질적으로 변경이 많은 건설 산업의 특성상 상당한 리스크를 수반한다. 설계가 완료된 이후에 입찰을 진행하는 전통적인 Design-Bid-Build에서는 Lump Sum 방식이 큰 무리가 없지만, 설계 자체가 계약자의 책임이 되는 EPC 방식에서는 전체 물량에 대한 적절한 예측이 쉽지 않기 때문에 큰 리스크 요인으로 다가온다. 물론 시방서(Specification) 및 계약 요구 사항(Requirements)을 바탕으로 견적하고, 예측이 어려운 부분에 대해서는 상당한 수준의 리스크 프리미엄을 부여하여 계약하였는데, 프로젝트를 완료하고 나니 물량도 줄고 큰 문제도 발생하지 않아 큰 수익을 거둘 수 있는 기회 요인도 생길 수 있다. 하지만 대개 시장 상황은 그렇게 운이 좋은 경우를 허락하지 않는다. 오히려 리스크 프리미엄은 거의 없는데 견적 대비 물량이 상당히 증가하고 잠재 리스크가 현실화되어 손실을 보는 경우가 더욱 많다.

이와 같은 이유로 최근에는 많은 계약자들이 특히 크고 복잡한 프로젝트일수록 LSTK 방식은 지양하는 경향이 있다.

만약 합리적인 발주자가 비용에 대한 리스크를 계약자와 나눠 부담하려한다면, 선택할 수 있는 방식은 Re-measurement 혹은 Unit Rate 방식이다. 각 단위당 미리 합의한 가격을 기초로 하여 실제 발생한 작업의 양에 따라 계약가를 산정한다. 투입한 공수(Man-Hour)에 대한 보상이라면 단위 공수당 단가를 미리 합의하고 실제 발생한 공수에 따라 대가를 지불한다. 발주자 입장에서는 최소한 단가라도 확정해 놓아 리스크를 줄일 수 있으며, 계약자 입장에서는 물량 변동에 대한 리스크를 줄일 수 있다. 복잡한 프로젝트일수록 상호 간에 리스크를 줄일 수 있어 많이 사용되는 방법이다. 실제 발생한 원가에

Overhead[3] 및 계약자의 이익(profit)을 더하여 계약가를 책정하는 Cost plus Fee 방식은 비용에 대한 리스크를 발주자가 부담하는 형식이다. 발주자 입장에서는 계약자가 원가 절감에 대한 동기 부여 요인이 없어 비용 리스크가 크기는 하지만, 해당 작업에 대해 전적인 영향력을 행사하고 싶은 경우에 자주 활용된다.

만약 발주자가 비용에 대한 부담이 크지 않으나 프로젝트 수행 경험 및 인력이 충분치 않은 경우에는 전문적인 컨설팅 조직을 이용하는 경우도 있다. 이 계약 형태는 EPC 대비 리스크 프리미엄이 작기 때문에 EPC보다 비용 리스크가 오히려 작다는 견해가 있지만, 기본적으로 Cost plus Fee 구조이기 때문에 비용이 증가할 수 있는 여지는 여전히 큰 편이다. 이러한 계약 구조를 Management Contracting이라 하기도 하고 플랜트 업계에서는 PMC라고 부르기도 한다.

Management Contracting/PMC 계약 형태에서는 발주자가 Management 전문성을 갖춘 집단과 계약을 체결하고 이들은 프로젝트에서 발주자를 대행하는 역할을 한다. 발주자가 직접 수행해야 할 management의 역할을 이 전문가 집단에 부과한다. 다만 이 전문가 집단은 발주자를 대행하기는 하지만 품질이나 시공 작업 결과 등에 대한 직접적인 책임을 지지는 않는다. 전문가 집단에 지불해야 하는 비용이 발생하지만 management를 위한 발주자의 내부 인력 원가를 줄일 수 있고, 그들의 전문성과 노하우를 충분히 활용하여 복잡하고 어려운 프로젝트를 성공으로 이끌 가능성을 높인다는 장점이 있다.

▌계약 리스크를 대하는 우리의 자세

이와 같이 계약 구조, 그리고 계약가를 선정하는 방식을 어떻게 구성하느냐에 따라 프로젝트에 내재되어 있는 리스크의 총량을 줄일 수도 있고, 각 이해관계자에 적절히 배분할 수 있다. 이렇게 리스크 관점에서 프로젝트를 바라보면 프로젝트 기획 단계에서 전체적인 구조를 어떻게 가져가느냐에 따라

---

3) Overhead(간접비): 직접비용에 대응하는 회계용어로 각 부문에 공통적으로 사용된 비용으로서 일반적으로 간접재료비, 간접노무비 및 간접경비로 구성된다.

프로젝트의 성패가 좌우된다고 해도 과언이 아니다. 따라서 프로젝트를 기획하는 입장이라면, 추진하고자 하는 프로젝트의 리스크를 찾아내고, 이를 계약을 통해 어떻게 배분할 것인가를 고민하는 것이 가장 우선적으로 취해야 할 일이다.

프로젝트를 기획하는 입장이 아닌, 이미 짜여진 구조를 받아서 프로젝트를 수행하는 입장에 있는 대부분의 우리들은 먼저 그 구조가 어떻게 구성되어 있는지를 이해해야 한다. 단순히 큰 프로젝트의 극히 일부만을 담당하는 계약 담당자라 하더라도, 프로젝트를 기획하는 입장에서 전체 구조를 바라보면 프로젝트에 어떤 리스크가 있고, 그것을 기획한 사람들은 어떤 의도를 가지고 있는지 대략 짐작할 수 있다.

그것은 앞서 설명한 조달 및 계약 구조, 계약가 산정 방식뿐이 아니다. 계약서 내에는 프로젝트의 리스크 요인들을 배분하는 조항들이 여러 가지가 있고, 그 내용들을 읽어보면 발주자가 계약 조항들을 통해 리스크를 어떻게 배분하려 했는지 이해할 수 있다. 그리고 이러한 이해를 통해 전체적인 프로젝트를 어떤 방향으로 어떻게 수행해야 할지 그림을 그릴 수 있다. 단순히 관행적으로 하던 방식대로, 혹은 위에서 지시하는 대로 업무를 수행하는 것이 아니라 계약 구조와 조항들을 파악하고 그 안에 숨어 있는 리스크에 대한 접근 방식을 이해한다면, 분명 전체 프로젝트를 성공적인 방향으로 이끌어 나갈 수 있다는 생각이다.

참고문헌

- RICS, 2003, The Management of Risk-Yours, Mine and Ours
- Nigel J. Smith, Tony Merna, Paul Jobling, 2014, Managing Risk in Construction Projects
- John Raftery, 2003, Risk Analysis in Project Management

가치 평가(Valuation)

　물건을 구매한다는 행위는 정해진 가격에 해당되는 양의 화폐를 판매자에 지불하고 대상 물건에 대한 소유권을 넘겨 받는다는 것을 의미한다. 이때 정해진 가격이라 함은 판매자와 구매자 당사자 간에 합의된 물건의 가치를 화폐의 값으로 표현한 것으로, 판매자가 구매자와 상의 없이 가격을 책정했다고 하더라도 구매자가 해당 가격으로 구매하겠다는 의사결정을 내리는 순간 이는 결국 구매자가 책정된 가격에 동의했다는 의미로 해석할 수 있다. 보통 백화점이나 쇼핑 몰과 같은 곳은 판매자가 정해 놓은 가격에 구매자가 합의하는 형식이고, 전통 시장과 같은 경우는 흥정 등을 통해 판매자가 부르는 가격을 조정함으로써 구매자의 의사가 조금 더 반영될 수도 있다. 가격이 고정되어 있던 흥정을 통해 조정이 되던 판매자가 책정한 가격에 반응하여 구매자의 구매 의사가 결정되는 경우가 대부분이다.

　이와는 대조적으로 구매자가 먼저 구매 의사를 피력하고 판매자에 가격 책정을 요청하는 경우가 있다. 보통 수주 산업에 적용되는 주문 생산 방식(order-made)이 이러한 방식을 따르는데, 구매자가 견적을 요청하면 판매자가 그에 상응하는 가격을 제시한다.

　전자와 후자의 가장 큰 차이는 가격이 책정되는 순서이다. 시장이나 마트와 같은 곳에서 판매되는 물건들은 대상 물건들의 실물을 보고 구매 의사를 결정한다. 실물을 보기 어려운 온라인 쇼핑의 경우도 주문 접수 후 제작하기보다는 이미 물건을 제작해 놓고 주문이 들어오면 완성품을 발송하는 경우가 대부분이다. 다시 말해 실물이 먼저 만들어지고, 판매 대상의 원가가 확정된 후에,[1] 판매 가격이 이러한 원가를 기반으로 책정된다.

반면에 주문 생산 방식(order-made)은 실물이 만들어지기 전에 가격이 먼저 결정된다. 이 경우 가장 큰 문제는 최종 제품에 대한 원가를 정확하게 가늠하기 어렵다는 점이다. 물론 견적할 때, 예상 원가를 우선적으로 산출한 후에 이익 등을 더하여 판매가(계약가)를 산정하지만 이때의 원가는 확정 원가라기보다는 굉장히 불확실한 추정 원가이다. 특히, 플랜트와 같이 대상물이 무척 복잡한 경우에는 합리적인 원가 전망 및 가격 책정에 실패해서 기업의 수익이 크게 훼손당하는 경우도 종종 발생한다. 따라서 불확실성이 큰 복잡한 프로젝트의 경우 가격을 확정 총액 방식(Lump Sum)으로 결정하게 되면(경우에 따라서는 큰 이익을 남길 수 있는 기회가 될 수도 있지만) 판매자 입장에서 리스크가 커지기 때문에 꺼려할 수 있다. 물론 구매자 입장에서는 대규모의 자본적 지출(Capital Expenditure)이 수반되는 경우 예산 증가에 대한 불확실성을 줄일 수 있는 확정 총액 방식(Lump Sum)을 선호하는 경향도 있다.

판매자 입장에서 이와 같은 리스크를 통제하기 위해 이용할 수 있는 방식이 계약가를 주문 시 확정시키지 않고 실제 발생하는 원가에 상응하여 가격이 정해질 수 있도록 하는 잠정 총액(Provisional Sum) 방식이다. 이 경우 주문자의 주문 의향 접수와 더불어 가격 협상 시 계약가를 확정하지 않고 조건에 따라 가격이 변동될 수 있도록 계약 조항을 합의한다. 이 경우 계약 후 실제 프로젝트 수행 단계에서 상황에 따라, 그리고 합의된 절차에 의거해서 계약가가 늘어나기도 하고 줄어들기도 한다.

이때, 판매자(계약자)와 구매자(발주자) 간에 사전 합의가 이루어져야 하는 부분(계약 시 계약가가 확정적으로 정해져 있는 것이 아니기 때문에)은 변동되는 작업의 가치(판매자 입장에서 해당되는 원가 및 보장 수익)와 이에 대한 보상

---

1) 여기서는 간단하게 실물이 제작 완료된 경우 원가는 확정된 것이라 가정했지만, 실제로는 제품이 얼마나 많이 팔리느냐에 따라 원가가 변동한다. 제품이 팔리지 않아 재고가 많이 쌓이게 되면 제품 단위 수량 당 원가 비중이 높아지고, 생산한 제품이 모두 팔리게 되면 그만큼 원가의 비중은 낮아진다. 제품이 얼마나 팔리느냐는 판매 가격에 따라 달라지기 때문에 실제로는 판매 가격에 따라 원가가 달라지게 되는 셈이다. 본문에서는 주문 제작 방식과의 차이점을 설명하기 위해 판매 전 원가가(어느 정도) 확정된 것으로 가정하였으니 양해해 주기 바란다.

을 어떻게 가격으로 전환시킬 수 있을까 하는 방법이다. 예를 들어, '확정 계약가에 포함되지 않는 작업이 발생했을 시(계약서에 해당 작업에 대한 문구가 포함되어 있기 때문에 계약 변경을 뜻하는 Variation으로 간주되지 않는다) 이에 대해 합리적인 가격(reasonable price)으로 보상해준다'라는 계약 문구가 있다고 생각해보자. 판매자 입장에서 해당 작업에 대해서 보상을 받아야 하다는 것은 정당한 계약 사항이지만 'reasonable price'에 대해 계약서에 명확하게 정의되어 있지 않다면 발주자가 생각하는 '합리적인' 수준과 계약자가 주장하는 '합리적인' 수준은 분명히 다를 것이다. 따라서 잠정 총액(Provisional Sum) 계약 방식에서 발생하는 각각의 작업 가치를 측정하는 방법, 즉 가치 평가(Valuation) 방법들은 반드시 사전에 합의되어야 한다.

또 하나 가치 평가(Valuation) 방법에 대한 사전 합의가 필요한 부분은 중간 정산(Interim Payment) 관련이다. 12장 〈대금 지불(Payment)의 의미와 방법〉에서 상세히 설명하겠지만 건설/플랜트 공사는 본질적인 특성상 공사 대금을 주기적으로 납부하는 중간 정산(Interim Payment)의 형태를 가진다. 이때 대부분 중간 정산 금액을 결정하는 기준은 해당 기간 동안 작업한 일의 양(Work Performed, 기성)이다. 따라서 주기적으로 작업한 일의 양에 대한 가치 평가(Valuation)가 필요하며 이에 대한 구체적인 방법론 또한 사전 합의가 필요하다. 이론적으로는 실제 작업한 부분에 대해 발주자와 계약자가 함께 검사하여 결함이 없는 완료 작업에 대해 증서(Certificate)를 발행하고, 이를 기준으로 기성금을 청구하면 되지만, 프로젝트가 크고 복잡할수록 모든 작업 부분에 대해 실물을 검사하고 그 정확한 양에 대해 합의를 보기는 현실적으로 불가능하다. 또한 이런 과정으로 인하여 실제 공사 과정이 영향을 받아 공정 지연을 유발할 수도 있기 때문에 그렇게 바람직하다 할 수도 없다. 이러한 현실적 어려움으로 인해 실제 프로젝트 수행 시에는 다양한 기술적 방법론들을 동원하여 작업한 양에 대한 가치 평가(Valuation)를 수행하게 되는데, 이러한 기술적 방법론들 또한 사전에 모두 합의하기 어려워 이 또한 협상의 여지가 많이 필요한 영역이다.

▌중간 정산을 위한 가치 평가(Interim Valuation)

자기 자본을 이용하는 투자(Capital Expenditure)가 아닌, 주문 받은 공사 목적물을 설계/구매/시공해주는 계약자 입장에서 현금 흐름은 어느 무엇보다 중요하다고 할 수 있다. 공사 수행을 위해 현금은 끊임없이 지출하는데 보유 자본이 넉넉치 않기 때문에 수행한 공사에 대한 대금을 제때 지급받지 못한다면 공사를 지속하지 못하는 경우가 발생할 수 있다. 이러한 상황을 방지하기 위해 대부분의 건설/플랜트 프로젝트에서는 정해진 기간(보통 매 월)마다 작업한 양에 따라 중간 정산(Interim Payment)을 가진다. 이때, 중간 정산 가격 책정을 위해 일반적으로 사용하는 기준은 해당 기간 동안 작업한 일의 양, 즉 기성(Earned Value)이다. 전체 프로젝트의 계약가가 100억원이고 해당 월에 진행된 공정 진행률이 5%라면 해당 월에 대한 기성금으로 5억원을 지급하는 방식이다.

계약가 산정 방식이 총액 확정 방식(Lump Sum)이라면 공정 진행률에 대해서만 합의를 보면 되기 때문에 상대적으로 수월하지만 잠정 총액 방식(Provisional Sum)이라면 이보다 더욱 까다롭다. 공정률의 모수가 되는 계약가가 공사가 진행됨에 따라 바뀌기 때문이다. 예를 들어, 계약 시에는 잠정 계약가가 100억원이었지만, 6개월 전에는 120억원이 되었고, 현재는 다시 130억원으로 늘어나면서 모수가 바뀔 수 있기 때문이다. 모수는 매 월 바뀔 수도 있고 분기/반기/년 기준으로 정하는 시점에 따라 바뀔 수도 있지만 모수가 바뀔 때는 이전에 지급된 중간 정산 금액 또한 달라져야 하기 때문에 까다로운 보정 작업이 필요할 수 있다.

계약자 입장에서나 발주자 입장에서 모두 중간 정산을 위한 가치 평가(Interim Valuation) 시에는 각자 소속된 조직의 이익을 위해 최대한 노력하게 마련이다. 계약자는 프로젝트 수주 단계에서부터 완료 시점까지 예상되는 현금 흐름(cash flow)을 전망해 이에 맞추어 자금 조달 계획을 세운다(물론 프로젝트가 하나만 있지는 않기 때문에 기업이 수행/추진 중인 모든 프로젝트를 총 망라해서 계획을 세운다). 계약자의 가치 평가 담당자(주로 원가 혹은 공정 담당자가 수행함)가 계약자가 수행한 작업의 양을 발주자로부터 정당하게 인정받지 못한다면 그만큼 자금 조달에 차질이 생기게 되고, 적절한 시점에 협력사나 하도급 기업 등에 대금을 지불하지 못하게 될 수도 있다.

　발주자 입장에서 또한 계약자가 수행한 작업의 양을 적절하게 평가하는 것이 중요하다. 수행한 일의 양에 대한 가치를 적절하게 인정해 주지 않는다면 계약자의 현금 흐름에 문제가 생겨 제때 협력사 등에 대금을 지급하지 못하여 공정에 악영향을 끼칠 수 있다. 반면에 과도한 가치 평가를 통해 완료한 일의 양을 초과하는 대금을 선지급하는 경우 또한 발주자 사유가 아닌 다른 계약자 사유에 의해 계약자가 파산하게 될 경우 선지급한 대금을 돌려받지 못하는 리스크에 노출될 수도 있다. 따라서 발주자나 계약자 모두 계약을 통해 합의한 절차 및 방법에 의거하여 합리적인 수준으로 작업한 일의 양을 적절하게 평가해 주어야 한다.

▌계약가 확정을 위한 가치 평가

　앞서 언급했듯이 프로젝트의 계약가는 총액이 확정되어 있고 계약 절차에 의거한 공식적인 변경(Variation)의 경우를 제외하고는 완료 시점까지 계약가가 변경되지 않는 확정 총액(Lump Sum) 방식과, 공식적인 변경(Variation)이 아니더라도 계약 내에서 계약가의 변동을 허용하는 잠정 총액(Provisional Sum) 방식 크게 두 가지로 나뉜다. Lump Sum의 경우 중간 정산을 위해 Variation을 제외한 변동되는 계약가 자체를 다시 평가할 필요가 없다. 하지만 Provisional Sum은 공사 수행 중 계약가 자체가 계속적으로 바뀌기 때문에 이에 대하여 지속적으로 평가하여 합의에 이르는 절차가 필요하다.

　Provisional Sum 방식에서 계약가를 정하는 방법은 여러 가지가 있다. 그 중 대표적인 방식이 실제 발생한 원가에 기초한 실비 정산 방식(Cost Reimbursable 혹은 Cost plus Fee)과 기 합의된 단가에 기초한 단가 정산 방식(Unit Rate 혹은 Remeasurement)이다. 이 두 가지 방법은 발생한 원가를 기준으로 한 것이냐 혹은 합의된 가격을 기준으로 하는 것이냐에 차이가 있다.

- 실비 정산 방식
- 단가 정산 방식

원가에 기초한 실비 정산 방식은 계약자 입장에서 발생한 원가를 기준으로 가치가 평가된다. 이익(profit)을 포함하지 않은 비용 기준이므로 실비 정산 방식에서는 보통 해당 원가에 적절한 이윤(Mark-up)을 합해서 대금을 지불하게 된다.[2] 계약자 내부에서 발생하는 원가에 대해 객관적인 기준으로 평가하기 어려우므로 실비 정산 방식은 주로 하도급 업체나 3rd party와 같은 외부 업체에 대한 비용 지불 시 적용된다. 즉, 특정 작업에 대해 외부 용역을 맡길 시 해당 업체로부터 받은 인보이스를 계약자의 원가로 인식하고 여기에 계약자의 외부 업체 관리 비용, 리스크 및 이윤 등을 묶어 Mark-up으로 보상해 주는 형식이다. 크고 복잡한 프로젝트의 경우 해당되는 작업에 대한 원가 요소가 초기에 잘 가늠이 되지 않아 실비 정산 방식을 취하는 경우가 있으며, 프로젝트가 복잡할수록 이러한 계약의 수가 늘어나 관련 담당자는 프로젝트 수행 기간 내내 여기저기서 날아오는 인보이스만 챙기게 되는 경우도 있다.

실비 정산 방식에서의 가격(계약가)
= 작업 원가(청구된 Invoice) + Mark-up(보통 원가의 5~10%)

단가 정산 방식에 대한 가치 평가는 실비 정산 방식과 같이 상대적으로 간단하고 수월하게 대금 처리를 할 수도 있지만, 한편으로는 매우 복잡한 형태의 정산 방식이다. 우선적으로 가격 결정의 기초가 되는 단가(Unit Rate)는 계약 시 정해지는 것으로 프로젝트 수행 중 변경되지 않는다. 공식적인 계약 변경(Variation)을 통해 단가를 변경하는 경우도 있기는 하지만 계약서를 통해서 단가(Unit Rate)는 어떠한 경우에도 계약 변경(Variation)의 대상이 될 수 없음을 명시해 놓는 경우도 많다(Under no circumstances).[3] 따라서 단가(Unit Rate)는 고정되어 있되 수량이 변동되어 이 단가와 수량의 곱으로 계약가를

---

2) 어떤 계약 방식에서는 실비 정산에 해당되는 이윤을 기타 항목 LS에 포함시켜 별개로 지급하지 않는 경우도 있다. 이 경우 실비 정산에 해당되는 일의 양은 지속적으로 늘어날 수 있는 반면에 이 작업들에 해당되는 계약자의 이윤 및 Overhead는 기타 항목 LS 금액 안에 포함되어 일의 양이 늘어나면 늘어날수록 계약자의 이익이 침해되는 악효과가 생길 수 있으니 계약자 입장에서는 주의해야 한다. 반면 해당되는 작업이 초기 추정 대비 미미한 수준에 머무를 때는 기대 이익이 초기 예상보다 늘어날 수 있는 긍정적인 효과 또한 생길 수 있다.

3) 영국과 같은 경우 전통적으로 많이 사용된 JCT 표준 계약서 등을 통해 국내 프로젝트의 경우 인플레이션을 감안한 단가 조정 조항(fluctuation)이 계약서 내에 포함되어 있는 경우가 종종 있다. 하지만 냉엄한 현실의 국제 계약에서는 이러한 조항을 기대하기 어렵다.

정하는 방식이기 때문에 수량 산출의 난이도에 따라 정산 방식의 복잡성이 결정된다고 할 수 있다.

단가 정산 방식에서의 가격(계약가)
＝단가(Unit Rate; 계약 시 합의)×수량(Material Quantities or Man-Hours)

단가 정산 방식의 대표적인 예가 Timesheet 정산 방식이다. 인력 용역에 대한 대가를 정해진 단가와 투입된 시간(공수)에 의거하여 보상한다. 투입된 시간의 양이 합당하냐에 대한 이견이 종종 있기는 하지만 발주자 담당자의 서명된 Timesheet만 확보할 수 있다면 정산 담당자 입장에서는 상대적으로 수월한 업무 처리 방식이라 할 수 있다.

투입된 시간에 대해 입증하기만 하면 되는 용역에 대한 단가 정산과 비교하면, 투입된 자재를 기준으로 책정되는 단가 정산은 상당히 복잡한 편이다. 프로젝트의 목적물을 완료하는 데 소요된 총 자재의 양을 확정짓기가 쉽지 않기 때문이다. 언뜻 생각하면 잘 이해가 가지 않을 수 있다. 정해진 설계를 기초로 하여 건물 및 플랜트를 짓는데 투입된 자재의 양을 정확하게 파악하지 못한다면 이는 문제가 있는 것이 아닌가? 머리로는 이해가 되지 않지만 실제 현업에서 벌어지는 일들은 우리가 이상적으로 생각하는 방향과 다른 경우가 많다.

건설 산업에서는 일반적으로 물량 산출 내역서(Bill of Quantities, BoQ)가 존재한다. 건축 대상물을 완성하는 데 필요한 모든 재료, 즉 자재를 나열한 리스트라고 생각하면 된다. 설계가 완료된 프로젝트의 시공 계약자를 선정할

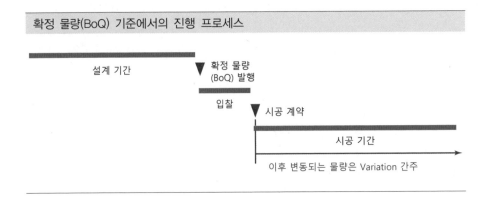

확정 물량(BoQ) 기준에서의 진행 프로세스

설계 기간

확정 물량 (BoQ) 발행

입찰

시공 계약

시공 기간

이후 변동되는 물량은 Variation 간주

때(Design–Bid–Build의 경우), 시공 계약자는 이 BoQ를 기반으로 견적하여 응찰을 하게 된다. 이 경우 BoQ는 확정된 자재 내역이기 때문에 일반적으로 시공 계약서에 포함되게 되고 계약 문서로 효력을 발휘하게 되어 수행 과정에서 자재 내역의 변동 사항이 발생하게 되면 계약 변경(Variation)으로 간주된다. 이 경우 Variation을 제외한 경우에는 전체 자재 수량이 고정되게 되어 계약가를 정하는 데 큰 어려움은 없다고 할 수 있다.

하지만 실제 현업에서 공사를 수행하다 보면 확정된 물량이 아닌 잠정 물량을 기준으로 견적을 수행하고, 공사를 진행하면서 설계 및 전체 물량을 확정하는 경우가 상당히 많다. 이는 기존 Design–Bid–Build의 변형된 계약 형태로 Design–Bid–Build의 가장 큰 단점인 긴 공기를 단축하기 위해 설계가 완료되지 않은 상황에서 시공에 대한 입찰, 계약 및 작업 자체를 동시에 진행하는 과정에서 발생한다. 설계가 완전히 마무리되지 않은 상태에서 시공 계약이 이루어지므로 시공 계약 시 확정된 물량이 존재하지 않고, 당시까지 진행된 설계 결과 및 벤치 마크 프로젝트들을 통해 추정한 어림 물량(Bill of Approximate Quantities; BoAQ)을 기반으로 하여 계약을 수립한다. 따라서 이러한 계약의 형태에서는 물량은 고정된 상수가 아닌 변동 가능한 변수로 간주되고, 물량의 변동 가능성 자체가 계약의 전제이기 때문에 물량 변동은 Variation으로 간주되지 않는다.[4]

따라서 어림 물량(BoAQ)에 기반한 프로젝트에서 자재비 및 시공비 항목 등은 모두 Provisional Sum으로 간주되어 수행 기간 내내 계약가가 변동될 수밖에 없는 구조로 진행된다. 이 경우 중간 정산 때마다 대금 지급의 기준이 되는 전체 모수가 바뀌기 때문에 계약 시 전체 모수를 정하는 방법들에 대한 사전 합의가 필요하다. 예를 들어, 매 월 인보이스 청구 시마다 최신 물량을 기준으로 모수를 정하는 법, 혹은 정해진 분기/반기/연도 등을 기준으로 하여

---

[4] 비록 여기서는 BoAQ에 기반한 Provisional Sum 계약에서 물량 변동이 Variation에 해당되지 않는다고 단정지었지만, 엄밀하게 얘기하면 이는 일반적으로 통용되는 개념일 뿐 실제 계약 당사자들이 어떻게 합의하는지에 따라 달라질 수도 있다. 어림 물량(BoAQ)이라 할지라도 당사자 간 합의하면 계약 후 물량 변동을 Variation으로 간주하는 경우도 있다. 예를 들어, 계약자가 과도한 물량 변동으로 인하여 초기에 전망한 고정비 등에 극심한 변동을 우려할 경우 발주자 합의하에 특정 기준을 넘어서는(예: BoAQ 대비 최종 물량이 20% 이상 변동될 시) 경우에 Variation으로 간주하는 조항을 계약서에 포함시킬 수 있다.

최신 물량을 바탕으로 한 계약가 산정을 하는 방법 등이 있을 수 있으며 이는 계약 당사자 간 합의하기 나름이다. 다만, 대금 지급은 월 기준으로 이루어지는데 계약가에 대한 합의는 분기/반기/연도 등을 기준으로 할 때에는 이미 지급된 대금에 대한 변동이 있을 수 있기 때문에 이 부분에 대한 보정이 필요하다.

또한, 물량에 대한 합의에 이르기 위해 먼저 물량을 측정하는 방법에 대한 합의가 필요하다. 이를 일반적으로 측정 규칙(Rules of Measurement)이라고 부른다. 축구 경기를 하기 위해서는 먼저 규칙에 대한 합의가 필요하듯이 전체 물량에 대한 합의에 이르기 위해서도 물량을 어떤 기준으로 어떻게 측정(measure)할 것인지에 대한 규칙이 필요한 것이다. 영국과 노르웨이와 같은 국가들은 일반적으로 관련 협회 등에서 표준화한 규칙이 있어서 국내뿐이 아닌 국제 계약(International Contract)에서도 이러한 규칙을 포함시키는 경우가 많다. 혹은 이러한 물량 측정에 대한 전문화된 소프트웨어를(예: RhiComs) 구축하고 이를 비즈니스화 한 영국의 Rider Hunt International과 같은 기업과 협업하여 표준화된 기준을 적용하기도 한다.

축구에서도 규칙이 있지만 오프사이드나 페널티킥의 부여와 같은 부분에 대해서 논쟁이 있듯이, 아무리 정해진 규칙이 있다 하더라도 실제 물량을 측정하고 이를 가격으로 변환하는 과정에서도 상시 논쟁이 발생한다. 측정 규칙

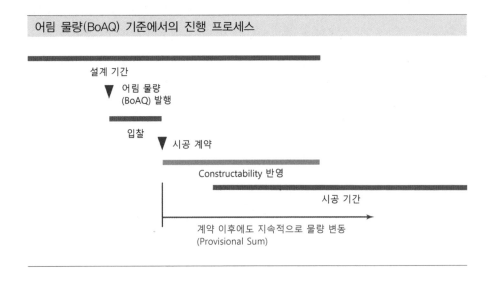

어림 물량(BoAQ) 기준에서의 진행 프로세스

을 규정하는 과정에서도 항상 회색 영역(gray area)은 존재하기 때문이다. 따라서 아무리 시스템이 적용되고 진화해도 어느 부분에서는 결국 사람이 어떻게 하느냐에 따라 달라지는 것이기 때문에 이렇게 애매한 부분에 대해서 어떻게 합의하느냐는 담당자와 프로젝트 팀의 역량에 달린 문제라 할 수 있다.

▌계약 변경(Variation)에 대한 가치 평가(Valuation)

중간 정산(Interim Payment)을 위한 가치 평가, Provisional Sum 계약에서의 계약가 확정을 위한 가치 평가 외에 한 가지 더 필요한 부분이 계약 변경(Variation)에 대한 가치 평가이다. Variation 자체에 대해서는 제8장 〈계약 변경(Variation)〉에서 상세히 다룰 예정이니 여기서는 가치 평가하는 부분에 대해서만 간략히 다루고자 한다.

계약은 본질적으로 서로 주고받는 가치의 교환이 있어야 성립하는 법이며, 건설 산업에서 계약자는 건설 목적물을 제공해주고 이에 대한 대가로 대금을 지급받는다. 여기서 지급받는 대금이 '계약가'이고 이러한 계약가는 발주자와 계약자가 상호간에 합의한 적절한 가격으로써 계약서에 포함되어 효력을 발휘한다. 따라서 계약가 자체가 계약서를 통해 확정된 발주자의 구체적인 요구 사항 및 조달 의사 등에 대한 대가인 셈인데, 발주자의 요구가 계약서를 통해 계약가에 선 반영된 것을 넘어서 새로운 요구 사항인 경우에는 이러한 추가 사항을 반영하기 위해 계약가 또한 변동될 수밖에 없다.[5] 이것이 바로 계약 변경(Variation)의 절차에 따라 가치 평가가 필요한 이유이다.

계약 변경(Variation)에 대한 가치 평가는 일반적으로 해당 변경이 이루어진 시점에 이루어지게 되며, 합의에 이르는 순간 공식적으로 계약가에 반영된다. 변경 작업에 대한 가치 평가를 하기 위한 구체적인 방법은 계약을 통해 사전에 합의해야 하며, 계약서에 구체적으로 명시되어 있지 않은 경우 매번

---

5) 제8장 〈계약 변경(Variation)〉에서 상세히 다루겠지만 많은 사람들이 계약가가 변동된다는 이유 만으로 Variation이라 잘못 생각하고는 한다. 계약가가 변동되는 것은 Variation뿐이 아니라 Provisional Sum 항목에 의해서도 발생할 수 있다. 일반적인 Provisional Sum 항목은 계약가가 변동된다고 하더라도 계약 범위 내에 포함된 항목으로 간주되어 Variation과는 내/외적으로 적용되어야 하는 절차가 다르다.

협의를 통해 결정해야 하는 수밖에 없기 때문에 불필요한 분쟁이 발생할 가능성이 높다.

　실제 업무 과정 중 이용하게 되는 변경에 대한 가치 평가 방법들은 매우 다양하다. 작업 완료 후 실제 작업한 양에 따라 실비 정산 혹은 단가 기준 정산 방법을 사용할 수 있으며, 작업 착수 전에 금액을 먼저 확정 금액으로(LS) 고정시키고 작업을 진행하는 경우도 있다. 특히 작업을 시작하기 전에 금액을 미리 확정하는 경우, 각각의 방법들에 따라 추가 작업에 내재하는 리스크들에 대해 발주자와 계약자 중 누가 더 부담해야 하느냐에 대한 쟁점이 있을 수 있기 때문에 계약서를 통해 합의된 절차를 준수하되 상황에 따라 운용의 묘를 발휘할 수 있는, 각 담당자의 역량에 따라 결과가 달라질 수 있는 영역이기도 하다.

참고문헌

- Allan Ashworth, Keith Hogg, Catherine Higgs, 2013, Willis's Practice and Procedure for the Quantity Surveyor

계약 변경(Variation)

    계약이라는 행위는 계약 당사자 간 특정한 내용을 문서로 합의하는 과정
으로서 특별한 사유가 없는 한 계약서에 포함되어 있는 계약 조항들은 법적
구속력이 있다고 해석된다. 따라서 계약 상대방의 동의 없이 임의적으로 계약
내용을 변경한다면 이는 계약 위반에 해당되며, 계약 해지의 사유가 된다. 하
지만 간단한 물건을 만드는 경우가 아닌 이상, 크고 복잡한 프로젝트일수록
진행 과정에서 계약 내용을 변경할 수밖에 없는 일들이 많이 발생한다. 초기
에 계획했던 디자인이 변경되어 배관 라인의 루트를 바꿔야 하는 경우도 있
고, 관련 규제 기관의 규정이 바뀌어 이를 만족시키기 위해 추가 작업을 수행
해야 하는 경우도 있다. 지어지는 건물의 기반이 되는 토지의 성분이 처음 조
사했던 상태보다 더 좋지 않은 것으로 드러나 계획보다 파일을 더 늘려야 하
는 경우 등도 발생한다. 하다못해 한 가족이 거주하기 위한 작은 전원주택을
짓는 과정에서도 필요한 자재 브랜드의 수급 문제, 혹은 집 주인의 취향에 따
라 건설 중에 작업 내용을 변경해야 하는 일도 부지기수로 발생하니, 계약 변
경은 건설 프로젝트의 본질적인 특성상[1] 으레 발생할 수밖에 없음을 미리 인
지하고 준비하는 것이 더욱 현명한 자세라 할 수 있다.[2]

---

[1] 건설 프로젝트의 본질적인 특성은 유일무이하다는 점(unique)과 시간이 오래 걸린다는 점이
다. 기존에 없던 대상물을 만들어내는 것이기 때문에 시행착오를 가질 수밖에 없으며 시간이
오래 걸리기 때문에 예상치 못한 일들이 발생할 가능성이 높다고 할 수 있다.

[2] 어떤 프로젝트에서는 No Change/No Variation을 과도하게 강조하는 경우가 있다. 웬만하면

따라서 건설/플랜트 계약서 대부분(필자의 경험으로는 모든)에는 계약 변경을 위한 절차가 항상 명시되어 있다. 계약 변경 사유가 발생하였을 때, 어떻게 상대방에 통지하고, 이후 어떤 과정을 거쳐서 주어진 시간 내에 필요한 사항을 합의하는지에 대한 상세한 절차를 제공한다. 이 절차에 따라 발주자와 계약자의 계약 담당자들은 계약 변경 시 필요한 사항들을 협의한다. 계약 변경 시 대부분 핵심 쟁점은 결국 돈과 시간이기 때문에 이 두 가지를 놓고 담당자들은 난타전을 벌이기 마련이다. 계약자 입장에서 초기 계획에 없던 일이 추가로 발생하는 것이기 때문에 작은 규모의 작업에도 공정이 영향을 받는 일이 많아 이를 근거로 추가 시간(Extension of Time)과 상당한 보상을 요구하는 경우가 많고, 발주자 입장에서는 특히 시간과 관련하여 추가적인 시간을 허가해 주지 않으려 노력하기 때문이다.

▌계약 변경(Variation)의 메커니즘

가장 대표적인 계약 변경은 말 그대로 발주자가 필요에 의해 추가 작업을 요청하는 경우이다. 이 경우 대부분의 계약에서는 두 가지의 경우를 허용한다. 발주자가 계약 변경을 지시(Instruction)할 때 계약자는 무조건 따라야 하는 경우와, 계약자가 변경 요청을 가격(혹은 기타 이유)에 따라 받아들일지 혹은 거절할지 선택할 수 있는 권한을 가지는 경우가 있다. 전자의 경우는 계약자 입장에서 일견 불합리해 보이나, 대규모 플랜트 프로젝트와 같은 경우는 어느 정도 불가피한 측면이 있다. 초기 디자인이 기술적으로 잘못되어 디자인을 수정할 수밖에 없는 상황인데 계약자가 이를 거부할 수 있는 권한을 가지고 있다면 발주자 입장에서 적절한 시점에 최소의 비용으로 수정 작업을 완

변경 없이 초기 계획에 맞추어 최대한 효율적으로, 추가 비용 없이 프로젝트를 수행하자는 취지이다. 진행 중 발생하는 변경이 불러오는 비효율을 생각하면 이러한 전략이 이해가 되지만, 필자의 의견으로는 그러한 자세가 과하면 오히려 필요한 변경을 피하기 위해 진행중이던 공정이 영향을 받는 등의 부정적인 효과가 발생할 수도 있다. 따라서 계약 변경은 본질적으로 발생할 수밖에 없음을 받아들이되, 절대 변경은 허용할 수 없다는 유연하지 못한 자세가 아니라, 그 빈도와 발생 시의 영향을 최소화하는 방향으로 프로젝트를 수행하는 방안이 더욱 현명한 방법이라 생각한다.

료하는 대신, 협상에 필요한 시간으로 인해 적절한 시점을 놓쳐 불필요하게 상당한 규모의 추가 비용이 소요될 수 있기 때문이다. 이러한 상황이 발생하게 되면 작은 변경 작업 하나를 처리하지 못하여 결과적으로 수조 원의 손실을 보게 된다는 말도 과장은 아니다.

발주자의 계약 변경 요청이 강제성을 가지는 경우는 지시(Instruction)를 받은 순간부터 변경 내용은 구속력을 가지는 계약 조항으로 확정되고, 이후 공기와 보상에 대한 협의를 하게 된다. 계약 변경 시 공기와 보상에 대한 구체적인 방법론들이 대부분의 계약서에 정의되어 있기는 하지만 작업 진행 여부가 확정된 이후에 협상을 진행하기 때문에 수월하게 진행되지 않는 경우도 많다.

발주자의 계약 변경 요청이 강제성을 가지지 않는 경우는 요청을 받으면 계약자가 변경 사항에 대해 견적한 후 이 내용을 토대로 진행 여부를 결정하기 위한 협상을 진행한다. 계약자의 견적이 마음에 들지 않아 발주자가 변경 요청을 취소하는 경우도 있고, 계약자가 수용 여부에 대한 권한을 가지고 있기 때문에 어쩔 수 없이 발주자가 비싼 가격에 진행하는 경우도 더러 있다. 대부분의 경우 추가 작업에 대한 보상 크기를 확정짓고 난 이후에 작업을 착수한다.

발주자만 계약 변경을 요청하는 것은 아니다. 계약자 또한 계약 변경을 요청할 수 있다. 보통 설계 기간 중 사양 변경을 요하는 개선된 디자인을 제안하거나 발주자의 지시(Instruction)가 계약 외 역무로 판단될 때 공식적인 계약 변경을 요청하고는 한다. 이러한 경우 발주자가 계약자의 새로운 디자인을 받아들이거나 발주자의 지시가 계약 외 추가 작업이라는 것을 인정하게 되면 정해진 절차에 따라 계약 변경이 공식화된다. 이 외에 발주자의 귀책으로 인하여 계약자가 손해(loss)를 보게 되는 경우 일종의 클레임성으로 발주자에 보상 요청을 하는 경우가 있는데 이 또한 계약에 따라 계약 변경 절차로 진행하는 경우가 있다.

계약서 내에 계약 변경 절차를 정의해 놓은 부분을 보면 대부분 통지 혹은 관련 문서를 제출해야 하는 기한이 있다. 어떤 경우에는 합리적인 기한 내 (within reasonable period)라는 애매한 표현으로 기술되어 있는 경우도 있지만 대부분의 경우는 14일, 혹은 28일과 같은 특정한 기한을 명시해 놓는다. 실제 업무를 수행하는 담당자 입장에서 이 기한을 요구하는 조항 때문에 상당히 애로점이 있는 편인데, 어떤 이벤트가 발생했을 때 그 이벤트로 인한 영향을 14일 이내에 파악하기가 쉽지 않거나, 혹은 공식적인 계약 변경 요청을 받고 그에 따른 구체적인 영향을 정량화해서(구체적인 금액 및 일정에 대한 영향 제시) 제출하기가 쉽지 않기 때문이다. 예를 들어, 발주자로부터 디자인이 변경되어 현장에서 수정 작업을 수행하기 위해 필요한 예상 비용에 대한 견적을 요청 받았는데, 이에 대한 구체적인 금액을 제시하기 위해서는 먼저 디자인 변경에 대한 구체적인(상세 및 현장 작업을 위한) 설계가 진행되어야 하고, 변경된 설계에 의해 추가적으로 필요한 자재의 납기, 현장에서 수정 작업하기 위해 필요한 공수 및 다른 작업과의 간섭 여부 등을 모두 파악한 후에 가능하므로 주어진 제출 기한을 준수하기가 쉽지 않다.

하지만 발주자 입장에서는, 특히 대규모 플랜트를 건설하려는 발주자는 가동 일정이 늦어져서 예정된 제품 생산 일정이 늦어지는 것을 가장 두려워하기 때문에 변경으로 인해 정해진 일정이 영향 받을 수 있다는 불확실성을 상당히 꺼려한다. 따라서 반드시 수행해야 하는 변경 작업을 제외하고, 변경 작업 여부를 결정해야 하는 입장에서는 최대한 빠른 시점에 의사결정을 하여 불확실성을 최소화하고자 하기 때문에 발주자는 이 조항에 대해 양보하기 어렵다.

계약 조항으로 명시되어 있다는 것은 계약자 또한 해당 조항에 합의한 것을 의미하기 때문에 현실적으로 어려움이 있다고 하더라도 담당자들은 이를 준수하여야 한다. 특히, 계약 변경(Variation) 항목에 기한 내 제출/통지해 주어야 한다는 조항은 정지조건(Condition Precedent)[3]으로 간주되는 경우가 많으므로, 이를 준수하지 않을 경우 계약자가 불이익을 받을 수 있다는 점을 명심하여야 한다. 실무자 입장에서 정 어렵다면 발주자 담당자의 양해를 구하고 약식으로 구색만 맞추는 식으로 진행하는 방안도 필요하다. 담당자의 협상력과 운용의 묘가 필요한 부분이다.

---

3) 어떤 조건이 성립되면 법률행위의 효력이 발생하는 조건. 즉, 주어진 기한 내에 통지를 해야 공기 연장의 권리를 가진다는 문구에서 주어진 기한 내에 통지를 하는 것은 공기 연장의 효력이 발생하기 위한 선행 조건에 해당된다.

▌발주자의 업무 지시(Instruction)

프로젝트를 수행하다 보면 발주자가 공식적인 지시(Instruction)를 내려야 하는 경우가 있으며 이에 대해 계약서 내에 여러가지 형태로 정의된다. 단순 지시(Instruction)에 대한 형태로 정의되는 경우도 있으며, 진행에 대한 지시(Instruction to Proceed)라는 형태로 정의되기도 한다. 대부분의 경우에 발주자의 지시(Instruction)는 계약자가 반드시 따라야 하는 형태로 정의되며, 이를 준수하지 않을 시 일반적으로 계약 위반(Breach of Contract)으로 간주하고, 어떤 경우는 상당히 심각한 수준의 계약 위반(Material Breach of Contract)으로 간주하기도 한다. 발주자의 지시에 대한 불이행으로 계약 위반으로 간주될 경우, 이는 계약 종료(Termination)의 사유로 간주될 수 있으니 계약자 입장에서는 상당히 민감한 조항이라 할 수 있다.

이러한 발주자의 일방적인 업무 지시(Instruction) 관련 조항은 일견 불합리해 보일 수도 있으나, 위에서도 설명한 바와 같이 대형 플랜트를 운영하려는 발주자 입장에서 계약자와의 사소한 분쟁으로 인해 공정이 지연될 경우 상당한 손실을 볼 수도 있으니 분쟁은 분쟁대로 별개로 처리하되, 일은 일단 진행되어야 한다는 나름 합리적인 시각이 반영된 조항이라 할 수 있다. 따라서 계약자의 입장에서는 다른 계약 조항이 허용하지 않는 한 발주자의 지시는 최대한 빠른 시점에 이행하되, 이에 대한 대응은 별도로 하는 것이 좋다. 발주자의 지시가 계약 역무 내에 포함되지 않는다고 판단할 시에 계약 변경(Variation)을 요청할 수도 있으며, 이는 대부분의 계약에서 계약자의 정당한 권리로 간주된다. 발주자의 업무 지시에 대하여 일일이 불필요하게 분쟁화할 필요는 없으며, 이에 현명하게 대응할 수 있는 자세가 필요하다.

▌도면 변경(Drawing Revisions)

계약자가 설계에 대한 책임을 가져가지 않는 Design-Bid-Build 계약인 경우에는 사양의 변경 뿐 아니라 단순 도면의 변경(Drawing revision) 또한 계약적으로 변경(Variation)에 해당된다.[4] 일부 계약에서는 변경된 도면의 접수 자체를 발주자의 지시(Instruction)로 정의하여 변경 도면 접수 즉시 계약자가 이를 이행해야 하는 조항이 있기도 한다. 특히 전체 공기를 줄이기 위해 설계 완료 전 시공 계약을 체결하여 설계와 시공을 일부 동시에 진행하는 경우에는 도면 변경이 상당히 자주 발생하는 경우가 많아 계약자 입장에서는 이러한 변경에 의해 계약자가 받게 되는 영향 등을 빠른 속도로 파악하고 계약 절차에서 요구하는 기한 내에 발주자에 통보해 주어야 한다. 대부분의 계약서에서 이러한 통지의 의무를 계약자에 부과하고 있어 기한 내에 통지하지 않을 시 계약자의 권한이 약해지기 때문에 절차에 의거하여 적극적으로 대응할 필요가 있다.

계약서에서 요구하는 통지 기한을 준수하기 위해서는 변경된 도면을 접수하는 날짜 등을 정확하게 기록·관리해 주어야 할 필요가 있으며, 요즘 진행되는 대규모 프로젝트는 모두 시스템화된 문서 관리 시스템(Document Management System)을 통해서 문서가 공유되는 구조이기 때문에 시스템 자체에 문제가 없는 한 기록 관리에 큰 우려가 있지는 않다. 다만, 도면 접수 및 관리 기능을 상당수의 계약자는 별개로 운영되는 엔지니어링 조직에서 담당하는 경우가 많아, 계약 변경을 담당하는 담당자는 도면 관리 담당자와 상시적으로 소통할 수 있는 채널을 구축하여 변경된 도면이 접수 되었을 때 빠른 속도로 대응할 필요가 있다.

한 가지 유의할 점은 모든 도면이 시공을 위한 승인 상태(AFC; Approved for Construction 혹은 IFC; Issue for Construction)로 접수되는 것은 아니기 때문에 접수된 도면이 어떤 상황에 놓여 있는지 파악할 필요가 있다. 예를 들어, 공종 간 크로스-체크(Interdisciplinary Check)를 위해 우선적으로 출도되는 도면이나 단순 정보 전달을 위해(Issue for Information) 공유되는 도면 등이 변경되었다고 해서 공식적인 계약 변경을 요청할 수는 없다. 이와 같은 상세 사항들은 주로 계약서 부속 서류 등에서(Scope of Work 부분 등) 정의되는 편이므로 효과적인 업무 수행을 위해서는 계약서를 꼼꼼히 체크해 보아야 한다.

---

4) 개인적으로 Design-Bid-Build 계약에서 도면 변경(Drawing revision)이 계약 변경(Variation)으로 간주되지 않는 계약은 본 적이 없으나, 만약 그런 계약 조항이 있다면 이는 계약자에 너무나도 불리한 계약 조건이므로 이런 조항은 최대한 회피하는 것이 현명한 선택이다.

▮ 계약 변경(Variation)에 대한 가치 평가(Valuation)

　　계약 변경 여부에 대해 합의가 되었다면(혹은 업무 지시; Instruction을 받았다면) 이에 대한 보상을 위한 가치 평가가 이루어져야 한다. 추가되는 작업을 위해 필요한 비용과 추가 시간을 평가한다. 하지만 특별한 경우를 제외하고는 추가 작업으로 인하여 최장 경로(Critical Path)가 영향 받는 것을 발주자는 극단적으로 싫어하므로 클레임성 계약 변경 요청을 제외하고는 실무에서 계약 변경에 대한 논의 시 일정에 대해 협의하는 경우는 많지 않다.[5] 따라서 담당자 수준에서는 주로 변경 작업에 해당되는 보상 금액의 크기를 논의한다.

　　일정에 대한 논의를 제외한 추가 작업에 대한 가치를 평가할 때 계산하는 방법은 작업 전/후 여부에 따라 달라지는 경향이 있다. 작업 전에 합의에 이르는 경우에는 주로 변경 작업에 대해 예상되는 물량을 먼저 확정한 후, 여기에 사전 합의된 단가(rate)를 적용하여 확정 금액(Lump Sum)으로 합의하는 경우가 많다. 발주자 입장에서도 이른 시점에 예상 비용을 확정해서 추가 비용 부담에 대한 불확실성을 줄일 수 있고, 계약자 입장에서도 작업을 착수하기 전에 금액을 확정지을 수 있는 장점이 있다.

　　하지만 위와 같은 경우는 작업이 비교적 수월하고 예측 가능하며 작업의 양이 예상보다 크게 변하지 않을 것이라는 전제 하에 그러한 장점을 가진다. 애초에 작업 물량에 대하여 확신할 수 없다면 작업 전에 금액을 확정짓는다는 것 자체가 특히 계약자 입장에서는 통제하기 어려운 리스크를 가져가는 결과가 될 수 있다. 작업 양에 대한 예측이 쉽지 않은 경우 계약자 입장에서는 이른 시점에 금액을 확정짓는 것이 부담될 수 있고, 발주자 입장에서는 금액 확정 시점이 늦어지면 늦어질수록 불확실성이 커진다. 이러한 리스크 때문에 작업 양에 대한 변동성을 무시하고 이른 시점에 금액을 확정하려 할 경우

---

5) 정말로 어쩔 수 없는 경우를 제외하고는 일반적으로 발주자는 전체 공기를 연장하면서까지 변경 작업을 밀어 부치지 않는다. 대개의 경우 발주자가 원하는 작업에 대해 계약자가 공기 연장을 거론하면 발주자는 어떻게 해서든 계약자를 압박해서 공기 연장 요청을 묵살하던가 혹은 인센티브를 걸어서 계약자가 공기 연장 없이 주어진 기한 내 마무리 할 수 있도록 하여 공기 연장을 공식화시키지 않는다. 계약 변경에 의한 공기 연장이 핵심 쟁점화되는 경우는 주로 공정 지연이 발생한 이후에 사후(retrospective) 검증을 통해 계약 변경이 원인이라고 결론을 내리는 경우이다. 이럴 때 발주자와 계약자는 각자 공정 지연에 대한 전문가(delay expert)를 동원하여 치열하게 논쟁을 펼친다.

잘못하면 과다한 금액을 지불하는 경우가 생길 수 있다.

따라서 작업의 양에 대한 확신이 없는 경우, 작업 완료 이후에 작업한 양에 따라 금액을 확정 짓는 방안이 합리적일 수 있다. 작업 전에는 전체 금액에 대한 합의를 하지 않고, 금액 확정 방법에 대해서만 합의를 본다. 이때 대표적으로 이용되는 방법이 Daywork 방식이다(Timesheet 혹은 Time & Material 방식이라 표현하기도 한다).

Daywork 방식을 택하게 되면 작업을 수행하는 데 투입된 시간(Time), 자재(Material) 및 장비(Plant & Equipment) 등을 일일이 기록하여 담당자에게 서명을 받는다. 작업 착수 전에 작업의 양을 가늠하기 어렵기 때문에 이렇게

전형적인 Daywork sheet

Daywork Sheet

Client:			Daywork sheet:		
Project / Site:			Date:		
Requested by:			Site Instruction No.:		

Description of Work:

Date	Name	Classifications	Units	Quantity	Rate	Cost
			Labor			
		Plant / Equipment / Materials				
		Freight / Miscellaneous				
		Day Work Cost Total (include VAT)			$	

Acknowledgement		Client Approval	
Name:		Name:	
Position:		Position:	
Signature:		Signature:	
Date:		Date:	

실제 작업한 양을 상호 검증하는 형식을 통해 공정성을 취할 수 있다. 각각의 항목에 대한 단가는 계약서를 통해 합의된 단가를 사용하며, 계약 시 합의된 단가가 없을 시에는 별개로 합의한다. 한 가지 유의하여야 할 점은 Daywork Sheet에 발주자 담당자의 서명을 받았다 하더라도 이것이 반드시 발주자가 해당되는 금액을 지불하게 하는 구속력을 의미하지는 않는다는 점이다. 발주자 담당자의 서명이 포함되어 있다고 하더라도 Daywork Sheet는 계약 문서가 아니기 때문에 계약적 구속력을 가지지 못한다. 따라서 각 담당자는 서명된 Daywork Sheet를 토대로 Variation Order와 같은 계약적으로 구속력을 가지는 공식화 과정을 가져야 한다.[6]

참고문헌

• Andrew Ross, Peter Williams, 2013, Financial Management in Construction Contracting

---

[6] 특별한 문제가 없는 경우 대개 서명된 Daywork Sheet는 Variation Order 문서에 첨부 서류로 포함된다.

Value for Money

우리는 돈을 쓸 때 항상 그만한 가치가 있을지에 대해 고민한다. 영화를 보기 위해 극장에 가려고 하면 과연 그 영화가 티켓 값 만원과 나의 소중한 두 시간을 지불할 만한 가치가 있을지 생각하고 그만한 가치가 없는 영화라고 생각되면 보지 않는다. 마트에서 장을 볼 때도, 백화점에서 옷을 살 때도 과연 지불하려는 돈에 해당하는 가치가 있을지 생각해본다. 이때 기대하는 가치는 그 대상에 따라 다르며, 영화의 경우 기대하는 가치는 재미와 감동이고, 음식이라고 하면 영양 섭취와 맛에 대한 기대이며, 옷이라면 옷을 통해 외부 환경으로부터 내 몸을 보호하고 멋진 옷을 입음으로써 남들에게 잘 보이고 싶은 욕망이라 할 수 있다.

만약 특정 금액의 돈을 지불하고 물건, 혹은 서비스를 구매했는데 내가 기대했던 가치를 제공하지 못한다면 우리는 이를 '돈 값'을 못한다고 얘기한다. 이러한 '돈 값'은 단순히 싸다고 능사는 아니다. 길거리에서 천 원짜리 물건을 사도 그 물건이 제공하는 가치가 천 원이 되지 않는다면 그것은 결국 돈 값을 하지 못한다고 할 수 있다. 반면에, 매우 비싼 20억 원짜리 강남 아파트를 샀는데 그 아파트가 나에게 20억 원 이상의 가치를 제공해 준다면 돈 값을 한다고 얘기할 수 있다. 이때 중요한 점은 돈을 지불함으로써 얻게 되는 가치에 대한 기대가 사람에 따라 다르므로 같은 돈이라도 누구에게는 돈 값을 하고 누구에게는 돈 값을 하지 못하는 경우가 생길 수 있다는 점이다.

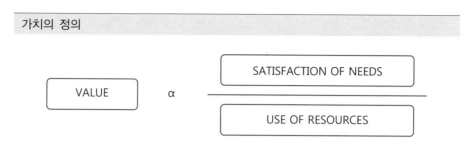

출처: EN 1325-1

예를 들어, 20억 원에 해당하는 강남 아파트라면, 어떤 사람은 시세 차익을 통한 수익 창출을 기대하여 돈을 지불할 수 있고, 어떤 사람은 직장과 가까운 거리를 기대하여 돈을 지불하기도 하며, 어떤 사람은 자녀 교육을 위한 목적으로 학군을 고려하여 돈을 지불하기도 한다. 따라서 투자 수익을 노리는 사람에게는 집값이 오르지 않으면 기대 가치를 만족시키지 못하게 되고, 직주 근접을 노려 구입한 사람에게는 어느 날 갑자기 직장의 위치가 강북으로 바뀌면 그 가치가 급격히 떨어지게 되며, 학군을 기대하고 구입한 사람에게는 어느 날 갑자기 교육 제도가 개편되어 강남 학군의 중요성이 떨어지게 되면 그 가치 또한 같이 떨어진다.

가치를 높이는 여러 가지 방법

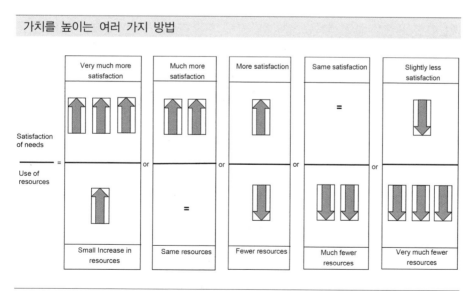

출처: European Standard 12973

유럽의 표준인 EN 1325-1에서는 가치를 앞에서와 같이 표현한다. 만족도를 투입된 자원의 양으로 나눈 값이라는 것이다.

가치를 높이려면 투입 자원은 그대로인데 만족도를 올리거나, 만족도가 그대로인 대신 투입 자원이 줄어들면 된다. 혹은 투입 자원이 늘어나는데 만족도는 더 크게 늘어나거나, 만족도가 줄어들어도 투입 자원이 더 크게 줄어들면 가치가 높아질 수 있다. 이를 도식화하면 앞의 그림과 같다.

이와 같이 가치는 절대적이지 않고 상대적이며, 다른 상황에서 서로 다른 사람들에 의해 다르게 평가될 수 있다.

▌가치(Value)에 대한 이해

이처럼 '기대하는 가치'를 객관적으로 평가하기는 굉장히 어렵다. 사람마다 다르고, 또 때와 상황에 따라 다르기 때문이다. 하지만 나의 소중한 돈을 현명하게 쓰기 위해서는 '기대하는 가치의 크기'와 이를 위해 '투입해야 하는 자원의 크기'에 대해 신중하게 검토해 봐야 한다.

건설/플랜트 프로젝트는 이러한 '돈 값', 공식 용어로 Value for Money (VFM; 이후에는 VFM으로 표기함)을 굉장히 중요하게 여길 수밖에 없다. 대부분의 건설/플랜트 프로젝트는 상당히 큰 규모의 자금 투입을 필요로 하기 때문이다. 간단하게 생각해봐도 대부분의 사람에게 인생을 통틀어 가장 큰 돈을 쓰게 되는 경우는 집을 살 때이다. 또 작은 기업의 경우는 공장 하나를 지을 때에도 회사의 명운을 걸어야 하는 경우도 상당히 많다. 따라서 건설/플랜트 프로젝트를 추진할 때는 투입되어야 하는 자금의 크기가 어느 정도인지 계산하고, 과연 프로젝트를 통해 얻을 수 있는 가치가 투입하는 금액 이상이 될 수 있을지 심도 있게 검토해야 한다. 만약 아니라면 프로젝트를 취소하거나 가치를 증대할 수 있는 다른 방향으로 계획을 수정해야 한다.

하지만 가치라는 개념은 상대적이고 모호하여, 건설/플랜트 프로젝트에 참여하는 다양한 이해관계자가 추구하는 가치는 서로 다를 수 있다. 다음과 같은 사례들을 보면서 생각해보자.

- 도심 지역의 노후 건물을 철거하고 새 건물을 지으려고 할 때, 개발자 입장에서 새 건물을 통해서 얻을 수 있는 임대 수익의 증가분이 새 건물을 짓는 과정에서 발생하는 건축 비용 및 해당 기간 동안 포기해야 하는 임대 수익을 초과하는 경우에 가치를 가진다.
- 일반 건물보다 더 비싸지만 친환경적이고 에너지를 덜 소모하는 새 건물을 지을 때 추가되는 비용과 비교하여 향후 절감할 수 있는 운영 비용이 더 클 때 가치가 있다.
- 건축물의 구조를 설계할 때 빔과 칼럼의 크기를 줄이면 전체 자재비를 줄일 수 있다. 하지만 이 경우 공법이 더욱 복잡해져 설치 비용이 오히려 증가할 수 있다.
- EPC 계약에서 플랜트를 설계할 때 특정 장비를 내구 연한이 짧고 상대적으로 저렴한 장비로 대체하면 계약자 입장에서는 원가를 줄일 수 있다.

위 네 가지 사례 중 앞의 두 사례는 가치에 대해 상대적으로 명확한 답을 낼 수 있지만 아래의 두 사례는 그렇지 못하다. 이는 프로젝트의 가치를 평가하기가 얼마나 어려운지를 보여준다.

세 번째 사례에서 구조 엔지니어 입장에서는 재료의 양을 줄임으로써 더 효율적이고 친환경적인 디자인을 한 것이지만, 시공자 입장에서는 복잡한 공법으로 인하여 비용이 증가한다. 네 번째 사례에서 계약자는 장비를 대체함으로써 비용을 줄일 수 있지만, 발주자 및 시설물 운영자에게는 장기적으로 유지 보수 비용이 증가하는 셈이다. 이처럼 다양한 이해관계자가 복잡하게 얽혀 있는 건설/플랜트 프로젝트에서 추구해야 할 가치를 객관적으로 평가하고, 이를 모든 이해관계자가 공유하기는 상당히 어렵다.

그렇다면 건설/플랜트 산업에서 애매하고 한 마디로 정의하기 어려운 가치를 어떤 관점으로 바라봐야 할까? 특히 최선의 가치(Best Value)를 어떻게 추구할 수 있을까?

▌건설/플랜트 산업에서의 가치

우선 건설/플랜트 산업의 본질적인 속성을 이해할 필요가 있다. 건축물을 짓는다는 행위 자체는 어떤 사업이던 그 최종적인 목적이 될 수 없다. 비즈니스의 주 목적을 달성하기 위한 수단일 뿐이다. 따라서 이를 프로젝트 주인의 주 전략(Primary Strategy)이 아닌 부가적인 전략(Secondary Strategy)이라 부른다.

따라서 건설 프로젝트에서 최선의 가치를 추구하기 위해서는 프로젝트 주인의 주 전략이 무엇인지를 우선적으로 파악해야 한다. 건설 프로젝트의 주인이 프로젝트를 추진하는 이유 및 전략에는 도심에 상업용 빌딩을 신축하여 임대를 통해 수익을 추구하는 전략, 화학 제품을 생산하고 판매하여 수익을 추구하는 전략, 더 많은 관광객을 도시로 끌어들이기 위해 랜드 마크 건물을 짓는 전략, 해안 도시를 무역 허브로 만들기 위해 항만을 건설하는 전략 등 다양할 수 있다. 그리고 당연하게도 그 전략에 따라 건설 과정에서 추구해야 하는 가치는 다를 수밖에 없다.

이러한 주 전략에 부합한 형태로 부가 전략, 즉 건설 프로젝트를 수립하기 위해서는 주 전략을 달성하기 위한 프로젝트 주인(고객)이 추구하는 가치를 이해하는 과정이 필요하다. 이러한 가치는 크게 다음과 같이 세분화할 수 있다.

- 시간 가치: 프로젝트를 적기에 완성하는 것이 고객에게 얼마나 중요한가
- 투입 자본 가치: 고객은 프로젝트를 위해 얼마나 돈을 지불할 수 있는가

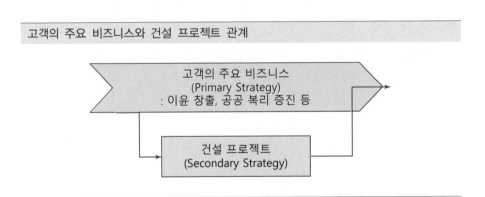

고객의 주요 비즈니스와 건설 프로젝트 관계

고객의 주요 비즈니스
(Primary Strategy)
: 이윤 창출, 공공 복리 증진 등

건설 프로젝트
(Secondary Strategy)

- 운영 비용 가치: 고객은 완공 후 운영에 필요한 자금을 얼마나 낼 수 있는가
- 환경의 가치: 고객이 친환경적인 건설을 얼마나 중요하게 생각하는가
- 교환의 가치: 고객이 완성된 건축물에 대한 시장에서의 거래 가능성을 얼마나 중요하게 생각하는가
- 유연성의 가치: 고객은 건축물의 생애 주기 동안 변경을 얼마나 필요로 하는가
- 존경의 가치: 고객은 건축물에 대한 타인의 평가를 얼마나 중요하게 생각하는가
- 편안함의 가치: 고객은 건축물이 사용자에게 제공하는 물리적인 편안함을 얼마나 중요시 하는가
- 정치의 가치: 고객은 건축물이 위치한 지역 사회 구성원들을 얼마나 중요하게 생각하는가

시간 가치는 거의 모든 프로젝트에서 가장 중요하게 여겨지는 가치다. 따라서 대부분의 고객은 시간 가치는 양보하지 못한다.

투입 비용에 대한 가치는 크게 두 가지로 나눌 수 있다. 하나는 건축물을 짓기 위해 필요한 자본적 지출, 그리고 다른 하나는 완공된 건축물을 운영하기 위해 필요한 운영 비용이다. 건축물의 수명을 고려하면 대부분 운영 비용이 초기의 자본적 지출보다 크지만 운영 비용은 오랜 기간 동안 서서히 발생하므로 단기간에 큰 돈을 투입해야 하는 자본적 지출을 고객들은 더 부담스러워 하는 경우가 많다. 자본적 지출과 운영 비용 둘 모두 줄일 수 있는 방법도 있겠지만, 어떤 경우에는 하나를 얻으면 다른 하나를 잃을 수 있다. 위에서 예로 든 장비를 내구 연한이 짧은 장비로 대체하는 경우가 그러할 수 있다. 초기 투입 자금은 줄일 수 있지만 차후에 운영 과정에서 비용이 더 들어간다. 이와 같이 투입 비용에 대한 가치는 초기 투입 자본 및 완공 후 운영 자금 등을 모두 고려해야 하며, 어떤 가치가 우선하는지 정답은 없는 문제이므로 고객이 어떤 가치를 추구하느냐에 따라 달라질 수 있다.

환경적 가치는 최근 건설 과정에서 발생하는 폐자재 및 이산화탄소 증가 등의 사회 문제로 인하여 점점 더 많은 사람들이 중요시한다. 하지만 환경적

가치를 중요시하면 비용 및 시간이 소요되어 고객이 중요시하는 다른 가치가 침해 받을 여지가 있다.

교환의 가치는 고객이 해당 건축물을 시장에서 거래하려는 의지를 의미한다. 예를 들어 철도 역사 건설이 주 목적이라면 교환 가치에 대해서는 생각해 볼 필요가 없다. 하지만 상업용 빌딩이나 거주용 아파트라면 이러한 교환 가치에 대해 무시할 수 없다. 따라서 교환 가치를 추구한다면 잠재 구매자가 더 많은 돈을 지불하게 하기 위한 비용의 증가가 발생할 수 있다.

건축물은 완공 후에 변경될 가능성이 있다. 만약 차후에 변경될 가능성이 있다면 초기 디자인에 미리 반영하여 나중에 변경이 생기게 되면 필요한 비용을 줄일 수 있다. 예를 들어, 건축물은 아니지만 배 중에 LNG 레디선이라는 것이 있다. 지금은 아니지만 나중에 연료를 LNG로 바꾸어 사용할 수 있도록, 즉 LNG 추진선으로 개조할 수 있도록 관련 시스템을 추가로 설치할 수 있는 여유 공간을 만들어 놓은 배이다. 이러한 배들은 초기 건조 비용이 일반

스페인 바르셀로나의 사그라다 파밀리아 성당

출처: Huffingtonpost

적인 배보다 많이 들어가지만, 차후에 LNG 추진 시스템으로 변경할 때, 그러한 디자인이 반영되어 있지 않은 배 보다 훨씬 적은 비용으로 개조할 수 있다.

어떤 건축물은 예술성을 지향한다. 유명 건축가가 지은 집이나 도시의 랜드 마크와 같은 건물들이 그러하다. 이러한 건축물들을 지을 때 가장 기대하는 가치는 사람들이 그 건축물을 하나의 예술 작품으로 봐 주었으면 한다는 점이다. 이렇게 존경의 가치를 추구할 때 필연적으로 포기할 수밖에 없는 가치가 시간과 돈이다. 랜드 마크 급의 건물을 추구하는 건축주가 설계 회사에 아파트 설계비 정도의 돈만 주면서 랜드 마크를 설계해 달라고 요구하면 기대하는 결과물이 나올 수 없다. 시간 또한 마찬가지다. 오랜 세월 기억될 명품 건물을 지으려고 하면서 하루라도 빨리 짓기 위해 현장 인력들을 닦달할수는 없는 노릇이다. 스페인 바르셀로나의 명소 '사그라다 파밀리아(Templo Expiatorio de la Sagrada Familia)'는 백 년이 넘게 짓고 있기도 하다.

건축물 중에는 건축물 사용자에 특화되어야 하는 경우가 있다. 수익을 추구하지 않는 공공 영역에서 그러한 경우가 많은데, 학교나 병원이 대표적인 예이다. 학교는 학생들의 수업과 활동에 맞춘 디자인을 가져야 하며, 병원은 의사 및 간호사들의 활동 반경, 수술실, 입원실 등과 같은 기능에 특화된 디자인을 가져야 한다. 이러한 목적의 건축물들은 사용자가 느끼게 될 편안함의 가치를 다른 가치보다 상대적으로 중요하게 생각할 수밖에 없다. 주거 목적의 아파트 또한 마찬가지다. 예상되는 사용자가 단지 내 고급스럽고 쾌적한 환경의 거주를 추구한다면, 그에 맞추어 편안함의 가치를 추구해야 한다. 물론 그 과정에서 비용의 증가는 불가피하다.

마지막으로 건축물이 지어지는 지역 사회를 고려해야 하는 경우도 있다. 건축물의 존재 자체가 지역 사회에서 많은 논란이 되는 경우가 있기 때문이다. 사회 혐오시설이나 원자력 발전소와 같은 경우는 지역 사회의 의견을 고려하지 않을 수 없으며, 위 언급된 다른 모든 가치보다 가장 중요시하게 여겨질 수 있다. 만약 지역 사회가 해당 시설을 달가워하지 않으면 그들을 만족시키기 위해 디자인 변경 혹은 추가적인 시설물이 필요할 수 있으며, 이러한 경우 다른 가치를 양보해야 하는 경우가 생길 수 있다.

이러한 가치들을 모두 동시에 얻어낼 수 있으면 좋겠지만 현실적으로는 불가능하다. 다음 그림에서 볼 수 있듯이 추구하는 가치를 얻기 위한 과정에

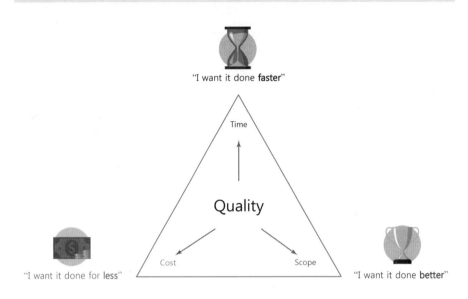

"I want it done **faster**"

Time

Quality

Cost

Scope

"I want it done for **less**"

"I want it done **better**"

출처: Hydrogengroup.com

서 다른 가치를 침해할 수 있다. 따라서 가치들 간의 균형을 찾는 과정이 필요하며, 어떤 가치가 더 중요한지 파악하여 해당 가치의 극대화를 추구하되, 그 과정에서 불가피하게 피해가 생기는 부분에 대해서는 타협할 수밖에 없다.

프로젝트를 기획하고 추진하는 쪽에서는 이러한 가치의 우선순위를 책정하여 프로젝트에 참여하는 모든 이해관계자와 그 내용을 공유해야 한다. 그래야만 실제 업무를 수행하는 다양한 조직에서 고객이 추구하고자 하는 가치를 이해하고 프로젝트의 전체적인 가치를 증진할 수 있다.

▌VFM의 3요소

VFM, 즉 프로젝트의 진정한 가치를 이해하기 위해 VFM을 어떻게 정의하는지 생각해보자. 영국 재무부에서는 VFM을 다음과 같이 정의한다.

Value for Money(VFM) is the optimum combination of whole-of-life

Costs and quality(or fitness for purpose) of the good or service to meet the user's requirements.

상품이나 서비스의 품질과 총 생애 비용을 사용자의 요구사항을 만족시키기 위해 최선으로 조합하는 것을 VFM이라 정의한다. 또 다른 정의로는 '원하는 결과를 얻기 위해 자원을 최적으로 사용하는 것(the optimal use of resources to achieve the intended outcomes)'이라 하기도 한다.

공공 기관인 영국의 교통국(Department of Transport)은 VFM을 얻는 과정을 '공공 자원을 이용해서 공공의 가치를 창조하고 극대화하는 과정(using public resources in a way that creates and maximises public value)'이라 표현한다.

어떻게 표현하든 간에 결국 VFM을 추구한다는 것은 자원을 사용함에 있어 최선의 가치를 추구한다는 것으로 이해할 수 있다. 그렇다면 위에서 언급한 건설/플랜트 프로젝트에서의 이러한 가치를 추구하는 과정을 어떤 기준으로 추진하고 어떻게 평가해야 할까?

VFM을 추구하는 과정에서 기준으로 삼게 되는 세 가지 요소가 있다. 세 가지 요소 모두 알파벳 'E'로 시작되기 때문에 '3E'라고 부르기도 한다.

- Economy(경제성): 품질을 유지하면서 작업에 소요되는 자원 비용을 줄인다.

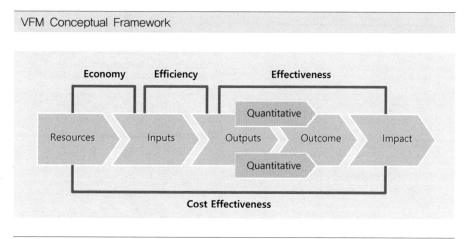

VFM Conceptual Framework

출처: EDI Value for Money(VFM) Principles

- Efficiency(효율성): 투입한 양 대비 산출물의 양에 대한 지표. 효율성을 높이기 위해서는 적은 양을 투입하고 같은 결과를 내거나, 같은 양을 투입하고 더 많은 결과를 내야 한다. 마찬가지로 품질은 유지되어야 한다.
- Effectiveness(효과성): 원하는 결과를 성공적으로 얻어낸다.

이러한 세 가지 요소를 전체 프로세스와 함께 도식화하면 앞의 그림과 같다.

그렇다고 해서 VFM이 단순히 경제성, 효율성, 효과성을 의미하지는 않는다. 경제성만 따지면 단순히 싼 게 좋을 것이고, 효율성만 따지면 무조건 주어진 시간과 제한된 자원 내에서 많은 결과를 뽑아내면 좋은 것이다. 하지만 실제로는 경제성과 효율성만이 능사가 아니다. 따라서 VFM을 추구한다는 것은 경제성, 효율성 그리고 효과성 세 가지 항목들 사이의 적절한 균형을 찾는 과정으로 이해해야 한다.

효과성은 VFM에서 매우 중요한 역할을 한다. 원가 절감 때문에 작업의

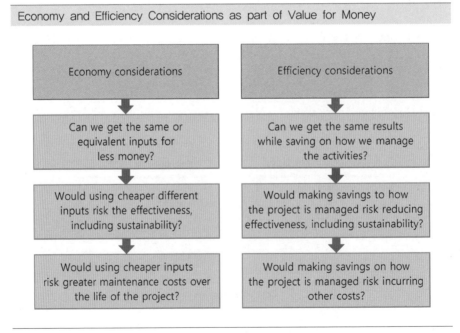

Economy and Efficiency Considerations as part of Value for Money

Economy considerations
→ Can we get the same or equivalent inputs for less money?
→ Would using cheaper different inputs risk the effectiveness, including sustainability?
→ Would using cheaper inputs risk greater maintenance costs over the life of the project?

Efficiency considerations
→ Can we get the same results while saving on how we manage the activities?
→ Would making savings to how the project is managed risk reducing effectiveness, including sustainability?
→ Would making savings on how the project is managed risk incurring other costs?

출처: Value for Money and International Development, OECD

효과성이 떨어진다면 VFM 또한 감소할 수밖에 없다. 구매한 장비가 저렴하고 잘 돌아간다고 할지라도, 기대한 대로, 혹은 설계한 대로 작동하지 않는다면 그것은 VFM이라 할 수 없다. 이렇게 산출물의 결과, 즉 효과성은 결과물이 가치가 있는지 여부를 판단하기 위한 본질적인 요소이다.

▌가치와 리스크

프로젝트를 수행하면서 추구해야 할 개별 가치를 탐색하고, 프로젝트의 전체 가치, 즉 만족도를 높이는 과정을 Value Management라고 한다. 또한 프로젝트에 내재되어 있는 리스크를 관리하는 과정을 Risk Management라 한다. 서로 어울리지 않는 한 쌍 같아 보이지만 가치와 리스크는 따로 떨어트려 생각할 수 없으며, 그것을 관리하는 VM과 RM은 함께 어우러져야 한다.

VFM을 추구하는 과정에서는 서로 다른 가치에 중요도를 부여하고 중요성이 낮은 가치는 중요성이 높은 가치를 위해 그 입지를 양보한다. 이 과정에서 특정 부분에 대한 리스크가 증가할 수 있는 가능성이 생긴다. 쉬운 예를 들어보자.

앞서 예를 든 장비를 선택하는 경우를 생각해보자. 고객이 지향하는 가치를 위해 내구 연한이 긴 A 타입의 장비 대신 내구 연한은 짧지만 구입 가격이 더 싼 B 타입의 장비를 선택하였다. 이때 고객이 선호하는 가치는 수 년 후에 발생하게 될 장비 교체 비용보다 지금 당장 지불되어야 할 장비에 대한 가격을 낮추는 것이다. 하지만 이 선택은 달리 표현하면 수년 후에 운영 과정에서 지불하여야 할 비용이 증가할 수 있으므로 수년 후 비용 증가 리스크가 생길 수 있다.

EPC Lump Sum Turn Key 계약의 경우를 생각해보자. EPC LSTK에서는 계약 요구 사항을 맞춰 주기만 하면 디자인에 대한 권한은 전적으로 계약자가 가져간다. 이때 계약자는 총 보상 금액이 확정 총액(Lump Sum)으로 고정되어 있기 때문에 비용이 적게 드는 디자인을 선택하면 예산 초과를 방지하거나 이익을 극대화할 수 있는 기회 요인이 될 수 있다. 가치 측면에서 생각하면 계약자는 비용을 줄이는 가치를 선택할 수밖에 없다. 하지만 이런 선택이 반복되다 보면 그러한 디자인이 모이고 모여서 결과적으로는 개별 장비의 사양은 계약 요구 사항을 맞추었지만, 전체 시스템의 성능이 계약 요구 사항을 만족시키지 못하는 상황이 발생할 수도 있다. 가치를 추구하는 과정에서 다른 측면에 생기는 리스크를 간과한 것이다. 이러한 상황이 발생하면 성능에 대한 지체 상금(Performance Liquidated Damages)을 물어내어 결과적으로는 계약자가 추구하는 VFM을 성취하지 못하게 될 수 있다.

이와 같이 가치에 대한 선택은 필연적으로 리스크를 수반한다. 어떤 가치를 취하면서 그에 따라 생겨날 수 있는 리스크를 감내할지 여부, 어떤 가치를 양보함에 따라 내재된 리스크를 완화시킬지 여부 등은 모두 선택의 문제다. 정답이 없는 문제이기 때문에 어떻게 해야 하는지에 대한 기술적인 '방법론' 보다는 문제를 보는 '관점'과 과제를 해결해 나가는 '과정'이 중요하다. '관점'에 대해서는 본 장에서 다루었고, 그 '과정'에 대해서는 제15장 〈Value Management〉에서 다루도록 한다.

참고문헌

- The World Bank, 2016, Value for Money; Achieving VfM in Investment Projects Financed by the World Bank
- Samuel Olusola Olatunji, Timothy Oluwatosin Olawumi, Oluwaseyi Alabi Awodele, 2017, Achieving Value for Money in Construction Projects
- Penny Jackson, 2012, Value for Money and International Development
- UK Department for Transport, 2015, Value for Money Framework
- Asian Development Bank, 2018, Value for Money Guidance Note on Procurement
- Economic Development & Institutions, 2017, Value for Money Principles
- World Bank Institutes, 2013, Value for Money Analysis - Practices and Challenges
- RICS, 2017, Value Management and Value Engineering
- UK Office of Government Commerce, 2007, Achieving Excellence in Construction: Procurement and Contract Strategies
- Tony Westcott, 2005, Managing Risk and Value
- European Standard EN12973, 2020, Value Management

Baseline과 Programme

오래전에 가족들을 모두 데리고 외국으로 이민을 떠났던 친구로부터 몇 년 만에 가족들과 함께 한국을 방문한다고 연락이 왔다. 반가운 마음에 날짜를 정하고 집으로 초대해 식사를 같이 하기로 하였다. 약속된 날짜가 불과 며칠 후고 당신은 오랜만에 만나는 반가운 친구와 가족에게 좋은 인상을 심어주고 싶기 때문에 단지 식사일 뿐이지만 성의를 다해 준비해서 대접하고 싶다. 따라서 계획을 잘 세워서 빨리 준비해야 한다.

이때 당신이 가장 먼저 정해야 하는 것은 식사로 무엇을 대접할까이다. 우선 친구는 캐나다에 살고 있기 때문에 현지에서 흔히 접할 수 있는 메뉴는 제외하고자 한다. 스테이크, 파스타 등 서양 요리는 제외. 삼겹살을 구워 먹을까 하지만 캐나다에서도 한국식 삼겹살은 구할 수 있을 것 같고, 현지에서 쉽게 접할 수 없는 한국 요리를 생각해본다. 좋은 생각이 떠올랐다. 친구는 한국 특유의 싱싱한 해산물 요리를 좋아한다. 아귀찜과 굴 요리를 준비하기로 결정했다.

또한 친구는 아직 초등학생인 아이 둘이 있다. 아이들은 아귀찜과 굴 요리를 좋아할 것 같지 않다. 아이들에게는 어떤 요리를 준비하면 좋을까? 고민하다 당신은 짜장면을 시켜주기로 결정했다. 혹시라도 아이들이 짜장면을 좋아하지 않을 경우를 대비해 마트에서 냉동 피자를 사서 준비해 놓아야 할 것 같다.

다음으로는 또 무엇이 있을까? 음료를 준비해야 한다. 아이들을 위해서는 주스를 준비하면 되고, 어른들은 오랜만에 가지는 좋은 자리이니 분위기 있게 와인을 몇 병 준비하기로 마음을 먹었다.

메뉴를 선정했으니 이제는 준비 일정을 정해야 한다. 3일 후 방문이니 마트에서 재료 사는 것은 식사 전 날 하면 될 것 같은데, 굴은 마트에서 사는 것이 별로 좋지 않을 것 같다. 평소 거래하는 통영 시장에 전화 주문하면 이틀이면 싱싱한 굴이 잘 포장되어 배달된다. 적어도 굴은 시간이 별로 없으니 지금 바로 주문해야 한다.

준비 일정에 대한 계획도 세우고 다음으로는 예상 비용에 대해 계산해 보았다. 아뿔싸, 이번 달 자금 사정이 넉넉치 않은데 식재료 및 메뉴 등에 대해 돈 계산을 해보니 생각했던 예산을 초과한다. 어디 줄일 부분이 없을까… 생각해 보니 와인은 캐나다 현지에서도 쉽게 마실 수 있는 술이다. 현지에서는 와인보다 오히려 소주가 더 비쌀 수 있어 굳이 한국에서도 와인을 마실 필요는 없을 것 같다. 그래서 비용도 아낄 겸 와인을 소주로 대체하기로 하였다. 예산 중에서 나름 큰 비중을 차지했던 와인을 빼고 소주로 하니 예산이 얼추 맞는다. 이제는 장을 봐 와서 요리하고 손님 맞을 준비만 하면 된다.

▌베이스라인(Baseline)의 의미

'친구 가족 방문에 따른 식사 대접 준비'라는 상대적으로 작은 목표라도 기대했던 바를 달성하기 위해서는 이를 실행하기 위한 준비 및 계획이 필요하다. 계획을 세워도 계획대로 되지 않는 것이 우리 사는 세상이지만, 그런 계획 마저도 없다면 일이 엉망이 되기 쉽다. 위 사례로 든 굴 요리 같은 경우, 미리 준비하여 약속 3일 전에 주문해 놓으면 아무 문제없이 진행할 수 있지만, 아무 계획도 가지고 있지 않은 상태로 마트에 갔다가 싱싱한 굴을 찾지 못한다면 목표했던 '오랜만에 만나는 친구에게 평소 현지에서 먹기 쉽지 않은 좋은 음식을 대접하기'가 어려워질 수 있다. 이와 같이 목표를 달성하기 위해 세우는 기준과 계획을 프로젝트에서는 베이스라인(Baseline)이라 부른다.

베이스라인이 추구하는 바는 명확하다. 수많은 이해관계자가 상당히 오랜 기간 동안 얽히면서 일어나는 수많은 복잡한 일들에 대해 미리 추진 계획을 세워놓지 않으면 목표를 달성하기가 매우 어렵기 때문에 상세하고 구체적이며 실현 가능한 계획을 미리 수립해야 한다는 것이다. 특히 진행 과정 중 현재의 위치와 그 의미를 파악하기 위해서는 비교할 수 있는 기준점이 필요하며, 프로젝트에서는 베이스라인이 이러한 기준 역할을 해 준다. 프로젝트 수행 과정 중에 수시로 발생하는 다음과 같은 문제들을 생각해보면 이해가 쉽다.

- 프로젝트 임원진으로부터 공정 마일스톤을 달성할 수 있는지 여부를 확인하라는 지시를 받았다. 하지만 비교 분석할 수 있는 기준이 없다면 현재 공정이 잘 진행되고 있는지, 지연되고 있는 것은 아닌지, 정해진 날짜까지 작업을 완료할 수 있을지 어떻게 파악할 수 있을까?
- 재무 담당 고위 임원으로부터 견적 이익률을 달성할 수 있는지 여부를 확인하라는 지시를 받았다. 하지만 현재까지 투입된 원가 요소에 대한 실적은 있어도, 이것이 현 시점에 적절히 투입된 것인지, 과잉 투입된 것인지 등을 확인할 수 있는 기준 및 지표가 없어 완료 시점에 견적 이익률을 달성할 수 있을지 여부를 어떻게 파악할 것인가?
- 프로젝트 수행 단계에서 현업 부서로부터 특정 작업에 대한 예산이 없기 때문에 추가로 예산을 내려 달라는 요청을 받았다. 상세 내역을 검토해보려 하니 해당 작업이 기존 예산에 반영되어 있는지 여부를 확인할 수 있는 자료를 찾을 수 없다. 무엇을 기준으로 이 작업이 기존 예산에 포함되어 있는지, 혹은 예산에서 누락된 작업인지 판단할 수 있을까?

베이스라인은 프로젝트의 기준점임과 동시에 프로젝트를 수행하기 위한 시행 계획이라 할 수 있다. 따라서 좋은 계획이 있어야 목표를 달성할 수 있듯이, 프로젝트의 목표를 성취하기 위해서는 초기에 적절한 베이스라인을 수립해야 한다.

이러한 베이스라인은 기본적으로 세 가지 요소로 구성된다.

계획을 세울 때 가장 우선적으로 고려해야 할 일은 '무엇'을 해야 하는가에 대한 정의를 내리는 것이다. '무엇'을 해야 할지에 대해 결정이 되어야 그

'무엇'을 언제 어떻게 할 것인가에 대한 세부적인 내용이 들어갈 수 있다. 친구에게 식사 대접을 하기 위해서는 언제 재료를 사고, 어떻게 요리를 하며, 얼마의 비용이 필요한지에 대한 것보다 먼저 어떤 요리를 대접할지 정해야 한다. 프로젝트에서는 이것을 범위(Scope)라고 부르며, 이렇게 범위를 정하는 행위가 계획을 수립하는 단계에서 가장 우선적으로 해야 할 작업이다.

프로젝트를 수행하며 구체적으로 무엇을 할지에 대한 '범위(Scope)'를 정하고 나면, 그 '범위(Scope)'를 언제 수행할지에 대한 계획을 세워야 한다. 프로젝트는 본질적으로 시작과 끝이 명확하며, 고정되어 있는 완료 시점이 지연되면 계획에 없었던 손실이 발생하기 때문에 완료 시점을 지연시키지 않는 선에서 주어진 작업 '범위'를 수행하기 위한 계획을 세운다. 대부분의 경우 주어진 작업들을 모두 수행하기 위해 무한한, 혹은 충분한 시간이 주어지지 않기 때문에 주어진 시간 내 필요한 과업을 모두 완료하기 위해서는 순서를 정하고, 필요 시 중첩적으로 작업을 수행하는 등의 논리적인 계획 수립이 필요하다.

일정에 대한 계획이 수립되면 각 작업 수행을 위해 필요한 '자원'을 분배한다. 이렇게 자원을 각 작업에 할당하는 작업은 전체 원가에 대한 분배 과정이라 할 수 있다. 이상적으로는 일정과 원가에 대한 계획을 동시에 수립해야 하지만,[1] 대개의 경우는 완료 시점이 고정되어 있기 때문에 주어진 기한 내에 완료할 수 있는 일정에 대한 계획을 세우고, 이에 맞추어 주어진 원가, 즉, 예산을 분배하는 경우가 많다. 만약 정해진 일정에 맞춰 분배한 원가요소의 합이 수립한 일정을 준수하기 위해서 주어진 예산보다 크다면 이는 계획이 잘못되었으므로 일정을 다시 수립하거나 아니면 다른 대책을 강구해야 한다.

이렇게 수립된 베이스라인은 프로젝트를 수행하는 기준이기 때문에 문서화되어 모든 이해관계자와 공유되어야 한다. 그렇지 않다면 베이스라인의 수

---

1) 시간과 돈은 항상 같이 생각해야 한다. 시간과 돈이 독립적인 경우도 일부 있기는 하지만 대부분의 경우 시간과 돈은 상호 의존적이다. 10명이 10일 걸려서 완료할 수 있는 작업을 5일 만에 완료하고 싶다면 인원을 20명으로 늘려야 한다. 반대로 인원을 5명으로 줄이면 시간이 20일로 늘어나게 된다. 즉, 같은 작업 양에 대해 시간이 늘어나면 단위 시간당 투입 원가가 줄어들고, 투입 원가가 늘어나면 시간이 줄어드는 개념이다. 다만, 이것은 일반적인 통념이며, 실제 프로젝트에서는 특히 공기가 지연될 시 변경, 간섭 발생 및 재작업 등의 이유로 실질적으로는 작업의 양이 늘어나는 효과가 있어 시간과 돈이 동시에 늘어나는 경우가 부지기수이다.

립이 의미가 없다. 건설/플랜트 프로젝트는 단일 기업 혼자서 수행하지 않는다. 건설/플랜트 프로젝트는 다양한 이해관계자들이 복잡한 상호작용을 통해 하나의 목적물을 만들어가는 과정이며, 그 과정에서 목표를 향해 효과적으로 나아갈 수 있는 기준이 되어 줄 지침이 필요하다. 그것이 바로 베이스라인이 가지는 의의이다.

아울러 예측은 틀릴 수밖에 없고 계획은 바뀔 수밖에 없기 때문에 베이스라인은 적절한 시점에 개정(revision)해 주어야 한다. 건설/프로젝트 산업의 본질적인 속성상 변경이 자주 발생할 수밖에 없으며, 예상치 못한 외부 변수 등으로 인해 계획대로 진행이 되지 않는 경우가 많은데, 이렇게 계획이 현실과 동떨어져 오랜 기간 지속되면 그 자체가 작업 수행의 효율성을 낮출 수 있기 때문이다. 더욱이 건설/플랜트 프로젝트는 상당히 오랜 기간 동안 진행되는데, 한 치 앞의 일도 가늠하기 어려운 상황에서 1~2년 후에 발생할 수 있는 모든 일들이 초기 계획에 담겨져 있을 리 없다. 따라서, 실제 프로젝트 진행 현황을 따라가면서 초기 계획을 세울 시 고려했던 사항들 및 대내외적 요인들을 검토해보고, 필요하다면 기준을 수정해 주고 이를 공식화해야 한다. 그렇게 해야만 프로젝트에 참여하고 있는 다양한 이해관계자들이 혼선 없이 새로운 기준 하나만 보고 앞으로 나아갈 수 있는 것이다.

▌좋은 베이스라인의 조건 ①: 명확한 Scope의 정의

계획이 부실하면 목표를 달성하기 어렵듯이, 베이스라인의 질은 프로젝트의 성패를 좌우한다고 할 수 있다. 현실에 맞지 않는 엉뚱한 계획은 프로젝트 참여자들로 하여금 맡은 역할을 다하지 못하게 하고, 의사소통의 문제 및 불필요한 분쟁 등을 야기할 수 있기 때문이다. 또한 적절하지 못한 자원의 배분은 생산성을 저하시켜 원가가 증가하고 이에 따라 프로젝트의 주요 목표인 수익성을 악화시킨다.

그렇다면 좋은, 혹은 적절한 베이스라인은 어떻게 수립할 수 있을까?

다시 한 번 베이스라인을 구성하는 기본적인 세 가지 요소로 돌아가보자. 가장 우선적인 요소는 '범위(Scope)'이다. 무엇을 해야 할지 모른다면 아무것도 할 수 없다. 무엇을 해야 할지 먼저 명확하게 정의할 수 있어야 좋은 베이스라인을 수립할 수 있는 기본 요건을 충족한다. 만약 당신에게 아무것도 없는 상태에서 목표만 주어지고 무엇을 해야 할지 정의하라고 한다면 당신은 맨 땅에 헤딩하는 기분일 것이다. 하지만 건설/플랜트 프로젝트는 그렇지 않다. 프로젝트 자체가 계약을 기반으로 이루어지기 때문에 베이스라인을 구성하는 데 있어 가장 먼저 정의해야 할 '무엇'은 대부분 계약으로부터 비롯된다. 계약서 부속 서류 제일 처음에 등장하는 'Scope of Work'가 바로 그 '무엇'을 정의하는 문서이다.

계약의 가장 큰 목적 중에 하나는 각 계약 당사자가 수행해야 할 작업에 대한 책임을 부여하기 위함이다. 이를 위해서는 각 당사자가 무엇을 해야 할지 계약서에 정의되어야 하며, 계약서에서 요구하는 요구 조건들(Requirements)이 베이스라인을 통해 정의해야 할 '무엇'을 구성하는 기본 요소가 된다. 우리는 계약을 통해 일을 하기 때문에 계약과 동시에 작업 '범위'가 어느 정도는 자동적으로 정의된다.

따라서 좋은 베이스라인을 만들기 위해서는 먼저 계약을 통해 합의한 요구 조건들을 정확하게 파악해야 한다. 누락되는 사항이 생기면 이는 차후에 큰 영향을 줄 수 있으므로 누락되는 사항 없이 꼼꼼하게 확인하여 베이스라인에 반영한다. 이러한 요구 조건들은 계약에서 그대로 따온다 하더라도 내포하는 의미에 대해서는 꼼꼼하게 따져볼 필요가 있다. 원 단어가 표현하는 진정한 의미가 계약서 내 다른 곳에 표기되어 있을 수 있어 놓치는 경우도 있고, 표현 자체가 애매모호하여 보는 사람마다 다르게 해석할 수 있는 여지가 있는 요구 조건들도 있기 때문이다. 모든 이해관계자가 베이스라인 문서 하나를 기준으로 프로젝트를 수행하기 때문에 그 안에 포함되는 모든 표현들은 오해의 여지 없이 동일하게 해석되어야 함이 원칙이다. 따라서, 보는 사람에 따라서 다르게 해석될 수 있는 표현이 있다면 추가적인 확인 및 협의 등을 통해 부연 설명을 추가해 준다.

이렇게 요구 조건들 및 작업 수행 범위 등에 대한 정의가 마무리 되면 정의된 내역들을 구조화 시켜서 나타낸다. 이것을 Work Breakdown Structure (WBS)라 칭하며 WBS에 대한 상세한 설명은 제4장 〈획득 가치관리〉를 참고해 주시기 바란다. 이렇게 만들어진 WBS는 스케줄 베이스라인을 구성하는 핵심 요소가 된다.

▌좋은 베이스라인의 조건 ②: Programme의 문서화

프로그램이라는 단어는 우리가 일상 생활 속에 자주 쓰는 용어이다. 진행 계획이나 순서를 나타낼 때도 사용하고, 방송에서 보여지는 컨텐츠를 프로그램이라 부른다. 또한 컴퓨터에서의 명령문 집합체를 프로그램이라 부르기도 한다. 하지만 여기서 언급하는 프로그램은 그런 의미가 아니며, 우리가 이해하는 단어로 표현하면 '스케줄'이라 할 수 있다.

우리가 흔히 사용하지 않는 단어를 굳이 사용한 이유는 영국식의 건설 산업 체계를 따라가는 국가에서는 우리가 이해하는 '스케줄' 대신 '프로그램'이라는 용어를 사용하기 때문이다. 대신 그들은 '스케줄'이라는 단어를 항목을 나열한 리스트 및 표 등을 의미하는 단어로 사용한다. Schedule of Rate의 의미는 rate에 대한 일정이 아니라 rate의 리스트이다. 해외 건설 프로젝트를 진행하다 보면 이와 같이 용어가 의미하는 바가 다른 경우가 있기 때문에 알려드리는 바이며, 지금부터는 '프로그램' 대신 우리에게 익숙한 '스케줄'이라는 용어로 설명한다.

'스케줄'은 해야 할 일의 순서와 단계를 표현한다. 프로젝트를 통해 수행해야 할 구체적인 업무를 정의하였다면 그러한 업무들을 각 단계별로 어떤 순서로 수행할지에 대한 규칙을 정해준다. 아무런 선행 작업에 대한 조건 없이도 그냥 시작할 수 있는 작업도 있지만, 선행 작업이 완료되어야 시작할 수 있는 작업도 있다. 선행 작업에 대한 조건이 없어 아무 때나 시작할 수 있는 작업이라도 이러한 모든 작업을 동시에 처리할 수 있는 자원이 없기 때문에 순서를 정해 하나하나 순차적으로 처리해야 한다. 이렇게 구체적으로 정의된 작업들 사이의 순서와 관계를 정해준 문서를 스케줄이라 부른다.

우리는 보통 프로젝트를 수행하면서 스케줄이라 하면 일반적으로 엑셀 등을 통해 표현된 Bar Chart나 프리마베라(Primavera)와 사프란(Safran)과 같은 전문 소프트웨어를 통해 표현된 문서를 생각한다. 특히 프리마베라나 사프란으로 작성된 스케줄은 각 단위 작업들 간의 관계를 논리적으로 연결할 수 있고(logically linked), 각 작업들에 자원을 할당하여(Resources Loading) 프로젝트
가 진행되는 과정을 체계적이고 합리적으로 분석할 수 있는 도구가 되기 때
문에 많은 기업들이 선호한다. Bar Chart는 큰 그림을 명료하게 볼 수 있기
때문에 보고용으로 용이하고, 프리마베라는 체계적이고 논리적으로 분석할
수 있기에 좋다. 여기까지는 대부분의 기업들이 잘 수행해 나가고 있는 부분
이다.

현재 많은 기업들은 스케줄을 단지 추진해야 할 일정을 명료하게 시각화
하여 보여줄 수 있는 수단 정도로만 인식한다. 하지만 스케줄을 단순히 일정
으로만 보지 않고 베이스라인에 포함되어 프로젝트 수행 과정 중에 중요하게
간주되어야 할 지침 문서로 간주할 필요가 있다. 그러기 위해서는 스케줄이
단순히 작업 순서를 정의하는 과정만이 아닌, 수행할 작업이 무엇이고, 어떻
게 수행할 것이며, 어떤 가정과 전제를 통해 작업 순서 등을 부여했고 리스크
와 기회 요인은 어떤 것들이 있는지 등에 대해 상세히 서술되어야 한다. 미국
의 저명한 단체인 AACE International(Association for the Advancement of Cost
Engineering)은 이러한 스케줄 문서에 포함되어야 할 내용들을 다음과 같이 정
의한다.

- Project Description, Schedule Integration Process
- Scope of Work(WBS, OBS)
- Execution Strategy
- Key Project Dates
- Planning Basis
- Cost Basis
- Critical Path
- Path of Execution
- Punchlist, Turnover, and System Startup
- Issues and Concerns
- Risks and Opportunities
- Assumptions
- Exclusions

- Exceptions
- Baseline Changes/Reconciliation
- Schedule Reserve
- Project Buy-In

위 항목들 중 필자가 중요하게 간주하지만, 현업에서 잘 반영되지 않고 있는 몇 가지에 대해 언급하고자 한다.

Planning Basis

구체적인 스케줄을 수립한다는 것은 그 기반이 되는 요소들이 있고, 그 요소들에 대한 상세한 서술이 있어야 스케줄의 합당성을 뒷받침할 수 있다. 스케줄의 기반 요소에는 다음과 같은 것들이 있을 수 있다.

- 인력 동원(mobilization) 계획
- 창고, 설비 및 건설/제작 장소들
- 장비(equipment) 동원 계획
- 구매 전략 및 검사(Test & Inspection) 계획
- 시공 및 설치 공법
- 외주/하도급 계획(Outsourcing/Subcontracting Plan)

이러한 내용들은 현업에서 주로 활용하는 프로젝트 '수행 계획(Execution Plan)'에 포함되는 내용들과 유사하지만 스케줄 문서에도 상세하게 서술되어야 문서를 접하는 모든 이해관계자가 전체 계획을 잘 이해할 수 있다.

Issues & Concerns

스케줄을 만들어 나가는 과정에서 많은 이슈와 우려 사항들이 식별된다. 이렇게 확인된 이슈들은 스케줄 담당자만 알고 있는 것이 아니라 문서화되어 다른 참여자들과 공유되어야 그러한 이슈들이 해결되는 방향으로 진행될 수 있다.

Assumptions/Exclusions

많이 놓치는 부분이지만 상당히 중요한 사항이다. 스케줄을 수립할 때는 그 기반이 되는 가정들에 대해 서술해 주어야 한다. 스케줄에 대한 가정은 매우 중요한 사항으로 만약 가정이 잘못 되었다면 스케줄의 기반 자체가 무너질 수 있기 때문이다. 이런 가정에는 다음과 같은 것들이 있을 수 있다.

- 건축물 내부 벽은 모두 사전 제작(Pre-fabricated)될 것이다.
- Deck 탑재 시에는 1,000Ton 크레인을 이용할 것이다.
- 현장 작업 인력은 하루 9시간 기준이며, 잔업(overtime)은 고려하지 않는다.

또한 가정과 마찬가지로 스케줄 작성 시 고려하지 않은 사항, 즉, 제외시킨 내용은 분명히 명시해야 한다. 예를 들어, '특정 작업을 위해 외부 전문 업체를 동원하는 방안은 고려하지 않는다'와 같은 제외 사항이 있을 수 있다.

이러한 가정과 제외 사항들을 분명하게 서술해 놓으면, 스케줄을 접하는 모든 사람들이 어떤 기준으로 스케줄을 작성하였고, 어떻게 수행해야 하는지에 대해 상세히 이해할 수 있다. 만약 수행 과정 중에 작업이 계획대로 진행되지 않을 시, 스케줄 작성 시 가정했던 사항들을 다시 한 번 검토함으로써 무엇이 잘못된 것인지 더욱 체계적으로 분석할 수 있다.

Baseline Changes/Reconciliation

프로젝트 수행 중 어느 순간 계획과 실제 현황에 차이가 발생하기 시작하고 그 차이가 점점 커져 이전에 수립한 계획이 더 이상 달성 불가능한 시점이 되면 계획을 수정해 주어야 한다. 그것을 베이스라인의 개정(Baseline Revision 혹은 Re-baseline)이라고 하는데, 베이스라인을 개정할 경우에 개정을 해야 하는 이유와 무엇이 바뀌었는지에 대해 명확하게 서술해 주어야 한다. 개정의 이유와 개선 방향을 모든 참여자와 공유하게 되면 그들은 무엇을 어떻게 해야 하는지 더 잘 이해할 수 있다.

이와 같이 스케줄을 뒷받침할 수 있는 각종 내용들이 스케줄과 함께 문서화되어 프로젝트 참여자들에 공유되면, 이는 프로젝트의 생산성 향상에 크게 기여할 수 있다. 각 실무 담당자들이 이 문서를 기반으로 하여 업무를 수행하면서, 계획 의도를 잘 이해할 수 있고, 저변에 깔려 있는 가정들을 알게 되어 이로부터 문제가 발생할 때 어떻게 접근해야 할지 적절하게 판단할 수 있기 때문이다.

▌좋은 베이스라인의 조건 ③: 좋은 스케줄의 작성

좋은 스케줄을 만들기 위해서는 우선적으로 스케줄이 왜 필요한가에 대해 이해해야 한다. 먼저 스케줄이 있어야 내가 무엇을 언제까지 해야 하는가를 알 수 있다. 그리고 스케줄을 통해 현재까지 완료한 작업의 양이 적절한 수준인지, 혹은 계획보다 뒤쳐져 있는지 등을 알 수 있으며, 이러한 현재 상황을 시각화하여 표현하면 스케줄을 보는 누구나 현재 상황을 명확하게 이해할 수 있다. 그렇다면 이 지점에서 의문이 들 수 있다. 현재 대부분의 프로젝트에서는 스케줄을 두 가지 형태로 관리한다. 하나는 각 기능 조직 등에서 엑셀 및 파워포인트 등을 통해 만드는 세부 작업 일정이며, 다른 하나는 프로젝트 단위에서 관리하는 논리적으로 연결된(logically-linked) 네트워크 스케줄이다. 후자는 보통 프리마베라나 사프란과 같은 전문 소프트웨어를 통해 만든다.

여러 프로젝트를 경험해 본 사람들은 대부분 프리마베라나 사프란을 통해 만들어낸 네트워크 스케줄이 실제 현업에서 만들고 관리하는 실제 작업 스케줄과 일치하지 않는다는 것을 알 것이다. 아무리 각 작업(activity) 사이의 연관 관계를 찾아내어 논리(logic)를 부여해도 실제 현장에서는 부여한 논리 혹은 선후 관계대로 작업이 진행되지 않는다. 따라서 실제 현장과 관리용 네트워크 스케줄이 분리되어 별개로 관리되는 경우를 부지기수로 보아 왔다. 그렇다면 이렇게 실용적이지 않은 네트워크 스케줄을 왜 힘들게 따로 만들어서 관리해야 하는가?

이 부분에 대해 이해하기 위해서는 앞서 언급하지 않은 스케줄의 측면을 생각해봐야 한다. 스케줄의 목적이 단순히 기준을 제시하고, 현재 공정 현황을 파악하는 것에 그치지 않기 때문이다.

첫 번째는 최장 경로(Critical Path)를 찾을 수 있다는 것이다. 실제 프로젝트를 수행하다 보면 최장 경로가 이론처럼 결정되지는 않는다는 것을 많이 느끼지만, 그래도 네트워크 스케줄 작업을 통해 최장 경로를 찾아내고, 그 경로 안에 놓여 있는 작업(activity)들을 집중 관리해 주는 것은 상당히 효율적인 관리 방법론이다. 식별한 최장 경로가 맞고 틀리고를 떠나 그 과정에서 효율적으로 세부 작업 계획을 수립하고 진행할 수 있기 때문에 결국은 긍정적인 효과를 준다.

두 번째로는 시뮬레이션을 통한 예측의 목적이다. What-if 시나리오를 작성하기 위한 수단인 셈이다. 적절하게 만들어진 네트워크 스케줄은 엑셀 스케줄과 달리 시뮬레이션을 가능하게 해 준다. 각 작업(activity)들은 그들 사이에 수립된 관계(Relation)를 통해 논리적으로 엮여져(logically-linked) 있기 때문에 한 작업(activity)이 계획 대비 바뀌게 되면 다른 작업(activity)들에 영향을 준다. 작은 작업 단위에서의 시뮬레이션은 굳이 네트워크 스케줄이나 전문 소프트웨어의 도움 없이도 할 수 있지만, 수천 수만 단위로 넘어가게 되면 이러한 소프트웨어의 도움 없이는 시뮬레이션이 상당히 어렵다. 특히 계획 대비 변경 사항이 발생하였을 때, 변경이 가져올 영향을 제대로 분석하기 위해서는 이러한 시뮬레이션 방법론이 필요하다.

세 번째로는 사후(retrospective) 분석의 목적이다. 일이 잘못되고 있을 때는 그 근본 원인(root cause)이 무엇이고 결과에 어떻게 영향을 끼쳤는지 분석해야 한다. 이는 원인을 분석하여 차후에는 그런 일이 발생하지 않도록 하는 예방 목적임과 동시에, 원인 제공자에 대한 책임 규명의 목적도 있다. 다양한 이해관계자들이 복잡한 계약 관계로 얽혀 있는 건설/플랜트 프로젝트의 경우 문제가 생겼을 때 이렇게 원인과 그 결과가 나오게 되는 과정을 체계적으로 분석할 수 있는 수단은 매우 중요하다. 이러한 네트워크 스케줄을 이용한 사후 분석은 공정 지연에 대한 클레임(claim) 시 자주 이용된다.

마지막으로는 리스크 분석(risk analysis) 목적이다. 네트워크 스케줄은 Monte Carlo Simulation을 통한 리스크 분석 시 필요하다. 수행 과정 중에 필요한 작업들에 대한 확률적 접근을 통해 시간과 돈에 대한 프로젝트 리스크를 분석하는데, 이때 논리적으로 연결되어 있는(logically-linked) 네트워크 스케줄이 필요하다. 제14장 〈리스크 분석; Monte Carlo Simulation〉에서 상세히 다룰 예정이다.

이와 같은 이유들로 비록 현실과는 동떨어진 측면이 있지만 체계적인 네트워크 스케줄을 수립하고, 이를 지속적으로 관리해 줄 필요가 있다.

그렇다면 좋은 네트워크 스케줄을 작성하기 위해서는 어떻게 해야 할까?

먼저 스케줄을 작성하는 과정에서 각 실무 담당자들이 참여하고 그들의 의견이 적극적으로 반영되어야 한다. 전체적인 스케줄은 이를 구성하는 수많은 작업(activity)으로 구성되어 있고 전체 네트워크 스케줄 담당자는 그러한 모든 작업(activity)이 가지는 특성을 알 수 없다. 각 작업(activity)에 필요한 기간, 자원 및 순서 등에 대해서는 실무 담당자의 의견을 참고할 수밖에 없다. 그들의 의견이 반영되지 않은 스케줄은 단순히 관리 및 보고용 스케줄을 벗어나지 못한다.

다음으로 자원이 각 작업(activity)에 적절히 분배되어야 한다. 필요한 자원이 고려되지 않은 기간 설정은 의미가 없다. 예산은 한정되어 있기 때문에 자원(예산)이 분배되는 과정에서 많은 불협화음이 있겠지만, 그러한 과정을 거쳐 최적의 자원 분배를 이루어내야 한다.

마지막으로는 각 작업(activity) 별 합당한 관계(Relation) 및 논리를 설정해 주는 것이다. 특히 시뮬레이션 및 분석 목적에서 이 부분이 중요하며, 스케줄 담당자의 기술과 역량에 상당수 의존해야 하는 사항이기도 하다. 특히 분쟁 시에는 스케줄 분석에 대한 논리 싸움이 치열하게 벌어진다. 이때 발생할 수 있는 핵심 쟁점 중에 하나는 스케줄상의 논리적 관계 설정이 적절하게 되어 있냐는 것이다. 다소 기술적인 내용이지만, 스케줄의 논리성을 강화할 수 있는 몇 가지 사항을 다음과 같이 소개한다.

- 스케줄상의 모든 작업(activity)은 가장 첫 작업(activity)을 제외하고는 모두 선행 작업(Predecessor)이 있어야 하고, 가장 마지막 작업(activity)을 제외하고는 모두 후행 작업(Successor)이 있어야 한다.
- Constraints의 사용은 최소화해야 한다.
- Lag와 Lead는 제한적인 상황에서만 사용한다.
- 각 해당되는 비용은 반드시 연계되어 있어야 한다. 즉, 각 작업(activity)

에는 자원이 할당되어 있어야 한다(Fully resources-loaded).

- 여유 기간(Float)은 충분히 검토하여 적절한 수준으로 유지되도록 한다. 과다한 여유 기간(Float)은 스케줄의 기본 논리에 대한 적절성에 의문을 제기할 수 있다.

실제 스케줄을 작성하는 입장에서 보면 지키기 어려운 내용들이지만, 위 사항들을 준수할수록 좋은 스케줄을 만들 수 있다. 여유 기간(Float)에 대해서는 제13장 〈Time에 대한 계약적 관점〉에서도 다루니 참고하기 바란다.

참고문헌

- Global PM Institute, 2014, EPC Project Management Practice
- Wayne J. Del Pico, 2013, Project Control: Integrating Cost and Schedule in Construction
- Rachel Novotny, 2018, What is a Baseline in Project Management
- Safran.com, 2020, Why your Baseline is Essential in Project Management
- Society of Construction Law, 2017, Delay and Disruption Protocol 2ndedition
- AACE International, 2009, Documenting the Schedule Basis
- David T. Hulett, Michael R. Nosbisch, 2012, Integrated Cost and Schedule using Monte Carlo Simulation of a CPM Model

조달 경로(Procurement Route)의 이해

▌구매(Purchasing) vs 조달(Procurement)

요즘에는 많이 나아졌지만 불과 수년 전에만 해도 국내 기업들 상당수는 구매(Purchasing)와 조달(Procurement)의 개념을 구분하지 못하고 무분별하게 사용하는 일이 많았다. '구매'라는 상대적으로 좁은 영역의 비즈니스 행위에 대한 한계를 느낀 경영진이 좀 더 전략적인 포지션을 가미하기 위해 기존 '구매' 조직의 명칭을 '조달'로 바꾸었으나, 그 의의와 뚜렷한 목표가 현업에 잘 전달이 되지 않아 기존의 조직원들은 '구매' 행위에서 벗어나지 못하고, 오히려 업무 영역의 혼선으로 더 큰 문제점들이 발생하자 조직 이름이 다시 '구매'로 바뀌는 웃지 못할 해프닝들도 발생한다.

우리가 일상 생활에서 물건을 살 때는 대부분 물건의 가격에 집중하지 그 외 사항에 대해서는 심각하게 고려하지 않는다. 옷을 살 때 중요한 것은 옷의 디자인과 가격이지 옷의 원단을 어느 나라에서 만들었고 어느 하도급 기업이 생산해낸 것인지에 대해서는 거의 신경 쓰지 않는다. 하지만 세계적인 의류 브랜드 기업 입장에서는 단순히 가격만 중요한 것은 아니다. 원자재를 생산해 내는 공장에서 파업이 일어나거나 안전관리가 미비해서 화재가 발생하여 공장이 전소되면 원자재 수급에 차질이 생겨 계획한 대로 제품을 생산해내지 못할 수 있다. 혹은 주요 공급처가 관련 규정을 준수하지 않아 영업

정지 또는 생산 중단이라는 징계를 받아 제때 공급하지 못할 수도 있다.

일상적으로 물건을 사는 행위를 일반적으로 '구매'라 부르고, 기업들이 필요한 자재를 수급하는 과정을 '조달'이라 부른다. 돈을 지불하고 그 대가를 받는다는 데 있어서 두 행위는 동일하지만 그 과정에서 추구하는 전략적인 목표가 다르다. '구매' 행위를 통해 가장 목표하는 바는 최대한 합리적인 가격으로(혹은 저렴한) 필요한 물건을 사는 것이다. 하지만 '조달'에 있어서는 합리적인 가격 추구는 그 목표 중 하나에 불과할 뿐이다.

'조달'이라는 단어를 정의할 때 '구매'와 가장 차별화되는 부분은 '과정'에 집중한다는 점이다. 이 '과정'은 어떤 제품을 사는 과정에 있어 단순히 사는 가격과 그 행위에 초점을 맞추는 것을 넘어, 어떤 전략과 관점을 통해 제품 및 공급망을 선정하고, 어떤 과정을 통해 계약에 이르고 최종적으로는 그 대상을 어떻게 인수하며, 그 이후에는 사후처리까지 고려한다는 의미를 내포한다. 따라서 '조달'은 '구매'보다 더욱 포괄적이고 전략적인 접근 방안이라 할 수 있다. 구체적인 예를 들면, 특정 업체와 장기적으로 MOU를 맺는다든지, 정기적인 PQ를 수행하는 등 전략적인 공급망 관리(Supply Chain Management)와 같은 행위들이 '조달'의 특성을 잘 나타내어 준다.

이런 측면에서 생각해보면, 건축물이나 플랜트를 건설하려는 계획이 있다면 이는 '구매'보다는 '조달'의 영역에 가깝다. 내 집 하나 짓다가 10년은 늙는다는 말이 있는 것처럼, 건설이라는 행위는 일반 제품을 구매하는 행위와 본질적으로 다른 특성이 있고, 이러한 이유로 단순 가격에 집중하기보다는 더욱 전략적이고 포괄적인 접근이 필요하다.

건설 산업에서 이렇게 프로젝트 목적물인 건축물을 조달하는 구체적인 방안을 조달 경로(Procurement Route)라 한다. 조달 경로를 어떻게 정하느냐에 따라 프로젝트의 방향성과 수행 전략이 달라진다고 할 수 있다.

▌ 고객의 주 전략(Primary Strategy)

우리는 항상 고객의 입장에서 생각해야 한다고 이야기한다. 물건을 만들어 팔 때 고객의 입장에서 생각해서 고객이 원하는 바를 제품에 반영할 수 있어야 그 물건이 잘 팔릴 수 있다. 새로운 타입의 스마트폰을 기획할 때, 소비자들은 큰 화면을 통해 더 편리하게 동영상 스트리밍 서비스를 즐기고자 하는 욕구가 있는데, 기획자가 단순히 소비자는 소지 시의 편의를 위해 작은 화면을 선호한다고 착각하면 그 제품은 실패할 가능성이 크다. 그만큼 기업의 입장에서 고객, 혹은 소비자의 성향과 선호도를 파악하는 것은 중요한 문제이다.

스마트폰을 비롯한 우리가 일반적으로 구매하는 제품은 우리가 그것을 필요로 하기 때문에 제작되어 판매되는 것과 마찬가지로, 건설 프로젝트 또한 프로젝트의 주인인 고객이 그 프로젝트를 필요로 하기 때문에 생겨난다. 댐을 건설하는 공공 공사의 경우를 생각해보자. 고객(정부 혹은 기타 국공립 기관)의 입장에서 사업의 목적은 댐을 건설함으로써 강의 유량을 조절하여 홍수를 예방하고 발전소를 통해 전력을 생산하여 공급하는 데에 있다고 할 수 있다. 이 경우 사업을 통한 이윤 추구, 혹은 다른 이유보다 공공 복리의 추구가 우선적인 목적이 된다.

석유를 생산하는 해상 플랫폼의 경우, 고객의 사업 목적은 궁극적으로 이윤 추구라 할 수 있다. 물론 단기적으로는 국제 유가와 생산 단가가 맞지 않아 이윤을 얻지 못한다 하더라도 생산량을 유지함으로써 시장점유율(market share)을 높이는 전략을 추구할 수도 있지만, 이도 결국은 장기적인 관점에서 이윤의 극대화 전략이라 할 수 있다. 이 경우 시장 상황에 따라 달라지겠지만 결국 초기 자본적 지출(CAPEX)의 규모, 운영 비용(OPEX)의 크기 등에 따라 이윤의 크기가 달라지기 때문에 이러한 요소들에 대한 효과적인 비용 통제가 매우 중요하다. 제품을 생산해낼 수 있는 시점을 결정하는 납기일 또한 이윤과 직결되기 때문에 매우 중요한 요인이다.

어떤 대기업 그룹이 창립 100주년 기념으로 새 본사 건물을 지을 계획을 수립했다고 생각해보자. 이 건물은 향후 영속 기업을 상징할 수 있는 새로운 랜드마크이자 나라를 대표하는 마천루의 역할을 할 예정이다. 이 경우에는 공공 복리, 이윤, 시간 등 다른 어떤 가치보다 건축물의 디자인이 더욱 중요할 수 있다. 기업의 100년 역사를 기념하는 건축물이기에 그 상징성이 다른 무엇보다도 우선해야 하기 때문이다.

위 세 가지 경우에 프로젝트의 주인인 고객은 공공 복리의 추구, 이윤 추

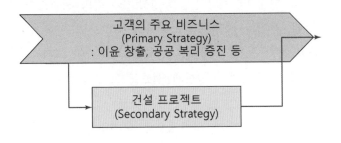

구 및 상징성과 같은 각기 다른 사업의 주 목적을 가지고 있다. 이러한 사업의 본래 목적을 고객의 주 전략(Primary Strategy)이라 부른다. 건설 프로젝트 자체는 고객의 주 전략(Primary Strategy)을 만족시키기 위한 부가적 전략(Secondary Strategy)이라 할 수 있다. 건축물 자체는 사업의 목적이라 하기보다는 다른 주요 전략을 추진하기 위한, 목적을 달성하기 위한 수단이기 때문이다. 따라서 부가적인 전략(Secondary Strategy)인 건설 프로젝트를 성공적으로 수행하기 위해서는 고객의 주 전략(Primary Strategy)을 이해하는 것이 가장 우선적이며, 고객의 주 전략에 부합하지 않는 건설 프로젝트는 성공적인 프로젝트가 될 수 없다.

고객의 주 전략을 만족시키기 위한 부가적인 전략(건설 프로젝트)을 수립하는 과정에서 필요한 자본적 지출, 대외 환경 요소, 관련 규정 및 법령, 기술적 요인, 기타 리스크 등을 검토하게 된다. 이 과정에서 고객의 주 전략을 만족시키지 못하고 되려 침해할 수 있는(예를 들어, 과도한 자본 지출 리스크) 요소가 발견된다면 건설 프로젝트는 더 이상 진행되지 못하고 중단될 수도 있다.

이러한 관점에서 고객이 사업의 주 목적을 강화하기 위한 부가적인 전략(건설 프로젝트)을 추진하는 방향성 및 그 구체적인 경로, 즉 조달 경로(procurement route)를 들여다보면 건설 계약의 본질을 이해할 수 있다. 고객이 선택할 수 있는 조달 경로(procurement route)에 대해 상세히 살펴보자.

▌조달 경로(Procurement Route)와 계약 구조

조달(procurement)은 산업과 기업에서 건설 프로젝트를 조직하는 방법이라 할 수 있으며, 계약을 통해 그 구체적인 사항을 규정한다. 건설 프로젝트가 일반 물건을 구매하는 것과 다른 점은 다 만들어진 제품을 사는 것이 아니라 계약을 통해 원하는 제품을 주문하는 방식(order-made)이라는 것이다. 따라서 계약하는 과정을 통해 제품이 만들어지는 과정 및 방법을 규정하고 요구할 수 있다. 고객, 즉 프로젝트의 주인 입장에서는 제품을 조달하는 과정이 중요한데, 다양한 조달 경로(procurement route)를 통해서 고객의 주 전략(primary strategy)이 최종 제품에 최대한 반영되도록 조절할 수 있으며, 그 과정에서 발생할 수 있는 여러 리스크를 통제할 수 있는 수단을 갖출 수 있기 때문이다.

앞서 예를 든 100주년 기념 랜드마크 프로젝트를 생각해보자. 건축물이 사업의 주 목적을 충분히 만족시키기 위해서는 그 디자인 자체가 상징성을 가지고 있어야 하며, 이는 물론 사업주, 고객이 원하는 디자인이 되어야 한다는 것이 그 기본 전제이다. 하지만 계약적으로 고객이 디자인에 관여할 수 없는 형태로 되어 있다면 이는 고객의 주 전략(primary strategy)을 만족시킬 수 있는 계약 구조라 할 수 없다.

이윤 추구가 가장 큰 목적인 석유 생산 플랫폼 프로젝트 또한 마찬가지이다. 많은 자금 조달이 필요한 대형 프로젝트이기 때문에 최종 의사결정(FID; Final Investment Decision) 이후 최대한 빠른 시점에 제품을 생산해 낼 수 있는 것이 매우 중요한데, 시간이 매우 오래 걸리는 설계/시공 분리 방식(Design-Bid-Build)을 택한다면 설계 이후 입찰 과정에서 많은 시간이 소요되기에 최적화된 조달 방식으로 볼 수 없다.

이와 같이 조달(procurement) 과정에서는 고객이 필요로 하는 것과 원하는 방식 등을 포함한 주 전략(primary strategy)을 충실히 반영할 필요가 있다. 이를 위해 목표, 시간, 원가, 품질, 리스크 및 디자인 방안 등을 단순히 검토하는 것뿐 아니라 프로젝트 우선 순위에 맞추어 관련된 모든 이해관계자 및 조직들이 적절하게 의사소통하고 협력하는 방법 등의 구조를 구축하는 데 초점을 맞춘다. 이렇게 프로젝트 특성에 맞추어 적절한 구조를 구축하는 과정이 조달 경로(procurement route)의 선정이라 할 수 있다.

적절한 조달 경로(procurement route)를 선정하기 위해서는 고객의 주 전략(primary strategy)을 구성하는 고객의 주 가치들을 고려해야 한다. 다음은 일반적으로 건설 프로젝트에서 고려해야 하는 고객의 주 가치들이다.

- 시간(Time): 건축물이 제 시간에 완료되어야 할 필요성
- 자본 지출(Capital Cost): 건축물에 투입할 수 있는 자본 지출에 대한 고객의 의지
- 운영 비용(Operating Cost): 건축물을 운영하는 데 지출되는 비용에 대한 고객의 능력
- 친환경(Environment): 건축물이 환경 친화적으로 만들어지는 데 대한 고객의 열망
- 가치(Exchange): 건축물의 시장 교환 가치에 대한 고객의 방점
- 유연성(Flexibility): 건축물의 사용 기간 중 변경 수용 가능성에 대한 고객의 필요
- 존중(Esteem): 건축물을 통해 나타낼 수 있는 사회적 가치에 대한 고객의 열망
- 편안함(Comfort): 건축물 이용자가 물리적으로 편안함을 느낄 수 있도록 하는 데 대한 고객의 필요성
- 정치(Politics): 지역 사회의 요구를 만족시키려는 고객의 열망

고객의 주 가치들은 건설 프로젝트에 있어서 우선 순위를 통해 주 전략(primary strategy)을 구현한다. 예를 들어, LNG 레디선(LNG ready vessel)을[1] 발주하는 선주는 위 가치들 중 어느 무엇보다 더 유연성을 중시할 수 있다. 주 전략이 향후 규제 리스크 발생 시 LNG 추진선으로 개조하는 것이기 때문에 현재의 자본 지출 및 기타 가치를 희생하더라도 유연성은 꼭 지켜야 한다. 자본 지출과 친환경은 현재 시점에서는 일반적으로 상충되는 가치이다. 환경 친화적으로 건설하기 위해서는 자본 지출이 늘어나는 경우가 대부분이기 때

---

1) 향후 벙커씨유가 아닌 LNG를 주 연료로 하는 LNG 추진선으로 바꿀 수 있도록 디자인에 LNG 연료 공급 장치를 설치할 수 있는 여유 공간을 미리 만들어 놓는 선박. 환경 규제 리스크에 대비해 리스크가 현실화 될 시 대응할 수 있도록 미리 준비해 놓는 개념이라 볼 수 있다.

문이다. 또한 교환 가치를 중요시할 경우 이를 위해 자본 지출에 대한 가치를 양보할 수도 있다. 향후 좋은 가격을 받으면서 팔기 위해서는 조금 비싸더라도 내구성이 좋은 건축 자재를 써야 할 필요가 있기 때문이다.

고객의 주 전략(primary strategy)에 상응하는 가치들이 우선순위를 통해 조합되면 이를 기반으로 하여 적합한 조달 경로(procurement route)를 선정할 수 있다. 조달 경로(procurement route)를 선정하는 과정, 즉 계약 구조를 만들어가는 과정은 건설 프로젝트를 수행하는 데 발생할 수 있는 리스크를 할당(allocation)하는 과정이라 할 수 있는데, 적절한 조달 경로(procurement route)를 선정하여 프로젝트에 내재된 전체 리스크 수준을 줄이는 것을 목표로 한다. 이 부분에 대해서는 제6장 〈계약과 리스크〉에서 상세히 다루었으며, 여기서는 대표적인 조달 경로 몇 가지에 대해 간단히 설명하고자 한다.

▌설계/시공 분리 방식(Design-Bid-Build)

설계/시공 분리 방식(Design-Bid-Build)은 오래전부터, 그리고 현재도 가장 널리 사용되고 있는 방식이며 따라서 전통적 조달 방식(Traditional Procurement Route)이라고 부르기도 한다. 발주자가 디자인 및 설계를 전문 업체에 맡기고 이후 완성된 디자인을 통해 입찰을 거쳐 시공자를 선정하여 시공하는 방식이다. 발주자가 설계를 개별적으로 계약하기 때문에 시공자는 설계에 대한 책임이 없으며, 이에 대한 책임은 발주자가 가져간다. 디자인에 대한 리스크를 발주자가 부담하는 반면에 그 과정에 적극적으로 관여하여 원하는 사항을 디자인에 충분히 반영시킬 수 있는 장점이 있다. 또한 시공 계약자 선정 시 완전 경쟁 입찰을 통해 계약 단가를 낮출 수 있으며, 설계 완료 후 시공을 진행하기 때문에 원가 요소에 대한 확실성(Cost certainty)이 높은 장점도 있다.

하지만 발주자가 디자인에 최대한 관여할 수 있는 만큼 다른 종류의 단점도 많이 존재한다. 가장 큰 단점으로 지적되는 부분이 상당히 오랜 기간을 필요로 한다는 점이다. 설계를 우선적으로 끝내고, 완성된 도면을 토대로 물량을 산출하여(Bill of Quantities; BoQ), 이에 대한 견적을 토대로 입찰을 진행한다. 입찰 이후에 시공자를 선정하여 시공을 진행하기 때문에 설계와 시공을 동시에 진행할 수 없어 병렬적으로 진행하는 방안보다 더 오랜 시간이 걸릴 수밖에 없다.

또한, 설계가 완료된 후 시공이 진행되기 때문에 시공 과정에서 발생할 수 있는 문제들, 혹은 시공 업체가 경험적으로 가지고 있는 노하우(knowhow) 등을 디자인에 반영하기 어렵다. 즉, 시공성(constructability, buildability) 측면에서 설계의 오류가 생길 수 있는 가능성을 배재할 수 없다. 현장 상황 및 공법 등을 설계 엔지니어들이 모두 이해하고 도면에 반영하기란 쉽지 않기 때문이다.

시공성 문제가 아니더라도 설계의 오류가 발견되면 이는 전적으로 발주자의 책임이기 때문에 늦은 시점의 변경으로 인하여 많은 비용이 발생할 수 있다. 특히 설계와 시공에 대한 책임이 분리되어 있기 때문에 오류 발생 시 협력이 잘 이루어지지 않는 문제가 발생할 수 있다. 같은 회사 내에서도 설계 부서와 시공 부서는 문제가 발생하면 적극적으로 협력하여 해결하기보다는 서로 비난하며 책임을 회피가 회피하는 일이 잦은데, 회사마저 다르다면 문제에 대한 해결책을 찾기 위해 협력하기보다는, 책임을 회피하기 위해 모든 노력을 다하는 경우가 부지기수이다.

이와 같은 단점들에도 불구하고 이 방식이 아직도 널리 사용되는 이유는 그만큼 발주자가 디자인에 충분한 영향력을 발휘할 수 있다는 강력한 장점이 있기 때문이라 할 수 있다. 고객의 주 가치들 중 당장의 자본 지출 가치보다는

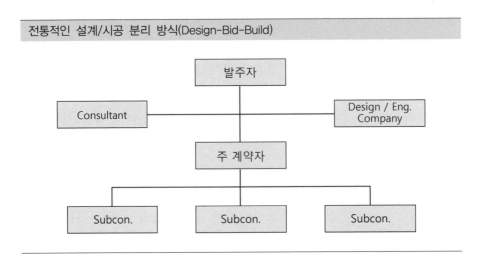

전통적인 설계/시공 분리 방식(Design-Bid-Build)

디자인과 관련된 가치를 중요하게 생각하는(운영 비용, 친환경, 유연성 및 편안함 등) 고객의 입장에서는 매력적으로 다가올 수 있는 조달 경로(procurement route)라 할 수 있다.

▌설계/시공 일괄 방식(Design and Build)

설계/시공 일괄 방식(Design and Build)은 설계/시공 분리 방식(Design-Bid-Build)과는 달리 설계 및 시공을 하나의 계약자에 맡기는 방식이다. 설계에 대한 책임 또한 계약자가 가져가기 때문에 입찰 방식 자체가 시공 분리 방식(Design-Bid-Build)과 다르다. 입찰 문서 자체에 완성된 도면 및 물량 산정표(Bill of Quantities; BoQ)가 포함되는 것이 아니라 요구되는 기능을 서술하는 시방서(Specification)가 포함되게 된다.[2] 정해진 물량을 토대로 견적하지 않기 때문에 계약자 입장에서는 전체 공사 금액 변경에 대한 리스크가 시공 분리 방식(Design-Bid-Build)보다 상당히 크다고 할 수 있다. 전체 투자 비용에 대한 절감 효과가 있고 공기 또한 줄일 수 있기에 상당한 자본적 지출이 필요하고 가동 시점에 민감한 대형 플랜트 프로젝트에서 많이 사용된다.

입찰을 통해 설계와 시공에 대한 단 하나의 계약자가 선정이 되면, 계약자는 주어진 업무를 수행하게 된다. 이때 발주자 입장에서는 단일한 계약자와만 의사 소통을 하면 되므로 시공 분리 방식(Design-Bid-Build) 대비 소통 채널의 수가 줄어들어 프로젝트를 한결 수월하게 운영할 수 있고, 정해진 계약가/공사가가 있기 때문에[3] 상대적으로 원가에 대한 확실성이 높다. 계약자 입

---

2) 대부분의 시공 분리 방식(Design-Bid-Build) 또한 시방서(Specification)를 포함한다. 다만, 시공 분리 방식에서는 정해진(혹은 대략적인) 물량이 있기 때문에 물량을 기반으로 견적할 수 있으나, 설계/시공 일괄 방식(Design and Build)에서는 물량이 없기 때문에 사양을 토대로 견적할 수밖에 없다. 물론 설계/시공 일괄방식에서도 FEED 등을 통해 산출한 어림물량을 기반으로 견적하는 경우가 있기도 하다.

3) 설계/시공 일괄 방식(Design and Build)이 항상 계약가가 고정되어 있는 것은 아니다. 계약가를 확정시키지 않고 잠정 총액(Provisional Sum) 방식으로 변동 가능한 경우도 많다. 하지만 이 경우에도 설계/시공 분리 방식(Design-Bid-Build)과 비교할 때 입찰 단계에서 시공에 대한 예상 비용을 어느 정도 가늠할 수 있기 때문에 원가에 대한 확실성(Cost Certainty)이 높다고 할 수 있다.

장에서는 설계와 시공을 계약자 내에 내재화시킴으로써 발생할 수 있는 오류와 갈등의 소지를 축소시키고 동시에(concurrent) 진행시킬 수 있게 됨으로써 시간을 아낄 수 있다. 또한 시공성(constructability)을 설계에 충분히 반영시켜 설계 품질을 높일 수 있는 장점도 있다.

반면에 시공 분리 방식(Design-Bid-Build)과는 달리 발주자가 디자인에 관여할 수 있는 여지가 적다는 점이 발주자 입장에서는 리스크이다. 시공 분리 방식(Design-Bid-Build)은 발주자의 의향대로 만들어진 디자인을 기본으로 시공 계약을 체결하지만, 설계/시공 일괄 방식(Design and Build)에서는 기본 사양을 토대로 설계 및 시공 계약이 체결된다. 이때 계약자는 시방서의 사양만 준수하면 되므로, 최종 만들어진 도면에서 나타나는 모습 등이 발주자의 의도 및 선호도에 맞지 않는다 하더라도 이에 대해 간섭할 수 있는 권리를 가지지 못한다. 만약 발주자의 취향에 맞추어 디자인을 변경하고자 한다면 이는 계약적 '변경 지시(Variation Order)' 절차를 따라야 하며 이때 소요되는 시간 및 비용은 일반적으로 시공 분리 방식(Design-Bid-Build)보다 더 비싸다고 할 수 있다. 설계에 대한 통제권을 계약자가 가지고 있기 때문이다.

계약자 입장에서는 구체적인 디자인에 대한 확정 없이 요구되는 사양을 토대로 견적해야 하므로 예상 원가에 대한 불확실성이 상대적으로 크다. 물론 계약 사양을 토대로 계약자가 직접 설계를 수행하기 때문에 어느 정도 스스로 통제할 수 있는 여지는 있지만, 확실한 물량을 토대로 견적하는 것이 아니

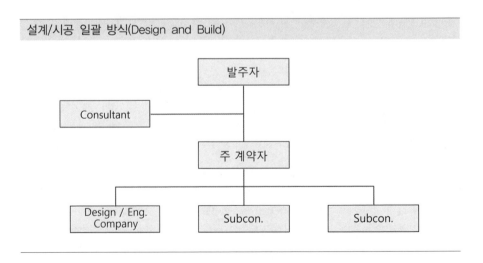

설계/시공 일괄 방식(Design and Build)

기에 견적 시 오류가 발생하면 이를 만회할 수 있는 계약적 장치가 없어 차후 손실이 눈덩이처럼 불어날 수 있는 리스크가 있다.

최근에 전세계적으로 유행한 EPC/Turn-key 방식의 경우, Design and Build의 일부 형태라고 보느냐 혹은 Design and Build와는 별개의 새로운 계약 형태로 보느냐의 관점 차이가 있는데, 여기서는 EPC/Turn-key를 Design and Build의 일부 형태로 간주한다. 기본적인 계약 구조는 동일하되, 일부 세부적인 사항(예를 들어, 공사를 완료하는 과정, completion stage에서의 발주자의 역할 등)에 대한 요구 조건이 약간 다를 뿐이기 때문에 설계/시공 일괄 방식(Design and Build)의 일부 형태로 간주함이 적절하다는 의견이다. EPC/Turn-key 형식의 조달 경로(procurement route)는 발주자와 계약자 사이에서 프로젝트의 리스크를 극단적인 형태로 계약자에게 부과하는 구조이기 때문에 계약자 입장에서 EPC/Turn-key로 계약할 때는 리스크에 대한 각별한 주의가 필요하다.

▌Management Contracting 방식

설계/시공 일괄 방식이(Design and Build) 설계 및 시공을 하나의 계약자에 맡겨 모든 작업에 대한 책임과 권한을 부과한다면 Management Contracting은 발주자가 Management 계약자와 계약을 하고 Management 계약자가 여러 시공 계약자 등과 각각 계약을 이루는 방식이다. 우리나라에서는 Management Contracting 또한 Construction Management 방식의 하나라 간주하며 계약자가 시공에 대해 책임을 지는 이 구조를 CM at Risk라 부른다. 일반적인 설계/시공 분리 방식(Design-Bid-Build)보다 더욱 복잡해 보이는 이 구도를 택하는 이유는 전문 역량을 갖춘 관리 조직을 둠으로써 프로젝트 전체 과정을 더욱 체계적으로 관리할 수 있고, Management 계약자가 설계와 시공 과정에서 깊숙이 관여하면서 특히 디자인에 발주자의 의향을 충분히 반영시킬 수 있으며, 설계자와 시공자 사이의 관계를 적절히 조율하여 최적의 결과를 추구할 수 있기 때문이다.

Management 계약자는 프로젝트 기획 단계에서부터 참여하여 각 설계/

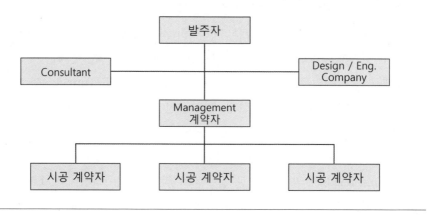

Management Contracting 방식

발주자

Consultant

Design / Eng. Company

Management 계약자

시공 계약자

시공 계약자

시공 계약자

시공 계약자를 선정하는데 관여하고, 설계 작업이 시작되면 그 과정에 적극적으로 참여해 발주자의 의향을 충분히 전달하여 전체적인 프로젝트 관리 역할을 수행한다. 발주자와 설계/시공 계약자 사이에서 조율하는 역할을 수행하기 때문에 설계 계약자 및 시공 계약자 사이에서 의사소통을 원활하게 해 주어 시공성(constructability)을 디자인에 선 반영할 수 있고, 설계와 시공의 병렬 작업 또한 가능하게 해 준다. Management 계약자는 다양한 이해관계자(발주자, 설계, 시공 및 기타 계약자) 사이에서 중간자적 역할을 수행해야 하기 때문에 상당히 경험이 많고 역량 있는 전문가들을 보유하고 있어야 좋은 성과를 낼 수 있다.

설계/시공 분리 방식(Design-Bid-Build)과 설계/시공 일괄 방식(Design and Build) 사이에서 장점만 취하여 가장 좋은 방식인 것처럼 보일 수 있지만, 가장 큰 문제는 비용이다. 다른 방식 대비 중간 조율자가 하나 더 존재하여 당장 눈에 보이지 않는 비용 리스크를 줄여줄 수 있다는 장점이 있기는 하지만, management 계약자에 대한 직접적인 비용이 발생하기 때문에 이 부분이 상당히 커 보일 수 있다. Management 계약자에 지불하는 비용 부담 때문에 소액의 Lump Sum 계약으로 비용 지출을 최소화한다면 애초에 이러한 방식을 통해 얻으려고 하는 장점(디자인에 대한 영향력 및 기타 리스크 관리)이 퇴색하고 만다.

이러한 문제를 방지하기 위해 Management 계약자와 계약할 시에 fee

contract을 기본으로 하되 미리 상한선을 설정해 놓는 GMP(Guaranteed Maxi-um Price) 방식을 사용하기도 한다. Fee contract으로 인하여 기하급수적으로 증가할 수 있는 비용 증가의 리스크를 상한선을 설정해 놓음으로써 어느 이상으로는 커지지 않도록 사전에 차단하는 방식이다. 이렇게 계약을 맺는 경우 Management 계약자는 이익의 극대화를 위해 GMP 상한선을 넘지 않는 수준으로 내부적인 비용 통제를 실시하기 때문에 발주자 입장에서는 비용 리스크를 어느 정도 통제할 수 있다.

▎ EPCM(Engineering, Procurement and Construction Management)

플랜트 업계에서는 이러한 Management Contract 방식과 유사하지만 약간 다른 EPCM 방식이 있다. 플랜트 업계에는 주로 설계를 전문적으로 수행하는 설계 전문 기업들이 있다. 과거에는 시공도 같이 하였으나, 여러 이유로 인해 시공에 대한 경쟁력은 낮아지고 디자인 및 설계에 주력해서 오랜 업력을 보유하고 있는 서구 기업들이다. 물론 설계 외에 구매 또한 함께 수행한다.

이렇게 계약자가 E와 P를 수행함에 더불어 시공(C) 부분까지 수행하도록 계약하면 이는 EPC 계약이 되고, 계약자가 E와 P는 수행하되 시공(C) 부분에 대해서는 관리(M) 책임만 부여하면 그것이 EPCM이다. 시공을 책임지는 계약자는 별개로 존재하고, EPCM 계약자는 그에 대한 관리 책임만 가져간다. EPC와 큰 차이가 없는 것 아니냐는 의문이 있을 수 있지만, 시공에 대한 직접적인 책임을 가져가지 않는다는 점에서 계약자가 부담하는 리스크의 크기는 EPC에 비해 상당히 작다고 할 수 있다. 특히 프로젝트의 주요 리스크 요인이자 시공작업과 밀접히 관련된 시간리스크로부터 자유로워질 수 있어 계약자가 가지는 부담을 상당히 완화해준다.

▌건설 사업관리 방식(Construction Management)

건설 사업관리 방식(Construction Management)은 Management Contracting 방식과 유사하지만 Management 계약자가 시공에 대해 책임을 지지 않고 단순히 조언 역할만 수행한다는 데 있어서 다르다. 우리나라에서는 두 방식 모두 CM 방식으로 간주하나 시공에 대해 책임을 지는 방식을 CM at Risk, 책임을 지지 않고 조언 역할만 수행하는 방식을 CM for Fee라고 부른다.

Management Contracting(CM at Risk) 방식이 시공자와의 직접적인 계약을 통해 시공에 대한 책임을 지는 것과 달리, Construction Management 방식은 시공에 대한 책임이 없기 때문에 시공자와 직접적인 계약 관계를 가지지 않고, 오직 발주자와만 계약 관계를 가진다. 따라서 발주자가 시공자와 직접적인 계약관계를 가지며, 이에 대해 관리를 해 주어야 하는 역할과 책임을 가진다.

Management Contracting(CM at Risk) 방식과 동일하게 설계 과정에서부터 깊숙이 참여하여 최종 디자인이 발주자의 가치를 극대화할 수 있도록 조언하는 역할을 수행한다. 시공 과정에서도 여러 형태의 조언을 수행하는 역할을 하지만 직접적인 계약 관계가 없으므로 시공 결과에 대한 책임은 발주자가 가져간다. 이 점이 Management Contracting(CM at Risk)과의 가장 큰 차이점이다.

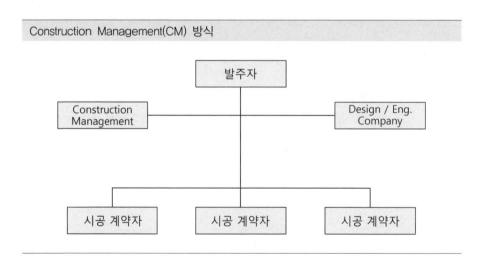

Construction Management(CM) 방식

건설 사업관리(Construction Management) 방식이 가지는 거의 유일한 단점은 비용이다. 다른 방식 대비 비용이 많이 든다고 단정 지을 수는 없지만 예상 비용에 대한 신뢰도가 다른 방식보다 낮다고 할 수 있다. 아울러 시공에 대한 계약 관계를 발주자가 직접적으로 가지면서 전체적으로 상당수 리스크를 발주자가 가져가는 구조라 볼 수 있다.

플랜트 업계에서는 이와 유사한 방식을 PMC(Project Management and Consulting)라고 부른다. PMC는 건설 사업관리 방식과 마찬가지로 독자적인 조달 경로라 할 수 없고 설계/시공 분리 혹은 일괄 방식과 같은 조달 경로에 부가적인 형태로 존재한다. EPCM과 다른 점은 E와 P를 PMC 계약자가 수행하는 것이 아닌 다른 전문 계약자가 수행하고, PMC 계약자는 발주자를 대행하여 관리 감독 역할만 수행한다는 것이다. 따라서 E,P,C 각 영역에 대한 책임을 가져가지 않는 계약자 입장에서 상당히 리스크가 적은 계약 형태이다.

▌조달 경로(Procurement Route)와 리스크

위에서 언급한 조달 경로들은 건설 산업에서 대표적으로 자주 사용되는 방식으로 어떤 조달 경로를 선택할 것이냐는 결국 프로젝트가 가지고 있는 리스크와 발주자의 주 전략(primary strategy)에 따라 결정된다고 볼 수 있다. 발주자의 주 전략(primary strategy)이 자본적 지출의 최소화를 추구한다면 설계/시공 일괄 방식(Design and Build)이 가장 적합하고, 시간과 비용에 제약받지 않고 디자인에 대한 영향력을 최대로 유지하면서 랜드마크 건축물을 짓고 싶다면 설계/시공 분리 방식(Design-Bid-Build)이나 CM 방식을 사용하는 것이 가장 좋을 수 있다. 이는 결국 발주자가 어떤 가치를 추구하느냐에 따라 달라진다.

아울러 조달 경로를 선택할 때는 프로젝트에 내재된 리스크를 고려해야 한다. 제6장 〈계약과 리스크〉에서 상세히 다루었지만, 계약을 통해 리스크를 배분하는 기본적인 원칙은 '리스크에 가장 잘 대응할 수 있는 측에서 리스크를 부담한다'는 것이다. 즉, 프로젝트 전체적으로 시간이 큰 리스크라고 간주되면 시간에 대한 리스크는 시공자[4]가 부담하고, 디자인이 가장 큰 리스크라고 간주되면 디자인에 대한 리스크는 발주자[5]가 부담하는 형태가 현명한 리스크 대응 전략이라 할 수 있다. 전자의 경우에는 설계/시공 일괄 방식(Design and Build, 혹은 EPC)의 형태가 가장 적합한 구조일 수 있고, 후자의 경우에는 설계/시공 분리 방식(Design-Bid-Build)의 형태가 가장 적합할 수 있다. 그리고 그 외의 여러 복합적인 리스크 요인들에 대해 효과적으로 대응하기 위하여 Management Contracting, EPCM, CM 및 PMC 등 보다 세부적으로 조달 경로를 구성한다.

이러한 관점으로 프로젝트에서 예상 가능한 리스크를 미리 식별해서 그에 따라 적절한 조달 경로(procurement route)를 구축하는 것이 바람직한 방향이라 할 수 있다. 각 조달 방식이 여러 기준들에 대해 각각 장·단점을 가지고 있는 만큼, 어떤 요소를 중요하게 생각해서 그 리스크를 누가 부담할 것인지를 고려하여 판단한다.

아래에서 보는 바와 같이 CM 방식은 발주자가 리스크를 많이 부담하는

각 조달 경로 형태에 따른 항목별 리스크 배분

Procurement assessment criteria	Design and build		Traditional		Management	
	Client	Contractor	Client	Contractor	Client	Contractor
Timing	●	●●●●●	●●●	●●●	●	●●●●
Variation	●	●●●●●	●●●	●●●	●●●●●	●
Complexity	●	●●●●●	●●●●	●●	●●●●●	●
Quality	●●●	●●	●	●●●●●	●	●●●●●
Price	●	●●●●●	●	●●●●●●	●●●●	●
Competition	●	●●●●●	●●●	●●	●●●●●	
Management	●	●●●●●	●●	●●●	●●●●●	●
Accountability	●●●	●	●●●●●		●●●●●	●
Risk(overall)	●	●●●●	●●●	●●	●●●●	●

---

4) 전체 공기에 대한 관리 및 통제는 시공자가 가장 잘 수행할 수 있다.
5) 건축물의 사양이나 디자인은 발주자의 주 전략 중 가장 기본 사항이라 할 수 있으므로 발주자가 가장 잘 대응할 수 있다.

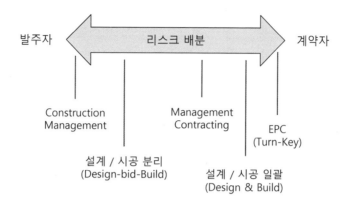

각 조달 경로에 따른 리스크 부담 정도[6)]

발주자 ◁ 리스크 배분 ▷ 계약자

Construction
Management

Management
Contracting

EPC
(Turn-Key)

설계 / 시공 분리
(Design-bid-Build)

설계 / 시공 일괄
(Design & Build)

형태이고, 설계/시공 일괄방식(Design and Build)은 계약자가 리스크를 많이 부담하는 형태이다. 하지만 단순히 설계/시공 일괄방식(Design and Build)은 계약자에게 나쁜, 혹은 불리한 계약구조로 인식하는 것이 아니라 발주자가 왜 이러한 조달 경로를 선택했고 계약자는 이러한 리스크에 어떻게 대응해야 할 지를 인식하는 것이 중요하다. 기본 프로젝트의 프레임이라 할 수 있는 조달 경로, 즉 계약 구조를 이해해야 프로젝트의 리스크가 어디에 놓여있는지를 알 수 있고 이 부분에 대한 이해 및 준비를 통해 적절히 대응할 수 있어야 프로 젝트를 성공적으로 마무리할 수 있기 때문이다. 즉, 발주자는 계약 구조(조달 경로)의 선정을 통해 프로젝트 리스크를 계약자에 전가하기 때문에 어떤 계약 구조가 어떤 리스크를 어떻게 할당하는지(Risk Allocation)에 대한 이해가 필수 적이다. 특히, EPC와 같이 극단적인 형태로 리스크를 계약자에 전가시키는 형태의 계약에 있어서는 계약자가 이를 받아들이기 위해 상당한 수준의 리스 크 프리미엄을 요구할 수 있어야 부담하게 되는 리스크 수준에 상응하는 적 절한 대가를 받을 수 있다.

---

6) 위 도식들은 여러가지 형태의 조달 경로가 어떻게 내재된 리스크를 발주자와 계약자에 할당하 는지를 단순화하여 보여준다. 하지만 이는 이해를 돕기 위해 단순화하여 표현한 것일 뿐, 절대 적 진리라고 이해해서는 안 된다. 각각의 조달 경로를 취했을 때 일반적으로 누가 리스크를 부 담하는지를 나타내지만 이와 같은 리스크 배분의 형태는 실제 계약 구조를 세분화하고, 추가 적인 조항을 삽입함으로써 언제든지 상대방에 추가적으로 리스크를 전가하거나, 부담해야 하 는 리스크를 회피하는 등의 리스크 대응 전략을 구사할 수 있다.

사실 프로젝트를 수행하다 보면 이와 같은 이론과는 별개로 더욱 복잡하고 어려운 상황이 수시로 발생하고, 이에 더하여 외부 환경 요인 등에 따라 불확실성이 커지는 상황이 자주 생기기 때문에 이러한 상황을 대비한 계약 조항은 더욱 복잡해지기 마련이다. 특히 상당한 자본적 지출이 투입되는 대형 프로젝트일수록 최근 조류는 단순히 위에서 언급한 기본적인 네 가지의 형태가 아닌, 더욱 고차원적이고 복잡하며 여러 형태의 계약 구조를 혼합한 방법들을 이용하기도 한다. 계약 담당자 입장에서는 이렇게 복잡한 형태의 계약 구조 또한 이해할 수 있어야 본질적으로 내재된 리스크들에 적절히 대응할 수 있다. 새롭게 등장하는 다양한 형태의 계약 구조는 제21장 〈조달 경로의 발전〉을 참고하기 바란다.

참고문헌

- http://www.purchasecontrol.com/blog/procurement-vs-purchasing/
- 송병관, 김홍수, 2001, CM at Risk의 이해와 주요 시사점
- 한국 건설관리학회, 2019, 계약 / 클레임 / 리스크 관리
- Patrick T. Jordan, 2015, Differences between EPC and Design-Build Delivery

대금 지불(Payment)의 의미와 방법

▌발주자의 본질적 의무

어떤 물건이라도 그 물건을 구매하여 소유권을 넘겨받기 위해서는 그에 상응하는 대가를 지불해야 한다. 과거 우리 조상들은 오랜 기간 동안 각자 필요로 하는 물건을 서로 교환하는 형태로 대가를 지불해왔고, 화폐가 등장한 이후에는 사회적으로 약조가 되어 있는 화폐를 통해 물건에 대한 대가를 지불했다.

건설 프로젝트 또한 발주자의 필요에 의해 건축물을 조달하고 이에 대한 대가로 대금을 지불한다. 계약을 통해 계약자가 수행한 작업, 투입한 자재, 상품 및 용역 등에 해당하는 가치만큼의 화폐를 지불하는 것이다.

계약자는 자선 사업을 하는 것이 아니기 때문에 수행한 작업에 대한 정당한 대가를 받아야 한다. 이것은 계약을 통해 부과되는 발주자의 본질적 의무라고 할 수 있으며, 대부분의 계약서에서는 이러한 의무를 준수하지 않으면 이를 계약 위반(Breach of Contract)이라 간주한다. 하지만 발주자가 대금 지불 의무를 위반했다고 해서 자동적으로 계약자가 작업을 중단하거나(Suspension) 계약을 종료(Termination)할 수 있는 권한을 가지는 것은 아니다. 계약 조항에 근거하지 않는 작업 중단 혹은 종료는 또 다른 계약자의 계약 위반(Breach of Contract)을 의미할 수 있기 때문에 항상 계약 조항을 준수하며 대응 방안을 마련함이 필요하다. 대개의 경우는 발주자가 대금 지불 의무를 위반했을 때 계약자의 통지(Notification)와 더불어 이를 시정할 수 있는 기간이 부여되며, 그럼에도 불구하고 대금 지불이 이루어지지 않을 경우에 계약자에게 작업 중단(Suspension) 및 계약을 종료(Termination)할 수 있는 권리가 주어진다.

▌중간 정산(Interim Payment)

일상 생활에서 일반 물건을 구매할 때는 물건을 인수하는 시점에 대금을 지불한다(할부를 통해 선 인수 후 대금은 여러 차례에 걸쳐 나눠 지불하는 경우도 있다). 하지만 건설 프로젝트는 보통 계약 규모가 크고 공사 수행 기간도 상당히 길기 때문에 계약 목적물 인수 시점에 대금을 지불하게 되면 계약자는 상당히 큰 자금 조달의 부담을 가지게 된다. 현실적으로는 이런 규모의 자금을 자체적으로 조달할 수 있는 계약자는 거의 존재하지 않는다고 보아도 무방하다.

이러한 문제점을 보완하기 위해 건설 산업에서는 중간 정산(Interim Payment)이라는 방식이 도입되었다. 계약이 성립되면 계약자가 공사를 수행하기 위해 필요한 자원을 동원하는데, 초기에 필요한 비용 등을 선수금(Advance/Down Payment) 등을 통해 지불하고, 약정한 기간마다 총 계약 금액의 일부를 계약 조항에 따라 지급한다. 이때 대금을 지불하는 기준은 매 월 작업한 양(기성; Earned Value)에 따라 지급하는 방법, 특정 이벤트를 달성했을 시 지급하는 방법(Milestone payment), 혹은 특정 조건 없이 주기적으로 정해진 금액을 지급하는 방법 등이 있다.

그 중에서 가장 일반적으로 이용되기도 하고, 합리적이기도 하지만 실무진들에게 가장 많은 업무와 골칫거리를 안겨주는 방식이 바로 기성(Earned Value)에 따른 지급 방법이다. 기저에 깔려 있는 기본 전제는 계약자가 자금 문제에 봉착하지 않게 실제 작업한 양에 해당하는 금액을 매월 정산해서 제 때 필요한 자금을 공급해 주겠다는 합리적인 목적이라 할 수 있다. 이를 위해서는 매 월 작업한 양을 미리 합의한 기준을 통해 측정(measuring)해야 하는데 이 과정에서 실무진들 사이에서는 많은 이견과 논쟁이 오가는 경우가 많다. 계약자 입장에서는 한 푼이라도 더 받기 위해 공정률을 올리려고 하고, 발주자 입장에서는 한 푼이라도 덜 주기 위해 계약자가 제출한 공정률을 인정하지 않으려고 한다. 이러한 간극을 해소하기 위해서 문서에만 의존하지 않고 실제 현장에서 작업한 양을 실측하는 경우도 많다

사람이 혈액을 통해 산소를 공급받지 못하면 살아갈 수 없듯이, 기업 또한 필요한 시점에 적절한 규모의 자금을 공급받지 못하면 사업을 지속할 수 없다. 따라서 공사를 진행하는데 필요한 대금을 지급받는 것은 프로젝트를 성공적으로 수행하기 위한 필수 요소라 할 수 있으며, 이를 위해 합리적인 수준에서 수행한 작업의 양을 측정하는 기술이 필요하다. 이는 Project Control의 영역이기 때문에 본 장에서는 상세히 다루지는 않지만, 프로젝트 수행의 핵심인 대금 지급이 일반적으로 공정률을 기반으로 하기 때문에 계약 담당자들은 이 부분에 대해서도 깊이 있는 이해가 필요하다.

▌계약가를 정하는 방법(Lump Sum vs Provisional Sum)

건설 프로젝트에서 이용되는 대금 지불 방식에 대해 이해하기 위해서는 우선적으로 계약가를 정하는 두 가지 방법에 대해 숙지할 필요가 있다. 보통 물건을 구매할 때는 고정된 가격을 기준으로 구매 여부를 판단하며, 구매 결정 후 지급하는 대금은 이 고정된 가격에서 변하지 않는다. 하지만 건설 프로젝트와 같이 만들어진 제품을 사는 것이 아닌 주문 제작 및 생산(order-made)의 영역에서는 첫 계약 체결 시 계약가(Contract Sum)가 확정 및 고정되는 것이 아니라 잠정 가격을 기초로 해서 가변적일 경우가 있다. 이는 공사 기간이 상당히 길고 모든 결과물이 시제품(prototype)인 건설 프로젝트의 특성상 초기 계획 대비 원가 요소의 변화 리스크가 상당히 많기 때문에 이에 대한 부담을 덜기 위해서이다.

이와 같이 잠정적으로 계약가(Contract Sum)를 산정해 놓고 공사를 수행하면서 실제 발생하는 비용에 맞추어 계약가를 변경하는 방식을 잠정 총액(Provisional Sum)이라 한다. 잠정 총액(Provisional Sum)에서 가격을 정하는 방식은 실비 정산 방식(Cost Reimbursable or Cost plus Fee), 단가 정산 방식(Unit

Rate or Remeasurement), Target Cost 방식 등이 있으며, 실제 발생한 원가에 따라 계약서에서 합의된 메커니즘을 통해 계약가가 정해진다. 공사가 끝나고 나서야 최종 계약가가 확정될 수 있기 때문에 매출과 원가 모두의 추이를 프로젝트 내내 지속적으로 확인하며 손익을 추정해야 한다.

이와 반대의 경우가 확정 총액 방식(Lump Sum)이다. 일반적으로 확정된 가격으로 물건을 구매하는 것과 같은 방식이라 간주할 수 있으며, 수행 기간 중 발생하는 계약 변경(Variation/Change)에 의해서만 계약가가 변경될 수 있다. 입찰 단계에서 정보가 충분하지 않은 상태에서 고정된 입찰가를 산출해서 제출해야 하기 때문에 불확실성을 가격에 충분히 반영하기 어려워 계약자에게 리스크가 많은 형태이다. Design-Bid-Build 방식에서는 그나마 완성된 설계 도서 및 물량 정보(Bill of Quantities)를 기준으로 견적하기 때문에 리스크 요인을 줄일 수 있으나, Design and Build나 EPC 계약에서는 사양서(Specification)만을 기준으로 입찰가를 산출해야 하기 때문에 계약자에게 리스크가 상당하다. 이때 계약자는 식별된 리스크, 혹은 알 수 없는 불확실성(Uncertainty)을 감안한 리스크 프리미엄을 입찰가에 충분히 반영하여야 예기치 못한 손실을 방지할 수 있다.

▌대금 지불 방법과 리스크

위에서 설명한 확정 총액(Lump Sum)과 잠정 총액(Provisional Sum)은 결국 원가 요소에 대한 발주자의 리스크 대응 방법에 의해 구분된다고 할 수 있다. 총 계약가(Contract Sum)를 고정시켜서 원가 통제에 대한 리스크를 계약자에 전가시키기 위해서는 총액 고정 방식인 Lump Sum을 이용하며, 그 외 요소에 비중을 더 두고 원가에 대한 리스크는 발주자 스스로 일부 부담하기 위해서는 계약가(Contract Sum)의 변동 가능성을 열어 두는 잠정 총액(Provisional Sum) 방식을 이용한다.

LS 및 PS를 계약 구조의 큰 윤곽이라 한다면, 구체적으로 계약가를 어떻게 정하는지에 대해서는 여러 가지 세부 방안들이 있다. 이러한 방법론들은 공사를 수행하며 대금을 언제 어떻게 지불하는지와도 깊게 관련이 있는데, 이는 건설 프로젝트의 일반적인 원칙이 실제 작업한 양에 대해 즉각적으로 대금을 지불한다는 것이기 때문이다. 예를 들어, 총액 고정 방식(Lump Sum) 혹은 단가 정산 방식(Unit Rate 혹은 Remeasurement)으로 계약된 경우 대금을 지불하는 일반적인 방법은 기성(Earned Value)에 따라 지급하는 방법이다. 이때 LS은 금액이 고정되어 있기 때문에 기준 금액에 합의된 공정률을 곱해서 지급 받을 대금을 구하고, 단가 정산 방식(Unit Rate 혹은 Remeasurement)은 전체 물량에 따라 기준 금액이 달라지기 때문에 물량을 확정짓는 과정이 추가로 필요하다. 투입된 시간(Man-Hours)에 따라 보상 받는 경우 이에 대해 증빙하는 서류 작업이 필요하다. 이 경우는 주로 Timesheet을 이용한다.

실비 정산 방식(Reimbursable 혹은 Cost plus Fee)은 작업이 완료된 후 실제 작업한 일에 대한 증빙 서류를 갖추어 청구하는 것이 일반적이다. 외주 작업의 경우 외부 업체로부터 접수 받은 송장(Invoice)에 계약적으로 합의된 계약자의 이익 부분, 즉 Mark-up을 얹어서 청구한다.

위와 같은 구체적인 대금 지불 방법은 크게 두 가지 형태로 분류할 수 있다.

먼저 가격을 기초로 한 대금 지불 방법이다(Price-based payment methods). 총액 고정 방식(Lump Sum) 혹은 단가 정산 방식(Unit Rate/Remeasurement)이 이에 해당된다. 공사를 시작하기 전이나 특정 작업을 시작하기 전에 그에 대한 대가를 언제 어떻게 지불할지에 대해 미리 합의한다. 총액 고정 방식(LS)은 지불해야 할 금액 자체가 계약 때 정해져 변하지 않고(오직 계약 메커니즘에 의거한 Change/Variation에 의해서만 변동될 수 있다) 주기적으로 기성(Earned Value) 혹은 계약적으로 합의된 절차에 따라 지급한다. 단가 정산 방식(Unit Rate/Remeasurement)은 총액 고정 방식(LS)과는 다르게 전체 금액이 고정되어 있지는 않다. 다만, 지불해야 할 금액을 정하는 방법을 가격(미리 합의된 단가)에 기초하여 계약에 규정한다. 대표적인 경우로 실제 발생한 물량을 합의된 단가와 곱하여 지불 대금을 결정한다.

다음으로 원가를 기초로 한 대금 지불 방법이다(Cost-based payment methods). 미리 합의된 가격이 아닌 실제 발생한 원가(Cost)를 기준으로 한다. 실제 발생한 원가를 토대로 대금 지불이 이루어지기 때문에 입증하기 어려운 계약자 내부 보유 자원의 투입보다는 외부 조달의 경우에 더욱 적합하다. 일

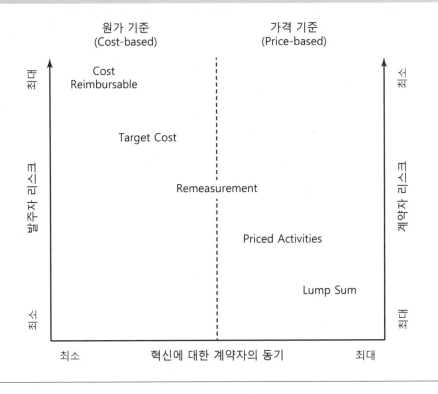

반적으로 계약자가 실제로 지불한 비용에 정해진 계약자의 이익(Mark-up)을 더하여 지불 금액이 결정된다.

대금 지급 구조를 가격 기준(Price-based)으로 가져가느냐 혹은 원가 기준(Cost-based)으로 가져가느냐, 더 구체적으로 총액 확정 방식(LS), 단가 정산 방식(Unit Rate/Re-measurement) 및 실비 정산(Reimbursable/Cost plus Fee) 중 어느 방법을 택하느냐, 그리고 이에 더해 원가에 대한 확실성(Cost Certainty)을 확보하기 위한 Guaranteed Maximum Price 방법, 원가절감에 대한 동기 부여를 위한 이윤 공유(Profit Sharing) 방식 등 구체적으로 어떤 방안을 택하느냐는 발주자의 조달 전략에 따라 달라진다. 어느 가치를 더 중요시하고, 어떤 리스크에 대해 어떠한 대응전략을 택하느냐에 따라 전체적인 계약 구조 및 대금 지급 방식이 달라질 수 있다.

예를 들어, 다른 어떤 가치보다도 원가에 대한 확실성을 가장 우선시하는 발주자는 총액 확정 방식(LS)을 택할 것이다. 만약 발주자가 원가보다는 프로젝트의 품질 및 다른 가치를 중요시한다면 총액 확정 방식(LS)보다는 단가 정산(Unit Rate/Re-measurement) 혹은 실비 정산(Reimbursable/Cost plus Fee) 방법을 택할 것이다. 하지만 잠정 총액(Provisional Sum) 방식으로 인한 원가 증가가 우려된다면 Maximum Guaranteed Price나 Profit Sharing 방식을 적용해 원가 증가 리스크를 상쇄할 수 있다. 이와 같이 발주자는 대금 지급 방식에 있어서도 다양한 방식을 동원하여 예상되는 리스크에 대응할 수 있다.

계약자 입장에서는 계약 구조 및 대금 지급 구조를 이해한다면 발주자가 우려하는 프로젝트 리스크 요인과 이에 대한 발주자의 대응 전략을 이해할 수 있다. 그리고 이를 통해 계약자 또한 적절한 프로젝트 수행 전략을 수립할 수 있다.

▌Pay When Paid

프로젝트를 수행하며 대금 지급 관련된 일은 비단 발주자와 계약자 사이에서만 이루어지지 않는다. 건설 산업의 특성상 모든 업무를 계약자가 직접 수행하지 않고 많은 경우가 하도급의 형태로 주어지기 때문에 계약자와 하도급자 사이에서의 대금 지급 업무가 더 많을 수 있다. 계약자와 하도급 사이에서도 다양한 형태의 계약이 있을 수 있으며, 대금을 지급하는 방법 또한 기성 및 공정률에 따라 지급하는 방법, 마일스톤에 따라 지급하는 방법 등 다양한 방법이 있을 수 있다.

많은 자산을 소유한 대형 건설 기업이 아닌 경우에, 보통 건설 기업은 충분한 자본을 가지고 비즈니스를 수행하지 않는다. 따라서 자금 조달이 제때 이루어지지 않는 경우에는 기업 유동성에 심각한 영향이 있을 수 있어 이러한 대금 지급 구조에 많은 신경을 쓸 수밖에 없다. 특히 계약자가 직접 수행하지 않고, 하도급 업체에서 수행한 작업일 경우 하도급 업체에 대금을 지급해야 하는 시점과, 해당 작업에 대해 발주자로부터 대금을 지급받는 시점의 차이가 예민하게 다가올 수 있다.

많은 경우 글로벌 비즈니스에서 대금 지급은 일반적으로 송장(Invoice) 접수 후 30일 이내에 하도록 되어 있다. 관건은 인보이스를 접수하고 제출하는 시점이다.

예를 들어, 발주자와는 인보이스를 매 월 말로부터 7일 이내에 제출하도록 되어 있다고 해보자. 하지만 특정 작업을 수행하는 하도급 업체와의 계약은 작업 완료 후 최대한 빠른 시일 내에 인보이스를 제출하도록 계약되어 있다. 만약 하도급 업체로부터 인보이스를 8일에 접수 받았다면, 계약자는 하도급 업체가 수행한 일에 대한 인보이스를 발주자에 다음달이나 되어서야 청구할 수 있게 된다.

이렇게 발생하게 되는 대금 지급 기간에 의한 차이, 이로 인한 자금 조달 비용(은행 차입금에 대한 이자) 등은 모두 계약자의 몫이다. 물론 이러한 괴리는 계약자가 부담해야 하는 리스크이고, 계약가에 자금 조달에 대한 리스크 비용을 반영하였을 수도 있으며, 이러한 자금 조달에 대한 원가가 크지 않다고 대수롭지 않게 생각할 수 있다. 하지만 해당되는 작업 비중이 상당히 크거나, 이런 일들이 반복되면 자금 조달 원가는 은근히 무시하지 못한다.

이러한 리스크를 방지하기 위해 계약자가 이용할 수 있는 방안은 하도급 계약 안에 Pay When Paid 조항을 삽입하는 것이다. 직역하면 대금을 지급 받았을 때 지급한다, 즉 발주자로부터 해당 작업에 대한 대금을 지급 받아야만 작업을 수행한 하도급 업체에 그 대금을 지급한다는 의미이다. 이렇게 하면 계약자는 대금 지급 시점에 의해 발생할 수 있는 자금 조달 리스크를 하도급 업체에 전가할 수 있다.

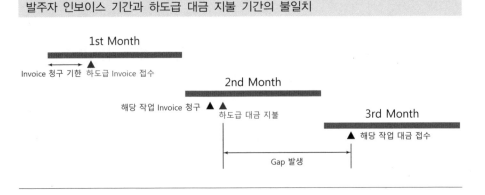

발주자 인보이스 기간과 하도급 대금 지불 기간의 불일치

하지만 조항 자체에서 보여지듯이 하도급 업체 입장에서는 이러한 조항이 공정하지 않다고 느껴질 수 있으며, 따라서 영국과 같은 일부 국가에서는 이러한 조항을 불법으로 간주한다. 따라서 계약자 입장에서 위와 같은 리스크를 부담하고 싶지 않다고 하더라도 Pay When Paid 조항을 하도급 계약에 적용하는 것은 준거법에 적합한지 확인해야 한다.

Pay When Paid 조항을 적용할 수 없다면 인보이스 접수 시점을 변경하여 그 리스크를 상쇄할 수 있다. 발주자와의 계약에서 인보이스 제출 시점을 매월 7일 이내로 정했다면, 하도급 업체와는 인보이스 제출 시점을 그보다 3~4일 앞선 시점으로 정한다. 이렇게 하면 약 한 달까지 벌어질 수 있는 자금 조달의 리스크를 줄일 수 있다.

이렇듯 대금 지급 구조 및 계약의 형태를 이해하고 필요에 맞게 조절할 수 있다면 프로젝트 수행과정에서 발생할 수 있는 여러가지 리스크에 대한 적절한 대응이 가능하다.

┌─ 참고문헌 ─┐

• Siti Suhana Judi, Rosli Abdul Rashid, 2010, Contractor's Right of Action for Late or Non-Payment by the Employer
• Mat Viator, 2019, Construction Contracts; A Deep Dive on Breach of Contract
• Jenkons Marzban Logan LLP, 2020, Pay-When-Paid Clauses

시간(Time)에 대한 계약적 관점

▌Time is of the essence

우리는 모두 살아가면서 끊임없이 시간을 확인한다. 핸드폰으로 시계를 보고, 손목 시계를 통해 시간을 확인하며, 회의 중에도 벽에 걸려 있는 시계를 보며 지금 몇 시인지, 계획한 혹은 해야만 하는 일을 제때에 잘 하고 있는지 확인한다. 집에서 할 일 없이 시간 지나기만을 바라는 사람이 아닌 이상우리 모두에게 시간과 그 흐름은 매우 중요하다.

건설 프로젝트 또한 마찬가지이다. 본질적으로 시작과 끝이 분명한 프로젝트의 특성상 시작 지점과 종료 지점을 이어주는 시간의 흐름은 일종의 관리의 대상이 될 수밖에 없다. 시간의 흐름 자체는 우리가 어떻게 조정할 수없는 신의 섭리이지만, 흐르는 시간 동안 우리가 무엇을 했고, 얼마나 했으며, 또 얼마나 할 예정인지를 끊임없이 탐색하는 것은 사람이 할 수 있는 일이다. 프로젝트 수행 과정 중 주어진 기간마다 끊임없이 리포트를 만들어내야하는 이유이기도 하다.

'시간은 금이다'라는 금언도 있듯이 우리 모두에게 시간은 매우 중요하며돈과 필연적으로 엮여 있다. 특히 건설 프로젝트만큼 이러한 금언이 잘 어울리는 곳도 없을 것이다. 건설에서는 시간이 돈과 직결된다. 공기가 늘어나면늘어나는 만큼 원가 및 예산이 추가된다. 완료 시까지 공기가 기존 계획 대비 연장되었는데, 원가가 계획 대비 낮아지는 프로젝트는 거의 존재하지 않는다. 만약 그렇다면 이는 초기 계획이 잘못되었기 때문이다.

따라서 시간은 프로젝트 관리 이론에서 매우 중요하게 다루어지며, 원가(Cost) 및 범위(Scope)와 더불어 삼각형(triangle)을 이루는 한 축으로 간주된다. 계약서에서는 합의된 프로젝트 종료일(completion date)과 함께 주요 공정 마일스톤 또한 기입되어 준수되어야 할 계약 조항으로 간주된다. 일부 마일스톤에는 대금 지급 조항과 연계되어 마일스톤이 달성되어야 대금이 지급되는 구조가 되기도 하고, 합의된 날짜를 지키지 못하면 이에 대한 배상금, 즉, 지체상금(LD)을 지불하는 조항이 있기도 하다. 모두 공정과 돈을 연결시키는 계약 조항들이다.

이에 더해 계약서에서 다음과 같은 문구를 심심치 않게 발견할 수 있다.

"*Time is of the essence*"

'of the essence'의 의미는 '절대적으로 필요한, 중요한'으로 시간이 매우 중요하다, 본질적으로 중요하다는 강한 의미를 담고 있음을 알 수 있다. 하지만, 어떻게 보면 뻔한, 그리고 상투적이라고 할 수 있는 문구를 굳이 계약서에 포함시키는 이유가 무엇일까?

건설 계약은 주로 발주자와 계약자 사이에서 이루어지는 작업에 대한 합

프로젝트의 3 요소; Project Triangle

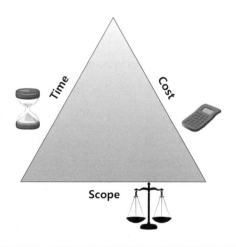

의라 할 수 있다. 그 외에 다양한 이해관계자가 건설 프로젝트에 관여하지만 이들과 이루어지는 계약은 주 계약이 아닌 하도급 계약(Subcontract), 공급 계약(Supply contract) 혹은 제 3자와의 계약(outsourcing/3rd party)이라 할 수 있다. 주 계약에서 계약자 입장에서의 '시간'을 바라보는 주 관점은 납기와 대금 지불을 기반으로 한다. 주요 계약 마일스톤 및 공정을 준수하여 제때 대금을 지불 받고, 납기일 안에 공사를 완료하여 지체상금(LD)을 지불하지 않는 것이 주 목적이다.

이에 반해 발주자 입장에서 '시간'을 바라보는 주 관점은 납기에 맞춰져 있다는 점에 있어서는 계약자의 입장과 동일하지만, 납기 이후에 초점을 맞춘다는 점에서 계약자의 입장과 다르다. 일부 공공 공사를 제외한 대부분의 건설 프로젝트는 목적물의 완성 후 이를 이용한 이윤 창출을 목적으로 한다. 건축물의 인도가 계획보다 늦어지는 경우에는 발주자가 이윤을 창출하는 시점이 늦춰지는 것이다.

발주자 입장에서 건설 프로젝트를 하나의 사업으로 보면 이 사업의 최종 목적은 결국 이윤 창출이기 때문에 이윤 창출에 지장이 되는 상황이나 행위는 이러한 사업의 본질적인 목적을 침해하는 것이라 할 수 있다. 이러한 관점에서 발주자는 'time is of the essence'라는 일종의 상투적인 문구를 계약서에 포함시키기를 원한다. 계약자가 합의된 기한을 준수하지 못하는 계약 불이행은 발주자가 추진하는 사업의 본질적인 목적을 침해한다는 의미이다. 이렇게 사업의 본질적인 목적을 침해하는 계약 불이행을 전문 용어로 'material' Breach of Contract이라 한다.

당신이 새로운 차를 구매하기로 딜러와 계약을 했다고 가정해 보자. 주문한 차를 전달받았는데, 차량의 스피커가 제대로 작동하지 않는다. 그렇다면 이것은 Breach of Contract(계약 불이행)에는 해당이 되어도 'material' Breach of Contract(중대한 계약 불이행)에는 해당된다고 하기 어렵다. 스피커를 통해 흘러나오는 사운드는 소비자가 차를 구매하는 본질적인 목적이 될 수 없기 때문이다. 하지만 차의 엔진이 제대로 작동되지 않는다면 이는 차를 구매하는 본질적인 목적에 해당되는 결함이 되므로 이는 'material' Breach of Contract이라 할 수 있다.

'time is of the essence'라는 문구는 시간이 본 계약의 주요 목적, 즉, 합의된 시점에 계약 목적물을 넘겨 받아 이를 통해 이윤을 창출하고자 하는 본질적인 목적에 해당되는 것임을 강조하며 발주자의 시간에 대한 계약적 관점을 강화시켜준다. 이 문구가 계약서에 포함되어 있다고 해서 납기 지연이 'material' Breach of Contract에 해당되는지 여부에 대해서는 각 준거법 및 관할 사법 권역, 그리고 각 계약의 특수성에 따라 다르기 때문에 쉽게 결론을 내릴 수는 없는 부분이다. 하지만 계약서를 통해 합의된 이러한 문구의 존재는 발주자의 입장을 강화해 줄 수 있는 근거가 될 수 있으며, 분쟁 상황 시 material breach로 결론이 나면 계약자에 절대적으로 불리한 상황이 될 수 있으므로 계약자는 이러한 문구에 대해 각별히 유의할 필요가 있다.

▌방해 원칙(Prevention Principle) 및 Time at Large

일이 잘못되면 원인을 제공한(혹은 원인을 제공한 것으로 믿고 싶어하는) 당사자를 찾아 비난하거나 책임을 지우는 것이 인간의 본성이다. 프로젝트 또한 잘못되면 내부적으로나 외부적으로 책임을 지울 수 있는 누군가를 찾게 되고, 특히 막대한 손실을 동반하게 되면 이를 회복할 수 있는 방안 또한 찾아야 한다. 공기가 지연되어 상당한 손익 차질이 발생하거나 예상되면, 이를 만회하기 위해 대(對) 발주자 클레임을 준비하는 경우가 있다. 이때 발주자의 특정 행위(혹은 아무것도 하지 않음으로 인해 계약자에 피해를 주게 되는 상황)에 의해 공기가 지연되었다는 논리를 주장하고는 한다. 잘못을 한 당사자가 책임을 진다는 상식적으로는 지극히 논리에 맞는 주장인데, 이러한 주장이 법적으로, 그리고 계약적으로 합당한 것일까?

이러한 상식에 상응하는 원칙이 '어느 누구도 자신의 잘못으로부터 이득을 얻을 수 없다(a party cannot benefit from its own wrongdoing)'라는 법리이다. 공기가 지연되면 발주자는 계약 조항에 따라 지체상금(Liquidated Damages)을 부과하는데, 공기 지연의 원인이 발주자에 있다면 자신의 잘못으로부터 이득(지체상금)을 얻는 꼴이므로 이는 허용되지 않는다는 것이다. 이러한 원칙을 법 용어로 방해 원칙(Prevention Principle)이라 부르며, 발주자는 계약자의 의무이행(기한 내 완공을 포함하여)을 방해하지 않아야 하고, 계약자의 의무이행에 따른 필요한 모든 조치를 제공할 묵시적인 의무를 갖는다는 의미로 이해할 수 있다.

방해 원칙(Prevention Principle)에 대해서는 판례법을 기반으로 하는 영국 사법제도에서 다양한 판례들이 존재한다. 그 중 오늘날의 계약서에 큰 영향을 끼친 것이 1838년에 있었던 Holme v. Guppy 케이스이다. 당시 계약자는 발주자의 방해 행위로 인하여 공정을 제때 완료하지 못하였는데, 발주자는 지체상금(LD)을 공제하였다. 이에 대한 분쟁 상황에서 당시 법원은 발주자의 방해 행위로 인하여 지연되었기 때문에 지체상금(LD)은 면제되어야 하고 본래의 계약일은 연장되어야 하며, 이러한 상황 발생 시 구체적으로 연장하는 방안에 대한 합의가 없었기 때문에 새로운 완공일은 '합리적인 기한 내(Time at Large)'로 설정해야 한다는 판결을 내렸다. 즉, 구체적인 완료일이 설정되지 않았기 때문에 계약자에 절대적으로 유리한 상황이 되는 것이다.

이러한 상황을 방지하기 위해 이후 계약서에는 공기 연장(Extension of Time)에 대한 조항이 등장하게 된다. 발주자의 행위로 인하여 계약자의 공정이 영향을 받는 경우, 이에 대해 일정을 조율하는 합의 메커니즘이 계약서에 포함됨으로 인해서 발주자는 새로운 완료일 설정(Time at large의 상황을 회피)과 지체상금(LD)을 부과할 수 있는 권한을 유지할 수 있게 되었고, 계약자는 발주자의 행위로부터 공정을 보호할 수 있는 권리를 가지게 된 셈이다. 물론 계약자는 발주자의 행위로 인해 지연이 발생하였다는 것을 입증할 책임을 가진다.

실제 프로젝트를 수행하다 보면 공기 연장에 대한 권리를 주장하지만 이에 대한 결론이 애매모호하거나 합의에 이르지 못하는 상황이 부지기수이다. 원인을 제공한 발주자의 사유가 불명확해서일 수도 있고 사유는 명확하나 이에 대한 발주자의 대응 방안이 계약 조항으로 강제되지 않기 때문일 수도 있으며, 계약자가 입증에 실패하였거나 기타 계약 조항을 준수하지 않았기 때문일 수도 있다. 굉장히 다양한 사례들이 있기 때문에 특정 지어 얘기하기는 쉽지 않지만, 계약자 입장에서 스스로의 권리를 찾기 위해서는 항상 계약적으로 요구되는 시점에 필요한 자료를 통해 발주자에게 적절하게 통보해 주는 것이 필수적이다. 원인과 결과에 대한 논리적 입증은 상당히 어려운 일이지만 이와는 별개로 계약적 요구 사항을 준수하여야 스스로의 권리를 찾을 수 있음을 인지하고 있어야 한다.

▌Time Bar 조항

건설 계약서를 보면 곳곳에 준수해야 할 시간을 명시해 놓은 Time Bar 조항들이 있다. 계약 변경(Variation Order)에 대한 Time Bar도 있고, 도면 승인 관련된 Time Bar도 있으며, 프로젝트 공식 서신(correspondence)에 대한 회신 기한을 명시한 Time Bar도 있고, 검수 및 통지 시점에 대한 Time Bar 또한 있다. 이러한 Time Bar 조항들의 존재 목적은 주요 사안에 대해 불필요하게 질질 끌지 않고 빠른 결정을 내려 프로젝트에 악영향을 끼치는 상황을 최대한 방지하기 위함이다. 하지만 이는 실무진 입장에서는 상당히 성가시기도 하고 실제 잘 지켜지지도 않는다.

현업의 어려움은 고려하지도 않고 반영한 이러한 조항들이 무슨 큰 의미가 있겠냐고 생각할 수도 있겠지만, 이 또한 계약 조항이기 때문에 이를 준수하여야 향후 분쟁 상황 시에 유리한 위치에 설 수 있도록 해 준다. 특히 어떤 계약서에서는 주어진 기한 내에 통지(Notice)해 주는 것을 정지조건(Condition Precedent, 제8장 〈계약 변경〉 참조)으로 정의하는 경우가 있는데, 이러한 경우에는 단순히 통지 기한을 놓쳤다는 이유로 추가 보상 및 공기 연장의 권리를 놓치는 경우가 발생할 수 있다.

방해 원칙이 우선하느냐 통지 요건이 우선하느냐에 대해서는 여러 관점이 있는데, 계약서에 명기되어 있는 한 그 가능한 조항들을 준수해 주는 것이 좋다. 계약서에서 과하게 상세한 내용을 요구하여 주어진 기한 내 관련 자료를 준비하기가 현실적으로 불가능할 지라도 약식으로라도 통지하여 이를 문서화하고 구체적인 사항은 협의를 통해 조절하여 차후 보충하도록 하는 운용의 묘를 발휘할 수 있는 현명함도 필요하다. 이러한 노력들이 차후 발생할 수 있는 분쟁 상황에서 계약적 권리를 최대한 강화할 수 있는 방법이다.

▌공정 지연(Delay)에 대한 관점

공정이 지연되는 상황은 현업에서 업무를 수행하는 사람 입장에서 가장 피곤하게 하는 일 중 하나이다. 지연되는 상황에 대한 원인을 분석해서 보고해야 하고 만회 계획(Catch-up plan)을 마련해야 하며, 돌관 작업(Acceleration)을 추진하고, 그럼에도 불구하고 지연된 공정에 대한 만회가 불가능할 시, 지체상금(LD) 방어를 위한 클레임을 준비해야 한다.

만회할 수 없는 공정 지연이 발생하여 공기를 연장시키기 위한 클레임(Extension of Time)을 준비할 시에 가장 우선적으로 규명해야 할 것은 공정을 지연시킨 사유가 무엇이냐는 것이다. 이 사유에 따라 공정 지연은 크게 세 가지로 나눌 수 있다. i. 면책 불가능한 지연(Non-Excusable Delay) ii. 면책 가능한 지연(Excusable Delay) iii. 동시 다발적 지연(Concurrent Delay)이 바로 그것이다. 동시 다발적 지연(Concurrent Delay)에 대해서는 내재하고 있는 법리 및 이에 대한 해석 등이 매우 복잡하므로 뒤에서 별개로 다루고 여기서는 면책 가능(Excusable)/불가능한(Non-Excusable) 지연에 대해서만 다루도록 하자.

면책 불가능한 지연(Non-Excusable Delay)은 말 그대로 계약자 입장에서

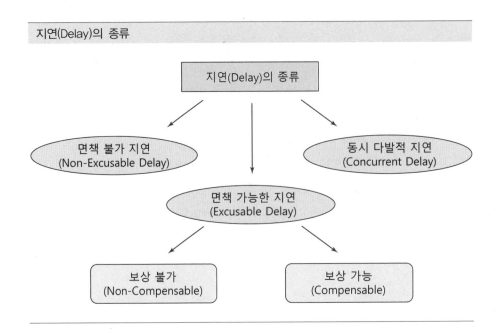

지연(Delay)의 종류

책임을 면하기 어려운 공정 지연이다. 즉, 공정 지연에 원인이 되는 직접적인 사유에 대한 책임이 계약자에 있고 이로 인해 발생할 수 있는 결과들, 발주자가 부과하는 지체상금(LD)이나 계약자에게 생기는 추가 발생 원가 등은 계약자가 알아서 감내해야 한다. 이런 사유에 의한 공정 지연에 대한 클레임은 원칙적으로 제기할 수 없다.

면책 가능한 지연(Excusable Delay)은 다시 두 종류로 나뉜다. 하나는 발주자로부터 보상을 받을 수 있는(Compensable) 지연이고, 다른 하나는 발주자로부터 보상을 받을 수 없는(Non-compensable) 지연이다. 계약자가 겪고 있는 공정 지연이 발주자에 의해 발생한 것이라면 그 결과에 대해서는 발주자가 원인을 제공했으므로 책임을 져야 한다. 계약자의 추가 비용에 대해 지불해 주어야 하는 것이다.

이와는 달리 면책 가능한 지연에 속하지만(Excusable), 발주자로부터 보상을 받을 수 없는(Non-compensable) 지연이 있다. 계약서에서 불가항력(Force Majeure)으로 정의되는 사유가 바로 그것이다. 살다 보면 사람의 힘으로는 어떻게 할 수 없는 불가항력적인 일들이 있다. 지진이나 해일, 쓰나미 등의 자연재해, 인재이기는 하지만 일개 프로젝트 영역에서 극복할 수 없는 전쟁이나 국가 단위에서의 파업 등이 바로 그 예이다. 이러한 사항들을 계약적으로 Force Majeure라 부르며 대부분의 계약서에서는 Force Majeure 상황에서의 공정 지연에 대해 계약자의 책임을 면책하여 준다(물론 입증 가능한 범위 내에서). 이러한 Force Majeure 상황은 계약서에 정의되어 있거나, 정의되어 있지 않더라도 계약서의 기반이 되는 준거법에 준하여 판단되는데 계약자 입장에서 이러한 사건들을 예측하거나 미리 준비하여 회피할 수 없기 때문에 계약자의 책임으로 간주되지 않는다. 따라서 Force Majeure에 의한 공정 지연은 면책 가능한 지연이다.

다만, Force Majeure는 발주자의 책임도 아니다. 계약의 두 당사자인 발주자와 계약자 어느 누구의 책임도 아니다. 따라서 Force Majeure 상황에 의해 추가적으로 발생하는 비용은 계약 상대방에 청구하지 않고 각자 부담하는 것이 원칙이다. 즉, 일정에 대한 리스크는 공유하되 비용 리스크는 각자 알아서 부담해야 한다.

각 지연 사유에 따른 계약적 권리

지연 사유	시간 (Time) 관련 전형적인 계약 조항	손해 배상 (Damages) 관련 전형적인 계약 조항
발주자 귀책	• 계약자에게 추가 공기 부여 • 방해 원칙(Prevention Principle)으로 인하여 발주자는 손해 배상(damages)을 청구하지 못함	• 계약자는 발주자에 손해에 대한 배상 청구(Claim) 가능
계약자 귀책	• 납기는 변경되지 않음	• 발주자는 계약자에 손해에 대한 배상 청구(Claim) 가능 • 지체 상금(Liquidated Damages)이 정의되어 있을 경우, LD를 통해 손해액 회수
어느 누구의 귀책도 아닌 경우	• 계약자에 추가 공기 부여	• 발주자, 계약자 모두 손해 배상 청구 불가 • 지연으로 인한 손해는 각자 부담

▌동시 다발적 지연(Concurrent Delay)

프로젝트 공정 지연을 분석함에 있어 가장 큰 어려움 중에 하나는 실제 프로젝트 수행 중에 일어나는 일들이 이론처럼 간단하지 않다는 데 있다. 프로그램(Programme; 우리가 소위 얘기하는 스케줄, 일정) 수립 시, 거의 모든 작업(activity)들이 논리적 연결고리가 존재하여 병렬적이 아닌 순차적으로 진행되고, 자원은 각 작업(activity)의 특성에 따라 효율적으로 배분되어 투입되는 것으로 간주되지만, 현실에서는 상당수의 작업들이 여러 이유로 병렬적, 동시적으로 진행되고 선행(Predecessor) 및 후행(Successor) 작업들이 뒤엉켜 작업(activity) 간의 논리적 연결 의미가 없어져 버린다.

공정 지연이 발생한 후에 이를 유발하는 직접적인 원인을 찾으려 하면 결국 논리적 인과관계는 찾아볼 수 없고, 무리해서 만들어보려고 해도 그를 반박할 수 있는 근거가 너무 많다. 계약자가 발주자의 행위로 인하여 공정 지연이 발생되었다고 주장할 때, 발주자가 이에 반박할 수 있는 가장 쉬운 논리는 '과연 발주자의 행위만으로 이러한 지연이 발생했을까? 계약자가 잘못한 사항도 있지 않을까?'이다. 실제로 복잡하고 큰 프로젝트일수록 공정 지연의 원인이 단 한 가지 사건인 경우는 드물다.

이렇게 복잡하고 다양한 원인으로 발생하게 되는 지연을 동시 다발적 지연(Concurrent Delay)이라 부른다. 학계에서 통용되는 더욱 일반적인 정의로는 '거의 동등한 인과관계 효과를 갖는 2개 혹은 그 이상의 지연사유들에 의해 야기된 공기 지연'이라고 한다. 하지만 이와 같은 정의를 보면 이런 생각이 들 수 있다. 과연 동등한 인과관계를 가지는 두 개 이상의 사건이 같은 시점에 발생한다는 전제가 현실적으로 타당한가?

이와 같은 현실을 고려하면 사실상 동시 다발적 지연(Concurrent Delay)이라 함은 두 가지 다른 의미를 가지고 있다. 첫째로 진정한 의미에서의 동시 다발적 지연(True Concurrent Delay)이다. 위의 정의에서처럼 두 가지 이상의 동등한, 그리고 독립적인 사건이 같은 시점에 발생해 지연을 야기하는 상황이다. 다시 말해 발주자의 지연 행위(혹은 Force Majeure와 같은 다른 종류의 Excusable Delay)와 계약자의 귀책이 동시에 발생되어 함께 공정 지연을 유발하는 상황이다. 예를 들어, 발주자가 공급하기로 한 장비의 납품이 지연되는 발주자 사유의 지연과 계약자가 작업에 필요한 크레인 등의 중장비류(Plant and Equipment)를 수급해 오는 데 실패하는 계약자 사유의 지연이 동시에 발생하여 하나의 지연 결과를 일으키는 경우가 있을 수 있다. 프로젝트 경험이 많은 사람들은 잘 알겠지만 이런 상황은 이론적으로는 가능해도 실제로는 잘 발생하지 않는다. 어떤 독립적인 두 사건, 그리고 원인 제공자가 다른 두 사건이 같은 시점에 발생하여 동일한 결과를 야기한다는 것은 말 그대로 우연일 뿐이기 때문이다.

따라서 우리가 일반적으로 얘기하는 동시 다발적 지연(Concurrent Delay)은 두 번째의 경우를 의미하는 경우가 많다. 두 개의 독립적인 사건이 동시에 발생하여 동일한 결과를 일으키는 경우가 아닌, 두 개의 연속적인 사건으로 인하여 동일한 결과를 일으키는 경우이다. 이 경우는 엄밀하게 얘기하면 '연속적인 지연 사유에 의한 동시 다발적 결과(concurrent effect of sequential delay events)'라고 부르는 것이 옳다.[1] 첫 번째와 다른 점은 원인이 아닌 결과(concurrent effect)에 초점을 맞춘다는 점이다. 다음과 같은 경우를 생각해 보자.

계약자가 공정을 진행하는데 계획 대비 잘못된 점이 있어 공정이 지연되

---

[1] Society of Construction Law, Delay and Disruption Protocol

고 있는 중이다. 이 와중에 발주자가 제공하기로 한 장비류의 납품이 늦어지면서 전체 공정 지연을 유발하는 효과를 내게 되었다. 이 두 가지 사건은 다른 시점에 발생되었지만 함께 작동해 공정 지연이라는 하나의 결과를 만들어낸다. 이러한 상황(concurrent effect of sequential delay events)은 어떻게 바라보아야 하는 것일까?

이 부분에 대한 정답은 존재하지 않는다. 이에 대한 해석은 구체적인 계약 조항 및 근거가 되는 준거법 등에 따라 달라지기 때문이다. 예를 들어, 우리가 보통 영국법이라고 부르는 잉글랜드(웨일스 포함) 법에서는 방해원칙(Prevention Principle)에 근거하여 동시 다발적 지연 발생 시 계약자의 공기 연장에 대한 권리를 인정하는 판례가 있다. 같은 영국이지만 법 체계가 약간 다른 스코틀랜드 법에서는 계약자의 권리를 인정하지만 당사자들 간 공기 지연에 대한 책임을 따져 배분(apportionment)하는 판례가 있다. 자동차 사고 발생시 과실 비율을 따지는 것과 같은 원칙이다. 같은 판례법 기반인 미국법과 캐나다법에서는 유사하지만 약간은 다른 판결을 내리는 경우도 있다.

이에 대해 Society of Construction Law(SCL)의 Delay and Disruption Protocol에서는 두 가지 상황 모두 계약자의 공기 연장 권리를 인정해 주어야 한다고 권고한다.[2] 다만, 이는 권고 사항이기 때문에 각 국가의 법원에서 이러한 권고를 따를 의무는 없다. 따라서 단순히 SCL에서 계약자의 권리를 인정해 주어야 한다고 해서 그 하나만을 믿고 소송까지 진행하는 것은 위험한 판단일 수 있으며, 관련법 전문가들과 같이 세부적인 사항들을 검토해 보아야 한다.

---

2) Where Employer Risk Events and Contractor Risk Events occur sequentially but have concurrent effects, here again any Contractor Delay should not reduce the amount of EOT due to the Contractor as a result of the Employer Delay.
동시 다발적 지연 상황에 대한 책임 여부를 따질 때 모든 일이 다 완료된 후에 진정한 귀책 여부를 따질 수밖에 없는 법원과는 달리, SCL은 프로젝트의 성공적인 수행을 가장 우선적으로 추구하기에 동시 다발적 지연에 대한 관점이 다르다. 먼저, SCL은 일이 완료된 후에 소급 적용하여 지연 책임을 따지는 것이 아닌 지연 사유가 발생했을 때 즉각적으로 책임 여부 및 예상되는 결과를 따져 공기 연장 여부를 결정짓는 것을 강하게 권고한다. 이는 프로젝트가 아직 완료되지 않은 시점에서 공기 연장에 대한 의사결정을 빠르게 함으로써 계약자가 남은 작업에 대한 계획을 명료하고 효과적으로 진행할 수 있도록 하기 위함이다. 이러한 관점에서 발주자가 지연 사유를 제공하는 한, 계약자의 공정 지연 사유 여부와는 관계없이 프로젝트 전체를 위해 공기 연장을 즉각적으로 인정해 주어야 한다는 것이 SCL protocol의 실용적인 관점이다.

최근에는 프로젝트 계약서 자체에서 동시 다발적 지연(Concurrent Delay)에 의한 공기 연장 청구(Extension of Time)는 허용되지 않는다는 문구를 심심치 않게 발견할 수 있다. 관련 준거법에 따라 다르지만, 이 문구 자체가 중요한 법 원칙인 방해 원칙(Prevention Principle)을 위반하는 것 아니냐는 주장도 상당수 나오는 편이다. 하지만 이러한 주장 또한 아직 법원에서 검증 받은 것이 아니기 때문에 동시 다발적 지연(Concurrent Delay)을 둘러싼 논쟁은 앞으로도 상당히 오랜 기간 동안 계속될 것으로 전망된다. 이러한 상황에서 계약자 입장에서는 발주자가 계약서 초안에 이 문구를 포함시키려 한다면 SCL의 권고사항과 같은 실용적인 측면으로 접근해서 조항을 삭제하도록 유도하여 리스크를 줄이려는 노력이 필요하다.

▌여유 기간(Float)에 대한 관점

계약자와 발주자가 계약을 통해 정해진 날짜에 건축물을 인도하기로 합의를 했다. 하지만 계약자는 스케줄 효율화를 통해 계약 인도일보다 빠른 시점에 공사를 완료할 수 있는 방법을 찾았고 베이스라인 제출 및 승인을 통해 발주자로부터 그 실효성을 인정 받았다. 계약 납기보다 이른 완료일을 목표로 공정을 진행시키던 중, 발주자가 공정을 지연시키는 행위를 했고 이로 인해 결과적으로 공정은 본래 계약일에 맞추어 완료되었다. 이 경우 계약자는 발주자의 지연 행위로 인해 받게된 손실을 보상 받을 수 있을까?

이 상황에 대해 여기서 정답을 제시할 수는 없다. 동시 다발적 지연(Concurrent Delay)과 마찬가지로 구체적인 계약 조항 및 준거법에 따라 다른 결론이 나올 수 있는 문제이며, 이는 법원의 판단 영역이기 때문이다. 다만, 논쟁이 되는 부분이 무엇인가에 대해서는 짚고 넘어갈 필요가 있다. 그래야만 이러한 상황이 실제 발생했을 때 효과적인 협상 전략을 세울 수 있기 때문이다.

프로젝트의 공정 중에 수행하는 모든 작업은 병렬적으로 동시에 이루어지지 않는다. 어떤 작업은 먼저 착수되어야 하며, 어떤 작업은 나중에 진행되어야 하고 어떤 작업들은 다른 작업들의 진행 정도에 따라 착수 여부가 결정된다. 선행 작업(Predecessor)이 완료되어야 시작할 수 있는 경우도 있고(finish -to-start), 선행 작업이 착수된 후 특정 시점이 지나야 착수할 수 있는 작업도 있으며(start-to-start with lag), 선행 작업과 후행 작업(Successor)이 동시에 완료되어야 하는 경우도 있다(finish-to-finish). 이러한 작업들 간의 관계(Relation)를 통해 각각의 작업들은 유기적으로 연결되어 있고 이렇게 연결된 작업들 중 가장 긴 경로가 프로젝트의 공기를 결정하게 된다. 이를 Critical Path라 부른다.

여유 기간(Float)이라 함은 각 작업들이 프로젝트 완료일에 영향을 끼치지 않는다는 전제로 가질 수 있는 기간을 의미한다. 다시 말해 Critical Path에 있는 작업들은 Float이 0인 작업들이며, Float이 10인 작업은 본래 계획보다 10일 늦게 착수되어도 이론적으로는 프로젝트 완료일을 늦추지 않는다는 의미이다.

이러한 프로젝트의 여유 기간(Float)을 누가 소유하고 있는가는 종종 논쟁의 대상이 된다. 계약서에 명시되어 있다면 논쟁의 여지가 없겠지만, 특별히 언급되지 않았다면 그 주인이 누구인가는 불분명하다. 일반적으로 거론되는 논점은 여유 기간(Float)의 주인은 계약자라는 점이다. 계약자의 의무는 계약서에서 합의된 주요 일정 준수에 한정되며, 그 외에 구체적인 작업 일정을 수립하고 관리하는 방법 등은 계약자가 자체적으로 운용할 수 있는 고유의 권한이라는 주장이다. 즉, 베이스라인을 수립할 때 특정 지어지는 각 작업의 여유 기간들은 계약자의 고유 권한으로 조절할 수 있기 때문에 그 여유 기간의 소유자는 계약자라는 논리이다.

이와 대척점에 있는 논리가 여유 기간(Float)은 계약자의 소유가 아닌 프로젝트의 소유라는 주장이다. 작업 일정을 수립하고 관리하는 행위는 계약자의 고유 권한인 만큼 스케줄에 대한 주체적 권한을 부정하는 것은 아니나, 결국에는 작업 일정 및 수반되는 여유 기간(Float) 또한 프로젝트의 일부이므로 프로젝트의 주인인 발주자 또한 이에 대한 소유권을 가져야 한다는 논리이다.

이와 같은 두 가지 논점을 앞서 언급한 사례에 대입해 볼 수 있다. 계약자가 계약 대비 이른 시점의 인도를 계획하고 진행하고 있는 중에 발주자의 지연 행위로 인해 공정이 지연되었다면 계약 인도일은 지켜진다 하더라도 계약자 입장에서 손해가 발생했다고 주장할 수 있다. 따라서 이에 대해 보상을 받아야 한다는 주장은 여유 기간(Float)의 주인이 계약자라는 전제를 기반으로 한다. 즉, 계약자가 소유권을 가진 여유 기간(Float)이 침해되었으므로 생산성 손실 등의 손해가 발생할 수 있다고 주장한다. 예를 들어, 일정이 계획 대비 연장됨으로써(Prolongation) 추가 비용이 발생했거나 선·후행 관계로 이루어진 작업들이 병렬적으로 이루어짐으로써 추가 자원이 투입되고 생산성 손실이 발생했다고 주장할 수 있다.

여유 기간(Float)이 프로젝트에 귀속된다고 주장하는 측에서는 반대의 논리를 펼칠 수 있다. 계약자가 계약 인도일 대비 일정을 앞당길 수 있는 것은 전체 프로젝트 작업 간의 관계(Relation)와 여유 기간(Float)을 재조정함으로써 가능한 일인데, 이를 위해 단축된 여유 기간(Float)[3]은 공동 소유이므로 계약자의 손해가 아니라는 주장이다. 즉, 발주자의 행위로 인해 계획 대비 지연된 부분은 발주자가 계약자와 함께 공동으로 소유하고 있는 여유 기간(Float)을 소비한 것이지 계약자에 손해를 끼친 것이 아니라는 관점이다.

다시 말하지만 여유 기간(Float)의 소유권에 대한 합의된 결론은 아직 없다. 하지만 프로젝트 당사자 간의 분쟁 시에 여유 기간(Float)이 논점이 되거나 혹은 쟁점을 삼기 위해서는 위와 같은 각각의 논리를 이해할 수 있어야 한다.

참고문헌

- Bill Pepoon, 2018, Who Owns the Float?
- Society of Construction Law, 2017, Delay and Disruption Protocol 2ndedition

---

3) 일정이 단축되면 이는 최장 경로(Critical Path)가 단축 되었다는 의미이므로 각 작업들의 기간이 조정된 경우가 아닌 작업 간 관계(Relation)의 재정립을 통해 단축 시킨 경우라면 프로젝트 전체의 여유 기간(Float)은 줄어들 수밖에 없다.

리스크 분석; Monte Carlo Simulation

건설/플랜트 산업을 다른 산업과 구분 짓는 특징은 여러 가지가 있을 수 있지만, 그 중 가장 본질적인 특징을 한 단어로 표현한다면 유일무이함 (Uniqueness)이 가장 적절할 것이다. 건설/플랜트 산업에서의 최종 목적물은 세상 어디에도 완전히 동일한 대상이 존재하지 않는다. 핸드폰이나 자동차와 비교하여 생각해 보면 이해가 쉽다.

현대차에서 새로운 자동차 모델인 GV80을 개발하려 한다. 제네시스 브랜드에서 이전에 SUV를 만들어 본 적이 없기 때문에 GV80은 완전히 새로운 제품이 될 것이다. 새로운 제품을 개발하기 위해서는 많은 시행착오를 거칠 수밖에 없다. 현대차가 자동차 산업에서 업력이 오래 되었고 나름 경험을 많이 축적하였지만, 새로운 브랜드로 새로운 타입의 자동차를 개발하기는 쉽지 않다. 하지만 개발 과정에서 얼마나 많은 시행착오를 거치던 간에 일단 개발에 성공하고 양산하기 시작하면 출고되는 제품은 모두 동일한 제품이어야 한다. 대량 생산, 즉 양산하는 제품의 특성이다.

하지만 건설/플랜트 산업에서는(일부 장비류를 제외하고) 양산 과정이 존재할 수 없다. 모든 대상물은 각기 특성 있는 디자인 및 사양을 가지고 있으며, 동일한 대상물을 반복하여 생산해 낼 수 없다. 일부 대규모 아파트 단지에서는 동일한 디자인과 사양의 아파트가 공급되기도 하지만 현실에서는 이마저도 쉽지 않다. 지반의 특성이 달라 같은 아파트 단지라도 어떤 동은 필로티 구조이고, 어떤 동은 아니기도 하다.

이렇게 완성품 하나하나의 성질이 모두 다르다는 특성은 건설/플랜트 산업에서 또 하나의 본질적인 특징인 잦은 '변경'을 유발한다. 다시 자동차의 예로 돌아가보자. 현대차가 GV80을 개발하기 위해서는 굉장히 많은 시도를 해 보았을 것이다. 해외 고급 브랜드 SUV 차량을 리버스 엔지니어링[1](reverse engineering)하여 현대차 플랫폼에 적용시키는 방안도 고려해봤을 것이며, 자사의 다른 라인업 차량을 고급화시키는 방향도 시도해 보았을 것이다. 엔진, 미션 등 수많은 자동차 부품의 적용 방안 등에 대해서도 생각해 볼 수 있는 다양한 방법들을 모두 적용해 보며, 그 중 현대차가 추구하는 가치, 시장에서 원하는 방향, 원가 요소 등을 고려하여 최적의 솔루션을 토대로 GV80의 디자인과 양산 방법 등을 결정했을 것이다. 그 과정에서는, 물론 최종 제품의 디자인 및 사양이 결정된 후에는 변경 없이 양산에 적용하겠지만, 수많은 디자인의 변경이 있었을 것임이 틀림없다. 세상에 없는 것을 만들어 나가는 과정이기 때문에 '변경'은 피할 수 없는 본질적인 요소이다.

건설/플랜트 프로젝트 또한 신차 개발 과정과 비슷하다. 벤치마킹할 대상은 있지만, 어떤 건축물이든 세상에 존재하지 않는 대상을 만들어내야 함은 마찬가지이다. 따라서 건설/플랜트 산업에서 피할 수 없는 숙명이 '변경'과의 싸움이다.

초기 계획 대비 '변경'이 생기면 대부분의 경우 '시간'과 '돈'이 추가로 들어갈 수밖에 없다. '변경'은 건설/플랜트 산업의 본질적인 속성상 피하기 어렵지만, 발생하면 프로젝트의 가장 중요한 요소인 '시간'과 '돈'에 영향을 주기 때문에 이를 최소화하기 위한 노력이 필요하다. 따라서 우리는 프로젝트 수행 과정 중에 '변경'을 유발하여 '시간'과 '돈'에 영향을 줄 수 있는 요소들을 미리 식별하여 회피할 수 있는 방안을 마련하고, 피할 수 없다면 그 영향을 줄이기 위한 노력을 한다. 그러한 요소들을 우리는 '리스크'라 부른다.

---

[1] 리버스 엔지니어링(Reverse Engineering): 이미 만들어진 제품이나 시스템을 역으로 추적하여, 최종 제품을 토대로 디자인 결정과정을 추론하고 기술적인 원리를 분석하는 방법. 쉬운 예로, 타사의 제품을 벤치마킹하기 위해 완성된 타사의 제품을 분해하여 그 기술적 원리를 분석하는 방법이 있다.

▌리스크의 본질

우리는 현업에서 업무를 수행하며 리스크에 대해 다양한 형태로 접한다. 그 중 가장 대표적인 형태는 보고서다. 매일같이 보고서를 쏟아내는 건설/플랜트 산업 기업들의 업무 시스템 환경에서 리스크 관련한 내용은 보고서에서 빠지지 않는다. 리스크 요인들을 끊임없이 찾아내고, 분석하여 대응 방안을 마련하며, 리스크 발생 시 받을 수 있는 영향을 정성적으로, 그리고 정량적으로 분석하여 보고서에 담는다. 이때 실무자들을 곤혹스럽게 만드는 것은 리스크에 대한 정량적 평가이다.

쉽게 찾아볼 수 있는 예를 들어 살펴보자.

플랜트를 구성하는 주요한 장비 중 하나인 가스 터빈의 납기가 지연될 가능성을 벤더로부터 통보 받았다. 가스 터빈은 플랜트의 핵심 시스템이기 때문에 납기가 지연되면 단순 설치 작업 및 관련 구역에 대한 시공 지연 문제뿐만 아니라 해당 시스템 및 연관된 다른 주요 시스템의 커미셔닝까지 지연시킬 수 있어 큰 문제가 된다. 이때 임원진에서는 실무자인 당신에게 가스 터빈 납기 지연에 대한 리스크를 분석하고 대응 방안을 마련하라고 지시한다. 당신은 어떻게 준비하여 대응 방안을 마련할 것인가?

Risk Matrix

LIKELIHOOD	IMPACT/CONSEQUENCE				
	5 Catastrophic	4 Major	3 Moderate	2 Minor	1 Insignificant
5 Almost Certain	Extreme (25)	Extreme (20)	High (15)	High (10)	Moderate (5)
4 Likely	Extreme (20)	High (16)	High (12)	Moderate (8)	Moderate (4)
3 Possible	High (15)	High (12)	Moderate (9)	Moderate (6)	Low (3)
2 Unlikely	High (10)	Moderate (8)	Moderate (6)	Low (4)	Low (2)
1 Rare	Moderate (5)	Moderate (4)	Low (3)	Low (2)	Low (1)

출처: Australian National University

당신은 회사에서 리스크에 대한 체계적인 교육을 받았기 때문에 식별된 리스크에 대해 어떻게 분석하여야 하는지 알고 있다. 따라서 위와 같은 리스크 매트릭스에 대해 인지하고 있고 이러한 방법론을 통해 해당 리스크에 대한 중요도를 분석해 보기로 한다. 벤더 담당자로부터 확인한 결과 현재 상황에서 가스 터빈의 납기가 한 달여 정도 지연될 가능성이 상당히 높다고 한다. 구체적인 숫자로 물어보니 담당자 의견으로는 70~80% 정도 된다고 한다. 또한 프로젝트 공정 담당자와 확인해 보니 가스 터빈이 늦게 들어올 경우 영향을 받는 시스템이 많기 때문에 납기 지연에 의한 영향은 매우 크다는 답변을 받았다. 따라서 당신은 확인한 사항을 리스크 매트릭스에 대입시켜 가스 터빈에 대한 지연 리스크를 정성적으로 분석하여 이를 수용할 수 없는 수준이라 평가하고, 이에 대한 대응 방안으로 벤더에 납기 준수를 독촉하겠다고 임원진에 보고한다.

하지만 당신의 보고를 받은 임원진은 조금 더 구체적으로 수치화하여 결과를 다시 보고할 것을 지시한다. 가스 터빈이 지연될 가능성을 수치화하고 이에 더하여 각 지연 시나리오에 따라 프로젝트의 공정이 얼마나 지연될 수 있는지, 또한 각 경우에 원가에 대한 영향은 얼마나 발생할지 수치화 하여 보고하라고 요구한다. 이러한 지시를 받은 당신은 공정 담당자들과 다시 한 번 협의하지만 공정 담당자들은 임원진이 원하는 답을 주지 못한다. 예를 들어, 가스 터빈이 한 달 정도 지연되면 그로 인하여 영향을 받게 될 시스템이 10개가 넘는데 각 시스템들은 상호 간에 관계가 복잡하게 얽혀 있어 가스 터빈의 지연이 전체 공정에 얼마나 영향을 줄지 알기 어렵다는 것이다. 특히, 관련 있는 시스템들에 영향을 줄 수 있는 리스크 요인이 가스 터빈 이슈만 있는 것이 아니라 다른 가능성들도 있기 때문에 이러한 것들이 현실화되면 가스 터빈의 지연은 실질적으로 영향이 없을 수도 있고, 생각지도 못한 큰 영향을 줄 수도 있어서 현 시점에서 그 영향도를 수치화하는 것은 현실적으로 불가능하다고 얘기한다. 당신은 이 상황에서 어떻게 할 수 있을까?

위 상황의 핵심 요소는 세 가지이다. 첫째로 해당 이슈, 즉 가스 터빈 시스템과 관련 있는 시스템들이 서로 복잡하게 얽혀 있어 가스 터빈의 지연이라는 이슈가 어떠한 결과를 불러올지 알기 어렵다는 점이다. 사실 이 문제는 그렇게 어렵지 않다. 이미 현업에서도 상당수 사용하고 있는 프리마베라

(Oracle Primavera)와 같은 전용 소프트웨어를 잘 사용하면 각 시나리오별로 계획된 공정이 어떤 영향을 받을지 쉽게 파악할 수 있다. 물론 이 경우 가스 터빈 및 각 시스템들 사이의 관계(Relation)가 현실에 맞게 잘 설정되어 있어야 하며, 투입 자원(resource) 또한 계획대로 동원될 것이라는 가정이 필요하다.

두 번째로는 가스 터빈 이슈 말고도 관련 시스템들에 영향을 줄 수 있는 다른 리스크 요인들이 존재한다는 점이다. 담당 임원은 가스 터빈 리스크에 대한 분석을 지시했으니 다른 리스크 요인들은 무시하고 분석할 수도 있겠지만, 그렇게 되면 결국 분석을 위한 분석일 뿐, 현실과 동떨어진 분석 결과만을 보여줄 것이기 때문에 당신은 의미가 없다고 생각한다.

세 번째 핵심 요소는 해당 리스크가 발생할 수도 있고 안 할 수도 있다는 점이다. 이는 가스 터빈뿐 아니라 관련 있는 다른 리스크 요인들 또한 마찬가지이다. 영국의 옥스포드 영어 사전에서는 리스크를 다양하게 정의하지만 그 중 우리가 일반적으로 이해하는 리스크 개념에 대해 다음과 같이 정의한다.

Risk is an uncertain event or condition that, if it occurs, has an effect on at least one objective.

번역하면 리스크는 불확실하지만, 발생한다면 결과에 영향을 주는 어떤 사건이라 할 수 있다.

종합하면 다른 리스크 요인들 없이 가스 터빈에 대한 리스크 하나만 가정하여 시뮬레이션 하고 그 영향도를 분석할 수 있다. 하지만 상호간에 복잡하게 얽혀 있는 다른 리스크 요인들에 대해서는 어떻게 분석할 것인가? 모든 리스크가 발생할 수도 있고 발생하지 않을 수도 있다. 각 리스크에 대해 담당자가 자의적으로 판단하여 어떤 리스크는 발생할 것으로 가정하고 어떤 리스크는 발생하지 않을 것이라고 가정하여 시뮬레이션 하면 현실에 가까운 분석 결과를 얻을 수 있을 것인가? 이러한 현실적인 문제 앞에서 한 발짝 나아가기 위해서는 우리가 보는 시각을 달리할 필요가 있다.

■리스크에 대한 확률적 접근; Monte Carlo Simulation

리스크의 본질이 발생할 수도 있고 발생하지 않을 수도 있는 불확실성 위에 놓여 있듯이, 우리가 살고 있는 세상은 확률적 기반 위에서 움직인다. 아인슈타인은 '신은 주사위 놀이를 하지 않는다'라고 얘기했지만, 세상이 확률에 의해 돌아간다는 담론은 이미 과학적으로 지배적인 패러다임이다. 프로젝트 또한 마찬가지이다. 언제 어디서 어떤 일이 벌어질지 모르니 단순히 하늘에 맡기고 프로젝트를 열심히 수행할 것인가, 아니면 확률적인 접근을 통해 리스크를 예방하고 관리 실패를 최소화해 최적화를 추진할 것인가?

이렇게 불확실성이 높은 세상에서 복잡한 문제에 대한 한 가지 현명한 접근 방법이 약 70여 년 전에 제시되었다. Monte Carlo Method 혹은 Simulation이라는 이름으로 불리는 방법론이다. 정확한 기원을 확인하기는 어렵지만, Stanislaw Ulam 이라고 하는 수학자가 핵무기 개발 프로젝트에 참여하던 중 만들어내게 되었는데, 그가 카드 게임에서 이기기 위해 이 방법론을 만들었고 그 이유로 도박으로 유명한 도시인 Monte Carlo의 이름을 따왔다는 얘기가 있다.

프로젝트의 경우로 다시 돌아가보면, 가스 터빈이 지연될 수 있다는 하나의 리스크 이벤트를 접했을 때, 그에 대한 결과로 우리는 보통 하나의 결과값을 원한다. 즉, '가스 터빈이 한 달 지연되면 전체 공정이 한 달 지연되고 추가 원가가 100억 원 발생합니다'와 같은 수치적으로 명료한 답을 찾는 것이다. 하지만 세상은 그렇게 돌아가지 않는다. 우리가 살고 있는 전체 세상은 물론이고 프로젝트는 하나의 복잡계(complexed system)로서 수많은 관계들이 상호작용을 하며 되먹임(feedback) 프로세스를 통해 예기치 못한 결과를 불러일으킨다. 따라서 수학 공식처럼 정확히 계산되는 결과값을 기대하지만 현실은 하나의 결과값이 아닌 확률적 스펙트럼으로 존재한다.

위에서 사례로 든 리스크에 대한 결과가 대표적인 경우다. 리스크 자체가 발생할 수도 있고 안 할 수도 있는 확률의 문제이기 때문에 그에 대한 분석 및 예측 결과는 단 하나의 값이 아닌 확률적 스펙트럼으로 나와야 한다. 물론 시간이 지나고 나면 하나의 결과값이 도출되겠지만 현실에서 나타나는 결과값은 십중팔구 이전의 예측치와는 다른 값일 것이다. 대부분의 예측이 틀

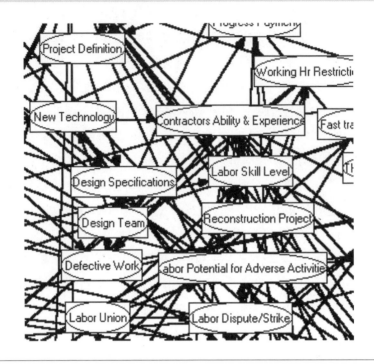

출처: Monte Carlo Simulation for Schedule Risks, Brenda McCabe

리는 이유이다.

Monte Carlo Simulation은 여러 가능성들이 복잡하게 얽혀 있는 문제에 대한 새로운 시각을 제공한다. 우선 모든 행위를 확정된 것이 아니라 확률의 관점으로 본다. 쉬운 예를 들어보자.

프로젝트 수행 시 구체적인 일정을 수립할 때 우리는 보통 하나의 행위에 대해 하나의 확정값을 넣어준다. 특정 구역에 케이블 포설 작업을 하는 작업을 하나의 activity라 한다면, 보통 스케줄 프로그램에 이 activity를 수행하는 데 필요한 시간을 10일이라는 정해진 값을 넣는다. 하지만 확률론적 시각에서는 이 케이블 포설 작업을 10일에 완료하는 것은 가장 그럴듯한 가능성일 뿐, 확정된 수치로 간주하지 않는다. 즉, 이 작업을 10일 걸려 완료할 확률이 80%라고 하면 일반적인 스케줄 프로그램에는 단순히 그 기간(duration)을 10일로 입력하지만, Monte Carlo Simulation에서는 이를 단순히 10일로 간주하지 않고 10일 걸려 완료할 확률을 80%로 간주한다.

10일이라는 확정값과 10일 걸릴 가능성이 80%라는 것은 다른 시뮬레이션 결과값을 보여준다. Monte Carlo Simulation에서는 하나의 결과값이 아닌 확률 모형을 나타내는 것이 목적이기 때문에 난수(random number)를 취해 여러 번 시뮬레이션 해준다. 즉, 위에서 언급한 작업이 10일 걸릴 확률이 80%인데 이에 대해 10번 시뮬레이션한다면 이 방법론은 10번 중에 8번은 10일이라는 수치를 입력하고, 나머지 2번은 다른 값을 입력한다.

만약 어떤 작업이 발생할 확률이 60%, 발생하지 않을 확률이 40%라면 Monte Carlo Simulation은 해당 작업에 대한 수치를 60%는 인식하지만, 40%는 인식하지 않는다. 천 번 시뮬레이션한다면 그 중 600번은 해당 작업이 발생한다고 시뮬레이션하고, 400번은 해당 작업이 발생하지 않는다고 시뮬레이션 한다.

위와 같은 원리를 통해 시뮬레이션을 돌려보면 그 결과 값은 아래와 같은 확률 분포로 나타난다. 가스 터빈의 예로 돌아가면, 가스 터빈이 한 달 지연되었을 때 공정에 끼치는 영향은 정확히 한 달 지연이 아니라, 한 달이 지연될 확률이 50%, 15일 지연될 확률이 20%, 45일 지연될 확률이 30%와 같은

Monte Carlo를 이용한 분포도 산출

출처: https://planyourproject.wordpress.com/tag/primavera-p6/

형태로 나타난다. 물론 이렇게 숫자로 딱 떨어지지 않고 확률 스펙트럼으로 표현된다.

▌실제 프로젝트에서의 Monte Carlo Simulation 적용

실제 프로젝트에서 이러한 시뮬레이션은 어떻게 활용되는 것일까?

Monte Carlo Simulation을 통한 확률적 관점은 특정 사건이 아닌 전체 작업 모두에 적용된다. 단순히 식별된 리스크들이 발생할 수 있는 확률을 수치화하여 시뮬레이션을 하지 않고, 모든 작업 및 activity 하나하나에 대해 확률적 접근을 적용한다. 따라서 각 activity 하나하나가 정해진 수치가 아니라 확률값을 가진다. 다시 말해, 스케줄상에서 표현되는 모든 activity가 하나의 값이 아닌 확률 스펙트럼으로 표현된다.

모든 activity에 필요한 수치가 입력되고 나면, 프로그램은 난수를 생성하여 시뮬레이션을 행한다. 시뮬레이션을 더욱 정교하게 하기 위해서는 시뮬레이션 횟수를 수 천에서 만 번 이상까지도 돌린다. 프로그램에 입력된 여러 가정들을 토대로 가상 세계에서 프로젝트를 만 번 수행해보는 것과 마찬가지이

예시: 만 번 시뮬레이션 했을 때의 결과값

완료 시점	횟수	비율
1월	–	0%
2월	1	0%
3월	15	0%
4월	254	3%
5월	689	7%
6월	1,225	12%
7월	1,896	19%
8월	3,312	33%
9월	1,256	13%
10월	943	9%
11월	278	3%
12월	131	1%
총 합	10,000	100%

다. 이렇게 만 번을 시뮬레이션하면 앞의 표와 같은 결과값을 알 수 있다.

만약 이 프로젝트의 완료 계획이 4월 중이라면 이 프로젝트가 지연될 확률은 약 97%에 달한다. 물론 이러한 결과값은 결과를 내기 위해 입력한 수치들이 합리적인 기준으로 책정된 것이어야만 의미가 있다. 이 지점에서 짚고 넘어가야 할 부분이 있다. 바로 난수(random number)를 생성하는 방법이다.

난수(random number)는 임의의 값이지만 아무 개연성 없이 프로그램이 임의로 지정해 주는 값은 의미가 없다. 예를 들어 10명이 10일 걸려 완료할 수 있는 작업에 대해 확률을 60% 부여했을 때, 10번 시뮬레이션 시 그 중 6번은 10일이 입력되지만 나머지 4번은 임의의 값을 부여 받는다. 이때 프로그램이 임의의 값을 1일을 준다면 이는 합리적인 임의값으로 간주할 수 있을까? 인원을 10명이 아닌 50명 이상을 투입하면 모를까, 투입 자원이 10명이라면 현실에서는 발생할 수 없는 일이 된다. 따라서 이런 임의값이 많아지게 되면 결과의 신뢰도를 약화시키기 때문에 임의값을 이치에 맞는 수준으로 부여될 수 있게 약간의 조정이 필요하다.

이러한 임의값이 엉뚱한 수치가 되지 않게 조정을 하기 위해 기본적으로 사용하는 개념이 표준편차이다. 표준편차는 데이터의 평균으로부터 해당 값이 얼마나 떨어져 있는지를 나타내기 위해 사용되는 개념이다. 많이 이용되는 개념인 PERT에서의 3점 추정법은 이러한 평균과 표준편차를 이용하여 기간에 대해 추정하고 이를 시뮬레이션에 활용한다. 이때 이용하는 개념이 주어진 작업을 완료하는 데 필요한 가장 그럴듯한(most likely) 기간, 주어진 작업을 가장 낙관적으로(optimistic) 완료할 수 있는 기간, 그리고 주어진 작업을 가장 비관적으로(pessimistic) 완료할 수 있는 기간에 대한 데이터이다. 가장 그럴듯한(most likely) 기간은 확률적으로 가장 가능성이 높은 수치이므로 가중치를 부여하고, 이를 이용하여 평균 및 표준편차를 구하여 시뮬레이션을 수행한다.

이 외에도 여러 가지 방법들을 사용하여 필요한 수치들을 입력할 수 있지만, 공통적으로 필요한 것은 평균, 분산 및 표준편차, 최대값, 최소값 등의 수치들이다. Monte Carlo Simulation이 가지고 있는 본연적인 한계가 이 지점에서 나타난다. 시뮬레이션은 프로그램이 수행하지만, 시뮬레이션의 기반이 되는 데이터는 결국 사람이 입력할 수밖에 없다는 것이다.

오랜 기간 동안 유사한 작업에 대하여 데이터를 축적하고 이러한 데이터를 시뮬레이션 할 때 사람이 개입함으로 인하여 필연적으로 나타날 수밖에 없는 왜곡을 방지할 수 있으면 Monte Carlo Simulation이라는 방법론에 무한한 신뢰를 줄 수 있겠지만 현실적으로 그렇지 못하다. 아직까지는 대부분의 건설 기업들이 이러한 데이터베이스를 가지지 못한 상황이고, 데이터베이스를 구축하더라도 시뮬레이션을 통해 통계적으로 신뢰할 만한 결과를 가지기 위해서는 수십 년 이상의 시간이 더 필요할 수도 있다.

따라서 현실적으로는 과거 데이터를 통해 시뮬레이션을 위해 필요한 수치들을 뽑아오는 것이 아닌, 각 담당자들이 자신의 경험을 통해 가장 그럴듯한(most likely) 필요 기간, 최대 소요 기간, 최단 기간 등에 대해 추정한 수치를 입력할 수밖에 없기 때문에 이 부분에서 필연적으로 오류가 발생한다. 또한 각 작업들 간 관계(Relation)를 설정하는 과정 또한 정해진 법칙이 아닌 사람이 만들어내는 논리 구조(logic)이기 때문에 필연적으로 왜곡될 수밖에 없다.

그렇다면 우리는 이러한 Monte Carlo Simulation이라는 확률 기반의 방법론에 대해 어떻게 이해해야 할까?

▌Monte Carlo Simulation을 바라보는 관점

Monte Carlo Simulation은 건설/플랜트 산업뿐이 아닌 금융과 같은 다른 산업에서도 리스크를 정량적으로 분석하고 현재까지의 데이터를 토대로 향후의 결과를 예측하는 데 있어 널리 이용되는 방법론이다. 확률적 시각에 기반하여 세상과 프로젝트를 바라보는 눈을 제공해주고 이를 통해 적절한 시점에 효과적인 의사결정을 할 수 있도록 우리를 도와준다. 그럼에도 불구하고 위에서 언급한 바와 같이 현실적인 문제로 인하여 그 한계는 존재한다.

만약 당신이 회사에서 Monte Carlo Simulation을 통해 수행하고 있는 프로젝트의 향후 일정 전망에 대해 담당 임원에 보고한다고 하자. 당신은 모든 필요한 데이터를 실무 담당자로부터 받아 직접 시뮬레이션을 수행했고, 방법론에 대해서 잘 이해하고 있기 때문에 가감없이, 충분한 설명과 함께 임원진에 보고한다. '현재 프로젝트는 3달 지연될 확률이 30%, 3달 이상 지연될 확률이 50% 정도 되며, 주어진 일정을 지킬 수 있는 확률은 5%가 되지 않습니다'라고 시뮬레이션 결과값을 있는 그대로 보고한다. 십 중 팔구 당신은 임원으로부터 좋은 소리를 듣지 못할 것이다. 대부분의 사람들이 이러한 접근 방법에 대해 전혀 현실성이 없으며 단순 뜬구름 잡는 소리에 지나지 않는다고 생각하기 때문이다.

이런 시각이 잘못된 것은 아니다. 시뮬레이션이 보여주는 결과값은 예측일 뿐이고, 대부분의 예측은 틀리게 마련이다. 위에서 언급한 입력 데이터의 신뢰성 문제가 있을 수 있으며, 예측은 본질적으로 예측한 내용이 공개되고 사람들이 인식하는 순간 그 내용을 토대로 누군가는 행동을 하게 되어 있어 그러한 행동이 예측의 기반이 되는 가정에 영향을 끼치기 때문이다. 일종의 이율배반인 셈이다.

실제로 많은 수학자들이 이 몬테카를로 방식에 의한 분석 방법을 좋아하지 않는다고 한다. 절대적 진리를 추구하는 수학자의 입장에서 볼 때 이 방법은 너무 많은 오류의 가능성을 포함하고 있기 때문이다. 하지만 중요한 것은 구체적인 분석 방법론이 아니라 이를 통해 세상을 바라보는 사고 방식이다. 이 방법을 통해 정답을 구하고자 하면 답이 보이지 않겠지만, 확률을 기반으로 프로젝트를 바라보면 더 나은 방향성이 보일 수 있다.

그러므로 시뮬레이션의 가치를 산출물에 두어 그 예측이 맞고 틀리는 결과만을 놓고 평가하는 자세는 좋은 접근 방법이 아니다. 대신 예측 결과가 아니라 그 과정에 주목할 필요가 있다. 우리는 불확실한 세상에 살고 있는 불완전한 존재다. 우리가 한 예측이 빗나간다면, 이것은 우리가 입력한 수치가 잘못되어서 그런 것은 아닌지, 또는 우리가 운용하는 모델에 오류가 있거나 방법론 자체에 문제가 있는지, 아니면 우리가 단지 운이 없었기 때문인지 우리는 결코 확신할 수 없다. 세상은 정해진 수학 공식에 따라 결정되는 것이 아니라 확률에 의해 결정되는 것이기 때문이다.

이러한 시각으로 Monte Carlo Simulation이라는 방법론을 보면 시뮬레이션 과정에서 우리에게 제공해줄 수 있는 효익은 상당히 많다.

먼저 시뮬레이션 결과가 우리가 기대하지 않는 미래를 보여준다면 그에 대한 경각심을 가지고 어떤 문제가 있는지 다시 한 번 들여다보게 될 것이다.

어느 수준으로 무작위성에 의한 변동성에 노출되어 있는지 알 수 있다. 그러한 변동성의 결과는 우리가 감내할 수 있는 수준인지, 할 수 없는 수준인지 미리 점검할 수 있는 계기를 제공해 준다. 시뮬레이션 결과가 오류에 의한 것이든 아니든 상관없다. 다시 한 번 점검하는 과정이 중요하다. 그 과정에서 잠재되어 있는 리스크들을 다시 한 번 확인할 것이고, 대응 방안에 대해 고민할 것이며, 전체적인 계획에 대해 재차 점검할 수 있다. 이 과정을 반복적으로 수행하다 보면 프로젝트의 내재된 변동성과 리스크는 낮아질 수 있다.

또한 데이터의 중요성과 활용도가 점차 강화되고 있는 최근의 전세계적인 흐름으로 보아 Monte Carlo Simulation이라는 방법론은 그 신뢰성과 중요도가 점점 강화될 수 있다. 물론 데이터가 많이 축적되어 시뮬레이션의 신뢰성이 강화되어도, 사람과의 상호 작용이 존재하는 한 예측은 여전히 틀리게 마련이다. 하지만 그 과정에서 전체적인 프로젝트에 내재된 리스크는 꾸준히 검증 받으며 무작위성에 의한 예측 불가능한 상황이 닥쳤을 때 그로 인한 영향을 최소화할 수 있다. 앞으로 무슨 일이 일어날지 예측하려는 것이 아니라, 블랙 스완2)과 같은 예상치 못한 일이 발생해도 그로 인한 부정적인 영향을 줄이기 위한 노력이 바로 이 몬테카를로 시뮬레이션에 의한 리스크 분석이다.

---

2) 1697년 네덜란드 탐험가 윌리엄 드 블라밍(Willem de Vlamingh)이 서부 오스트레일리아에서 기존에 없었던 '검은 백조'를 발견한 것에서 착안하여 전혀 예상할 수 없었던 일이 실제로 나타나는 경우를 '블랙 스완'이라고 부른다. 철학, 사회학, 심리학 등에서 오랫동안 사용되어 왔으며, 나심 니콜라스 탈레브가 2007년 '블랙 스완'이라는 책을 발간하면서 대중화되었다.(위키피디아에서 인용)

참고문헌

- 네이트 실버, 2012, 신호와 소음
- http://yjhyjh.egloos.com/33072
- Samik Raychaudhuri, 20089, Introduction to Monte Carlo Simulation
- Brenda McCabe, 2004, Monte Carlo Simulation for Schedule Risks
- Riskamp.com, 2020, What is Monte Carlo Simulation?
- David T. Hulett, Michael R. Nosbisch, 2012, Integrated Cost and Schedule using Monte Carlo Simulation of a CPM Model
- 박성철, 김호구, 손수식, 2014, 프로젝트 위험 관리를 위한 Primavera Risk Analysis
- 나심 니콜라스 탈렙, 2001, 행운에 속지 마라 (Fooled by Randomness)

Value Management

앞서 우리는 VFM이 무엇을 뜻하고 왜 VFM을 증대하는 방향을 추구해야 하며, 이를 위해 프로젝트의 가치를 탐색하는 과정이 필요함을 알아보았다. '가치'라는 단어는 상대적인 개념이기에 사람, 조직마다 다르게 여길 수 있어 그 과정은 항상 선택과 의사결정의 문제에 직면한다. Value Management (VM; 이후부터는 VM으로 표기)는 그 과정을 체계적으로 접근하여 전체 가치를 향상시키고, 요구 조건을 최적의 VFM을 통해 성취할 수 있도록 도와주는 방법론을 제시해 준다. 달리 말하면, 요구되는 가치를 최적의 원가 수준에서 달성하게 도와준다는 뜻이다. 여기서 '최적'이라 하면 '최소'를 의미하는 것이 아니다. 일견 원가 절감을 통해 가치를 향상시킨다고 오해할 수도 있는데 원가 절감이 VM의 부산물일 수는 있어도 궁극적으로 추구하는 본질적인 목표는 아니다. 대신 VM은 기능과 VFM에 초점을 맞춘다.

VM이 일반적인 원가 절감과 다른 점은 다음과 같다.

- VM은 긍정적인 자세로 접근하여, 원가보다 가치에 초점을 맞추고, 품질과 전체 원가 그리고 시간 사이에서 최적의 균형을 추구한다.
- VM은 체계적이고, 감사가 가능하다(auditable and accountable).
- VM은 다원적이고(multidisciplinary), 모든 프로젝트 팀원이 협력하여 창의적인 잠재성을 극대화하는 방향을 추구한다.

이러한 VM의 기원은 세계대전 이후의 독일로 거슬러 올라간다. 이때 폐허가 된 독일이 산업을 재건하는 과정에서 돈과 재료의 부족으로 많은 어려움에 봉착했다. 그 과정에서 많은 고민과 연구를 통해 부가가치를 얻기 위해서 굳이 원가를 절감할 필요는 없다는 결론을 얻었다. 즉, 가치는 기능성을 높이는 방법을 통해서도 부가적으로 창출해 낼 수 있다. 이러한 결론을 입증해 낸 주체가 우리에게 친숙한 Mercedes, BMW 및 Audi와 같은 자동차 브랜드들이며, 그들은 단순히 원가를 절감하는 것이 아닌, 품질 향상과 신뢰 확보를 통해 부가 가치를 창출해냈다.

이렇게 체계적인 VM 접근 방식을 적용함으로써 얻을 수 있는 혜택은 다음과 같다.

- 의사 결정자에게 그 근거를 제공함으로써 더 나은 비즈니스 결정을 할 수 있다.
- 제한된 시간과 자원을 활용하여 효과적으로 최선의 결과를 얻어낼 수 있다.
- 외부 고객이 진정으로 원하는 것을 명확하게 이해함으로써 더 좋은 제품과 서비스를 제공할 수 있다.
- 기술적이고 조직적인 혁신을 제공함으로써 경쟁력을 강화할 수 있다.
- 공통의 가치를 추구하는 문화를 만들어 모든 구성원이 조직의 목표를 이해하는데 도움이 된다.
- 조직의 성공 요인에 대한 공통 지식과 내부 소통을 강화해준다.
- 다원적인 팀을 구성함으로써 의사소통과 효율성을 즉시 강화할 수 있다.
- 결정된 사항은 모든 이해관계자로부터 지지를 받는다.

▌가치를 향상시키는 방법

가치의 개념은 상대적이지만 가치의 크기 및 변화 정도를 어느 정도 공식으로 나타낼 수 있다. 물건을 구매함으로써 얻을 수 있는 가치의 정도는 물건을 어느 가격에 구매하는지에 따라 달라지듯이, 얻을 수 있는 가치의 크기

$$\text{가치(V)} = \frac{\text{기능 (F) + 품질 (Q)}}{\text{원가 (C)}}$$

① 원가 절감 접근
② 기능 향상 접근
③ 복합적 접근
④ 확장적 접근

는 투입되는 원가의 크기 및 이에 따라 얻게 되는 성취물에 의해 결정된다. 성취물은 기능(Function) 및 품질(Quality)로 표현할 수 있고, 이를 투입 원가로 나눠주면 얻을 수 있는 가치의 크기를 구할 수 있다.

위 공식의 분모가 되는 원가는 수치화하여 표현할 수 있지만, 분자인 기능 및 품질은 수치화하기 어렵다. 따라서 위 공식을 통해 얻을 수 있는 가치의 크기를 정량화하여 표현하기는 무리이다. 하지만 가치의 변화 및 그 방향성을 위 공식을 통해 이해할 수는 있다. 일반적으로 목표로 하는 가치 증대는 네 가지 접근 방안으로 나타낼 수 있다.

먼저 분자인 기능 및 품질의 수준은 유지하되, 분모인 원가 수준은 낮추는 것이다. 분모의 크기가 작아지면서 전체 가치의 크기가 커진다. 우리가 일반적으로 이해하는 원가 절감이 이 방법이다.

두 번째로는 분모인 원가는 유지하되 분자인 기능 및 품질의 크기를 키우는 것이다. 투입물의 양은 유지한 채 결과물의 크기를 키워야 하므로 고차원적인 접근 방안이 필요하다. 기존의 방법에서 비효율을 제거해야 하므로 프로세스 측면에서의 혁신이 필요할 수 있다.

다음으로는 가장 이상적인 방향인, 투입 원가를 줄임과 동시에 성취물의 크기를 더 키우는 방안이다. 가장 이상적인 접근 방안임과 동시에 현실적으로 쉽지 않기도 하다.

마지막으로는 분모인 투입 원가도 높아지지만, 성취물의 크기 또한 같이 높아짐으로써 확장적으로 접근하는 방안이 있다. 추가적으로 투입되는 원가의 크기보다 얻어내는 성취물의 크기가 더 커짐으로써 전체 가치를 향상시키는 방향을 지향하지만, 자칫하면 추가적인 투입 원가의 크기가 더 커서 전체적으로 가치를 낮출 수 있는 우려가 있다.

이와 같이 가치를 높일 수 있는 네 가지 방법 중 원가를 줄이면서 가치를 높이는 방법은 두 개에 지나지 않는다. 그마저도 그 중 한 개는 그 효과가 가장 크지만, 현실적으로는 달성하기 어려운 이상적인 접근 방법이다. 이렇듯 가치에 대해 고려할 때 단순히 원가 절감에 국한하지 않는 시각의 전환이 필요하다.

▌Value Management(VM)와 Value Engineering(VE)

VM은 궁극적으로 고객이 지향하는 가치 시스템을 이해하여 개념과 디자인에 최대한 반영하고 이를 통해 전체 가치를 향상시키는 것을 추구한다. 그 과정에서 특히 프로젝트의 성능 요구사항이 무엇인지 파악하고 다른 대안이 없는지 여부에 주목한다. 따라서 VM의 적용은 포괄적인 개념에서부터 시작하는데, 이는 다른 말로 하면 프로젝트 기획 단계에서부터 VM이 적용되어야 한다는 것을 의미한다. 쉽게 이해하기 위해 한 가지 예를 살펴보자.

150여 명을 수용할 수 있는 오피스 건물을 신축하려고 하는데, 대략적인 소요 비용을 추정해보니 동원할 수 있는 예산보다 약 20억 원을 초과하는 것으로 나온다. 그 이유는 과거부터 해 왔던, 그리고 현재도 그러한 1인당 책상 1개씩을 제공하는 기준으로 견적을 했기 때문이다. 하지만 VM 과정을 통해 분석해보니 최근에는 IT 기술이 발달함과 더불어 자택 근무 등 유연하게 근무하는 사람이 많이 늘어나서 150명의 인원을 위해 기본 책상은 100개, 그리고 임시 책상 20개면 충분한 것으로 드러났다. 이 기준으로 디자인을 해 보니 면적이 줄어들고 기타 부대 시설 등도 줄어들어 다시 예산 내로 맞출 수 있게 되었다.

전통적인 방식에서는 어떤 방법을 동원해서라도 원가를 절감해서 예산 내로 맞추라는 지시가 내려졌을 것이다. 회의실 숫자를 줄이고, 엘리베이터를 없애며, 인테리어 수준을 낮추는 등의 방법이 고안되지만, 그로 인해 사용자의 편안함 가치가 많이 퇴색되었을 것이다. 즉, 원가는 줄어들지만 만족도도 같이 줄어드는 형태라 할 수 있다. 하지만 위와 같이 단순히 원가를 절감하는 것이 아니라 전체적인 가치를 기준으로 개념을 다시 정의하는 과정을 통해 필요한 수준의 질은 유지하되 원가를 낮추어 가치가 퇴색되지 않게 할 수 있다.

이렇게 포괄적인 개념에서부터 출발하여 전략적으로 가치를 증대할 수 있는 방안을 탐색하는 과정이 VM이다.

VM 외에 VE(Value Engineering)이라는 용어가 있다. 사실 두 용어는 궁극적으로 의미하는 바는 다르지 않다. VE는 미국에서 그 개념이 본격적으로 개발되었는데, VM보다는 지엽적인 개념으로 더 낮은 비용으로 좋은 결과를 만들어내는 데 주력한다. 따라서 영국에서는 VM은 VE를 포함하는 포괄적인 개념으로 간주하고, 주로 프로젝트 수행 단계에서 초반 기획 및 개념 단계에서는 VM을, 그 이후 상세하게 디자인하고 시공하는 과정에서는 VE라 표현한다.

VM과 VE는 개념적으로 큰 차이는 없지만, 쉬운 이해를 위해 구체적으로 VE 활동에는 어떤 예가 있는지 알아보자.

150명을 위한 신축 오피스 건물은 VM을 통해 상주 책상 100개 및 임시 책상 20개로 하는 방안으로 개념이 확정되었다. 이 후 상세 디자인을 진행하는 과정에서 어떤 사람이 이런 의견을 낸다.

"사무실 등을 형광등이 아니라 LED 등으로 하는 것이 어떨까요? 그렇게

VM과 VE의 적용 시점

VM and RM				
		VE		
Definition		Delivery		
Strategic issues (Largely client related)		Strategic issues (Largely client related)		
Concept	Brief	Sketch Design	Detail Design	Construction

하면 수명도 길고 향후 소비 전력을 상당히 줄일 수 있습니다."

차후 사용자 입장에서 운영 비용까지 고려해야 하는 고객은 그 제안을 듣고 채택을 하고 싶었지만 당장 LED 등 가격이 형광등보다 훨씬 비싸기 때문에 예산을 다시 초과하게 될까봐 걱정이 되었다. 하지만 계산해 본 결과, 다행히도 지난 번 개념 변경 이후에 초과된 20억원을 줄일 수 있었을 뿐 아니라, 덕분에 보유한 예산 내에서 여유가 있다는 사실을 알게 되었다. 이러한 여유분은 LED 등을 적용함으로써 증가하게 될 초기 비용을 감당하기에 충분했다. 이에 따라 고객은 기쁜 마음으로 변경 제안을 승인한다.

예로 든 두 사례와 같이 VM/VE를 잘 활용하면 비용이나 자원을 더 투입하지 않고 더 큰 만족감을 얻을 수 있다. 120여 개의 책상으로 150명을 수용하여 예산 초과를 막고, 형광등을 LED 등으로 바꾸어 향후 지불해야 할 운영 비용을 줄일 수 있다.

하지만 이러한 가치 증대 활동은 그 시기가 매우 중요하다. 프로젝트의 본질적인 특성상 디자인 및 기타 개념의 변경은 시점이 늦어질수록 치러야 하는 대가가 크다. 디자인이 한창 진행된 후에 건물의 구조를 바꾸게 되면 다른 서비스 디자인 등 많은 부분을 수정해야 하기 때문에 그 영향이 클 수밖에

시점에 따라 변경을 위해 필요한 원가의 크기

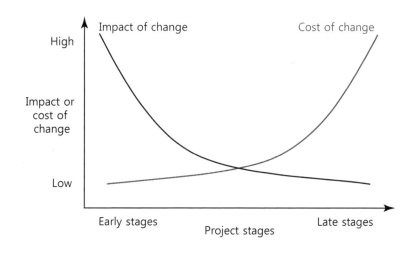

출처: Value Management and Value Engineering, RICS

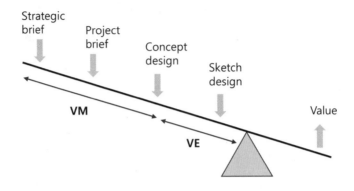

Lever of Value

없다. 형광등을 LED 등으로 바꾼다는 의사결정을 형광등을 구매한 이후에 하게 되면 기존에 구매한 형광등은 폐기 처분해야 하므로, 의사결정을 안 하느니만 못한 상황이 발생할 수도 있다.

이처럼 의사결정의 시점에 따라 그 효과가 달라지는데 이를 가치의 지렛대(Lever of Value)라고 표현한다. 지렛대에서 중심점과의 거리에 따라 맞은편을 들어올리기 위해 가해야 하는 힘의 크기가 다르듯이 프로젝트에서도 그 시점에 따라 효과가 다르다.

위 그림에서 볼 수 있듯이, 프로젝트의 초기 단계에서는 힘을 조금만 주어도, 즉 가치 탐색 과정과 이를 통해 적절한 의사결정을 하면 프로젝트의 전체 가치가 상당히 많이 올라갈 수 있다. 하지만 시점이 뒤로 갈수록 그만큼의 가치를 올리기 위해서는 프로젝트 초기보다 더욱 많은 노력이 필요하다.

▌VM의 구체적인 방법론

VM을 수행하는 대표적인 방법은 워크샵(Workshop)이다. 개념과 디자인의 적정성에 대해 논의하고 필요 시 적절한 대안을 찾기 위해서는 어느 특정 소수의 참여가 아닌 다양한 분야에서의 참여가 필요하다. 주로 디자인을 논하기 때문에 각 공종의 디자인 담당자가 모두 모여(multidisciplinary) 의논하며, 특정 공종의 디자인 변경은 다른 공종에 영향을 줄 수 있기 때문에 반드시 같이 논의해야 한다. 디자인 팀 외에도 고객, 시공자 등 다양한 이해관계자가 참여하면 좋다. 새로운 디자인의 가치와 경제성을 평가해야 하기 때문에 구매 혹은 원가 담당자 또한 참여해야 할 수 있으며, 이 모든 과정을 훈련 받은 전문가(Value Specialist)가 주관하면 진행이 수월할 수 있다.

워크샵을 수행해야 하는 시점은 물론 정해진 기준이 없으나 앞서 설명한 바와 같이, 변경에 대한 의사결정은 빠르면 빠를수록 좋기 때문에 이상적인 워크샵 시점은 기획 단계 및 프로젝트 착수 직후이다. VM은 이 시기에만 필요한 것이 아니라 프로젝트 전체 수행 과정 중에 필요한 방법론이지만, 프로젝트 초기에 집중적으로 수행하면 그 효과가 좋을 수 있다.

워크샵을 진행할 때 한 가지 유의해야 할 점은 워크샵 과정에서 참여자들 간에 갈등 관계가 형성될 수 있다는 것이다. 전체 참석자가 새로운 디자인 방향이 전체 가치를 향상시키는 좋은 대안이 될 수 있다는 것에 동의를 하더라도, 그 결정이 어느 누구에게는 새로운 일이 생기는 것일 수 있기 때문이다. 예를 들어 특정 불필요한 배관 라인을 제거함으로써 전체적인 효용은 증가할 수 있지만, 이미 완료된 구조를 변경해야 하는 일이 발생할 수 있다. 이러한 갈등 요소를 조율하는 것은 주최자의 몫이다.

워크샵을 할 때 사용되는 중요한 기법은 '기능 분석(Function Analysis)'이다. '기능 분석'이라는 것은 어떤 대상을 분석할 때 "그것은 무엇인가?"라는 질문을 던지는 것이 아닌, "그것이 하는 일은 무엇인가?"라는 질문을 던지게 한다. 이러한 '기능 분석'을 통해 대상의 기능을 정의하면 다른 대체재를 찾기 쉽게 해준다. 예를 들어보자.

'손목 시계'의 기능은 무엇인가? 이 질문에 대한 가장 간단한 답변은 '시간을 확인하기 위해서'이다. '손목 시계'의 기능이 '시간을 확인하기 위함'하나뿐이라면 손목 시계는 탁상용 시계, 혹은 벽걸이 시계로 대체가 가능하다. 하지만 '손목 시계'의 기능은 단지 '시간을 확인하기 위함'이 아니다. 하나 더 중요하게 추가되어야 하는 기능은 '움직이면서 혹은 이동하면서' 시간을 확인할 수 있어야 한다는 것이다. 이 기능을 고려하면 벽걸이 시계나 탁상용 시계는 손목 시계의 대체재가 될 수 없다.

그렇지만 우리는 '손목 시계'를 살 때 어떤 것은 5만 원을 주고 사고, 어떤 것은 천만 원도 기꺼이 지불하려 한다. 모두 똑같은 '이동하며 시간을 확인할 수 있는 도구'일 뿐인데 왜 그렇게 가격이 다를까? 이는 우리가 손목 시계에 '이동하며 시간을 확인할 수 있는 도구'라는 기능 외에 다른 가치를 기대하기 때문이다. 그것은 비싼 시계를 차고 다니면서 다른 사람에게 잘 보이고자 하는 심미적 가치일수도 있고, 품질이 좋아 오래 쓸 수 있는 시계를 원하기 때문일 수도 있으며, 단순한 특정 브랜드에 대한 충성도일 수도 있고, 혹은 헬스케어와 같이 시계 안에 내장되어 있는 추가 건강 관리 기능일 수도 있다.

이와 같이 분석 대상에 대한 기능을 정의하는 것을 '기능 분석(Function Analysis)'이라 한다. 기능 분석을 통해 대상에 대한 필요한, 혹은 요구되는 기능을 하나하나 나열해 나가다 보면 디자인 시 더 좋은 대안이 없는지 쉽게 찾아낼 수 있기 때문에 VM 과정에서 중요하게 간주되는 분석 기법이다.

▮ VM과 RM(Risk Management)

전체 가치를 증대하기 위해 분석하는 과정을 VM이라 하고 프로젝트 전체 리스크를 줄이기 위해 노력하는 과정을 RM이라 한다. 두 가지 매니지먼트 방법론은 별개로 여겨지기도 하지만 가치와 리스크는 따로 떨어트려 생각할 수 없기 때문에 최근에는 두 방법론을 하나로 묶어 VRM(Value & Risk Management)라고 부르기도 한다.

A Comparison of Two Project Solutions in terms of Risk Exposure

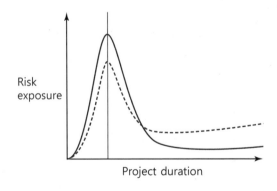

출처: Managing Risk in Construction Projects

이러한 가치 및 리스크 관리 시스템은 프로젝트 착수 시점부터 바로 가동하는 것이 가장 좋다. '가치의 지렛대'에 의해 프로젝트 전체 가치는 이른 시점일수록 노력 대비 증대 효과가 크며, 리스크에 대한 노출은 착수 시점 이후 얼마 지나지 않아 가장 크게 치솟기 때문이다.[1] 따라서 최대한 이른 시점에 가치를 증대하기 위한 노력을 함과 동시에, 리스크에 본격적으로 노출되기

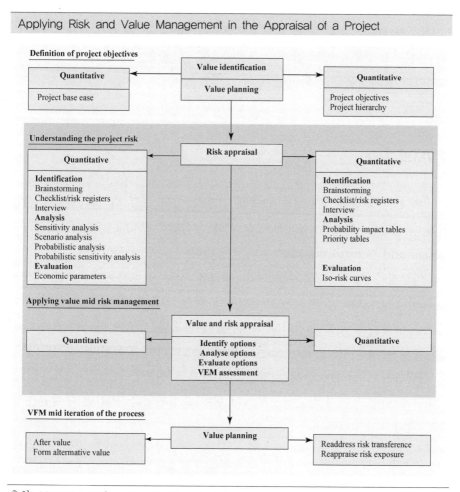

Applying Risk and Value Management in the Appraisal of a Project

출처: Managing Risk in Construction Projects

---

1) 프로젝트가 시작될 때에는 불확실성에 의해 리스크의 총량은 상당히 많은 편이다. 하지만 총량에 비해 리스크에 노출된 부분은 상당히 작다. 프로젝트가 거의 진행되지 않았기 때문이다. 하지만 프로젝트가 진행될수록 본격적으로 리스크에 노출되기 시작하며, 어느 시점이 지난 후 정점을 찍고 그 이후에는 다시 줄어들기 시작한다. 이는 프로젝트가 진행됨에 따라 리스크 자체가 현실화되거나 혹은 발생하지 않아 리스크의 총량이 줄어들기 때문이다.

전에 리스크에 의한 영향을 줄이기 위한 노력이 필요하다. 프로젝트에 있어서 이러한 노력은 이르면 이를수록 좋다.

이러한 가치와 리스크 관리 시스템(VRM)의 작동 방식은 다음과 같이 설명할 수 있다. 프로젝트 기획과 동시에 추구해야 할 가치를 식별하고 관리 계획을 세운다. 식별된 가치에 따라 내재된 리스크를 찾아내고 가치와 리스크를 함께 평가한다. 이때 대안을 탐색하고 분석하며, 또 새로운 대안을 추진하고 VFM을 평가한다. 이러한 과정은 프로젝트가 마무리될 때까지 계속되어야 한다. 물론, 초기에 수행한 결과가 프로젝트에 더 좋은 효과를 준다.

이러한 과정을 도식화하면 앞의 그림과 같다.

▌VM의 사례

본 장은 개념과 프로세스 설명에 치우쳐 있어 조금 더 직관적인 이해를 위해 구체적인 사례를 공유하고자 한다. 사례는 〈Value Management in Design and Construction〉으로부터 인용한다.

이탈리아 북쪽에 3층짜리 작은 병원을 짓는 프로젝트가 있다. 예산은 2,400만 USD이다. 이 병원은 외래환자에 대한 진료와 미군 및 가족에 대한 가벼운 수술을 제공할 예정이다. 큰 수술이 필요할 시에는 인근에 있는 다른 병원에서 하게 된다. 병원은 모든 구역에서 에어컨이 작동된다. 하지만 환율의 급변동으로 인하여 현재 디자인을 기반으로 산출한 예상 원가가 예산을 초과하게 되었고 따라서 긴급으로 VM 팀이 소집되었다. VM 팀 구성원은 다음과 같다.

- Value Specialist
- Quantity Surveyor
- Architect
- Contractor's Representative
- Electrical Engineer
- Mechanical Engineer

- Structural Engineer
- Building Service Engineer

두 그룹으로 나누어 워크샵을 진행했는데, 한 그룹에서는 '기능 분석'을 담당하기로 하고, 다른 그룹에서는 '원가 절감'을 담당하기로 하였다. 이는 두 그룹이 분석한 결과를 평가하여 어떤 방법이 더욱 효과적인지 비교하기 위함이다. 이때 '기능 분석'을 담당한 그룹은 이 병원의 가장 중요한 기능을 분석을 통해 '진단'으로 규정하고, 다음과 같은 세 가지 가장 중요한 서비스를 찾아내었다.

- 의료진에 의한 외래 환자 진료
- 간호사와 기술진에 의한 지원 업무
- 행정 업무

이러한 분석을 통해 VM 팀은 병원의 주 목적이 진단 및 지원 업무이기 때문에 전체 디자인을 바꾸었다. 많은 설비가 들어가 있는 3층 건물의 이전 디자인을 폐기하고, 새로운 1층짜리 건물을 도입하였으며, 입원실에만 에어컨 시스템을 도입하였다. 대신 건물 나머지 부분에는 자연적으로 환기가 되고 단열이 잘 되도록 디자인을 다시 하였다.

이러한 과정을 통해 잠정적으로 절약될 수 있는 비용은 총 800만 USD로 평가되었으며, 이는 원가 절감 그룹이 그 결과로 가져온 250만 USD보다 훨씬 큰 금액이다. 단순히 원가 절감만 추구하는 것 보다 대상물의 가치 및 기능에 초점을 맞춤으로써 어떻게 효용을 극대화할 수 있는지 보여주는 좋은 사례이다.

참고문헌

- RICS, 2017, Value Management and Value Engineering
- UK Office of Government Commerce, 2007, Achieving Excellence in Construction: Procurement and Contract Strategies
- Tony Westcott, 2005, Managing Risk and Value
- European Standard EN12973, 2020, Value Management
- Allan Ashworth, Keith Hogg, Catherine Higgs, 2013, Willis's Practice and Procedure for the Quantity Surveyor
- Nigel J. Smith, Tony Merna, Paul Jobling, 2014, Managing Risk in Construction Projects
- John Kelly, Steven Male, 1992, Value Management in Design and Construction

Chapter 16

Whole Life Costing(WLC)

우리는 우리가 얻고자 하는 무언가보다 그 외에 부가적인 것이 더 클 때 흔히 '배보다 배꼽이 더 크다'라고 얘기한다. 건설 프로젝트라면 일반적으로 건축물을 짓기 위해 들어가는 비용보다 그 이후 운영하는 비용이 더 크기 때문에 '배보다 배꼽이 더 크다'라고 얘기할 수도 있다. 하지만 이는 엄밀히 얘기하면 잘못된 시각이다. 건설 프로젝트는 건축물을 짓는 것 자체가 최종 목적이 아니라, 그것을 이용해 프로젝트를 추진하게 된 목적을 달성하기 위한 수단이므로 완공 이후에 발생하는 비용은 사실 '배꼽'이 아니라 '배'라고 할 수 있다. 단지 우리가 건설 프로젝트의 주 목적을 잘 고려하지 않을 뿐이다.

지난 오랜 세월 동안 건설 프로젝트에 있어서 비용에 대한 중요성은 단순히 초기 투입되는 자금, 즉, 건축물을 짓기 위해 필요한 '자본적 지출(Capital Expenditure; CAPEX)'에만 방점을 찍어 왔다. 미래에 발생할 수 있는 비용은 지금 시점에서는 눈에 잘 들어오지 않고 당장 큰 돈이 나가야 할 '자본적 지출'에만 집중해왔기 때문이다. 하지만 이러한 자세는 많은 문제점을 불러왔다. 특히 대부분의 건축물은 수명이 길기 때문에 3년 간 건설 과정에서 들어가는 비용만 줄이려고 노력하다가, 이후 30년 동안 더 큰 돈이 들어가는 상황이 자주 발생한다.

따라서 수십 년 전부터 이러한 비 합리적인 관행을 개선하고, 건축물을 짓는 과정만 고려하는 것이 아닌, 전체 생애 주기를 고려하고 합리적으로 비용을 추정하여 접근하려는 노력이 있어 왔다. 단순히 싼 것이(초기 비용이 적게 들어가는 것이) 좋은 것이 아니라는 것을 산업 전체가 깨닫고 있다.

▌WLC의 개념

빙산은 물 위에 드러난 부분만 보고 함부로 무시하면 안 된다. 물 위에 드러난 부분은 전체 빙산의 극히 일부이기 때문에, 드러난 부분만을 고려해서 배를 회피하게 되면 물 속에 잠겨져 있는 아래 부분과 충돌하여 큰 사고가 날 수 있다.

건설 프로젝트 또한 마찬가지다. 우리는 대부분 초기 건설 과정에서 소요되는 비용에만 집중하지만, 사실 전체 큰 그림으로 볼 때는 초기 건설 비용보다 이 후 발생하는 비용이 더 크다. 완공 이후에 발생하는 비용이 전체 자산에 투자되는 비용의 70%에 달한다는 연구 결과가 있다. 30%인 건설 비용에 집중하다가 70%인 더 큰 운영 비용 등에 대해서 놓칠 수 있다.

건축물에 대한 원가 요소

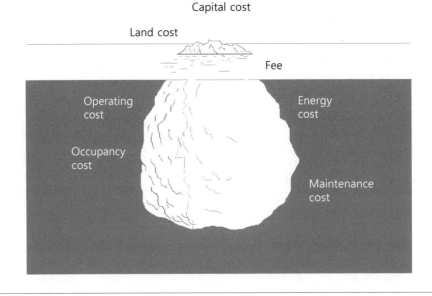

이렇게 건설 프로젝트에 대한 비용을 단순히 초기 건설 비용만 보는 게 아니라 전체 생애 주기 동안 발생할 수 있는 모든 비용을 고려하자는 취지에서 도입된 개념이 Whole Life Costing(이후 WLC라 약칭) 이다.

우선 WLC에 대한 다양한 정의를 살펴보자.

"A systematic approach balancing capital with revenue costs to achieve an optimum solution over a building whole life"

— Whole Life Cost Forum

"Systematic consideration of all relevant costs and revenues associated with the acquisition and ownership of an asset"

— Construction Best Practice Programme, 1998

"Whole life costs of a facility are the costs of acquiring it, the costs of operating it and the costs of maintaining it over its whole life through to its disposal i.e. the total ownership costs"

— WLC and Cost Management OGC Procurement Guide 07

다양한 표현이 있지만 요점은 자산을 취득하는 비용만 고려하는 것이 아니라 운영 및 처분 시 발생하는 모든 비용을 고려하자는 것이다.

이러한 관점은 앞의 장에서 설명한 VFM 및 VM과 일맥 상통한다. 우리가 프로젝트를 통해 얻고자 하는 가치가 단순히 건축물을 싼 값으로 짓는 것이 아닌 만큼, 전체적인 가치 증대의 관점에서 바라봐야 한다고 주장한다.

WLC와 유사한 용어로 생애 주기 비용(Life Cycle Cost; LCC)이라는 개념이 있다. 엄밀하게 얘기하면 WLC는 LCC를 포함하는 더욱 포괄적인 개념인데, 의미상 큰 차이는 없으므로 여기서는 굳이 구분해서 사용하지 않고 WLC라는 용어로 통일하도록 한다.

▌완공 이후의 비용

WLC의 개념은 초기 자본적 지출에서부터 처분 비용까지 모든 비용을 포괄하지만, 건설 과정에서 발생하는 비용에 대해서는 지금까지 집중적으로 다루었기 때문에 이번 장에서는 완공 이후의 비용을 중점적으로 다룬다. 그 중 가장 큰 비중을 차지하는 것은 유지 보수 비용을 포함한 운영 비용이다. 어떤 형태의 시설물이든지 완공 이후에 운영하기 위한 비용이 발생한다. 매월 소요되는 비용의 크기는 초기의 자본적 지출보다는 작지만 오랜 기간 동안에 지속적으로 발생하기 때문에 전체 규모는 초기 건설 비용보다 크다. 또한, 시설물이 노후화되면 어느 순간 수선, 교체, 리모델링 등의 비용이 발생하는데 이 비용은 생각보다 상당히 클 수 있다. 임대를 목적으로 한 상업용 빌딩이라면 빌딩의 상태가 향후 수익을 결정하므로(시설물이 노후화되면 세입자가 꺼려할 수 있다) 건축물의 재단장을 위해 들어가는 비용이 상당하다.

이러한 완공 이후에 발생할 수 있는 비용을 세분화하면 다음과 같이 나타낼 수 있다.

- 연료 및 에너지 비용
- 세금
- 보험료
- 청소 비용
- 운영 인력에 대한 인건비
- 각종 컨설팅 비용(예: 임대 목적을 위한 건물인 경우 공인중개사 수수료)
- 각종 규정 관련 비용(예: 소방 점검 등)
- 유지 비용(청소와는 별개의 개념)
- 고장 시 수리 비용
- 노후 장비 교체 비용
- 리모델링 비용
- 시설물 폐쇄 비용

건물을 보유하고 있으면 마냥 좋을 것 같지만, 이후에 발생할 수 있는 비용 등을 계산해보면 생각보다 그 종류가 다양하고 규모가 크다.

비용이 많이 들어가는 항목만 생각해봐도, 우선 건물 외벽의 페인트는 5년 정도면 새로 칠해줘야 하며, 내부 인테리어는 10년 정도에 한 번은 새로 해 주어야 한다. 보일러 또한 10년에 한 번은 바꿔주어야 하며 배관이나 난방 시스템 또한 20년이면 다 바꿔줘야 하는 경우도 있다.

　　WLC는 이러한 부분에 초점을 맞춘다. 단순히 초기 자본 비용이 줄어들면 완공 후 비용이 늘어나고, 초기 자본 비용을 늘리면 완공 후 비용이 줄어드는 조삼모사와 같은 단순한 개념은 아니다. 프로젝트의 주인이 어떤 가치를 지향하느냐에 따라 초기 자본 비용이 늘어날 수도 있고 줄어들 수도 있다. 우리가 지금까지 초기 투입 비용을 줄이는 데에만 몰두했기 때문에 상대적으로 저평가 받아왔던 완공 후 비용에 대해 다시 한 번 고민해 보자는 취지이다.

　　그렇다면 이렇게 완공 후의 비용을 계산해서 단순히 초기 투입 비용과 비교 분석하면 최적의 가치를 추구할 수 있는 것일까?

▌WLC 계산 기법

　　누군가 당신에게 '오늘 만 원을 받을지 1년 후에 만 원을 받을지 선택하시오'라고 얘기한다. 당신은 어떤 선택을 할 것인가? 지금 받나 1년 후에 받나 어차피 만 원은 같은 금액이니 언제 받아도 상관없다고 판단한다면 당신은 돈의 가치를 잘 이해하지 못하고 있다.

　　오늘의 만 원과 1년 후의 만 원은 동일한 가치를 가지지 않는다. 인플레이션 때문에 돈의 가치는 지속적으로 하락하기 때문이다.[1] 만약 인플레이션이 2%라면 1년 후의 만 원은 현재 가치로 대략 9,800원에 해당한다.[2]

　　따라서 만약 두 가지 서로 다른 타입의 장비를 선택함에 있어서 A 타입 장비를 선택하면 B 타입의 장비를 선택하는 것보다 지금은 2천만 원이 더 들어가지만 10년 후에 B 타입보다 2천만 원이 덜 들어간다고 했을 때 똑같이 2천만 원이므로 A 타입이나 B 타입이나 마찬가지라는 결론을 내린다면 이는 잘못된 결론이다. 10년 후의 2천만 원은 현재의 2천만 원보다 가치가 작으므로 A 타입을 선택하는 것이 B 타입을 선택하는 경우보다 비용이 더 들어가는

---

[1] 디플레이션으로 인하여 돈의 가치가 간혹 상승하는 경우도 있기는 하지만 이는 거의 발생하지 않으므로 고려하지 않았다.

[2] 이는 정확하지 않은 계산 결과이다. 정확한 계산 방법은 잠시 후에 소개하도록 한다.

셈이 된다.

이렇게 시점에 따라 바뀌는 돈의 가치를 고려하여 현재 돈의 가치와 미래 돈의 가치를 비교할 때 사용되는 개념이 현재 가치(Present Value)와 현금흐름할인법(Discounted Cash Flow)이다.

두 가지 방안 중 어느 것이 더 합리적인지를 비교하기 위해서는 동등한 조건에서 비교해야 하는 기준점이 필요하다. 시점에 따라 돈의 가치는 달라지기 때문에 두 가지 방안을 같은 시점에 놓고 비교한다. 그 기준 시점을 현재로 놓고 현재의 가치로 변환하여 비교한다. 현재의 100만 원과 5년 후의 100만 원을 비교하기 위해서 '5년 후의 100만 원의 가치는 현재 시점에서 얼마에 해당하는가'라는 질문의 답을 찾아야 한다. 이러한 현재 시점의 가치를 현재 가치, PV라고 한다.

PV를 설명하기 위해 앞서 예로 든 사례를 다시 생각해 보자. 현재의 만 원과 1년 후의 만 원의 가치를 비교하기 위해 1년 후의 만 원의 가치를 현재 가치(PV)로 환산하려 한다. 현재 금리는 2%이다. 금리는 돈의 값을 의미하며, 현재 금리가 2%라면 현재 가치에 2%를 더해주어야 1년 후에 만 원이 되는 것이므로, 이를 수식으로 표현하면 다음과 같다.

$$PV \times 1.02 = 10,000원$$
$$PV = 10,000/1.02 = 9,804원$$

이렇게 미래의 현금을 적정한 할인율로 할인하여 현재 가치를 구하는 것을 현금흐름 할인법(Discounted Cash Flow; DCF)이라 한다. 이때 미래의 현금을 할인하는 기준은 여러 가지가 있을 수 있으며, 돈의 값을 의미하는 금리를 할인 기준으로 많이 사용한다.

실제 건설 프로젝트에서 발생할 수 있는 사례를 통해 더 깊이 알아보자.

구매가가 10억 원인 A라는 장비가 있고, 구매가가 9억 원인 B라는 장비가 있다. 두 장비 모두 사양은 동일하며, 5년 후에는 모두 내구 연한이 다하여 교체해 주어야 한다. 하지만 B 장비는 A 장비보다 연료 효율이 떨어져 매년 2,200만 원의 연료 비용이 A보다 더 든다. 다른 모든 조건이 동일하다고 할 때 A와 B 둘 중에 어느 장비를 사용하는 것이 더 경제적일까?

단순히 구매가만 고려하면 B 장비를 구매하는 것이 더욱 경제적이나 이

A와 B의 현재 가치 비교

(단위: 억 원)	A	B	금리	추가 비용	추가 비용의 현재 가치
구매가	10	9			
1년 후			5%	0.22	0.21
2년 후			5%	0.22	0.20
3년 후			5%	0.22	0.19
4년 후			5%	0.22	0.18
5년 후			5%	0.22	0.17
5년간 총 비용의 현재 가치	10	9.95			0.95

후 소모되는 연료의 가격을 생각하면 5년 동안 B 장비를 가동하는 데 총 1억 1천만 원이 필요하므로 모두 합치면, A 장비는 10억 원, B 장비는 10억 1천만원으로 A 장비를 사용하는 것이 더욱 경제적인 것처럼 보인다. 하지만 이는 미래의 비용을 현재 가치로 환산하지 않은 것이기 때문에 현재 가치로 환산한 후 비교하면 그 결과가 달라진다.

현재 가치 개념을 적용하면 B 장비에서 매년 소요되는 추가 연료에 대한 비용을 현재 가치로 환산해 주어야 한다. 매년 금리가 5%이므로 1년 후 발생하는 추가 연료의 비용을 현재 가치로 환산하면 약 2,100만 원이 되고, 2년 후 발생하는 추가 연료의 비용을 현재 가치로 환산하면 약 2,000만 원이 된다. 이렇게 5년 동안 발생하는 추가 연료에 대한 비용을 현재 가치로 환산하면 총 9천 5백여 만원으로 단순히 합산한 1억 1천만 원과는 다른 가치를 나타낸다. 따라서 A 장비 대신 B 장비를 채택하는 것이 더욱 경제적인 선택이라 할 수 있다.

이렇게 현재 가치(PV)의 개념과 현금흐름 할인법(DCF)은 미래 발생할 수 있는 비용을 현재의 가치로 환산해 주어 여러 다른 대안들을 비교 분석할 때, 같은 기준에서 동등하게 비교할 수 있는 방법을 제시해준다.

▌WLC와 VM

이러한 WLC의 접근 방법은 앞서 제15장 〈Value Management〉에서 설명했던 VM 방법론과 연계되는 부분이 있다. WLC에서는 건축물의 총 생애 주기에서의 총 비용을 현재 가치로 환산하여 비교 분석한다. 그리고 현재 가치로 변환된 총 비용이 낮은 대안을 선택할 것을 권고한다. 현재 가치가 낮은 대안이 프로젝트 주인의 가치를 더 높여줄 것이라는 전제를 가진다.

하지만 VM 방법론에서는 프로젝트 주인이 추구하는 가치는 상대적이라는 기본 전제를 가진다. 다시 말해, 가장 낮은 현재 가치를 가지는 방안을 선택하는 것이 반드시 프로젝트 주인이 추구하는 가치를 가장 극대화할 수 있는 결정이 아닐 수 있다고 해석할 수 있다.

초기 건축물을 짓기 위해 필요한 자본적 지출을 늘리고 향후 운영 비용을 줄여 총 예상 비용의 현재 가치가 가장 낮은 방안을 선택한다고 가정해 보자. 이론적으로는 총 비용을 낮추어 가치를 극대화한다고 할 수 있지만, 과연 모든 프로젝트 주인에게 이러한 이론이 동일하게 받아들여질지는 미지수이다. 어떤 프로젝트 주인에게는 총 비용이 높아진다고 하더라도 지금 당장 들이는 자본적 지출을 줄이는 것이 더 중요할 수 있다. 재무 구조가 튼튼하지 않아 동원할 수 있는 자기 자본이 많지 않기 때문에 타인 자본(부채 등)에 의존할 수밖에 없는데, 과도한 부채를 동원할 경우 신용 등급이 낮아질 수 있어 지금 당장 투자해야 하는 자금의 규모를 줄이는 방안이 생애 주기 동안의 총 비용을 줄이는 방안보다 더욱 필요할 수 있다.

다른 사람이나 기업의 입장에서는 세계 경제의 흐름을 예의 주시하며 상황이 불안정하다고 판단하기 때문에 원가에 대한 확실성(cost certainty)를 추구하는 전략이 더욱 필요할 수 있다. 미래에 어떤 일이 발생할지 모르기 때문에 단순히 전망되는 총 비용을 줄이는 방안보다, 현재 시점에 투입되어야 하는 비용에 대한 확실성 가치가 더욱 중요하다고 판단할 수도 있다. 이와 같이 WLC 방법론의 적용은 프로젝트 주인이 추구하는 가치와 연계하여 고려되어야 한다.

▌WLC에 대한 회의론

WLC가 제시하는 방법론들이 선진적이고 합리적이라는 것은 누구나 다 안다. 하지만 실제 현업에서 이러한 방법론들을 모두 적용하는 것은 쉽지 않다. 왜 그런 것일까?

가장 큰 장벽은 우선 WLC를 산출하는 계산법이다. 앞서 멋들어진 개념과 계산법을 소개했지만 이 계산법은 결국 미래에 대한 시나리오를 기반으로 한다. 즉, 현금흐름할인법에 기반한 WLC 방법론 자체가 미래에 발생할 수 있는 현금흐름을 가정하여 이를 현재 가치로 바꾸었을 때 여러 가지 선택할 수 있는 옵션 중 어떤 것이 합당한지를 평가하는 방안이다. 하지만 미래에 어떤 일이 어떻게 발생할지는 아무도 모른다. 다시 말해, 미래의 현금흐름을 가정한다는 것 자체가 비현실적라 할 수 있다.

현금흐름 할인법(DCF)은 건설 산업에서 WLC를 위해서만 존재하지 않는다. 금융 산업에서도 자주 쓰이는 방법론인데, 최근에는 DCF에 대한 회의론이 많이 제기되는 편이다. 미래의 현금 흐름은 아무도 알 수 없으므로 불확실성을 동반한 가정을 토대로 계산하는 것은 의미가 없다는 회의론이다.

또한 가정을 해야 하는 기간이 너무 길어 예측의 신뢰성을 담보할 수 없다는 것도 문제다. 한 치 앞의 일을 예상하기 어렵고 10년이면 강산도 변한다는데, 20년 이상 오랜 기간 동안에 발생할 수 있는 비용에 대한 추정은 불확실성이 매우 크다. 기본적으로 데이터가 부족하고 오랜 기간 동안 어떤 일이 발생할 지 모르기 때문에 가정 자체를 신뢰할 수 없는 경우가 많다.

다른 하나로는 선택할 수 있는 대안의 수가 너무 많다는 비판이다. WLC라는 개념 자체가 전체 기간 동안의 비용을 의미하지만 그 안에 세부적인 방법론으로 들어가면 '결국 어떤 방안을 선택하여 가치를 극대화할 것이냐'라는 선택의 문제이다. 즉, 항상 A와 B 둘 사이, 혹은 여러 가지 대안들 중 하나를 선택해야 하는 상황에 직면하는데, 이 과정을 건축물 전체로 놓고 보면 선택해야 하는 사항들의 수가 극단적으로 많아진다. 이것은 다른 말로 표현하면 고려해야 할 시나리오가 너무 많아서 그 과정이 굉장히 복잡하다고 할 수 있다.

최근 전세계적으로 널리 퍼지고 있는 새로운 기술적 조류인 인공 지능이

WLC에 도입된다면 이러한 어려움이 개선될지도 모르겠다. 더욱 광범위한 데이터베이스 및 알고리즘을 기초로 하여 미래 발생할 수 있는 비용에 대해 예측을 하고, 다양한 시나리오 및 시뮬레이션을 통해 최적의 방법론을 제시해 줄 수도 있다. 단순히 이론적 틀에서 머무는 것이 아닌 이러한 혁신이 우리 실제 업무에 적용될 수 있는 날이 오기를 기대한다.

참고문헌

• Allan Ashworth, Keith Hogg, Catherine Higgs, 2013, Willis's Practice and Procedure for the Quantity Surveyor

클레임(Claim)에 대한 이해

▌클레임 vs Variation(Change) Order

프로젝트를 수행하면서 클레임(claim)만큼 쉽게 사용하면서도 그 정확한 의미를 알지 못하고 불분명하게 사용하는 계약 용어도 없을 것이다. 클레임이라는 단어는 영어 단어이면서도 우리 생활에서 종종 사용하는 일상 용어이기도 하고, 계약적으로도 깊은 의미를 가지고 있는 다양한 정체성을 가졌기 때문일 수도 있다.

클레임이라는 단어 자체에 대한 사전적 의미를 보면 단지 '어떤 사실에 대해 주장하거나 어떠한 것을 요구한다'라는 의미에 지나지 않는다. 하지만 우리 같은 건설 프로젝트에 참여하는 사람들은 클레임이라는 단어를 그렇게 바라보지 않는다. 클레임이라는 단어 하나에 없던 조직이 생겨나고, 수많은 사람들이 문서 하나를 만들어 내기 위해 수개월 동안 밤낮없이 달려들며, 레터에 클레임이라는 단어가 언급만 되어도 PM 조직은 규정에 의해 업무에서 손을 떼고 법무팀이 관여해야 하는 경우도 생기기 때문이다.

하지만 클레임이 우리를 이렇게 괴롭히는 정도에 비해 실무자들이 클레임에 대해 가지는 이해도는 충분치 않은 것으로 보인다. 대표적인 예가 계약 변경을 뜻하는 Variation(Change) Order와 클레임을 구분하지 않고 사용하는 것이다.

클레임의 법률적인 의미를 찾아보면 '법적인 권한을 가지고 있다고 믿는 것에 대해 요구하는 것'이라 할 수 있다. VO/CO 또한 계약서에 정의되어 있는 절차 및 개념이기 때문에 이에 대해 청구하는 것 또한 큰 범주에서의 클레임의 영역이라 할 수 있기는 하다. 다만, Variation과 Change는 대부분의 계약서에서 명확하게 정의되어 있기 때문에 굳이 법률적인 클레임 개념을 적용하는 것은 필요하지 않다. 레터에서 Variation이나 Change라는 어휘를 사용하면 될 것을 굳이 claim이라고 표기하면 불필요한 오해를 살 수 있기 때문이다. 그렇다면 실제 법조계에서 사용하는 클레임의 의미와는 별개로 건설 업종에서의 클레임은 어떻게 이해해야 하는 것일까?

이 부분에 대해 제대로 이해하기 위해서는 먼저 Variation(Change) Order와 클레임(claim)을 구분하는 것이 필요하다. 일반적으로는 VO 자체가 클레임의 개념 안에 포함되어 있다고 하더라도 업계에서 사용하는 클레임의 개념은 분명히 구분되는 특성을 가지고 있기 때문이다. 두 용어에 대한 사전적 정의부터 살펴보자. 애초에 영어에서 생겨난 단어이기 때문에 그 뜻을 정확하게 파악하기 위해 원어를 그대로 옮겼다. 핵심적인 부분에 대해서는 밑줄을 그었다.

⟨Variation Order⟩
Dictionary of Construction, Surveying and Civil Engineering
: *An alteration to that which was planned, contracted, priced or proposed*. Standard terms of contract such as JCT and ICE suite of contracts have specific definitions for activities and events that constitute a change or variation. Changes to work are normally *authorized by the client representative* or project administrator using a change order.

Dictionaryofconstruction.com
: *Written authorization* provided to a contractor *approving a change from the original plans, specifications, or other contract documents,* as well as a change in the cost. With the proper signature, a change order is considered a legal document.

변경(Variation/Change)이라 함은 사전에 합의가 된 특정한 사안에 대해서 바뀐 것이라 할 수 있다. 일반적으로 기존 계획, 혹은 계약, 합의된 가격 및 디자인 등을 예로 들 수 있다. 이러한 모든 합의 사항은 프로젝트 계약 시 계약서에 모두 포함되는 내역이므로 계약적인 의미에서의 Variation/Change은 결국 계약서를 통해 합의한 작업 범위(Scope)에 대한 변경이라 할 수 있으며, 이에 대해 권한을 가진 사람으로부터 승인된 형태로 문서화된 것이 VO/CO 라 할 수 있다.

클레임의 의미는 좀 더 포괄적이고 모호하지만 VO/CO의 개념과는 분명히 다르다.

〈Claim〉

－Dictionary of Construction, Surveying and Civil Engineering

: Allegation made against another person stating that _something has or has not been performed or delivered._ The party making the allegation normally takes the action in order to recover money or order a specific performance. The action is normally taken _because a party has failed to perform as agreed under the contract._

－Dictionaryofconstruction.com

1) A contractor's request for additional compensation or an extension of time _pursuant to the contract terms_

2) A request to be paid for the _cost of damages_ when an insured loss occurs

－General Conditions of the Contract for Construction(AIA; American Institute of Architects)

1) A demand or assertion by one of the parties seeking, as matter of right, payment of money, or other _relief with respect to the terms of the Contract_

2) Other _disputes and matter in question_ between Owner and Contractor _arising out of or relating to the Contract_

개념의 정의가 약간씩 상이하긴 하지만 위 정의를 통해 알 수 있는 클레임의 핵심을 두 가지로 나타내면 'pursuant to the contract terms'와 'damage'라 할 수 있다. 즉, 계약 조건에 부합해야 하며, 손해가 있어야 한다. 클레임(claim)이라 하면 밑도 끝도 없이 내가 피해를 입었으니 배상을 받아야 한다고 주장하는 사람도 있지만 이는 잘못 이해하는 것이다. 클레임도 계약서에 정의되어 있든 아니든 계약에 부합해야 하며, 상대 측이 계약 사항을 준수하지 못했을 경우 이에 대한 배상을 요구할 권리를 가진다. 우리 말로 '손해' 혹은 '피해'로 해석할 수 있는 damage는 클레임의 권리를 주장하는 측이 일정, 혹은 비용 측면에서 피해를 보았다는 것을 입증해야 함을 의미한다.

즉, 이를 정리하면 상대방의 계약 위반 행위(상대방이 하지 않아야 하는 행위를 했거나 혹은 의무적으로 부여된 특정 행위를 하지 않았거나)가 있어야 하고 이로 인해 내가 받은 피해가 있어야 한다. 이러한 두 가지 조건에 모두 부합해야 클레임이 성립할 수 있다.

Variation Order와 같은 경우는 계약서에 그 정의 및 조건, 그리고 절차가 명시되어 있는 경우가 대부분이므로 계약적 당위성을 필요로 함은 클레임과 동일하다. 하지만 Variation Order는 계약 범위의 변경을 공식화하는 과정이므로 계약자의 손해 혹은 부가적인 작업이 반드시 따라오는 것은 아니다. 드물기는 하지만 추가 시간이나 비용이 없는 실질적인 영향이 없는 계약 변경도 있기 때문이다.

클레임이 Variation Order와 구별되는 또 하나의 특징은 금액을 산출하는 방법이다. 대부분의 계약서에서 Variation Order 발생 시 이에 대한 보상 금액을 산출하는 방법은 구체적으로 명시되어 있으며 단가 또한 정해져 있다. 따라서 Variation Order 발생 시 계약서에 쓰여 있는 대로 금액을 산출하고 모호한 부분은 상대측과 협상을 통해 결정한다. 계약 담당자의 운용의 묘가 발휘될 수 있는 부분이다. 이와 다르게 클레임은 계약서에서 그 개념을 정의하는 경우가 많지 않다.[1] 개념이 정의되어 있지 않은데 절차와 금액을 산출하

---

1) 계약서에 정의되어 있는 경우가 많지 않다고 단정지었지만, 전세계에서 가장 많이 이용하는 표준 계약서인 FIDIC의 경우 20.1 조항을 통해 클레임과 그에 대한 절차를 정의한다. 다만 그 외 상당수 계약서에서는 클레임과 그 절차를 별개로 정의하지 않는다.

는 방법 등의 내용이 계약서에 포함되어 있을리 없다. 그렇기 때문에 금액 산출에 있어서 Variation Order와는 다른 접근 방법이 필요하다.

우선적으로 계약의 변경을 뜻하는 Variation Order와 손해(damage)에 대한 배상을 요구하는 클레임은 본질적으로 금액 산출 방법이 다를 수밖에 없다. Variation Order는 건설 계약의 특성상 계약 작업의 변경이 계약 전에 충분히 예상되기 때문에(프로젝트 수행 과정 중 변경이 발생할 수밖에 없는) 이에 대한 절차와 단가가 정해져 있다. 이때 통상적으로 단가에는 계약자의 이익(profit)이 포함된다. 계약의 변경에 따라 발생되는 추가 비용도 계약적으로 요구되는 작업의 일부라 보고 어느 수준의 이익을 보장해 주는 것이다. 하지만 클레임은 본질적으로 손해(damage)에 대한 배상의 형태를 띠기 때문에 계약자의 이익이 포함되어서는 안 되며, 손실을 본 비용 자체만 청구하는 것이 원칙이다. 클레임을 통해 계약자가(혹은 드문 경우이지만 발주자가) 이익을 챙기는 것은 원칙적으로 인정할 수 없기 때문이다. 따라서 클레임 금액 산출 시 계약서에 명기되어 있는(이익이 포함되어 있는) Variation Order 단가를 사용하는 것은 계약서에서 특별히 허용하지 않는 한 인정받기 어렵다.

하지만 이러한 모든 과정을 칼로 두부를 써는 것처럼 완벽하게 구분할 수 없듯이, 클레임을 통해 청구한 금액 내에 계약자가 추가적으로 지불한 비용만 포함되어 있는지 혹은 이에 더하여 이익이 포함되어 있는 것인지 여부는 명백하게 가려내기 어렵다. 클레임 시 계약적 권한 여부와 더불어 금액 수준에 대해 항상 논쟁이 발생하게 되는 이유이다. 이렇게 클레임 시에 요구할 수 있는 배상액을 전문 용어로 Quantum[2]이라 하며 통상적으로 이 과정에 숙달된 전문가들이 Quantum을 산출해낸다. 이 과정에서 이용하는 방법론들이 여러 가지가 있는데, 이는 Quantum 전문가들의 영역이므로 여기서는 생략한다.

---

2) 라틴어로 'the amount deserved' 혹은 'what the job is worth'의 의미를 가진 Quantum meruit에서 비롯된 말로, 주로 계약서를 통해 명확하게 정의되지 않은 작업에 대한 가치를 평가하는 일을 의미한다.

▌클레임(Claim)과 입증(Reasoning)

앞서 살펴본 것처럼 클레임은 손해(damage)에 대한 배상을 청구하는 과정이라 할 수 있다. 클레임을 성공시키기 위해서는 상대방 혹은 중재자(arbitrator)와 같은 제3자들을 설득시켜야 한다. 그렇다면 무엇을 어떻게 설득시켜야 할까?

대형 건설회사인 A 기업은 글로벌 탑 석유회사인 B로부터 대형 정유플랜트 공사를 수주 받았다. 프로젝트는 수행 과정에서 아쉽게도 여러 문제가 발생해 계약 납기를 지키지 못했고 약속된 기한을 5개월을 넘기고 나서야 최종 마일스톤을 달성했다. 이로 인하여 발주처인 B는 A에 지체상금(LD; Liquidated Damages) 5천만 달러를 부과하였고, A는 이에 대응하기 위해 공사 지연이 A의 잘못이 아닌 B의 방해 행위로 인한 것임을 주장하며 클레임을 청구하려고 한다. 이 클레임에는 단순히 부과된 지체상금을 무마시키는 목적뿐 아니라 공사 기간 5개월 연장으로 인하여 추가적으로 발생한 비용에 대한 청구 또한 포함시키려 한다.

이 상황을 접했을 때 가장 먼저 고민해야 하는 것은 '계약자인 A와 발주자인 B 둘 중에 누가 공사 지연 원인에 대해 입증해야 할 책임이 있을까'라는 것이다. 발주자인 B는 공사 지연의 원인을 A로 돌리고 지체상금을 부과하였다. 먼저 발주자인 B가 공사 지연의 귀책자를 A로 판단하여 지체상금을 부과했으므로 이에 대해 입증해야 하는 것일까? 지체상금을 뜻하는 LD는 계약적으로 입증의 의무를 지지 않는 사전 합의된(pre-agreed) 금액을 의미한다. 따라서 지체상금(LD)을 부과할 시에는 공정 지연에 대한 원인이 어느 쪽인지에 대해 입증할 필요 없이 지연 자체만으로도 부과할 수 있는 권리를 갖는다.

계약자 A는 공정 지연의 원인이 발주자인 B에 있다고 판단하고, 지체상금을 지불해야 할 의무가 없으며, 추가적으로 발생한 비용에 대해 배상 받을 권리가 있다는 내용의 클레임을 청구한다. 이때 클레임을 청구하는 쪽은 계약자 A이며, 지체상금과는 달리 이러한 클레임은 주장하는 쪽에서 입증해야 하는 의무를 진다. 이를 Burden of Proof라 하며, 클레임을 제기하는 측에서 클레임의 사유, 근거 및 인과관계 등을 입증하여야 하는 책임을 의미한다.

입증 책임에 대해서 따져 보았으면 이번에는 '어떻게 입증해야 할까'하는 부분에 대해 생각해 보아야 한다.

논리학에는 공리(axiom)라는 개념이 있다. 증명하지 않고도 참이라고 인정하는 명제가 공리다. 쉬운 말로 하면 증명할 필요 없는 '사실'이라 할 수 있다. 하지만 이와 달리 클레임은 '사실'이 아닌 '주장'이며, 모든 '주장'은 그 타당성을 입증해야 한다. 물론 위에서 설명한 바와 같이 '주장'을 하는 당사자가 입증해야 한다.

위의 경우는 건설사 A가 클레임, 즉, 주장을 하는 당사자이다. '발주자 B의 방해 행위로 인하여 A의 공정이 지연되었고 그것이 납기를 5개월 지연시킨 주된 원인이다'라는 것이 A의 '주장'이다. 이러한 주장을 입증하기 위해서는 이를 뒷받침할 수 있는 객관적인 근거가 필요하다. 이 경우에는 다음과 같은 근거가 있을 수 있다.

- 발주자 B가 계약자 A의 공정을 방해하는 행위들
  - 발주자 B가 계약에 근거하지 않는 사유로 공사를 중단시켰다. (Suspension)
  - 발주자 B의 검사관이 관련 규정에 근거하지 않은 이유로 검사를 중단시켰다.
  - 발주자 B의 계약 담당자가 예정된 변경에 대한 승인을(계약서에 허용된 기간보다) 늦게 해주어 현장 반영이 늦어졌다.
  - 발주자 B의 검사관이 지적한 결함 및 하자(Defect)가 관련 규정에 근거하지 않으며 이로 인한 수정 작업으로 인하여 공정이 지연되었다.

그렇다면 이렇게 발주자 B가 A의 공정을 방해한 근거들을 확보해서 나열하면 클레임의 정당성을 인정받을 수 있을까? 물론 그렇지 않다.

입증 및 논증이라 함은 논리에 대한 증명 과정이라 할 수 있는데, 위와 같은 단순 사실, 근거들을 나열하기만 하면 이는 입증 과정이 결여되어 있다고 할 수 있다. 즉, 인과 관계의 결여이며, 위 사례에서는 '어떻게 B의 방해 행위가 A의 공정을 5개월 지연시켰는가'에 대한 증명 과정이 생략되었다고 할 수 있다. 이렇게 주장에 대한 입증 과정이 생략되게 되면 그러한 주장은 인정받기가 굉장히 어렵다. 파편화된 사실들(근거)로부터 주장을 도출해내기

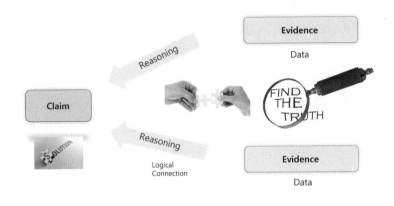

위한 논리적 연결고리가 필요하다.

위의 경우에 입증을 위해 가장 많이 사용하는 방법은 최장경로(Critical Path)를 이용한 일정 분석이다. 오라클 프리마베라(Oracle Primavera)와 같은 전문 소프트웨어를 주로 활용하며, 이러한 공정 지연에 대한 분석만 전문적으로 수행하는 전문가들(Delay Expert)이 존재한다.

위와 같은 과정을 정리하면, 클레임 및 주장을 입증하기 위해서는 주장하고자 하는 내용을 뒷받침하는 객관적 사실 및 근거들을 찾아내어 이들이 어떻게 주장과 연결되는지 논리적 연결고리를 수립해야 한다고 할 수 있다. 사실 쉽지 않은 과정이라 많은 클레임에서 근거 확보까지는 수월하지만 논리적으로 연결시키는 과정에서 많은 어려움을 겪기도 한다. 전문가들의 도움이 많이 필요한 부분이다.

한 가지 덧붙이면 주장을 뒷받침하는 사실적 근거를 수집할 때 이 근거들이 각각 계약적 권한(Entitlement)을 수반하는지를 확인해야 한다. 계약적 권한이 없는 사실들은 손해에 대한 주장을 뒷받침하는 근거로 활용되기 어렵기 때문이다. 발주자 B의 지적 사항들이 계약에 근거한 행위이면 이로 인하여 공정이 지연되었다 하더라도 이는 방해 행위로 간주할 수 없고, 공정 지연은 계약자 A의 계약사항 미준수로 인한 것으로 판단할 수 있다.

발주자 B의 방해행위들이 어떻게 계약자 A의 공정을 5개월 지연시켰는지 입증하는 데 성공한다면, 추가 소요된 비용에 대한 클레임은 입증하기가 상대적으로 수월하다. 인과관계에 대한 입증 여부없이 비용 자체에 대한 정확성만 입증하면 되기 때문이다. 물론 연장된(prolonged) 기간 중 발생한 비용 자체를 입증할 수 있는 관련 근거들을 확보해야 하고, 기간 중 발생한 비용 전체가 논리적으로 계약자 A가 배상 받아야 할 금액이 맞는 것인지에 대한 논쟁이 있을 것이기에 이러한 부분 또한 전문가들의 도움을 얻어 준비하는 것이 좋다.

▌Evidence의 중요성

필자가 실제 클레임 업무를 수행하며 느낀 점이 하나 있다. 많은 사람들이 클레임이라는 것을 단순히 하나의 논리 개발 수준으로 밖에 여기지 않는다는 것이다. 다시 말해, 증거(Evidence)라는 객관적 데이터를 통해 주장을 뒷받침하는 데 주력하기보다는 주장을 하기 위한 논리적 말 맞추기에만 초점을 맞추는 것이다.

내가 어떤 주장을 하든 그 주장을 뒷받침하기 위해서는 객관적인 사실 관계가 필요하다. 사실 관계에 근거한 데이터를 통해 주장을 입증하지 못한다면 그 주장은 받아들여지지 않을 가능성이 높다. 따라서 클레임이라는 주장을 펴기 위해서는 그에 대한 사실 관계에 대한 확인이 먼저 필요하다. 프로젝트 수행 기간 중에 어떤 일이 있었는지에 대한 정확한 확인 및 검증 과정을 거친 후에야 타당한 주장이 성립될 수 있다. 하지만 많은 경우에 사실 확인은 뒷전으로 한 채 논리 구성에만 몰두한다. 순서가 거꾸로 된 셈이다.

예를 들어, 발생한 공기 지연에 대해 발주자 사유로 발생한 부분을 식별하고 해당 공기 지연에 의해 발생한 연장 비용(Prolongation Cost)을 청구하기 위한 클레임을 준비한다고 생각해보자. 이 클레임을 준비하기 위해 가장 먼저 해야 할 것은 사실 확인이다. 공기 지연이 발생한 것은 누구나 알고 있는 사실이므로 추가적으로 확인해야 하는 것은 발주자의 어떤 행위가 공기에 영향을 끼쳤느냐이다. 따라서 이 클레임은 계약자의 공정에 영향을 끼쳤을 것으로 추정되는 발주자의 특정 행위를 확인하는 단계에서 시작해야 한다.

다시 말해 사실 관계라는 주춧돌 위에 논리라는 기둥을 세우는 셈이다. 사실 관계라는 주춧돌이 굳건하지 않으면 그 기둥은 제대로 세워질 수 없다. 따라서 클레임의 시작은 사실 관계의 확인에서부터 시작되어야 하며, 클레임을 위한 준비 기간 중에서도 상당한 시간을 이에 할애하여야 한다.

사실 관계를 확인한다는 말은 프로젝트의 기록을 살펴보는 행위와 동일하다. 클레임은 지난 과정에서 발생한 손실에 대한 배상을 청구하기 위한 절차이므로, 프로젝트 진행 과정 중에 어떠한 일이 있었는지 일일이 확인해야 한다. 지나간 일을 차후에 확인하기 위해서는 이러한 일들이 적절한 형태로 기록되어 있어야 한다. 발생한 일들이 적절한 형태로 기록되어 있지 않다면, 나의 주장을 뒷받침해 주는 사실 관계로 활용하기 어렵다. 이러한 '기록 관리'의 중요성에 대해서는 제18장 〈기록 관리; Notice, Contemporaneous Documentation and Record Keeping〉에서 상세히 다룬다.

▌분쟁을 피하는 법(How to avoid Dispute) =적절한 클레임(Proper Claim)

우는 아이 떡 하나 더 준다는 말이 있다. 가만히 있으면 아무도 챙겨주지 않으므로 하나라도 더 받기 위해서는 계속적으로 요구해야 한다는 뜻이다. 물론 이런 과정이 격해지면 다툼이 벌어지기도 한다. 주는 것도 없이 많은 것을 요구한다고 감정이 상하기도 하고, 심할 때는 논쟁 혹은 주먹다짐이 벌어지기도 한다. 이러한 상황을 우리 업계에서는 분쟁(Dispute)이라 부른다.

분쟁(Dispute)이 꼭 단점만 있는 것은 아니지만, 분쟁 상황은 우리 모두를 피곤하게 만든다. 분쟁을 통해서 갈등이 극복되고 조직이 건강해지며, 손익 측면에서 원하는 결과를 가져올 수도 있기 때문에 의도적으로 분쟁을 야기하는 경우도 있지만 대부분의 경우는 의도치 않게 어쩔 수 없이 분쟁 상황으로 접어들게 된다.

건설 프로젝트에서 분쟁이 생기는 경우는 역시 대부분이 돈이 원인이다. 100억 원에 프로젝트 계약을 했는데 완공 시점에 보니 원가가 110억 원이 소요되었다. 초과 지출된 10억 원을 회수하기 위해 이를 요구하지만 상대방이 들어주지 않아 분쟁 상황이 발생한다. 발주자에 의해 제기되는 분쟁도 있다. 설계에 대한 책임을 계약자가 가져가는 EPC 계약을 하였는데, 프로젝트 최종 결과물에서 약속된 성능이 나오지 않거나 하자가 너무 많아 이에 대한 문제를 제기하고 수정 작업을 요구하였는데 상대방이 받아들이지 않아 분쟁으로 접어들기도 한다.

이러한 분쟁 과정은 양측을 모두 정식 재판 과정으로 끌어들이는 경우도 있으며(Litigation), 국가 법원에 의한 판결은 아니지만 이에 준하는 공신력 및 강제력을 가진 중재(Arbitration)도 있고 대안적인 분쟁 해결 방안(ADR; Alternative Dispute Resolution)에 속하는 위원회에 의한 해결 절차(Adjudication), 전문가에 의한 조정(Mediation), 전문가에 의한 결정(Expert Decision) 등이 있다. 분쟁이 발생하게 되면 계약서에 그 절차들이 정의되어 있기 때문에 그에 따르면 되기는 하지만, 이러한 분쟁들을 피하고자 하는 것은 어느 누구에게나 마찬가지일 것이다.

강한 반론이 있을 수 있고 역설적이라고 생각될 수도 있지만 필자는 이러한 분쟁을 가장 잘 피하는 방법은 적절한 클레임이라고 생각한다. 여기서 적절한 클레임이라 함은 계약적 권한을 수반하는 사실적 근거들로 뒷받침하고, 이러한 근거들과 주장하고자 하는 결과가 논리적 인과관계로 연결될 수 있도록 입증에 성공한 클레임이라 할 수 있다.

세상 무슨 일이든 마찬가지이지만 나의 권리는 다른 누군가가 찾아주는 것이 아니다. 나의 권리는 본인 스스로 주장하고 보호하는 수밖에 없다. 프로젝트 수행 과정에서 계약자의 손해가 발생하였다면 이에 대한 권리는 계약자 스스로 지키는 수밖에 없다. 적절한 시점에 발생한 손해에 대해 계약적 절차에 따라 상대방에 통보하고, 이에 대한 권리를 주장하지 못한다면, 시간이 지날수록 손해 규모가 커질 뿐 아니라 상대방으로부터 이에 대한 배상을 받아낼 수 있는 정당성이 약화되기 마련이다. 적절한 시점에 손실을 회복하지 못하면 기업의 이익이 심각하게 침해되어 대규모의 클레임을 진행할 수밖에 없는 상황으로 몰리게 되며, 적절한 시기를 놓쳤기 때문에 관련 근거들은 소실되고 인과관계도 입증하지 못하는 무리한 클레임으로 이어지는 경우가 상당수이다. 이는 프로젝트의 손실도 회복하지 못하고 고객의 신뢰를 잃게 만드는 악순환의 과정이라 할 수 있다.

프로젝트는 결국 사람이 수행하는 일이며, 이러한 사람들은 모두 조직에 소속된 직장인들이다. 개인적 인간관계가 아닌 비즈니스로 엮인 조직의 생리상 상대방에 계약 외에 추가 대금을 지불하는 것은 합당한 명분이 없으면 기대하기 어려운 일이다. 상대방을 챙겨주다가 본인이 다칠 수 있기 때문이다. 따라서 적절한 시점에 계약적, 사실적 근거들과 함께 인과관계를 입증할 수 있는 클레임을 제기하는 행위는 상대방으로 하여금 명분을 가질 수 있게 해주며, 이는 갈등이 누적되어 결국 분쟁으로 결론이 나는 최악의 상황을 방지하기 위한 좋은 분쟁 회피 방안이라 할 수 있다.

물론 이러한 클레임에도 불구하고 프로젝트 수행 과정 중 발생하는 갈등들이 해소되지 않고 누적되어 분쟁으로 귀결되는 경우도 있다. 하지만 이러한 경우에도 적절한 시점에 제기한 클레임들은 분쟁 시 활용될 수 있는 좋은 근거 자료이기 때문에 제기하는 입장에서 클레임을 통해 갈등이 해소되지 않는다 하더라도 크게 손해볼 것은 없다. 반대로 얘기하면 상대 측에서도 이러한 점을 잘 알기 때문에 적절한 클레임에 대해서는 합리적인 대응을 하기 마련이고, 결국은 이러한 행위들이 모여서 갈등을 해소시키고 궁극적으로는 분쟁을 방지할 수 있게 하는 역할을 해준다.

▌클레임의 종류

클레임은 일상 생활에서도 자주 사용하는 용어이지만 그 내용의 의미상 법적, 계약적으로 사용되는 경우가 많다. 클레임 자체가 워낙 논쟁의 소지가 많기 때문에 계약 조항 및 명시된 절차에 근거해서 클레임을 제기하면 좋겠지만, 상당수의 계약서에서는 클레임을 명확하게 정의하지 않는다. 따라서 발주자가 계약서 합의 사항을 준수하지 않았기 때문에(계약 불이행) 계약자가 손해를 보았다는 측면에서 접근하는 클레임이 일반적이다.

하지만 현실을 보면 프로젝트의 주인으로서 발주자의 도의적 책임을 호소하는 클레임이 상당수이다. 발주자의 계약 불이행이라는 합당한 근거를 찾고, 이를 계약자가 받은 손해와 직접적으로 연결시키기가 어렵기 때문이다. 경험 많은 발주자는 계약자가 클레임 시에 이용할 수 있는 계약적 근거들을 모두 계약서에 계약자의 책임으로 명시해 놓아 클레임을 원천 봉쇄하려고 하기도 한다. 앞서 언급한 바와 같이 이러한 계약적, 사실적 근거 및 이를 결과와 연결시킬 수 있는 논리적 인과관계를 수립하지 못한다면 클레임의 정당성은 인정받기 어렵다. 그렇다고 해서 그러한 인과관계를 수립하지 못한 클레임 자체가 모두 법적으로 인정받지 못한다는 것은 아니다. 이러한 클레임의 법적 정당성에 대해서는 법률 영역이므로 본 책에서는 다룰 수 없으며, 각 클레임에 대한 법률적 자문은 자격을 갖춘 전문 로펌 등을 통해 컨설팅 받는 것이 좋다.

실무적 차원에서의 클레임의 종류는 클레임의 대상 및 접근하는 방법론에 따라 크게 다음과 같이 구분할 수 있다.

- Total Cost/Global Claim
- Extension of Time Claim(EOT)
- Disruption Claim
- Prolongation Claim

위 클레임들은 클레임의 대상 및 목적에 따라 각자 독립적으로 존재하는 것처럼 보이지만, 시간과 돈은 상호 의존적인 관계이기 때문에 실제적으로는 각각의 독립적인 클레임보다는 위 영역을 모두 융합해 복합적인 하나의 클레임으로 진행하는 경우가 많다.

각 클레임의 방법론 등에 대해 상세히 설명하기 위해서는 책 한 권으로도 모자라기 때문에 여기서 모두 다룰 수는 없지만 기본적인 이해를 위해 간략하게 다뤄보고자 한다.

▎총 원가(Total Cost)/글로벌(Global) 클레임

총 원가(total cost) 클레임이나 글로벌(global) 클레임은 상세하게는 의미하는 바가 조금 다르지만 클레임을 이루기 위한 기본적인 요건이 미흡하고 여러 사건들과 그 결과를 확실하게 구분하지 않고 모호하게 한 데 묶어 전체적인 결과를 도출하려고 한다는 데 있어 유사하기 때문에 동일한 방법론으로 간주되곤 한다.

총 원가 클레임이나 글로벌 클레임 모두 결과에(손실 발생) 대한 원인이 되는 객관적 사실 요인들은 포함한다. 다만, 두 클레임 방법론들은 이러한 각각의 사실 요인들이 어떻게 결과로 도출되는지, 즉, 논리적 연결고리를 나타내지는 못한다. 예를 들어, 프로젝트 수행 과정에서 나타난 발주자의 방해 요인들을 문서화하여 보여주지만 각각의 방해 행위가 결과에 어떻게 연결되는지, 다시 말해 a라는 행위는 공정을 얼마나 지연시켰고 추가 비용을 얼마나 발생시켰는지, b라는 행위는 공정에 어떠한 영향을 주었고 추가 비용을 발생시켰는지에 대해 각각 입증해내지 못한다. 대신 발주자의 24가지의 방해 행위로 인하여 공정이 총 4개월 지연되었고 총 비용이 계획 대비 20% 초과하였다고 각각의 직접적인 인과관계 대신 포괄적으로 접근하여 청구한다. 복잡한 프로젝트 상황을 고려할 때, 각각의 행위가 구체적으로 어떤 결과를 야기시켰는지를 논리적으로 입증하는 것은 실용적이지 않거나(impractical), 불가능(impossible)하다고 간주하기 때문이다.

총 원가 클레임의 경우는 단순히 발주자의 방해 행위들을 나열해 놓고, 총 손실 금액을 초기 견적(입찰) 금액과 실제 집행 금액의 차이로 간주하여 해당 금액을 클레임으로 청구하기도 한다. 발주자의 방해 행위가 구체적으로 어떻게 원가를 증가시켰는지 논리적으로 입증해내지 못한다.

이렇게 총 원가 클레임과 글로벌 클레임은 주장을 뒷받침하는 논증과정(causal link, reasoning)이 생략되기에 효과적인 클레임의 방법론으로 권고하기 어렵다. 하지만 발전소나 해양플랜트, 석유 화학 플랜트와 같이 복잡한 대형 프로젝트에서 실제 벌어지는 일들을 보면 수많은 사람들의 수많은 행위들이 뚜렷한 인과관계를 가지지 않고 복잡하게 얽혀서 예상치 못한 하나의 결과를 만들어내기에 특정 행위들이 특정한 결과를 가져왔다고 논리적으로 증명해 내는 것은 상당히 어려운 작업임에 틀림없다. 그래서 현업에서 실제 제기되는 클레임들은 상당수가 이와 같은 형태를 띠는 것도 현실이다.

원인과 결과에 대한 논리적 연결 고리에 대해 입증을 하지 못해 클레임의 정당성을 인정받기 쉽지 않은 총 원가(Total Cost) 클레임이나 글로벌(Global) 클레임을 피하기 위해서는 효과적인 기록 관리가(Record Keeping) 필수적이다. 비영리기관인 Society of Construction Law에서 발행하는 일종의 가이드라인인 'Delay and Disruption Protocol'은 계약자가 정확하고 완전한 기록을 유지 관리할 수 있다면, 계약자는 충분히 발주자의 귀책 사건으로부터 받은 영향을 구체적이고 논리적으로 연결시킬 수 있어야 한다고 규정한다. 만약 계약서에서 기록 관리의 의무가 계약자에게 부여되어 있으나(예: 주기적인 리포트 혹은 기타 통보; notification 양식 등) 계약자가 이를 준수하지 않아 글로벌 클레임의 형태로 나타나는 경우 이는 계약 의무를 준수하지 않은 계약자에 불리하게 적용될 수도 있다(이 부분에 대해서는 제18장 〈기록 관리; Notice, Contemporaneous Documentation and Record Keeping에서 더욱 상세히 다룬다).

그렇다고 해서 총 원가 클레임이나 글로벌 클레임이 법적으로 아예 효력이 없다고 할 수 있는 것은 아니다. 워낙 사례가 다양하지만 외국 법원에서 변형된 총 원가 클레임의 정당성을 일부 인정받은 경우도 있다. 다만, 논리적 인과관계에 대한 입증에 있어 상당히 부실하다고 할 수 있는 이러한 클레임들을 성공시키기 위해서는 최소한 클레임을 뒷받침할 수 있는 다음과 같은 사항들에 대한 논리를 더욱 신경 써서 강화해야 클레임의 성공 가능성을 높일 수 있다.

- 계약자의 견적(입찰) 금액은 합리적으로 산출되었다(총 원가 클레임의 논거를 반박할 수 있는 가장 강력한 반론은 계약자가 수주를 위해 저가로 입찰가를 제출했다고 주장하는 것이다. 즉, 저가로 수주하고 이를 만회하기 위해 클레임을 추진한 것이라는 논리를 펼칠 수 있다. 이렇게 예상되는 반론을 방어하기 위해서는 계약가가 합리적으로 산출되었다는 근거가 필요하다).
- 계약가가 합리적으로 산출되었기 때문에 계약자는 비용 증가를 미리 예상할 수 없었다(즉, 발주자의 방해 행위 외에는 비용을 증가시킬 수 있는 요인이 없다는 의미).
- 발주자의 계약 불이행(Default, Breach of Contract)
- 작업을 수행하기 위해 실제 지불된 비용(원가)이 합리적인 예상 비용(원가)보다 초과했다는 사실에 대한 근거
- 총 비용이 증가한 사유에는 발주자의 방해 행위 외에 다른 사유가 없었다(특히, 계약자의 귀책 사유로 인한 비용 증가 사유가 없었다).

발주자 입장에서 계약자로부터 이러한 클레임을 제기 받았을 때 가장 우선적으로 문제시 삼을 수 있는 부분은 어떤 부분일까? 앞서 언급한 계약자의 견적가의 질과 더불어 핵심적인 쟁점이 될 수 있는 부분은 과연 실제 발생한 비용(원가), 특히 프로젝트 착수 시 예상되었던 금액(견적가, 공사가, 계약가)과 프로젝트 완료 시 실제 발생한 비용(원가)의 차이가 과연 전적으로 발주자의 방해 행위에 의한 것이냐는 점일 것이다. 발주자는 추가 발생한 비용의 일부(혹은 대다수)가 계약자의 자체적인 사유(생산성 저하, 관리 부실 등)에 의한 것일 수 있다는 합리적인 의심을 할 수 있고, 이에 대한 입증 책임은 계약자에게 있기 때문에 클레임을 제기할 시 예상 가능한 반론에 대한 논리적 뒷받침 또한 미리 준비할 수 있어야 한다.

이러한 논리적 취약성을 강화하기 위해 보완한 방법이 변형된 총 원가(Modified Total Cost) 클레임이다. 견적(혹은 계약) 비(比) 증가된 원가분에서 계약자의 자체적인 사유에 기인한 부분을 미리 계산해서 선제적으로 빼 주는 것이다. 계약자에 의해 증가된 부분은 이미 제외시켰기 때문에 클레임 금액은 순전히 발주자 귀책 사유에 의한 것이라고 주장할 수 있다.

▌공기 연장(Extension of Time) 클레임

프로젝트를 진행하다 보면 계약된 납기를 지키지 못하는 상황이 수시로 발생한다. 대형 프로젝트일수록, 그리고 복잡한 프로젝트 일수록 수행 기간 중 예상치 못한 사건 등에 의해 늦어지는 경우가 파다하다. 또한 대형 프로젝트의 경우, 계약 납기일 및 주요 공정 마일스톤에 지체상금(Liquidated Damages)이 걸려 있는 경우가 대부분이다. 따라서 공정이 지연되게 되면 이에 따른 추가 비용이 발생하게 되고 발주자가 지체상금을 요구할 수 있는 권리가 생기기 때문에[3] 분쟁으로 귀결되는 경우가 많다.

---

3) 계약자가 계약 납기일(혹은 주요 공정 마일스톤)을 지키지 못하면 발주자는 지체상금(LD)을 요구할 수 있는 권리를 가진다. 이때 유의할 점은, 대부분의 계약서 및 관련법에서 지체상금(LD)에 해당되는 금액을 발주자가 지불해야 하는 대금에서 빼고 나머지 금액만 지불하는 것을 허용한다는 것이다. 즉, 계약자의 입장에서는 발주자의 요구를 받고 지체상금을 인정해야 할 것이냐 아니냐 하는 내부 논의를 거친 후 수용 여부를 결정하는 것이 아니라, 발주자로부터 통

많은 형태의 계약서에서 특별히 예외적인 상황을 제외하고는 공정 관리에 대한 책임을 계약자가 지도록 되어 있기 때문에 계약자 입장에서 공정 지연이 발생하면 이에 대한 책임을 피하기 어렵다. 다만, 건설 산업의 특성상 프로젝트의 주인(대부분의 경우에 발주자)이 프로젝트 수행 과정에서 긴밀하게 의사 소통 및 관여를 할 수밖에 없고, 이 과정에서 때로는 의도치 않게 계약서에서 허용되지 않는 권리를 요구하다가 공정에 대한 방해를 하는 경우도 있다. 이러한 발주자의 방해 행위가 소수라 할지라도 직접적으로 공정의 최장 경로(Critical Path)에 영향을 끼쳐 공정 지연의 직접 원인이 될 수 있고, 직접적인 요인은 아니더라도 계약자의 귀책과 더불어 복합적으로 작용하여 공정에 부정적인 영향을 끼치는 경우도 있다.

따라서 계약자 입장에서는 공정 지연이 발생, 혹은 예상되는 경우에 공정 지연에 따라올 수밖에 없는 추가 비용을 회수하고 지체상금(LD) 부과를 방어하기 위해 공기 연장(Extension of Time) 클레임을 준비하게 된다. 줄여서 EOT 클레임이라고 부르는 공기 연장에 대한 요구는 일반적인 클레임과는 달리 대부분의 계약서에서 다양한 형태로 그 메커니즘이 정의되어 있다(이에 대한 상세한 설명은 제13장 〈Time에 대한 계약적 관점〉을 보기 바란다).

이미 발생한, 혹은 예상되는 공정 지연에 대해 원인 activity가 최장 경로(Critical Path) 및 전체 공정에 미치는 영향을 분석하는 기술적인 방법은 다양하다. Society of Construction Law에서는 이러한 공정 지연 분석 방법을 다음과 같이 총 6가지로 제시한다. 이 6가지 방법들을 공정 지연에 대한 분석 시점에 따라 크게 두 가지, 선행적(Prospective) 분석 방법 혹은 후행적(Retrospective) 분석 방법으로 구분할 수 있다. 즉, 공정 지연에 대한 사유가 발생했을 때, 실제 지연이 발생하기 전에 예측되는 공정의 최장 경로(Critical Path)를 분석하여 영향 받을 수 있는 정도를 산출하여 청구하는 방법, 그리고 모든 일이 다 지난 후에, 즉 실제 발생한 공정 지연을 놓고 원인으로부터 받

보를 받고 해당되는 금액에 대한 권리를 자동으로 상실하는 것이다. 따라서 계약자가 돈을 내어주는 것이 아닌 받아야 할 돈을 못 받는 구조이기 때문에, 해당되는 금액을 지불 받기 위해서는 클레임 등의 절차를 통해 청구해야 하는 계약자에 호의적이지 않은 구조이다. 지체상금(LD)의 부과에 대한 부당성을 주장하기 위해서는 공정 지연의 주 원인이 발주자에 있음을 계약자가 입증해야 한다.

은 영향을 분석하여 청구하는 방법으로 나뉜다 할 수 있다.

Delay and Disruption Protocol

Method of analysis	Analysis type	Critical Path Determined	Delay Impact Determined	Requires
Impacted As-planned analysis	Cause & Effect	Prospectively	Prospectively	• Logic linked baseline programme • A selection of delay events to be modelled
Time Impact analysis	Cause & Effect	Contempo-raneously	Prospectively	• Logic linked baseline programme • Update programmes or progress information with which to update the baseline programme • A selection of delay events to be modelled
Time Slice Window analysis	Effect & Cause	Contempo-raneously	Retrospec-tively	• Logic linked baseline programme • Update programmes or progress information with which to update the baseline programme
As-planned versus As-built Window analysis	Effect & Cause	Contempo-raneously	Retrospec-tively	• Baseline programme • As-built data
Retrospective Longest Path analysis	Effect & Cause	Retrospec-tively	Retrospec-tively	• Baseline programme • As-built programme
Collapsed As-built analysis (As-built but for)	Cause & Effect	Retrospec-tively	Retrospec-tively	• Logic linked as-built programme • A selection of delay events to be modelled

출처: Society of Construction Law

▌Disruption 클레임

Disruption은 한국말로 표현하기가 굉장히 어려운 단어이다. 와해, 혼란, 파괴, 붕괴 등의 단어로 번역할 수는 있지만 Disruption 클레임에서 의미하는 바를 정확하게 전달하지 않는다. 따라서 여기서는 의미의 혼선을 방지하기 위해 원어인 Disruption을 그대로 사용한다.

클레임의 한 방법으로서 Disruption 클레임은 효율성 저하에 대한 클레임이라 정의할 수 있다. Society of Construction Law의 가이드라인인 Delay and Disruption Protocol은 Disruption을 다음과 같이 정의한다.

> Contractor's loss of productivity, disturbance, hindrance or interruption to a Contractor's normal working methods, *resulting in lower efficiency.* Disruption claims relate to *loss of productivity* in the execution of particular activities. Because of the disruption, these work activities *are not able to be carried out as efficiently as reasonably planned.*(or as possible)

다시 말해 프로젝트를 수행하는 중 특정 행위에 의해 계획 대비해서 생산성이 저하가 되는 상황이 발생하면, 그 손실을 보상 받기 위한 클레임이다.

98년 발행된 영국의 에간(Egan) 리포트에 따르면 건설 작업의 30%까지 재작업이 발생하고, 작업 인력은 잠재 생산성의 40~60% 정도밖에 발휘하지 못하며, 안전 사고는 보통 3~6%의 원가를 증가시키고 최소 10% 이상의 자재가 제대로 쓰이지 못하고 버려진다고 한다. 건설 산업에서는 생산성이 중요한 화두가 될 수밖에 없다.

생산성(productivity)은 투입량 대비 산출량이다. 100의 일을 하기 위해 100의 자원을 투입하면 생산성이 1이다. 건설 프로젝트는 작업의 양을 공수(Man-hour)로 정의하는 경우가 많기 때문에 200mh로 완료할 수 있는 작업을 200mh로 완료하면 생산성이 1이고, 400mh를 들여 완성시키면 이는 생산성이 0.5이다. 프로젝트 수행 과정 중 발주자에 의해 발생되는 생산성 손실을 회복하기 위한 클레임이 Disruption 클레임이다.

생산성에 영향을 미치는 요인은 굉장히 많다. 날씨가 맑으면 정상적으로 계획된 공수로 완료할 수 있는 일이지만 비가 오게 되면 작업에 소요되는 공수가 많아질 수 있다. 작업 공간이 충분할 때는 100mh로 완료할 수 있는 일이지만, 작업 공간이 협소하게 되면 생산성이 떨어져 150mh가 필요할 때도 있다. 필요한 자재가 늦어져서 설치해야 하는 높이가 달라지면[4] 바닥에서 설치 작업을 할 때보다 훨씬 많은 공수가 필요할 때도 있다.

이러한 생산성 저하 현상은 다른 작업과 쉽게 구분이 되지 않고 간접적인 형태로 나타나기 때문에 특정 사건에 대한 직접적인 영향을 산출할 때 누락되는 경우가 많다. 프로젝트 수행 과정 중 생산성 저하를 유발하는, 즉, Disruption을 일으키는 주 요인으로 꼽히는 것이 과다한 변경에 대한 요구(Variation Order)이다. 발주자가 변경에 대한 요구(Variation Order)를 통상적인 경우보다 상당히 많은 수준으로 내리는 경우, 계약자의 VO 담당자는 각각의 VO 요구에 대해 예상되는 영향을 산출하여 발주자 담당자와 협의를 진행하지만 수많은 VO들이 계약자의 본 작업 및 다른 VO 작업들과 간섭되어 생기는 생산성 저하까지 모두 파악하기는 거의 불가능에 가깝다.

다음과 같은 상황을 생각해 보자.

A라는 VO 작업이 새로 생겼다. 이 A라는 VO 작업은 곧 착수가 예정되었던 B라는 본 작업과 작업 영역이 겹쳐서 우선 순위에 따라 작업 B가 지연될 수밖에 없는 상황이다. A라는 추가 작업에 의해 지연된 B 작업이 받은 시간 및 비용에 대한 영향은 VO인 A에 의한 직접적인 결과이기 때문에 이를 통해 보상 받는다. A를 마치고 B를 작업할 시점에 C라는 VO 작업이 새로 생겼다. 비슷한 작업인 B와 C를 같은 작업자들이 동시에 작업해야 하는데 B와 C는 거리가 상당히 멀어 작업자들이 이동하는 데 걸리는 시간 및 자재 이동 시간 등으로 인해 계획보다 시간 및 공수가 더욱 많이 소요될 수밖에 없다. 또한 B를 마치면 원래 계획된 본 작업 D를 바로 착수해야 한다. 작업 D는 전문가들이 동원된 특수 작업을 해야 하는데, D의 선행 작업인 B가 지연되면서 예정 착수일에 맞춰 동원된 특수 작업 전문가들이 하릴없이 대기해야 하는 상황이 발생했다.

---

4) 해양 플랜트의 경우 블록 탑재 형식으로 진행되기 때문에 대형 장비를 일찍 받아 블록 내에 설치하고 블록 자체를 대형 크레인으로 들어올려 층층이 설치하는 공법이 많다.(탑재)

이 상황에서 VO인 A와 C에 의해 직접적으로 받은 영향이 아닌 생산성 저하에 따라 발생한 간접적인 영향은 어떤 것이 있을까? 우선 B가 지연되고 VO C가 추가로 생김에 따라 B와 C를 동시에 작업해야 하는 상황이 발생하였다. 서로 다른 위치에 있는 동일한 성향의 작업을 동시에 진행해야 하기 때문에 작업자의 이동 경로 및 자재, 장비의 배치 등으로 인해 생산성이 저하될 수밖에 없다. 또한 B 작업의 생산성 저하로 작업 기간이 늘어나면서 후행 작업(Successor)인 특수 작업 D의 착수가 지연되면서 D를 위한 특수 인력이 대기하는 상황이 발생하였다.

또 다른 예를 들어 보자.

대형 플랜트 건설 프로젝트에서 상당히 큰 규모의 VO가 발행되었다. 이에 대한 직접적인 일정과 비용에 대한 영향은 발주자와 이미 합의를 본 상황이다. 새로 추가된 대형 작업인 VO는 베이스라인에 반영되어 실적에 영향을 끼쳤다. 매 분기 말에 모든 프로젝트는 경영진에 공정률 등을 보고하게 되어 있는데 이 프로젝트에서는 얼마 전 합의된 VO 때문에 모수가 바뀌어 공정률이 전 분기 대비 거의 증가하지 않은 것처럼 비춰졌다. 이에 대해 경영진은 공정률을 높이기 위해 인력 충원을 지시하게 된다.

인력 충원을 요구 받은 실무진은 당장 인력 충원을 시도하지만 필요한 인력이 쉽사리 충원되지 않는다. 따라서 실무진은 인력이 충원될 때까지 경영진의 지시를 따르고 공정률을 높이기 위해 작업자들에게 야간 작업을 포함한 초과 근무를 지시하게 된다. 지시를 받은 작업자들은 어쩔 수 없이 밤 늦은 시간까지 작업하게 되는데 초과 근무이다 보니 시간당 단가는 높아지고 장시간 근로로 인해 작업 효율성은 되려 떨어졌다.

인력 시장에서는 마땅한 인원을 구하기 힘들어 어쩔 수 없이 미숙련 작업자들을 대거 고용하게 되었다. 이들을 교육 시키고 현장에 투입했지만 기대했던 만큼의 생산성은 나오지 않는다. 오히려 안전 사고가 발생해 노동부로부터 특정 기간 작업 중지 명령을 받기도 했으며, 그나마 완료한 작업도 품질이 좋지 않아 결함이 많이 발견되었다.

장시간 근로 및 미숙련공 작업으로 인하여 지속적으로 결함이 발생하자 재 작업을 할 수밖에 없는 경우가 많이 생겼다. 동일한 작업을 반복해야 하니 비용이 추가로 발생하고, 공정률이 올라가지 않는다. 경영진에는 미진한 공정률과 계획 대비 초과 집행되고 있는 비용 등에 대한 보고가 계속 올라간다. 경영진은 계약 납기라도 맞추기 위해 다시 한 번 인력을 충원해야 하나 하는 고민을 시작한다.

발주자와 VO에 대한 대가를 협의할 때 이러한 상황을 예상할 수 있을까? 부가적으로 발생할 수 있는 생산성 손실의 상황까지 예상한다는 것은 인간의 예측 영역을 넘어서는 것에 가깝다. 그렇다면 결국 VO로 인해 발생하게 된 잠재적인, 그리고 이차적인 간접 영향에 대해서는 계약자가 감수할 수밖에 없는 것일까? 이러한 생산성 저하 효과로 인해 발생하는 간접적인 손실을 발주자에 청구하려 한다면 어떻게 논리를 세워야 하며 청구 금액은 어떻게 정량화할 수 있을까?

이러한 생산성 저하 현상은 다양한 사건과 참여자들에 의해 발생하고, 각각의 원인과 결과가 그물이나 스파게티와 같이 복잡하게 서로 엮여 복합적으로 작용하여 예상치 못한 결과나 파급 효과(ripple effect)들이 발생하는 데서 기인한다. 이렇게 복잡한 형태의 틀 속에서 그 인과 관계를 명확하게 하기 위한 방법론들이 여럿 제시되었다.

Disruption 클레임의 다양한 방법론들은 가장 어려운 문제인 손해(Quantum)에 대한 정량화 방법을 제시해 준다. 공기 연장(EOT) 클레임과 마찬가지로 Disruption 클레임 또한 주장하는 바를 입증하기 위한 방법론이 여럿 있으며, 그 중 일부는 실제 법원 소송을 통해 타당성과 신뢰성을 증명하기도 하였다.

다음 그래프는 Disruption 클레임에서 이용되는 여러 방법론들 중 불확실성(Uncertainty)과 들여야 하는 노력(Effort) 측면에서 비교한 내용을 보여준다. 가로축에서 오른쪽으로 갈수록 활용 가능한 자료가 많고, 왼쪽으로 갈수록 활용 가능한 자료가 거의 없음을 의미한다. 다시 말해 클레임 준비 시 근거로 삼을 수 있는 프로젝트 관련 문서들이 많이 존재하면 우측에 있는 방법론들을 활용하면 되고, 근거로 삼을 수 있는 관련 문서들이 별로 없으면 좌측에 있는 방법론들을 활용할 수밖에 없다. 물론 불확실성(uncertainty) 커브로 확인할 수 있듯이 왼쪽으로 갈수록 불확실성이 커진다. 즉, 클레임의 성공 여부에 대한 불확실성이 크며 확률이 작다는 의미다. 반면에 오른쪽에 놓여 있는 방법론들은 들어가는 노력은 많지만 불확실성이 상당히 낮다. 그만큼 많은

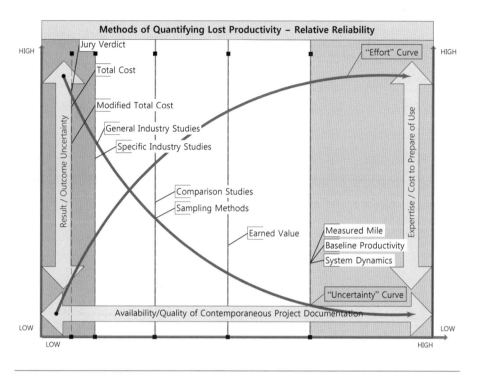

출처: The Analysis and Valuation of Disruption, Derek Nelson

자료를 근거로 하여 합당한 논리를 전개하여 성공 확률을 높일 수 있다는 뜻이다.

위 그래프에서 거론된 여러 방법론 중에 적절하게 적용하기만 한다면 일반적으로 타당한 접근이라 간주되는 방법론들이 그래프 오른쪽에 위치한 Measured Mile, Baseline Productivity, System Dynamics이다. 이러한 각각의 방법론에 대하여 이 지면을 통해 상세하게 논의하기는 어려우며, 관심 있으신 분들은 각 방법론에 대해 관련 논문을 찾아보거나 전문가에게 조언을 구하기를 추천한다.

▌연장 비용(Prolongation Cost) 클레임

공기 연장(Extension of Time) 클레임과 마찬가지로 연장이라는 단어로 번역할 수 있지만 용어의 원 단어와 의미하는 바는 다르다. 공기 연장 클레임에서는 원칙적으로 시간에 대해서만 다루며 관련된 돈과 비용에 대해서는 다루지 않는다. 하지만 시간과 돈은 떼려야 뗄 수 없는 관계이기 때문에 공기가 연장되면 비용도 늘어나는 것은 당연지사이다. 이러한 공기 연장 시 관련 비용을 다루는 것이 바로 연장 비용(Prolongation Cost) 클레임이다.

공기가 늘어남에 따라 추가적으로 발생하는 비용을 어떻게 정량화하여 청구할 수 있을까? 단순히 총 소요된 비용을 늘어난 기간만큼 비율적으로 계산하면 되는 것일까?

연장 비용 클레임은 연장된 공기가 발주자 원인에 기인한 결과여야 한다는 점을 기본 전제로 한다. 즉, 공기 연장 클레임(EOT)에 대한 정당성이 확립되어야 연장 비용 클레임 또한 성립될 수 있다. 하지만 공기 연장 클레임(EOT)과는 다르게 접근해야 하는 부분도 있다. 공기 연장 클레임(EOT)에서는 Force Majeure 상황과 같은 면책 가능한 지연(Excusable delay) 혹은 계약 조건에 따라 동시 다발적 지연(Concurrent delay)도 인정되기 때문이다. 하지만 이러한 지연은 공기 연장 클레임(EOT)에서는 인정될지 몰라도 연장 비용(Prolongation Cost) 청구 클레임에서는 인정받기 어렵다. 따라서 공기 연장 클레임(EOT) 내에서도 보상 가능한 지연(Compensable Delay)과 그렇지 않은 지연(Non-Compensable Delay)을 구분해 내야 한다. 이 부분에 대해서는 제13장 〈Time에 대한 계약적 관점〉을 참고하기 바란다.

연장 비용(Prolongation Cost) 청구 클레임에서 비용은 어떻게 산출해야 할까? 계약서에 명시된 단가를 추가 소요된 기간 동안 투입된 공수에 곱해서 금액을 산출하면 합리적인 방법이라 할 수 있을까?

합리적인 금액 산출을 위해 우선적으로 주의해야 할 점은 소위 'Double Dipping'이라고 불리는 중복 청구 항목을 제외시키는 것이다. 같은 항목에 대해 중복으로 보상 받는 것은 어떤 경우에도 허용될 수 없으며, 클레임 항목 중에 중복 청구 내용이 포함된다면 클레임의 신뢰성에 상당한 손상이 간다. 예를 들어 연장되기 전부터 사용되어 오던 각종 장비류에 대해서 철거 비용을 연장 비용(Prolongation Cost) 클레임에 포함시킬 수 있을까? 공기가 연장되던 안 되던 공사가 마무리되면 사용된 각종 장비류는 철거해야 하고 이에 필요한 비용은 본 계약가에 포함된다. 공기가 연장되었다는 이유로 클레임 금액에 철거 비용을 포함시킨다면 이는 같은 작업에 대해 두 번 지불 받게 되는 것이므로 중복 청구에 해당된다.

이러한 중복 청구를 피하기 위해서는 연장 기간 중에 투입되는 원가 요소를 세분화하여 각 항목 특성에 따라 금액을 산출한 후 클레임에 포함시킬지 여부를 검토할 필요가 있다. 프로젝트 원가 구조에는 직접비와 간접비가 있고, 또한 고정비와 변동비가 있다. 일반적으로 직접비는 변동비에 해당되고 간접비는 고정비에 해당된다고 할 수 있으나 직접비에 고정비가 포함되어 있는 경우도 있어 세밀하게 검토해야 한다.

기본 단위 당 단가에 계약자의 이익(profit)이 포함되어 있다면 이는 청구할 수 있을까? 이익은 원가에 포함되는 항목이 아니므로 순수한 계약자의 손실 금액을 청구해야 하는 클레임의 본질상 청구되어서는 안 된다. 이익의 상실을 '기회의 상실(loss of opportunity)'의 개념으로 접근한다면 이는 논점이 다른 주제이므로 여기서는 다루지 않는다.

이와 같이 원가 구조를 세분화해서 중복 청구를 피하고 최대한 합리적으로 금액을 산출하여 클레임을 제기한다면 클레임의 신뢰성이 높아지고 클레임을 받는 입장에서도 열린 자세로 대응할 수 있게 해 준다. 분쟁을 회피할 수 있는 좋은 방법이라 할 수 있다. 다만 원가 구조를 세분화하는 과정에서 기업의 원가 및 이익 구조가 공개될 가능성이 있으므로 이에 대해서는 기업들이 고민해 보아야 할 사항이다.

일부 계약서에서는 연장(Prolongation) 상황이 발생했을 때를 대비한 일간 보상 비용(Daily Prolongation Cost)를 미리 책정해 놓기도 한다. 연장 상황이 발생했을 때 지불해야 할 비용을 미리 합의 및 고정시키는 것으로 발주자가 계약자에 부과하는 LD의 역개념이라 할 수 있다. 이렇게 미리 합의한 비용이 추후 연장 상황 시 실제로 발생할 수 있는 비용을 충분히 포함하고 있느냐 여부에서 논쟁이 발생할 수는 있지만 계약을 통해 합의한 이상 이를 따라주어야 하며, 이 경우 굳이 세부 항목들을 모두 확인하여 발주자에 추가로 청구하여야 하는 수고로움은 줄어든다.

▌성공적인 클레임의 조건

앞서 검토한 바와 같이 클레임에는 여러 종류가 있지만 실제적으로는 이 클레임들이 각각 독립적으로 존재하기 어렵다고 할 수 있다. 분쟁은 공정이 지연되거나 비용이 계획 대비 초과되어 발생하게 되며 대개의 경우는 공정이 지연되면서 비용이 함께 초과된다. 다시 말해 공정이 지연되어 지체상금을 방어하기 위해 공기 연장(Extension of Time) 클레임을 준비하게 되고, 이 과정에서 추가 지불된 비용 또한 보상 받아야 하기 때문에 연장 비용(Prolongation Cost) 클레임도 같이 준비한다. 공기 연장(EOT) 클레임을 준비하며 근거로 확보한 발주자의 방해 행위로 인해 생산성 저하가 발생한 사실을 알게 되고 이를 위해 Disruption 클레임을 준비한다. 공정 지연 없이 Disruption으로 인해 비용이 초과하는 경우도 있지만 많은 경우에 Disruption으로 인해 공정이 지연되기도 하고 거꾸로 공정이 지연되면서 이로 인해 Disruption이 발생하기도 한다.

결국은 공기 연장(EOT)과 연장 비용(Prolongation Cost), 그리고 Disruption에 대한 클레임은 크고 복잡한 프로젝트 일수록 한 몸처럼 엮여 있을 수밖에 없는 구조이다. 그렇기 때문에 실제 현실에서는 각각의 클레임들을 별개로 준비하는 것이 아니라, 하나의 클레임을 준비하되 그 안에 공기 연장, 연장 비용 및 Disruption에 대한 내용들이 복합적으로 들어가는 경우가 많다.

클레임을 준비할 때 확보한 사실적 근거들과 그 결과에 대한 인과관계를 입증하지 못한다면 이는 총 원가(Total Cost) 클레임 혹은 글로벌(Global) 클레임으로 귀결된다. 하지만 이는 논리적 당위성이 미약하기 때문에 권장되지 않는 방법이므로 계약자는 항상 근거를 확보하고 사실 관계와 결과 사이의 논리적 연결고리를 입증하기 위해 노력해야 한다.

클레임을 성공적으로 이끌기 위해서는 많은 사항이 필요하지만 그 중의 핵심은 결국 계약적, 사실적 근거들을 확보하는 것과 인과관계에 대한 입증이다. 프로젝트 수행 과정 중에 계약적으로 요구되는 절차들을 준수하여 관련 근거들을 확보하는 것은 결국 프로젝트 담당 실무자들이 해야 할 업무이다. 늦은 시점에 과거 자료들을 찾기에는 매우 어려우므로 적절한 시점에 필요한 통지(Notice)를 해 주는 동시적 문서화(contemporaneous documentation)가 필수적이다.

논리적 인과관계에 대한 입증 및 정량화는 상당히 전문적인 부분이라 여기서 소개한 방법론들만으로 실무에 적용하기는 쉽지 않다. 전문가의 도움을 받는 것이 현명한 선택이라 생각된다.

참고문헌

- Nicholas Gloud, 2008, Making Claims for Time and Money
- Society of Construction Law, 2017, Delay and Disruption Protocol 2ndedition
- https://www.designingbuildings.co.uk/wiki/Home
- Niel Coertse, 2011, Assessing Delays: the Impacted As-Planned Method compared to the Time-Impact Analysis Method
- Derek Nelson, 2017, The Analysis and Valuation of Disruption

기록 관리; Notice, Contemporaneous Documentation and Record Keeping

프로젝트에 참여하여 업무를 수행하다 보면 Record Keeping, 즉 기록 관리의 중요성을 강조하는 공지 혹은 업무 지시를 많이 받게 된다. 상위 부서 혹은 관리 부서로부터 업무 지시가 내려와 그동안 생성되었던 각종 리포트, 스케줄 및 관련 파일 등을 별개로 생성한 폴더에 저장하거나 이를 위한 시스템을 따로 만들어서 각종 프로젝트 관련 파일들을 보관한다. 어떤 경우는 대외적으로 교신하는 모든 이메일을 개인 컴퓨터나 하드가 아닌 공용 서버 및 시스템 등에 저장하라는 지시도 받는다. 이렇게까지 해서 기록들을 보존해 놓아야 하는 이유는 간단하다. 분쟁 상황에 대비하기 위해서다.

건설/플랜트 산업은 계약 구조가 복잡하고 다양한 이해관계자가 참여하기 때문에 분쟁이 자주 발생하는 편이다. 다음 도표에서도 알 수 있듯이 전체 국제 분쟁 사례들을 산업별로 구분해 보니 건설 산업이 15%를 차지하며 가장 큰 비중을 차지하는 것으로 나타난다. 이러한 분쟁 상황이 발생하면 오래전 서류까지 모두 뒤져가며 각자에게 유리한 근거들을 찾는다. 이런 이유 때문에 예전에는 프로젝트 관련된 모든 문서 및 서류들을 출력해서 파일로 만들어 프로젝트 완료 이후 수년 동안이나 보관하고는 했다. 이 때문에 사무실 하나가 서류로 가득차는 경우도 있었다.

그렇다면 이렇게 중요한 '기록 관리'는 이미 생성된 문서를 잃어버리거나

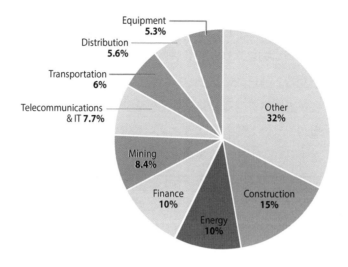

국제 분쟁에서 각 산업별 차지하는 비율

Equipment 5.3%
Distribution 5.6%
Transportation 6%
Telecommunications & IT 7.7%
Mining 8.4%
Finance 10%
Energy 10%
Construction 15%
Other 32%

출처: International Dispute Resolution, Tim Martin

손상시키지 않고 필요한 시점에 잘 활용할 수 있도록 보관하기 위한 행동 지침이라 이해하면 되는 것일까? 이러한 것들은 단순히 분쟁 상황에서 상대방에 이기기 위해서 필요한 것이라고 생각하면 되는 것일까?

▍통지(Notice)의 중요성

기록 관리의 중요성을 얘기할 때 자주 언급하는 'Record Keeping'이라는 영문 단어는 우리 말로 직역하면 '기록 보관'이라 할 수 있다. '기록'은 무언가를 적는 것이고 '보관'은 간직하고 관리한다는 뜻이니 결국 무언가를 적어서 잘 간직하라는 의미로 이해할 수 있다. 다만 여기서 한 가지 더 짚고 넘어가야 할 것이 있다. 그렇다면 '무엇'을 적어서 간직하라는 것일까?

어떤 일을 기록한다는 것은 크게 두 가지 목적이 있다. 하나는 무언가를 적어서 다른 사람에게 보여주기 위함이고 다른 하나는 중요한 내용을 잊지 않고 차후에 찾아볼 수 있게 하기 위함이다. 프로젝트 관련하여 우리가 기록하는 목적은 첫 번째이다. 내가 차후에 찾아보기 위한 목적보다는 중요한 내용을 상대방과 공유하기 위함이다.

이런 측면에서 생각해보면 우리가 강조하는 'Record Keeping'의 중요성은 상대방에게 알리는 것부터 시작해야 한다. 아무리 중요한 기록을 잘 작성해서 보관했다고 치더라도 이런 중요한 내용이 필요한 상대방에게 전달되지 않으면 의미가 없다. 최근 프로젝트들은 대부분 중요한 문서는 이메일 등을 통하지 않고 문서관리시스템을 통해 자동으로 적절한 사람에게 전달될 수 있게 구축해 놓았다. 각종 공문, 리포트, 회의록 및 인보이스까지 이러한 시스템들을 통해 처리된다. 시스템을 통해 전달되고 저장되니 각종 중요한 문서들이 적절하게 보관되어 있는 셈이다. 하지만 문서관리시스템이 모든 것을 해결해 준다면 대부분의 프로젝트에서 '기록 관리'의 문제 때문에 고민하지 않을 것이다. 이 부분에서 '통지(Notice)'의 의미에 대해 깊이 있게 생각해 볼 필요가 있다.

'통지(Notice)'라는 말은 상대방에게 알려준다는 뜻이다. 그리고 건설/플랜트 계약에서는 이러한 '통지'의 의무를 매우 중요하게 간주한다. 왜 그런 것일까?

만약 '기록 관리'라는 행위 자체가 단순히 클레임이나 분쟁 상황만을 위해 필요하다면 계약에서는 '통지'의 의무를 부과하지 않을 것이다. 상대방이 이상한 행동을 하여 내가 피해를 입었다면 잘 기록해 두었다가 차후에 클레임으로 활용하기만 하면 되기 때문이다. 하지만 건설/플랜트 계약에서는 그러한 상황에 국한하지 않고 '통지'의 의무에 정지조건(Condition Precedent)[1]이라는 어려운 법률적 개념까지 더해 그 중요성을 강조한다. 이것은 당연한 얘기지만 프로젝트 진행 중에 생성되는 많은 문서들이 단순히 클레임이나 분쟁 상황 시에 시시비비를 가리는 목적으로만 존재하지 않는다는 것을 의미한다.

불필요한 갈등과 이로 인한 분쟁 상황은 많은 사회적 비용을 야기한다. 프로젝트에서도 마찬가지로 분쟁 상황을 통해 손실을 회복할 수도 있겠지만

---

1) 정지조건(Condition Precedent): 법률 행위의 효력의 발생을 장래의 불확실한 사실에 유보해 두는 조건으로, 조건이 성취될 때까지 법률 행위의 효력의 발생을 정지시킨다. 예를 들어, 어떤 상황이 발생했을 때 2주 내에 상대방에 통지하기로 되어 있는데 그것을 준수하지 않으면 피해 보상을 받지 못한다는 계약 조항이 있다. 즉, 2주 내에 통지하는 것은 피해 보상을 받기 위해 성립되어야 하는 조건으로 건설/플랜트 계약에서는 '통지'의 의무를 이러한 정지 조건으로 간주하는 경우가 많다.

분쟁에서 이기든 지든 그 과정에서 많은 비용이 추가로 발생한다. 따라서 건설/플랜트 계약은 이상적으로는 분쟁이 발생하지 않는 상황을 목표로 한다. 이를 위해 필수적인 것이 수행 과정 중에 벌어지는 일들을 투명하게 공유하는 것이다. 그것이 '통지'의 본질적인 목적이다.

새롭게 확산되고 있는 영국의 새로운 타입의 표준 계약 New Engineering Contract(NEC)는 특히 프로젝트 참여자들의 협력적인 자세를 강조하기 위해 만들어졌다. 기존 형태의 계약들이 너무 분쟁을 유발한다는 것이다. 이를 위해 NEC는 Early Warning이라는 새로운 개념까지 도입하였다. 프로젝트에 영향을 끼칠 수 있는 어떤 사건이 발생한 이후에 그에 대한 내용을 통지 및 공유하는 기존의 계약 형태에서 벗어나 사건이 발생하기 전에도 그러한 사건이 발생할 수 있고 영향을 끼칠 수 있다는 것을 서로 상대방에게 인지시켜 주기 위한 목적이다. 이것은 발생할 수 있는 리스크를 이른 시점에 인지하여 빠른 조치를 취해 서로 윈-윈 할 수 있는 토대를 만들자는 취지이다. 이렇게 투명성을 강화하여 분쟁 상황을 예방하기 위한 노력은 점점 강화되고 있다.

이러한 측면에서 볼 때 '기록 관리'의 중요성은 '통지'와 함께 고려되어야만 한다. 단순히 기존에 기록된 것들을 성격별로 분류하여 잘 보관하는 것이 능사가 아니라, 프로젝트에 영향을 끼칠 수 있는 일들이 발생하였을 때, 더 나아가서는 발생하기도 전에 미리 인지하여 그 내용 및 잠재적 영향을 공유하고 각자 취할 수 있는 조치를 취해 그에 따른 영향을 최소화하는 것이 이를 통해 추구하고자 하는 방향이다. 그래서 체계적인 '기록 관리'를 위한 프로세스를 구축할 때는 상대방에 어떤 내용을 어떻게 전달할 것인지에 대한 전략도 함께 다루어져야 한다. 예를 들어, 발주자에 제출하는 리포트에 어떤 내용을 담을지, 새로운 상황이 발생하면 어떤 절차를 통해 어떻게 내용을 공유할지, 그리고 기업 내부적으로는 필요한 내용들이 적절한 담당자에게 주어진 시간 내로 전달할 수 있을지 등을 모두 고려한 프로세스를 구축해야 한다. 필요한 내용을 시의 적절하게 상대방에 통지할 수 있는 프로세스를 구축한다면 이것이 진정한 의미의 '기록 관리'가 되고, 이것은 불필요한 비용 증가와 오해로 인한 분쟁 상황을 예방하게 해 주는 좋은 수단이 될 수 있다.[2]

▌Contemporaneous Documentation

'기록 관리'의 또 다른 핵심은 문서화이다. 문서화는 어떤 내용을 어떻게 표현할 것인가로 이해할 수 있다. 모든 문서가 상대방과 공유될 필요는 없지만, 모든 정보는 적절하게 문서화되어야 한다. 그리고 문서화 작업은 그 일이 발생한 시점에 바로 이루어져야 한다. 이것을 전문 용어로 'Contemporaneous Documentation' 라고 표현한다.

어떤 내용들이 문서화되어야 하는지에 대해서는 그다지 고민할 필요가 없다. 프로젝트 수행 과정 중에 발생하는 거의 모든 일들을 문서화해야 하기 때문이다. 그 예로 다음과 같은 것들이 있을 수 있다.

- Daily Logs
- Correspondence
- Photographs
- Cost Reports
- Internal Correspondence
- Payment Records
- Material Delivery & Receiving Records
- Telephone Conversation Logs
- Cost Flow Schedules
- Job Cost Accounts Records
- Change Order Requested, Pending & Approved
- Time Records
- Video Tapes
- Minutes of Meetings
- Shop Drawing Logs
- Equipment Utilization Records
- Schedules

---

2) 시의적절한 통지 프로세스는 클레임 시에도 상당한 도움이 된다. 계약을 통해 부과한 의무를 적절하게 준수한 것이기 때문이다.

- Periodic Status & Progress Reports
- Labor & Productivity Costs
- Bid Work Sheets
- Production & Job Cost Summaries
- Requests for Information

어떤 내용들은 이렇게까지 해야 하나 싶을 정도로 심하게 세부적이지만 클레임이나 분쟁 상황에서는 이런 모든 기록들이 활용될 수 있으며, 문서가 작성된 시점 또한 매우 중요하게 간주된다. 사건이 발생한 시점에 바로 문서가 작성되어야 하는(Contemporaneous) 이유이다. 클레임을 위해 1년 전 세부 작업 기록들을 찾고 있는데 찾지 못하여 클레임을 위한 목적으로 문서를 새로 작성한 경우, 그 안에 들어있는 내용이 진실이라 할지라도 이 문서는 그 가치를 인정받기 어렵다.

앞서 언급한 바와 같이 이러한 모든 정보에 대한 문서를 작성했다 하더라도 모두 상대방과 공유할 필요는 없다. 계약에서 요구하는 문서에 대해서만 정해진 절차에 의거하여 전달해 주면 된다. 다만 이러한 정보들을 접한 담당자들은 이 중에서 어떤 정보를 취사 선택해서 상대방에 전달해 주어야 할지 고민해 보아야 한다. 대개 계약서에는 프로젝트에 영향을 줄 수 있는 사항에 대해서는 인지 시 상대방에 통지하는 의무를 계약자에 부과하기 때문이다. 단순히 문서화만 하는 것이 아니라, 중요한 내용을 선택하여 시의 적절하게 통지해 주는 것은 리스크 요인을 사전에 식별하여 빠른 대응을 통해 그 영향을 줄일 수 있고, 차후 발생할 수 있는 상황에 대해 계약 절차를 준수함으로써 스스로를 보호해 줄 수 있는 강력한 요인이 될 수 있다.

이와 같이 프로젝트에서 발생하는 모든 일들에 대한 문서화, 그 중 필요한 내용들을 선택하여 적절한 시점에 상대방에 통지해주는 등 이러한 모든 과정이 효과적인 '기록 관리'를 위해 필요하다.

▌ 잘못된 문서관리와 이유

기록 관리, 그 중에서도 문서 작성과 통지의 중요성에 대해 이렇게 강조하고 머리로는 이해하지만, 실제 현업에서는 생각대로 되지 않는다는 것을 많은 사람들이 경험한다. 많은 프로젝트 참여자들이 단순 문서와 기록 관리를 위해 많은 시간을 쏟고 있지만, 막상 분쟁 상황에 닥쳐 문서들을 점검해보면 기대와는 달리 충분한 정보를 담고 있지 않고 우리의 주장을 뒷받침해 주지 못한다. 실제 현업에서 발생할 수 있는 사례들을 통해 그 이유를 생각해보자.

- 상대방의 귀책 사유로 인해 추가적으로 발생한 작업에 투입된 실제 공수, 혹은 그로 인해 발생한 비효율, 즉 대기 시간과 같은 세밀한 요소들이 정확하게 기록되지 않는다. 클레임은 상당수 생산성(productivity)의 손실을 근거로 준비하는데, 세부적인 요소들이 정확하게 기록되어 있지 않다면 그 영향도를 계산해내기 어려우며, 뒷받침하는 근거가 부실하기 때문에 주장을 약화시킨다.
- 완료한 작업에 대한 기록은 그 작업의 성격에 따라 세분화하여 기록하여야 한다. 하지만 현업에서는 충분히 상세한 수준으로 기록 관리하기 어렵다는 현실적인 이유로 인해 그렇게 되지 않는 경우가 부지기수다. 배관 작업의 경우는 배관의 구경, 재질, 시스템 및 구역 등에 따라 그 성격을 분류할 수 있는데 그 성격을 고려하지 않고 기록하는 식이다. 예를 들어, 2″ 배관과 30″ 배관 작업에 대한 기록을 같은 구역에서 같은 시스템을 구성하고 있다는 이유만으로 따로 구분하지 않고 기록한다. 작고 가벼운 배관과 크고 무거운 배관을 설치할 때는 본질적으로 생산성이 차이가 날 수밖에 없는데 이러한 차이를 고려하지 않은 채 기록한다.
- 현장에서 매일 발생하는 일들이 기록되지 않는다. 그날 발생한 일들을 일지 형식으로 정리하고 공유하는 것은 앞서 중요성을 강조한 Contemporaneous Document의 핵심이다. 하지만 현업에서는 이러한 일지가 기록되지 않고, 기록된다 하더라도 대부분 내부 보고용이므로 다른 프로젝트 팀원들과 공유되지 않는다.

문서 관리가 잘 되지 않고 있는 사례를 몇 가지 들었는데, 실제로는 이보다 다양한 사례가 많을 것이다. 여러 이유가 있을 수 있지만 이렇게 문서 관리가 이상적으로 이루어지지 않고 있는 가장 큰 이유는 사실 간단하다. 문서 작업에 시간이 너무 많이 소요되기 때문이다. 특히 이러한 대부분의 기록 작업은 현장을 책임지고 있는 관리자나 작업 반장급에서 하는 수밖에 없는데, 그들 입장에서는 그렇게 많은 시간을 들여 세밀하게 기록 관리를 해야 할 이유를 찾지 못한다.

하지만 세밀하지 못한 기록 관리는 언젠가는 그로 인하여 문제가 발생할 수밖에 없다. 분쟁 상황이 발생하였는데 당사의 주장을 뒷받침해 줄 수 있는 근거 자료를 찾지 못하거나, 수행한 프로젝트의 정확한 데이터를 다음 프로젝트의 견적을 위해 전달해 주어야 하는데 자료가 부실해서 제대로 활용을 하지 못하는 경우도 있으며, 수행 과정 중 중요한 의사결정을 해야 하는데 근거가 되어야 할 데이터가 부실해서 잘못된 의사결정을 내릴 수도 있다. 이러한 것들은 그 영향이 눈에 띄게 드러나지는 않지만 인지하지 못한 채 계속적으로 쌓이면 결국에는 회사의 경쟁력을 좌우하는 주요 요소가 된다.

한 가지 다행인 것은 IT 기술의 발달로 문서를 관리하기가 한결 수월해졌다는 것이다. 문서 관리 시스템(Document Management System)의 도입으로 이제는 예전처럼 중요 문서를 팩스를 통해 보내거나 따로 출력해서 보관하지 않는다. 주요 문서를 시스템에 올리면 미리 지정된 수신자들에게 자동으로 전달되며, 문서가 등록되었다고 알림까지 주며 원본 문서는 서버에 저장해 놓는다.

현장에서는 모바일 기술의 지원을 받을 수 있다. 태블릿이나 스마트폰 등을 이용해서 그날 그날 벌어지는 일들에 대해 간단한 양식으로 일지를 작성할 수 있다. 이러한 시스템을 구축하는 것은 기술적으로 크게 어렵지 않은 사항이며, 손쉽게 사진까지 등록할 수 있다는 장점도 있다.

물론 기술과 시스템만 도입한다고 해서 모두 잘 돌아가지는 않는다. 무엇보다도 중요한 것은 실제 기록을 해 주어야 할 현업 담당자들이 그러한 기록의 중요성에 대한 인식을 제고할 수 있는 방안이 필요하고, 기록 관리에 들이는 시간을 최대한 줄일 수 있도록 훈련되어 있어야 한다. 이 모든 것들은 시스템이 도입된다고 하루 아침에 될 수 있는 것이 아니므로 많은 노력이 필요하며, 프로젝트의 책임자인 프로젝트 매니저가 많은 주의를 기울여야 할 부분이기도 하다.

▮ 불필요한 분쟁 방지 대책

어떤 회사도 프로젝트를 수행하며 손실을 입고 싶어하지 않는다. 클레임을 추진하지만 클레임은 단순히 상대방과 분쟁을 하기 위해서 추진하지는 않는다. 손실을 만회하기 위해 어쩔 수 없이 클레임을 진행하지만 중재와 같은 분쟁 상황까지 갈 시에는 많은 비용이 발생하는 등 그 부작용도 만만치 않다.

클레임을 추진할 때에 계약적 권리와 함께 가장 중요하게 간주되는 부분은 사실 관계에 대한 확인이며, 이는 적절한 기록 관리를 통해 확인할 수 있다. 클레임을 추진하는 당사자가 주장하고자 하는 계약적 권리와 손해 배상 청구를 입증하기 위해서는 주장을 뒷받침하기 위한 근거가 필요하다. 이를 입증하는 근거가 적절한 기록들이다. 다시 말해 적절한 기록 관리는 클레임을 성공적으로 추진하기 위해 필요한 필수 요소라 할 수 있다.

또한 적절한 기록 관리는 분쟁 및 클레임을 방지하는 역할도 한다. 클레임을 성공적으로 이끄는 동시에 클레임 자체를 방지한다고 할 수 있다. 역설적으로 들릴지 모른다. 하지만 적절하게 관리된 기록들을 근거로 하고 타당한 논리를 수립하여 상대방에 주장하면, 상대방이 이를 받아들일 수밖에 없기 때문에 애초에 클레임 및 분쟁 상황으로 가지 않을 수 있다. 즉, 적절한 기록 관리는 클레임으로 가지 않고 계약적 권리를 보장받기 위한 요건임과 동시에, 설령 클레임, 더 나아가 분쟁 상황으로 가더라도 성공적인 결과를 내기 위한 필수 요소라 할 수 있다.

┌─ **참고문헌** ─┐

- Navigant Construction Forum, 2013, Delivering Dispute Free Construction Projects
- Tim Martin, 2011, International Dispute Resolution
- Ronald E. Downing, Andrew Avalon, Curtis W. Foster, 2018, The Impact of Poor Contemporaneous Project Records on Claims Preparation and Expert Analysis
- Michael V. Griffin, 1993, How to Avoid Construction Claims, and What to Do About Them if They Occur
- Michael Payne, 2014, Contemporaneous Documentation is Not Always a Good Thing
- Samantha Ip, 2002, An Overview of Construction Claims: How They Arise and How to Avoid Them

Alternative Dispute Resolution(ADR)

우리는 살다 보면 원하지는 않지만 타인과 갈등 관계에 놓이는 상황을 자주 마주한다. 이때 그 원인을 찾아보면 상당수는 돈 문제 때문에 발생한다. 비즈니스에서도 마찬가지다. 일을 진행하다 보면 거래를 하는 상대방과 갈등으로 이어지는 경우가 상당히 많다. 비즈니스라는 것이 결국은 돈을 벌기 위한 목적인데 돈을 통해 관계가 만들어지다 보니 많은 갈등이 생길 수밖에 없는 것은 당연한 일이라 할 수 있다.

평소 대인 관계에 있어서는 갈등이 생기면 단순히 관계를 끊어버리면서 정리할 수도 있지만 돈 문제가 엮이면 그렇게 하기가 쉽지 않다. 비즈니스의 세계에서는 더하다. 돈과 계약으로 엮여 있기 때문에 단순히 관계를 끊어버린다고 될 일이 아니다. 이러한 갈등 관계가 해소가 되지 않으면 결국 법과 절차에 의거해서 누구 주장이 옳은지 시시비비를 가려야 한다. 이러한 분쟁을 전문 용어로 'Dispute'라 하고 분쟁을 해결하는 절차를 'Dispute Resolution'이라 한다.

대표적인 분쟁을 해소하는 방법으로는 법원 소송이 있다. 법원에 제소해서 국가로부터 그 권한을 위임 받은 판사가 누구 말이 옳은지를 결정해 주는 방법이다. 하지만 법원 소송은 여러가지 단점이 있다.

첫 번째로는 시간이 오래 걸린다는 점이다. 대부분의 민주 국가에서는 3심제를 택하고 있어 재판에서 패소해도 두 번까지 항소를 할 수 있다. 3심까지 가게 되면 최종 결론이 날 때까지 시간이 얼마나 걸릴지 모른다. 두 번째 문제는 그 과정에서 비용이 많이 소요된다는 점이다. 소송을 하기 위해서는 우선 변호인을 선임해야 하고 다양한 법률 서비스를 받아야 한다. 소송을 통해 되찾고자 하는 금액이 크지 않은 경우는 그 금액보다 변호인에 지불해야 하는 금액이 더 큰, 배보다 배꼽이 더 큰 경우가 발생할 수도 있다. 마지막으로는 법원을 통해 최종 결론이 난 사건들은 그 상세한 내용과 판결 과정이 대중에 공개된다는 것이다. 치열한 국제 비즈니스의 경쟁 상황을 감안하면 기업 입장에서 이 부분이 부담스러울 수 있다.

따라서 분쟁 상황이 발생하더라도 굳이 법원까지 가지 않고 그 전에 결론을 내고 그 과정에서 들어가는 비용을 줄이기 위한 목적으로 대안적인 분쟁 해결 절차가 등장하게 된다. 이를 Alternative Dispute Resolution(ADR)이라 한다. 법적인 요소가 많아 상세히 다루지는 못하지만, 실무진들에게 필요한 수준에서 ADR의 종류와 절차, 알아두어야 할 점 등을 간략히 다루어 본다.

▌Alternative Dispute Resolution(ADR)의 종류

대부분의 건설/플랜트 계약서에는 분쟁 상황이 발생했을 때, 어떤 절차로 어떻게 해결할 것인지에 대한 문구가 포함되어 있다. 이때 소송을 통해서 해결한다는 문구가 있는 경우도 있지만, 상당수는 위에서 언급한 이유 때문에 대안적인 분쟁 해결 절차(ADR)를 통해 해결하도록 기술되어 있다.

분쟁을 해결하는 절차는 여러 가지가 있는데, 그 중 가장 시간과 비용 소모가 큰 법정 소송(Litigation)을 제외한 다른 절차들을 ADR이라고 부른다. 그 중 법정 소송(Litigation)과 가장 유사한 형태인 중재(Arbitration) 또한 ADR로 간주하지 않는 경우가 많지만, 중재는 건설/플랜트 산업에 종사하는 사람들에게 가장 익숙한 분쟁 해결 절차이기 때문에 함께 설명하도록 한다.

다음 그림은 분쟁 해결 절차의 종류 중에 강도가 약한 절차에서부터 가장 강한 절차까지 도식화해서 보여준다. 여기서 강도는 걸리는 시간, 비용 및 상호간에 가질 수 있는 적대적 태도 등을 모두 포함한 의미이다. 가장 강도가 강한 절차는 법정 소송(Litigation)이며, 그 외 나머지 절차들은 모두 ADR에

빠르고, 싸고, 관계 친화적임	Negotiation – 분쟁을 해소하는 가장 일반적인 방법, 당사자가 분쟁을 해소하기 위해 스스로 노력함.	비 적대적인 (Non-adversarial) 방법
	Mediation – 제3자의 도움을 받는 사적이고 조직화된 협상. 최종 합의되면 계약적으로 구속력을 가짐.	
	Conciliation – Mediation의 한 방법이나, 조정자(conciliator)가 해결책을 제시할 수 있음.	
	Neutral Evaluation – 법적으로 공인된 제3자가 분쟁시 법정에서의 예상 결과를 제시하는 방법. 일반적으로 계약적인 구속력을 가지지 않음.	
	Expert Determination – 분쟁 안건에 대해 독립적인 전문가가 판단을 내리는 방법. 일반적으로 계약적인 구속력을 가짐.	
	Adjudication – 중재(Arbitration)과 유사한 절차이나, 상시 운용될 수 있고 더욱 간단한 절차를 가짐.	
시간이 오래 소요되고, 비싸며, 관계 친화적이지 않음	Arbitration – Commercial Dispute에서 가장 널리 이용되는 절차이며, 선임된 중재관(Arbitrators)에 의해 판결이 내려짐.	적대적 (Adversarial) 방법
	Litigation – 공식적인 소송 절차.	

포함된다고 볼 수 있다.

가장 강도가 약한 것으로 간주되는 방법은 협상(Negotiation)이다. 업무에서 뿐만 아니라 일상 생활에서도 항상 따라다니는 방법이므로 특별한 부연 설명은 하지 않는다. 소송 다음으로 강도가 강한 것은 중재(Arbitration)이다. 법정 소송과 유사한 성격을 많이 가지고 있으며, 비즈니스 세계에서 분쟁 발생 시 가장 선호되는 절차이기도 하다. 협상과 중재 사이에는 조정(Mediation), 전문가 결정(Expert Determination), 분쟁 조정 위원회(Dispute Adjudication Board) 등의 절차가 있는데 그 중 몇 가지에 대해 간략히 다뤄보도록 하겠다.

▌조정(Mediation)

조정(Mediation)은 외부의 도움을 받은 협상이라 생각하면 된다. 조정 절차를 위해서 한 명의 독립적인 조정인(Mediator)이 선정되어 양쪽과 모두 이야기를 한다. 독립적인 조정인이 일종의 협상 중개자 역할을 하는 것이다. 이 조정인은 협상이 원활하게 이루어질 수 있도록 가이드를 제시해주기도 하고 각자 무엇을 필요로 하는지를 파악하여 합의에 이를 수 있는 조건을 만든다.

Assumptions	Arbitration	Mediation
Facilitators	3 Arbitrators	1 Mediator
Internal Counsel per Party	1	1
External Counsel per Party	3 (1 Partner + 2 Assoc.)	1 Partner
Witnesses for both Parties	10 (6 fact + 4 expert)	0
Document Production	Moderate	None
Venue	London, UK	London, UK
Hearing Time	1 week	2 days
Cost Items	**Arbitration**	**Mediation**
Institution	72,500	8,000
Arbitrators/Mediator	408,500	25,000
Internal Counsel	100,000	10,000
External Counsel	2,000,000	50,000
Facilities	5,000	2,000
Document Production	50,000	0
Witnesses	100,000	0
Travel	100,000	25,000
Total Costs	**US$ 2,836,000**	**US$ 120,000**
Average Time	**Arbitration**	**Mediation**
Hearing	1-3 weeks	1-2 days
Preparation	12-18 months	3-5 days
Overall Resolution Time	18-24 months	2-3 months

출처: International Mediation: An Evolving Market, A. Timothy Martin

이때 조정인은 각자의 계약적 권한보다, 양사가 실제로 원하는 것이 무엇인지를 파악하는 데 주력한다.

따라서 조정의 성공 여부는 상당수 조정인의 역량에 달려 있다고 할 수 있다. 조정 절차 시 성공 확률은 대략 70%가 넘는다고 하는데, 조정 과정에서 양사의 의사소통을 촉진하고, 전문가(조정인)의 도움을 받아 감정에 치우치지 않는 현명한 절충안을 제시할 수 있다.

중재(Arbitration)나 다른 강한 분쟁 해결 절차 대비 조정이 가지는 강점은 역시 비용과 시간이다. 조정 과정을 통해 합의에 이르게 되면 그 과정에서 소요되는 비용이 상대적으로 매우 적으며, 걸리는 시간 또한 매우 빠르다. 위의 표는 ICC[1]를 통해 2,500만 달러가 걸린 클레임에 대해 중재(Arbitration) 절차와 조정(Mediation) 절차를 적용했을 때 소요되는 시간과 비용을 시뮬레이션

---

1) ICC: International Chamber of Commerce, 국제상업회의소

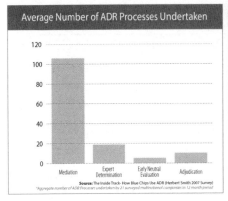

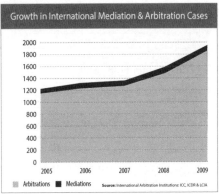

출처: Dispute Resolution in the International Energy Sector: An Overview, A. Timothy Martin

해 본 결과이다. 이 결과는 같은 분쟁 케이스에 중재 절차를 적용했을 때 약 2년의 시간이 걸리고 비용은 280만 달러 정도가 들어가는데, 조정 절차를 적용 했을 때는 결과가 나오는데 약 3개월의 시간이 걸리고 소요 비용은 12만 달러 밖에 들어가지 않는다고 얘기해준다. 이만큼 분쟁 해결 시 조정 절차를 적용하면 중재 대비 상당히 시간과 비용을 아낄 수 있다.

참고로 위 그래프에서 볼 수 있듯이 중재(Arbitration)를 제외한 다른 방법 중에 가장 많이 이용되는 방법은 조정(Mediation)이다. 전문가 결정(Expert Determination)과 같은 다른 방법보다 월등히 많이 이용되고 있다. 하지만 조정(Mediation) 또한 중재(Arbitration)와 비교하면 차이가 많이 난다. 확실히 중재(Arbitration)가 비즈니스의 세계에서 가장 선호되는 분쟁 해결 절차라 볼 수 있다.

▌전문가 결정(Expert Determination)

전문가 결정은 분쟁 자체보다는 청구 금액의 적합성이나 기술적인 쟁점을 해결하는 데 초점을 맞춘다. 따라서 해당 영역에 전문성을 갖추고 있는 제

3의 전문가를 찾아서 쟁점에 대한 해결을 요청한다. 그렇기 때문에 법이나 계약 조항, 사실에 대한 논점이 있는 분쟁의 경우 전문가 결정 절차는 그다지 적합하지 않으며, 분쟁의 핵심이 기술적 요인에 있을 때 적합한 편이다. 이러한 점들 때문에 전문가 결정을 통해 결론이 난다 하더라도 이것이 구속력을 가지거나 최종 결정이 되는 경우는 많지 않다. 첨예하게 대립하고 있는 쟁점에 대해 전문가 한 사람이 결론을 내리는 상황에 대해 논란이 많기 때문이다. 따라서 전문가 결정 절차는 전세계적으로 널리 사용되는 절차는 아니라고 할 수 있다.

▌분쟁 조정 위원회(Dispute Adjudication Board; DAB)

분쟁 조정 위원회(Dispute Adjudication Board; DAB)는 대표적인 표준 계약서인 FIDIC에서 추구하는 분쟁 해결 절차이다. DAB의 가장 큰 특징은 분쟁 해결을 위한 위원회를 설치하는 것이다. 이 위원회를 구성하는 사람은 한 명이 될 수도 있고 세 명이 될 수도 있으며, 이들은 건설/플랜트 산업과 계약을 해석하는 데 있어 전문성을 가지고 있어야 한다. 또한 그들은 그들을 고용한 양쪽, 즉 분쟁 당사자들과 법적으로, 사적으로, 그리고 경제적으로 관계를 가져서는 안 된다. DAB의 위원 구성은 일반적으로 3명으로 되어 있는데, 양사가 한 명씩 지정하고 세 번째 위원은 양사의 합의에 의해 선정한다.

미국에서는 일반적으로 DAB와 유사한 Dispute Review Board라는 형태의 위원회를 구성하는 경우가 많은데, DAB와 거의 비슷하지만 한 가지 다른 점은 Dispute Review Board의 결정은 대개 구속력을 가지지 못한다는 점이다. 이와 달리 FIDIC에서의 DAB의 결정은 계약을 통해 구속력을 가지도록 설정되어 있다.

DAB가 운영되는 방식은 크게 두 가지이다. 첫째는 프로젝트 시작부터 위원회가 구성되어 완료될 때까지 상시적으로 운영되는 상설 위원회이다. DAB는 지속적으로 계약이 수행되는 방식을 관찰하고, 분쟁 발생 시 즉각적으로 위원회가 열려 분쟁을 해결한다. 다른 하나는 분쟁이 발생할 시에만 위원회가 구성되는 'ad-hoc' 방식인데, 분쟁 시에만 위원회가 구성되므로 시간이 조금 더 소요되는 단점이 있다.

　DAB의 결정이 계약적으로 구속력을 가진다 하더라도, 그 결과에 만족하지 못할 시 중재(Arbitration) 신청을 하는 것은 일반적으로 허용된다.

▌중재(Arbitration)

　중재(Arbitration)는 가장 많이 이용되는 분쟁 해결 절차이며, 그래서 우리에게 나름 친숙하기도 하다. 중재 절차가 다른 분쟁 해결 절차에 비해서 선호되는 이유는 여러 가지이다. 우선 조정(Mediation)이나 분쟁 조정 위원회(Dispute Adjudication Board; DAB)와 같은 다른 분쟁 해결 절차 때보다 더욱 전문성을 가진 사람들로부터 판단을 받을 수 있다. 또한 법정 소송(Litigation)과 마찬가지로 법적인 구속력을 가지기 때문에 대부분의 경우 중재(Arbitration) 절차를 통해 결론이 나면 더 이상의 분쟁 해결 절차가 허용되지 않는다.[2] 공식적인 법정 소송(Litigation)과 비교하면 소송과 달리 내용이 공개되지 않는, 기밀이 유지될 수 있는 장점이 있고, 중재 자체도 다른 분쟁 해결 절차보다 필요한 비용과 시간이 상당히 많지만, 그래도 법정 소송보다는 상대적으로 적다는 장점도 있다.

　중재 절차에서도 마찬가지로 중재자(Arbitrator)의 역할이 매우 중요하다. 중재자는 자신의 전문성을 이용하여 쟁점을 분석하지만, 필요시 다른 전문가의 도움을 받을 수도 있다. 중재자는 기술적 요소를 파악하고, 각종 문서들을 검토하며, 분쟁 당사자들을 불러 인터뷰하고 검증하는 등 다양한 업무를 수행한다. 중재자는 분쟁과 관련된 모든 문서를 요구할 권리가 있으며, 심지어는 계약 조항이 양사의 의사를 충분히 반영하지 못하였다고 판단할 때에는 계약

---

2) 1958년 뉴욕의 UN 본부에서 48개국의 대표가 참석하여 외국 중재판정의 승인 및 집행에 관한 UN 협약(United Nations Convention on the Recognition and Enforcement of Foreign Arbitral Awards)을 채택하여 이른바 '뉴욕협약'이 발효되었다. 이에 따르면 해외에서 내려진 중재 판정에 대해서 법적인 효력이 인정된다. 우리나라도 뉴욕 협약에 1973년에 가입하였고, 따라서 협약 가입국에서의 중재 판정들은 우리나라에서도 법적인 효력을 가진다. 중재 판정 이후에 별개로 소송(Litigation)을 내어도 의미가 없는 이유이다. 다만, 중재자(Arbitrator) 선정 과정에서 문제가 있거나 중재자가 당사자와 이해 상충의 문제를 가지는 것과 같은 극히 일부 예외적인 경우에는 추가 소송(Litigation)을 통해 중재 결과가 뒤집히는 경우가 있기는 하다.

서를 수정(amend)하도록 할 수 있는 권한까지 가지고 있어 DAB에서의 위원
보다 훨씬 강력한 권한을 가진다.

중재에 들어갈 때, 구체적으로 중재자를 선임하는 방법, 통지하는 방법
및 시기, 중재자의 권한 등의 구체적인 절차는 계약서를 통해 규정한다. 대개
의 경우는 국제적으로 중재를 관할하는 단체들이 있는데, 각 단체들이 수립한
표준 절차를 따르게 된다. 중재 절차를 위한 모든 문서는 상호 간에 공유되
고, 인터뷰할 시에는 양 사가 모두 참석한다.

분쟁의 규모가 큰 경우에는 중재자가 청문회(hearing)를 요청하기도 하는
데, 청문회 시에는 양사가 각자 주장하는 내용의 논지 등을 정리하여 미리 제
출하고 청문회에서 발표한다. 이때 증인들(Witness)을 동원하여 각자의 논지
를 뒷받침하는데, 이러한 과정들은 실제 법정과 유사하다. 영국과 같은 경우
는 실제 법정과 마찬가지로 Arbitration Act에 의거하여 증인들이 선서를 하기
도 한다.

이러한 중재(Arbitration) 절차는 법정 소송(Litigation)의 대안으로서 많은
장점을 제공하고 국제적으로 점점 더 널리 활용되고 있지만, 최근에는 중재에
대한 비판적인 시각이 많이 나오고 있는 상황이다. 가장 큰 이유는 중재 절차
가 점점 소송 절차와 비슷하게 된다는 것이다. 그것은 즉, 소송 대비 중재 절
차의 가장 큰 장점인 상대적으로 빠른 판결 및 적은 비용이 점차 사라져가고
있다는 것을 의미한다. 위 언급한 바와 같이 중재 절차는 갈수록 소송 절차와
비슷해 지고 있고, 분쟁 규모가 크면 로펌들이 중간에 관여하게 되어 시간이
오래 걸리고 비용은 늘어난다. 청문회와 동원되는 증인들, 외부 전문가들의
수도 계속 늘어나는 상황이다. 또한 중재자들이 대개 전문적으로 법적인 훈련
을 받아온 사람들이 아니기 때문에 판결의 신뢰성에 대한 의문을 제기하는
사람들도 늘어나고 있는 형편이다.

▌중재지(Seat of Arbitration) 선정

한국에서 분쟁이 생기면 한국 법에 의거하여 판단을 받으면 되지만 국제
비즈니스에서 분쟁이 생기면 어느 법에 따라 어느 곳에서 판단을 받아야 하

는지 애매하다. 따라서 계약에서는 준거법(Governing Law)이라는 개념을 통해 계약을 해석하는 근거법이 어디에 있는지 확실하게 한다. 이때 준거법을 선정할 때는 신뢰할 수 있어야 하고, 공신력이 있어야 하며, 관련한 법률 서비스 인프라가 잘 조성되어 있는 곳을 선호한다. 이러한 이유로 건설/플랜트 계약에서 발주자가 속한 국가의 준거법을 쓰지 않는 경우에는 상당수 영국법, 정확하게는 잉글랜드법(England & Wales)을 준거법으로 선택하는 경우가 많다.

중재지(Seat of Arbitration)를 선정할 때는 준거법을 따라가는 경우가 많다. 분쟁에 대한 계약적 해석을 할 때 결국 계약의 바탕이 되는 준거법을 고려할 수밖에 없는데 중재지와 준거법의 국가가 동일하면 여러모로 편리하기 때문이다. 하지만 준거법의 국가와 중재지가 반드시 일치해야 하는 것은 아니다. 예를 들어 준거법은 영국법이지만, 중재지는 한국인 경우도 있다.

계약서를 통해 특정 국가(혹은 도시)를 중재지로 선정한다는 것은 중재 절차가 그 나라의 관련법에 의거해서 진행된다는 것을 의미한다. 따라서 계약 전 중재지에 대해 검토할 때, 중재지의 법, 그리고 중재 절차 등에 대해 신뢰할 수 있는지, 또한 그 분야에 경험이 있는 인력을 쉽게 구할 수 있는지 등에 대해 고려해야 한다. 물론 익숙하지 않은 중재 절차 때문에 분쟁 시 뜻하지 않은 피해를 보지 않도록 국제적으로 공신력 있고 표준적인 중재 절차를 제공해 주는 기관들이 여럿 있다. 그 중에서 몇 곳을 다음과 같이 소개한다.

- ICDR-AAA(International Centre for Dispute Resolution - American Arbitration Association): 미국 뉴욕에 본부를 둔 ADR을 위한 비영리 단체. 1926년에 설립되었다.

https://www.icdr.org/

- International Chamber of Commerce(ICC): 프랑스 파리에 본부를 둔 국제상공회의소. 1920년에 발족하였으며, 130개국 이상에서 수만 개의 회원사들을 보유하고 있다.

https://iccwbo.org/

• London Court of International Arbitration(LCIA): 국제 중개 기관으로 영국의 런던을 본부로 한다. 1891년에 처음 설립되었다.

https://www.lcia.org/

이 외의 우리나라의 대한상사중재원 또한 최근에 영역을 많이 넓혀가고 있다. 1966년에 대한상공회의소 부설기관으로 처음 설립되었으며, 서울 삼성동에 위치한다. 국제적으로 신뢰성을 쌓아가며 최근에는 선진국뿐 아니라 중동이나 동남아시아와 같은 국가에서의 분쟁 해결에 기여하고 있다.

http://www.kcab.or.kr/

참고문헌

• A. Timothy Martin, 2011, Dispute Resolution in the International Energy Sector: An Overview
• Tim Martin, 2011, International Dispute Resolution
• A. Timothy Martin, 2011, International Mediation: An Evolving Market

건설 산업과 계약의
새로운 흐름

3부에서는 2부에서 다루었던 건설 계약에 대한 본질적인 이해를 넘어, 현재 산업이 추구하고 있는 방향, 새로운 시대를 이끌어갈 새로운 흐름 등에 대해 다루고자 한다.

건설 산업은 전통적으로 보수적이고, 관습에 의존하며, 생산성이 낮고, 반 혁신적이라 손가락질 받아왔다. 기술의 발달과 더불어 다른 산업들은 시간이 지날수록 생산성을 상당히 개선해 왔는데, 건설 산업은 지난 수십 년간 획기적인 생산성 향상에 실패해 왔다.

건설 산업의 생산성 트렌드(타 산업과의 비교)

Labor productivity (gross value added per hour worked, constant prices)

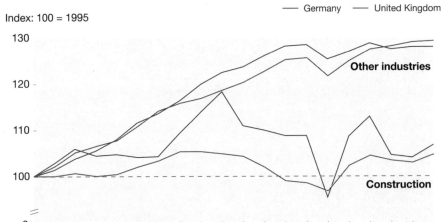

출처: Beating the low-productivity trap: How to transform construction operations, McKinsey & Company

이렇게 생산성이 개선되지 못한 이유는 여러 가지가 있겠지만, 세상은 최근에 불어오고 있는 디지털 전환(Digital Transformation)이라는 시대적 조류와 함께 지속적으로 건설 산업에 혁신을 요구하고 있다. 특히 IT 기술과 데이터 활용의 발전과 함께 건설 산업 또한 이러한 흐름에 발맞추어 바뀔 것을 요구 받는다.

비단 최첨단 기술만이 생산성을 향상시키는 것은 아니다. 건설 산업 내에서 내재된 리스크를 어떻게 배분하고, 전체적인 조달 경로, 즉 계약 구조를 어떻게 가져가느냐에 따라 혁신적인 생산성 향상이 가능하다. 이에 따라 업계 자체적으로도 산업에 내재된 비효율을 제거하고, 더욱 효과적으로 프로젝트를 수행할 수 있도록 여러 가지 개선 방향을 추진하고 있다.

본 3부에서는 주로 이러한 내용들을 다룬다. 그리고 건설 산업 내 여러 사안들에 대한 필자의 생각 또한 같이 담아보았다. 이러한 내용들은 필자가 평소 가지고 있던 생각들을 독자들과 공유하면서 같이 생각해 보고자 하는 목적이니, 독자 여러분들도 읽고 같이 고민해 보셨으면 하는 바람이다.

EPC에 대한 생각

우리나라 건설/플랜트 산업은 90년대 이후 본격적으로 세계 무대에 진출하기 시작했다. 90년대 이전에는 값싼 노동력을 내세워 중동 지역에서 글로벌 건설사의 하도급 작업 위주로 많이 하였으나, 90년대부터는 대형 프로젝트의 주 계약자로서 활동해 왔다. 특히 2000년대부터는 중국이 빠른 성장과 함께 세계의 공장 역할을 하여 세계적인 경기 활황을 주도해오며 이에 따라 석유를 비롯한 원자재 가격이 급등하였고, 그 결과로 대형 석유 시추 및 생산 플랜트, 정유 및 석유화학 플랜트 등 굵직한 프로젝트들이 상당수 등장하여 우리 기업들은 이런 프로젝트들을 수주하며 성장해왔다.

하지만 2008년 금융위기 이후 어느 순간부터 우리나라를 대표하는 건설/조선사들이 대형 플랜트 공사에서 상당한 수준의 손실을 입고 한순간에 빅배스(Big bath)[1]하는 일들이 벌어지기 시작했다. 경쟁적으로 해외에서 대형 공사 수주를 발표했던 기업들이 어느 순간 순차적으로 대형 적자를 신고했다. 앞으로 대한민국을 먹여 살릴 새로운 블루 오션이라 생각하여 들떠 있던 시장 참여자들은 싸늘한 시선으로 건설/플랜트 기업들을 바라보기 시작했다.

---

1) 빅배스(Big bath): 기업에서 최고경영자(CEO)가 새로 부임하면 가끔 본인이 취임하기 전 그동안 쌓였던 손실(누적 손실)이나 그로 인한 앞으로의 잠재적 부실까지 한꺼번에 회계장부에 반영하는 일을 칭하는 용어. 과거 부실을 일회성으로 털어버리면서 신임 CEO는 이에 대한 책임을 덜게 된다.

이 시기에 언론 등을 통해 자주 접할 수 있었던 단어가 EPC이다. 많은 전문가들이 예기치 못했던 대형 적자의 원인을 EPC로 지목한 것이다. 우리나라 기업들이 아직 EPC를 수행할 수 있는 역량이 되지 못하는데 매출 성장을 위해 무리하게 대형 EPC 프로젝트들을 수주했다고 그 원인을 진단하였다. 특히 축적된 설계 역량이 아직 미진한데 Engineering에 대한 책임을 가져가는 EPC 구조는 아직 우리 기업들이 부담하기에는 무리였다고 한다.

본 글을 읽고 계실 업계 종사자들은 상당수 EPC 프로젝트를 경험해 보았을 것이라 생각한다. 다만 우리는 EPC 프로젝트를 수행할 때 EPC가 과연 무엇인지 제대로 이해하고 있었을까? EPC는 설계를 우리가 수행해야 하는데 아직 그 역량이 되지 않는다는 생각, EPC는 Lump Sum 보상 구조를 가지기 때문에 위험하다는 생각, 이러한 생각들이 과연 우리가 EPC에 대해 본질적으로 이해하고 있는 것인지 생각해 볼 필요가 있다.

▌EPC는 계약 구조의 한 가지 형태

EPC를 대표하는 가장 큰 특징은 설계와 시공을 하나의 계약자가 수행한다는 데 있다(구매는 일반적으로 설계와 같이 묶이므로 설계에 포함시켜 간주). 전통적인 구조에서는 발주자가 별도의 설계자를 선정해서 설계를 진행한 후, 설계 결과물(Bill of Quantities; BoQ)을 기반으로 입찰을 진행하고, 최적의 제안서를 제출한 시공 계약자를 선정해서 진행해 왔는데, 프로젝트에 내재된 리스크에 적절히 대응하기 위한 방안 중 하나로 설계 및 시공을 하나의 계약자에 맡기는 형태로 등장한 방법이 EPC이다. 프로젝트 특성에 따라 전통적인 설계/시공 분리 방식보다는 하나의 계약자에 맡기는 것이 발주자는 내재 리스크를 줄이는 방법이라고 판단한 것이다.

이때, 핵심은 설계를 누가 수행하느냐 보다 설계에 대한 책임을 누가 가져가느냐이다. 선정된 계약자가 설계를 직접적으로 수행하지 않아도 이에 대한 책임을 가져간다면 이는 EPC라 할 수 있다. 예를 들어, 플랜트 업계에서 설계와 시공에 모두 강점을 가지는 계약자는 많지 않다. 플랜트 설계는 오랜 기간 축적된 경험이 중요하여 설계에 강점을 가진 기업들은 유럽이나 미국 등 기존 선진국에 상당수 분포되어 있지만, 시공은 현장 노무비에 대한 가격 경쟁력이 중요하기 때문에 인건비가 높은 선진국 기업들은 이에 대한 강점을 가지기 어렵다. 따라서 우리가 쉽게 접하는 EPC 계약은 설계 혹은 시공 중 하나에 강점을 가지고 있는 계약자가 EPC 계약을 맺은 후 자신이 강점을 가지지 않은 다른 분야를 다른 기업에 하도급 계약을 주는 구조로 이루어진다. 전문 설계 회사가 EPC 계약을 맺는다면, 시공 부분을 이에 강점을 가진 다른 기업에 하도급을 주는 형태로 이루어지고, 시공에 강점을 가진 회사가 EPC 계약을 맺는다면, 설계 부분을 전문 기업에 맡기는 경우가 많다.

혹자는 이에 대해 설계를 직접 수행하지 않으므로 EPC 계약이 아니라고 한다. 하지만 이는 명백히 EPC의 의미를 잘못 이해하고 하는 얘기다. EPC의 본질은 특정 작업을 누가 수행하느냐가 아닌, 그 결과에 대해 누가 책임을 지느냐에 있다. 따라서 EPC 계약자가 설계를 하도급을 주더라도 그 결과에 대한 책임은 EPC 계약자가 질 수밖에 없다.

대형 플랜트 계약에서 그 구조를 단순화해서 EPC라 얘기하지만, 실제로는 이에 더해 더욱 세부적인 부분이 많다. 단순 시공을 넘어서 최종 단계인 IC(Installation & Commissioning) 부분까지 포함하여 EPCIC라고 부르고, 이렇게 프로젝트의 모든 부분을 책임져서 만들고 최종 결과물만 발주자에 넘긴다는 의미에서 Turn-Key[2]라고 부르기도 한다. 해양 플랜트나 해상 풍력 프로젝트와 같은 경우에는 해상 운송 및 설치(T&I; Transportation & Installation), 혹은 해저 작업(Subsea) 등과 같은 전문적인 사업자가 필요한 영역이 포함되기도 한다.

전세계에서 이러한 모든 영역을 독자적으로 수행할 수 있는 기업은 존재하지 않는다. 이러한 모든 부분에 대한 역량 및 설비를 보유하며 독자적으로 수행하기에는 고정비 등의 문제로 효율성이 매우 낮기 때문이다. 따라서, 특히 해당 영역이 전문적일수록, 각각의 영역에 강점을 가진 기업들이 존재하고, EPC 계약자는 이러한 모든 영역을 직접 수행하는 것이 아닌, 각 강점을 가지고 있는 기업에 하도급 및 외주를 주는 방식으로 구조가 형성된다. 그렇기 때문에 EPC 계약은 누가 특정 업무를 수행하느냐가 아닌 누가 책임을 가

---

2) Turn-Key: 프로젝트의 모든 사항을 계약자가 마무리하고, 고객은 마지막에 열쇠를 꽂고 돌리기만 하면 된다는 의미에서 Turn-Key 계약이라 부른다.

져가느냐로 그 본질을 정의할 수 있다.

이러한 EPC 계약의 속성은 어떻게 보면 너무나도 당연할 수 있지만, 그 본질적인 의미를 이해한다면 우리에게 많은 시사점을 준다.

▌EPC 계약 기준

EPC 계약이 전통적인 설계 - 입찰 - 시공(Design-Bid-Build) 계약 구조와 다른 또 하나의 큰 특징은 시공 계약이 이루어지는 시점이다. 전통적인 계약 구조에서는 설계가 완료된 후, 즉 도면과 상세 물량(Bill of Quantities; BoQ)을 기준으로 시공 계약이 이루어진다. 하지만 EPC 계약에서는 설계와 시공을 하나의 계약자에 맡기기 때문에 완성된 설계 도서를 토대로 시공 작업에 대한 견적이 이루어지지 않는다. 대신 EPC 계약자는 입찰 시 프로젝트 요구 조건 (Project Requirements)과 시방서(Specification)를 토대로 견적을 한다.

확정된 디자인, 그리고 이에 따른 물량을 기준으로 견적하게 되면 전체 계약 범위(Scope)에 대한 변동성이 적기 때문에 그만큼 견적에 대한 확실성이 높아진다. 따라서 계약자 입장에서는 그만큼 리스크가 크지 않다. 반면에 요

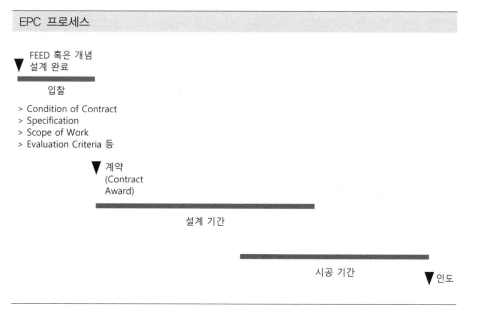

EPC 프로세스

FEED 혹은 개념
▼ 설계 완료

입찰
> Condition of Contract
> Specification
> Scope of Work
> Evaluation Criteria 등

▼ 계약
(Contract
Award)

설계 기간

시공 기간   ▼인도

구 조건(Requirements) 및 시방서(Specification)는 확정된 물량을 제공하지 않는다. 대신 계약자가 만들어서 발주자에 인도해주어야 할 계약 대상물의 특성에 대한 요구조건 및 특성을 서술한다. 발주자는 계약 조건 및 시방서를 통해 계약자가 원하는 목적물을 최대한 상세히 표현하고자 하지만, 애초에 설계가 진행된 상황이 아니기 때문에 모든 조건을 완벽히 서술하기는 기술적으로 불가능하다. 이는 다른 말로 하면 계약자가 제공된 조건과 시방서를 이해하고 이를 어떻게 해석하느냐에 따라 디자인에 대한 계약자의 자율성이 매우 크다고 할 수 있다. 즉, 계약자의 축적된 경험과 역량에 따라 요구된 조건과 사양을 구현하는 데 있어 디자인과 필요한 물량이 크게 달라질 수 있으며, 이는 계약자의 수익 구조와 직결된다.

물론 EPC이긴 하지만 단순 요구 조건이나 시방서 기준으로만 견적하는 경우가 아닌, 어느 정도 수준의 설계 결과물을 기반으로 견적하는 경우도 있다. 대표적인 경우가 대형 플랜트 프로젝트에서 많이 수행하는 FEED(Front End Engineering Design)이다. FEED는 일반적으로 기본 개념을 확정한 이후 기술적으로 상세 스터디를 수행하고, 투자에 필요한 규모가 어느 정도 되는지 대략적으로 산출하기 위해 수행한다. 따라서 최종 투자 결정(Final Investment Decision; FID)은 FEED 완료 이후에 이루어지는 경우가 많다. FID 이후 EPC 계약이 이루어지므로 EPC 계약자는 계약 요구 조건, 시방서 및 FEED 산출물을 토대로 견적을 수행한다.

이 외에도 상세 확정 물량(Bill of Quantities; BoQ)이 아닌 어림 물량(Bill of Approximate Quantities; BoAQ)을 기준으로 EPC 계약을 추진하는 경우도 있다. 이 경우 설계가 어느 정도 진행되어야 BoAQ 산출이 가능하기 때문에 발주자는 우선적으로 설계에 대한 계약을 맺고 설계를 진행한다. 어느 정도 진행되고 나면 어림 물량(BoAQ)을 기준으로 시공에 대한 입찰을 진행하는데, 계약자가 선정되면 발주자는 기존에 맺어놓은 설계 계약을 선정된 계약자에 이관한다(Novation). 이로써 선정된 계약자가 설계와 시공을 총괄하는 EPC 계약자가 되는 형태이다.

EPC 계약자가 견적을 하는 다양한 형태가 있지만, 기본적으로 EPC 계약에서는 계약자가 디자인에 대한 책임을 가지며 확정되지 않은 물량을 기준으로 견적을 수행한다. 다시 말해, 만들어야 하는 대상물의 전체 범위, 세부적으로는 상세 물량에 있어서 변동 가능성이 크고 이는 계약자에 있어 가장 큰 리스크로 인식된다.

▎EPC 계약에서의 리스크 배분

제6장 〈계약과 리스크〉에서 다루었듯이 계약의 구조를 정하는 기준은 프로젝트에 내재된 리스크에 대한 발주자의 대응 전략에 따라 달라진다. 그리고 여러 형태의 계약 구조 중에서 EPC 계약은 상당한 수준의 프로젝트 리스크를 계약자가 부담하는 구조라고 얘기한다. EPC 계약 형태에서 계약자가 어떻게 리스크를 부담하는지 살펴보자.

우리가 수행하는 대부분의 프로젝트의 주 목적은 발주자의 이윤 창출이다. 공공 공사의 경우는 이윤 창출 외 공공 복리의 목적도 있지만 민간 영역에서 수행하는 건설 프로젝트는 대부분 이윤 창출이 목적이라 할 수 있다. 이윤 창출을 위한 수단인 건축물은 본래의 목적인 이윤을 극대화하기 위해 핵심 가치는 변하지 않는 수준에서 건축물에 투입되는 비용을 최소화할 필요가 있다. 그리고 이 비용 투입을 줄이기 위해 고려되어야 할 핵심 요소는 건축물의 사양 및 범위(Scope), 완공되는 데 필요한 시간(Time), 그리고 건설 과정에서 투입되는 원가(Cost)이다.

위 세 가지 요소는 발주자의 목표를 달성하기 위해 적절히 관리되어야 할 핵심이자 리스크 요인이라 할 수 있다. 따라서 발주자는 위 세 가지 리스크 요인에 적절히 대응하기 위한 계약 구조를 수립한다. 설계 후 입찰, 그리고 시공을 진행하는 전통적인 계약 구조(Design-Bid-Build)에서는 위 세 가지 요인 중 시간 리스크에 매우 취약하다. 먼저 물량을 확정함으로써 원가에 대한 확실성은 높이는 반면에, 설계를 완료한 후 입찰을 진행하고, 이후 시공을 진행함으로써 매우 긴 시간이 소요된다.

이러한 전통적인 계약 구조가 가지는 시간 리스크에 대응하기 위해 나온 방식이 EPC이다. 설계와 시공을 하나의 계약자에 맡긴다면 이 계약자는 설계를 모두 완료한 후에 시공을 진행하는 것이 아니라 설계 진행 중에도 필요한 부분은 중첩하여 시공 작업을 진행할 수 있다. 필요한 작업의 선후관계를 잘 고려하여 일정을 수립한다면 충분히 가능하다. 이렇게 전체 필요한 시간, 즉 공기를 단축시키면 원가를 줄일 수 있다.

그렇다면 프로젝트 범위(Scope) 리스크에는 어떻게 대응하는 것일까? 물론 프로젝트의 범위(Scope)란 기본적으로 계약을 통해 정의한다. 계약 요구 조건(Contract Requirements)과 시방서(Specification)가 범위를 정의해 주는 문서이다. 하지만 위에서도 언급했듯이 서술된 요구 사항은 발주자의 모든 의향을 완벽하게 반영하기 어렵고, 이에 따라 회색 영역(Gray Area)이 존재하기도 한다. 이와 같은 예상치 못했던 범위 추가에 대해서는 계약 총액을 확정(Lump Sum)시키는 방법으로 대응한다. 계약 금액을 고정시키고 계약 조항을 통해 예상치 못한 작업에 대한 리스크를 계약자에 전가할 수 있다.

이와 같이 EPC 형태의 계약에서는 상당한 수준의 리스크를 계약자에 전가한다. 2000년대 들어 많은 발주자들이 EPC 계약을 선호해왔던 이유이기도 하다.

그렇다면 EPC 계약 형태에서 발주자가 부담하는 리스크는 없는 것일까? 물론 어떤 계약 형태도 발주자를 모든 리스크로부터 자유로워지게 할 수는 없다. 그 대표적인 것이 디자인에 대한 선호도이다.

앞서 설명했듯이, EPC 구조에서는 계약 요구 조건과 시방서를 만족하는 한 계약자가 자율적으로 디자인을 결정할 수 있다. 발주자는 확정 총액(Lump Sum) 방식과 부가적인 계약 조항을 통해 최대한 자신의 선호도를 반영하려 하지만 모든 상황을 다 반영할 수는 없다. 만약 발주자가 계약서에 미리 반영하지 못한 선호 사항을 반영하고자 하면, 이는 공식적인 계약 변경(Variation) 프로세스를 따라야 한다. 그리고 EPC 구조에서 계약 변경이 발생하게 되면 발주자는 그 영향으로부터 자유로울 수 없고, 이는 발주자에 리스크로 다가온다. 결국 EPC는 이러한 디자인 선호도 측면에서 발주자가 리스크를 안고 가는 구조라 할 수 있다.

▌EPC 계약가 산정 구조

많은 사람들이 EPC 계약이라 하면 모두 총액 확정 방식(Lump Sum)인 것으로 인식한다. 위에서 언급한 바와 같이 Lump Sum 방식이 EPC에서 Scope 리스크에 대응하는 방법이기도 하고, 실제로도 EPC는 Lump Sum으로 계약이 많이 이루어지기 때문이다. 이에 더해 Turn Key 개념까지 집어넣어 EPC LSTK(EPC Lump Sum Turn Key)라는 용어를 많이 사용하기도 한다.

하지만 엄밀하게 말하면 EPC와 LS은 범주 자체가 다르다. EPC는 설계와 시공을 묶는, 계약 범위 및 책임에 대한 계약의 형태이고, LS은 계약가를 정하는 방식이다. EPC 계약에서 LS의 방식으로 계약가를 정하는 경우가 많을 뿐이지 EPC 계약에서 계약가를 반드시 LS으로 해야 할 필요는 없다.

실제로 프로젝트 내재 리스크를 발주자가 어떻게 판단하느냐에 따라 계약가를 정하는 방법이 달라질 수 있다. 예를 들어 EPC 계약에서 계약가를 모두 확정하여 LS으로 정한다면 발주자는 계약자의 상세 설계 방안에 관여하기 어려워진다. 계약자가 합의된 사양 및 계약 요구 조건만 만족시키기만 한다면 구체적인 디자인 사항에 대해 발주자의 의향을 요구하기 어렵다고 할 수 있다. 그럼에도 불구하고 만약 계약자가 수행하고 있는 설계 과정에 계약 요구 조건이 아닌 발주자의 선호도를 반영하기 위해서는 공식적인 계약 변경 절차(Variation)을 따를 수밖에 없다. 합의된 사양 및 요구 조건 외 사항은 요구하지 않으면 된다고 생각할 수도 있겠으나, 계약서 내에는 본질적으로 애매한 영역(Gray Area)이 존재하기 마련이다. 불가피하게 변경을 지시하게 되면 그에 대한 일정 및 원가 영향은 전적으로 계약자가 제공하는 자료에 의존할 수밖에 없기 때문에 발주자 입장에서는 변경이 발생하게 되면 상당히 휘둘릴 가능성이 크다.

발주자 입장에서 이러한 문제점이 우려된다면, 다시 말해 계약 전 식별된 프로젝트 디자인 리스크에 대한 우려가 크다면, 총액을 확정하지 않고 변동 가능한 Provisional Sum의 형태로 계약가를 정하여 리스크를 줄일 수 있다. 최소한 설계 부분에 대해서는 LS이 아닌 Cost plus Fee 형태로 계약가를 정하는 것이다. 이렇게 하면 발주자는 계약자가 수행하는 디자인에 최대한 관여할 수 있는 여지가 생기고, LS과 비교하여 상대적으로 디자인 리스크에 대한 대응이 수월하다.

▌EPC 계약의 리스크 프리미엄

여러 가지 다양한 형태의 EPC 계약이 있지만 앞서 설명한 바와 같이 EPC 계약은 일반적으로 프로젝트 내재 리스크의 상당 부분을 계약자에 전가하는 형태이다. 따라서 계약자 입장에서는 EPC 계약 전 프로젝트에 어떤 리스크들이 내재되어 있는지 식별하고, 식별된 리스크에 어떻게 대응할지 전략을 수립하는 것이 중요하다.

계약자가 이러한 EPC 계약 리스크들에 대응하는 방법 중 하나는 적절한 수준의 리스크 프리미엄을 부여하는 것이다. 상당 수준의 리스크를 계약자가 부담해야 하기 때문에 이러한 리스크에 상응할 수 있는 금액을 입찰 가격에 반영하는 것이다. 이는 다른 말로 하면 리스크에 잘 대응할 수 있다면 계약자는 초과 수익을 거둘 수 있는 기회 또한 가질 수 있다고 할 수 있다. 리스크에 상응하는 수준의 프리미엄을 계약가에 포함시키고, 해당 리스크들이 실제로 발생하지 않도록 적절히 관리하고 대응해 준다면 포함시킨 리스크 프리미엄만큼 계약자의 초과 수익으로 돌아온다.

이러한 이유 때문에 발주자 입장에서도 EPC 형태의 계약 구조를 가져가는 것이 결코 금전적으로 싼 선택이 아니라는 주장도 있다. 프로젝트 리스크가 크면 클수록 계약자가 입찰 가격에 리스크 프리미엄을 크게 반영해서 결국은 그 리스크들이 발주자에 금전적인 리스크로 되돌아온다는 설명이다.

이처럼 계약자 입장에서는 프로젝트 리스크를 사전에 파악하여 이를 가격으로 변환시킨 적절한 수준의 리스크 프리미엄을 계약가에 반영하려는 노력이 필요하다. 하지만 현실 세계에서는 이 또한 쉽지 않다. 발주자 또한 계약자가 요구하는 리스크 프리미엄을 낮추기 위해 다양한 노력을 하기 때문이다.

그 대표적인 예가 경쟁 입찰이다. 계약자 입장에서 리스크 프리미엄을 최대한 반영하고 싶지만, 안타깝게도 발주자가 단독 계약자와 계약 협상을 진행하는 경우는 드물다. 최소 두 개 이상의 입찰자로부터 제안서를 접수하여 이를 비교 분석한다. 기술적 검토가 완료된 이후에는 제안 가격에 대해 검토하는데, 기술적으로 큰 문제가 없다면 제안 가격 수준에 따라 수주 여부가 결정되곤 한다. 따라서 본 계약 직전에는 가격에 대한 협상이 치열하게 이루어지는데, 이 과정에서 발주자는 입찰자들의 제출 가격을 최대한 낮추려고 한다. 이때 희생되는 부분이 계약자가 부여한 리스크 프리미엄이다. 시장 상황이 좋지 않고 경쟁이 치열할수록 리스크 프리미엄은 점점 낮아지고 그만큼 계약자의 리스크 부담이 커지게 된다.

또한 계약 문구를 통해 리스크를 낮추는 방법이 있다. 앞서 언급했듯이 EPC 계약 방식은 확정된 디자인 및 물량을 토대로 계약이 이루어지는 것이 아니기 때문에 요구 조건 및 사양을 토대로 계약 범위가 정해지고, 그렇기 때문에 누락될 수밖에 없는 애매한 영역(Gray Area)은 항상 존재한다. 설계 및 시공이 전적으로 계약자의 주관으로 진행되기 때문에 이러한 애매한 영역(Gray Area)의 존재는 발주자에 부담으로 다가올 수밖에 없다. 계약서에 미처 담지 못한 필요 사항으로 인해 수행 과정 중 계약 변경이 생길 가능성이 있고, 이는 특히 EPC 계약에서 발주자에 큰 리스크 요인이다.

발주자 입장에서 이러한 리스크를 예방하기 위해 발생할 수 있는 모든 상황을 구체화할 수는 없지만, 포괄적으로 계약자에 의무를 부과하는 조항을 계약서에 포함시킨다. 대표적인 예가 'Fitness for Purpose'라는 문구이다. 이 문구는 계약자에 '계약 목적에 부합하는' 목적물을 만들어야 한다는 의무를 부과한다. '계약 목적'이라는 말 자체가 굉장히 포괄적이기 때문에 이를 해석하고 적용해야 하는 계약자 입장에서는 당혹스러운 문구이다. '귀에 걸면 귀 걸이, 코에 걸면 코걸이'라는 말이 있듯이 문구 자체가 상당히 애매하기 때문이다. 이런 문구를 계약 요구 조건에서 접하게 되면 그에 상응하는 리스크 프리미엄을 반영해야 하는데, 이 또한 정량화시키기 매우 어렵다.

▌EPC에서의 가치 공학

이처럼 EPC라는 계약 구조는 계약자에게 상당히 어렵게 다가오지만, 그렇다고 해서 기회 요인이 없는 것만은 아니다. 리스크가 큰 만큼 초과 수익을 거둘 수 있는 여지 또한 분명히 존재한다.

일반적으로 많이 이용하는 총액 확정 방식(LS)에서는 계약가가 고정되어 있는 만큼 원가를 줄이면 그만큼 계약자의 이익이 늘어난다. 원가를 줄인다는 것이 쉽지는 않지만, 디자인에 대한 재량권이 계약자에 있는 한(계약 요구 사항 및 사양을 만족시킨다는 전제하에) 도전해 볼 만한 사항이다. 이 지점에서 가치 공학(Value Engineering)적 관점에서의 접근이 필요하다.

가치 공학은 전문적인 분석 방법을 통해 프로젝트 목적물에 대한 고객 가치를 증대시키는 방법이다. 단순 원가를 절감하는 것만이 아닌 고객 만족도를 높이는 것이 주 목적이긴 하지만, 계약가가 고정된 EPC LS 계약에서 계약자가 원가 절감을 통해 스스로의 이익을 높일 수 있는 방법론이기도 하다.

설계를 수행하는 데 있어 세상의 단 한 가지 선택만 존재하지는 않는다. 어떤 장비 패키지를 선택하더라도 벤더가 하나만 존재하지는 않으며, 건축물 내 외장/내장재 및 세부 인테리어, 그리고 배관이나 전계장 디자인 등 모든 요소가 선택의 연속이다. A와 B 두 가지 타입의 디자인을 놓고 고민을 할 때 어떤 가치를 중요시 하느냐에 따라 그 선택 결과가 달라질 수 있다. 이때, 원가를 가장 중요한 핵심 가치로 간주하고 설계를 진행하면 기존 계획 대비 원가를 절감할 수 있는 여지가 분명히 있다. 다만 이때 조심하여야 할 점은 합의된 계약 요구 조건 및 사양을 벗어나는 선택을 해서는 안 된다는 것이다. 이는 분명한 계약 위반이므로 소소한 이익을 추구하다가 더 큰 악영향으로 돌아올 수 있다.

이러한 가치 공학적 관점으로 설계를 진행하는 것은 단순히 마른 수건을 쥐어짜듯이 원가 절감하는 것과는 다른 방향이다. 극한의 노력을 통해 작은 금액에 대한 지출을 줄이는 것이 아니라, 집단 지성과 다양한 방법론 등을 통해 각 케이스에 대한 분석을 수행하고, 이를 바탕으로 하여 원가를 줄일 수 있는 현명한 대안을 제시하는 것이다. 따라서 단순하게 낭비 요소를 줄이는 것이 아닌, 디자인 관점에서 불필요한 기능을 줄이는 방향으로 진행되어야 한다. 프로젝트를 수행하다 보면 요구 조건이나 사양을 넘어서는 수준의 과한 사양 적용(Gold Plating)을 은근히 자주 볼 수 있다. 이러한 사례들만 가치 공학 관점에서 찾아내어 조치를 취해도 상당한 수준의 이익 개선을 기대할 수 있다.

물론 쉬운 얘기는 아니다. 계약서 내에 'Fitness for Purpose'처럼 계약자 입장에서는 독소 조항처럼 여겨질 수 있는 문구도 있을 것이고, 원가를 절감할 수 있는 마땅한 대안을 찾기 어려울 수 있다. 하지만 디자인과 설계 방향성에 대해 책임을 가지는 것도, 의사결정을 하는 것도 계약자이기 때문에 쉽지는 않겠지만 리스크를 줄이고 이익을 늘릴 수 있는 기회는 존재한다. 이는 계약자의 원가 절감 동기 부여를 이끌어내는 LS 방식의 장점이기도 하다. 가치 공학적 관점에 대한 상세 내용은 제15장 〈Value Management〉을 참고하기 바란다.

▌EPC 계약을 대하는 우리의 자세

계약자 입장에서 EPC 계약은 분명 어렵다. 가능하면 EPC 계약, 특히 LSTK 형태의 EPC 계약은 계약자 입장에서 피하고 싶겠지만, EPC 구조는 전체적으로 많은 장점을 가지고 있어 발주자들이 선호하기 때문에 시장에서 경쟁력 있는 계약자로 살아남기 위해서는 피할 수 없는 계약 구조이다.

우리 기업들은 이러한 EPC 계약을 제대로 이해하지 못한 채 세계 무대에서 부딪쳐가며 많은 수업료를 지불해 왔다. 지금이라도 이러한 수업료를 토대로 해서 경쟁력을 키워 세계적인 EPC 기업들이 나와줬으면 하는 바람이지만, 아직도 쉽지 않다는 생각이다.

가장 큰 이유로는 아직도 많은 사람들이 EPC 계약 형태의 본질을 이해하지 못하고 있다. EPC를 단순 설계와 시공이 결합된 형태의 계약으로만 인식한다. EPC 계약 수행의 실패를 단순히 설계 역량이 부족해서, 경험이 부족하기 때문이라고 인지한다. 혹은 과도한 경쟁으로 인한 저가 수주의 결과라고 얘기한다.

하지만 저가 수주라는 행위의 근본적인 원인은, 물론 과도한 경쟁이라는 이유도 있지만, 프로젝트에 내재된 리스크에 대해 적절한 프리미엄을 반영하지 못한 결과라 할 수 있고, 이는 본질적으로 내재 리스크를 적절히 식별하고 이에 대한 대응 전략을 마련하는 역량의 부족이라 할 수 있다.

종합하면, EPC 계약을 수행하는 핵심 역량은 각 설계, 구매, 시공에 대한 경험 및 전문적인 역량보다는 이를 총괄하여 관리하고 세 가지 부문을 통합하는 과정에서 부가적으로 부담할 수밖에 없는 리스크에 대응하는 역량이라 할 수 있다. 다시 말하면, 각 영역에 대한 역량은 하도급 및 외주화를 통해 전문성 있는 기업을 동원함으로써 그 부족함을 채울 수 있지만, 이들을 통합하여 관리하는 역량은 EPC 계약자가 필수적으로 갖추어야 하는 역량이라 할 수 있다. 그렇다면 이러한 EPC 역량은 구체적으로 어떤 것을 의미할까?

사람마다 의견이 다를 수 있지만 나는 두 가지를 꼽으려 한다. 먼저 Project Control 역량이다.

제3장 〈Project Control이란 무엇인가〉에서 다룬 바와 같이 Project Control은 프로젝트가 어떤 방향으로 나아가고 있는지를 보여주는 나침반이다. 프로젝트의 목표, 계획, 현재 상황, 향후 전망 및 나아가야 할 방향 등이 모두 Project Control을 통해 나타난다. 특히 프로젝트의 핵심 요소인 시간, 원가 및 범위, 그리고 이에 수반되는 리스크들을 Project Control을 통해 판별하고 대응 전략을 수립할 수 있다.

프로젝트 내의 여러 영역을 하나로 통합해 수행하는 EPC 계약에서 그만큼 계약자가 부담하는 리스크가 크기 때문에 Project Control 역량은 리스크에 선제적으로 대응할 수 있는 기초를 제공해준다. 또한 적절한 Project Control을 통해 축적된 데이터와 이에 대한 분석 결과는 향후 프로젝트의 원가 및 적절한 가격을 설정하는 데 필요한 핵심 기준 지표가 된다. Project Control이 제대로 이루어지면 이를 바탕으로 다음 프로젝트의 견적 신뢰성이 높아진다. 견적 신뢰성이 높아지면 그만큼 프로젝트의 성공 가능성이 높아진다.

두 번째로는 계약 관리 역량이다. 건설/플랜트 프로젝트는 수주 산업이며, 그 특성상 프로젝트의 범위(Scope)는 '계약'이라는 절차를 통해 정의된다. 프로젝트의 범위(Scope)는 계약자가 수행하여야 할 일의 '양'을 의미하고, 수행 범위가 바뀌면 이를 수행하기 위해 필요한 시간과 돈이 바뀐다. 즉, 계약을 통해 프로젝트의 핵심 3요소가 모두 결정되는 셈이다. 또한, 건설/플랜트 프로젝트는 본질적인 속성상 구조가 매우 세분화되어 하나의 프로젝트를 수행하기 위해 다양한 이해관계자들과 수십 번 이상의 계약을 맺어야 하는 경우도 있다. 따라서 발주자와 계약자 사이의 업무 수행 범위, 계약자와 하도급 계약자들 사이에서의 업무 수행 범위가 모두 계약에 따라 결정되며, 이를 적절히 관리하지 못한다면 프로젝트의 전체 범위 관리(Scope Management)를 실패할 가능성이 높아진다.

또한 계약이라는 절차 자체가 프로젝트에 내재된 리스크들을 각 이해관계자에 배분하는 과정이기 때문에 계약에 대한 이해를 통해 이러한 리스크들을 적절히 대응하고 통제할 수 있다. 이 또한 계약 관리의 범주라 할 수 있다.

결론적으로 프로젝트의 핵심 3요소를 적절히 통제 및 관리하는 Project Control 역량, 그리고 그 중 다른 두 요소를 좌우하는 범위를 결정하고, 계약 리스크에 적절히 대응할 수 있는 계약 관리 역량 이 두 가지가 EPC 계약자가 본질적으로 EPC 계약을 수행하기 위해 갖추어야 하는 핵심 역량이라 할 수 있다. 이는 고차원적인 매니지먼트 스킬(Management Skill)이기 때문에 하루 아침에 이루어질 수 있는 사항은 아니다. 하지만 EPC 계약을 피할 수 없다면 그 본질을 이해하고 잘 대비해서 성공적으로 프로젝트를 수행하기 위해 한 걸음씩 나아가야 할 필요가 있다. 이를 위해 우리 기업들도 Project Control 및 계약 관리의 중요성을 다시 한 번 인식하고 그 역량을 강화할 수 있기를 기대한다.

조달 경로(Procurement Route)의 발전

제11장 〈조달 경로의 이해〉를 통해 조달 경로(Procurement Route)가 프로젝트에 내재된 리스크를 각 참여자에 분배하는 주요 과정이라 하였고 많이 이용되는 대표적인 조달 경로 몇 가지에 대해 살펴보았다. 아울러 각 조달 경로는 리스크를 어떻게 분배하느냐에 따라 프로젝트의 주인인 발주자가 어떤 전략을 통해 프로젝트를 추진하고자 하며, 어떤 리스크를 회피 혹은 부담하고자 하는지 알 수 있다고 하였다.

하지만 조달 경로의 이해 장에서 소개한 몇 가지 전통적인 방식의 조달 경로만을 통해서는 오늘날 많은 기업들이 직면하고 있는 내재된 리스크를 더욱 현명하게 관리하고자 하는 욕구를 충족시킬 수 없다. 오늘날 우리는 글로벌 무역 경쟁 및 IT 기술의 발달에 힘입어 이전에 우리가 경험하지 못했던 새로운 리스크들을 마주하고 있으며, 이로 인해 예전부터 해 왔던 방식으로 천편일률적으로 리스크에 대응하는 것이 아닌, 더욱 유동적이고 다양한 방식으로 리스크에 대응할 필요를 느끼고 있다.

이런 필요성과 함께 최근에는 기존의 단순한 형태의 조달 경로에서 벗어나 여러 가지 변형된, 그리고 발전된 형태의 계약 구조가 나타나고 있다. 이번 장에서는 그 중에서 대표적인 몇 가지를 소개해 보고자 한다.

▍Novation

Novation은 한 쪽이 맺은 계약을 다른 쪽에 이관해 주는 것을 의미한다. 계약은 내가 맺었지만 그 계약을 상대방에 이관함으로써 계약을 이관 받은 사람이 처음부터 그 계약을 맺었던 것과 같은 효과를 준다. 건설 프로젝트에서 Novation은 주로 발주자가 설계 혹은 구매 계약을 미리 맺고, 그 계약을 어느 시점이 지난 이후에 시공 계약자에 이관해 주는 형태로 많이 이용된다. 따라서 Novation의 결과는 Design and Build 혹은 EPC의 계약 형태로 나타난다.

Novation을 추진하고자 하는 발주자의 목적은 기본적으로 여러 가지 형태의 계약, 즉 조달 경로에서 가지고 있는 장점만을 취하고 싶다는 데 있다. 전통적인 형태의 Design-Bid-Build는 기본적으로 시간이 오래 걸린다는 단점이 있다. 이러한 단점을 극복하기 위해 Design and Build, 즉 EPC 형태의 계약 구조를 선택하게 되면 발주자가 디자인에 대한 영향력을 유지하기 어렵다는 단점이 생긴다.

이러한 두 개의 계약 구조가 가지고 있는 단점은 배제하고, 각자 가지고 있는 장점만을 취하고자 할 때 선택할 수 있는 방법이 설계에 대한 계약을 계약자에 Novation하는 방식이다. 우선 설계 전문 기업과 계약을 맺는다. 물론

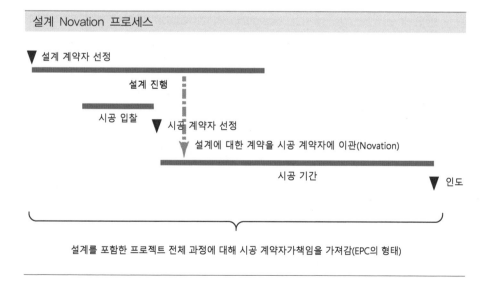

설계 Novation 프로세스

▼ 설계 계약자 선정

설계 진행

시공 입찰 ▼ 시공 계약자 선정

설계에 대한 계약을 시공 계약자에 이관(Novation)

시공 기간 ▼ 인도

설계를 포함한 프로젝트 전체 과정에 대해 시공 계약자가 책임을 가져감(EPC의 형태)

계약 내용에 향후 선정된 계약자에 계약을 Novation한다는 조항이 포함된다. 우선 발주자는 설계 전문 기업과 설계를 진행하여 디자인에 선호 사항을 충분히 반영시키며, 그 기간 중에 시공 계약자를 선정한다. 시공 계약자가 선정되면 설계에 대한 계약을 시공 계약자에 Novation하여 EPC 형태의 계약을 완성한다.

이 방법을 취하면 발주자는 디자인에 대한 영향력을 충분히 발휘하며, 기존의 Design-Bid-Build가 가지는 단점인 일정에 대한 우려를 줄일 수 있고, EPC 계약과 마찬가지로 설계에 대한 책임을 시공 계약자에 넘길 수 있다.

Novation을 이용하는 또 다른 이유는 주요 장비 및 패키지 납기에 대한 우려 때문이다. 프로젝트를 기획하는 중에 특정 장비 및 패키지의 납기 리스크를 식별할 수 있다. 이때 EPC 계약자를 선정한 후 EPC 계약자가 장비에 대한 구매 계약을 체결하려 하면 납기 시점이 맞지 않는 경우가 있다. 이 경우, 발주자가 EPC 계약자를 선정하기 전에 미리 장비 공급처를 선정하고 계약을 맺은 후에 이 공급 계약을 EPC 계약자에 이관하면 이러한 리스크를 줄일 수 있다. 주로 장 납기 공급자(Long Lead Item)의 경우에 종종 이용되곤 한다.

Novation을 추진할 때, 발주자가 가질 수 있는 우려는 계약이 Novation된 이후에 과연 디자인이 발주자가 원하는 형태로 지속될 것인가이다. 따라서 이 부분에 대한 우려를 없애는 방향으로 계약 조항을 작성해야 한다.

반면에 계약자 입장에서는 Novation 시 Novation 이전에 진행된 작업의 질에 문제가 없는지에 대한 우려가 가장 크다. 따라서 계약자 입장에서 만약 Novation 이전에 진행된 작업에서 문제가 발견되었을 경우, 이를 수정하는 데 있어 보상을 받거나 혹은 잘못된 작업으로 인하여 나타날 수 있는 결과에 대해 면책 받을 수 있는 조항이 필요하다. 이를 위해서는 EPC 계약자가 계약 전에 Novation 받을 계약에 대해 충분히 사전 검토할 수 있도록 상세한 자료를 요청해야 하는데, 이 부분에서 발주자와 이견이 생겨 논쟁이 발생하는 경우가 많다. 또 한 가지 계약자 입장에서 확인해야 할 부분은 Novation 받을 계약에 명시된 해당 기업의 책임이 발주자에 대해 EPC 계약자가 가져가야 할 책임과 일치하는지 여부다. 만약, EPC 계약에서는 특정 설계 작업에 대해 계약자가 책임을 가져가도록 기술되어 있는데, 설계 계약서에서는 그러한 내용이 없다면 EPC 계약자가 중간에서 혼자 다 뒤집어써야 하는 상황이 발생할 수도 있다.

이러한 Novation 계약 형태에는 크게 두 가지가 있다.

첫 번째는 Switch Novation으로 Novation 시점에 맞추어 설계에 대한 책임이 EPC 계약자로 넘어가는 형태로 시점에 따라 책임이 분명하게 나누어져 Novation 이전의 작업에 대해서는 계약자가 책임지지 않는다.

두 번째 형태는 Novation ab initio[1]라고 불리는데, Novation과 함께 설계에 대한 계약이 마치 처음부터 EPC 계약자와 맺은 것과 같은 법적 효력을 가진다. 다시 말해 Novation 이전에 벌어진 일들에 대해 EPC 계약자가 아무런 영향을 끼치지 않았다 하더라도 그에 대한 책임을 가져가는 것이다.

Novation ab initio의 경우에는 실질적으로 영향력은 없으면서도 책임을 지는 구조이므로 계약자에 매우 불리하다. 실제 영국에서는 Novation ab initio 형태의 계약 관련한 소송이 있었는데, Novation 되기 전에 발생한 설계의 잘못이라 하더라도(실질적으로 발주자에 도의적인 책임을 물을 수 있는 상황임에도 불구하고) 계약 조항에 의거하여 계약자가 책임을 져야 한다는 판결이 나온 바 있다. 이 판결이 계약자에게 매우 불공정하다는 많은 비판을 받고는 있지만 어찌 되었든 EPC 계약자 입장에서는 Novation 조항이 포함되어 있을 시 많은 리스크가 있을 수 있으므로 주의 깊게 검토해봐야 하는 것은 분명하다.

▌Two Stage Tendering

건설 프로젝트를 기획하는 입장에서 입찰에 필요한 시간과 비용은 무시할 수 있는 수준이 아니다. 크고 복잡한 구조를 가지고 있기에 각 입찰 서류를 검토하여 평가하는 것만으로도 상당한 시간이 소요되고, 평가 결과를 토대로 우선 협상 대상자를 선정하여도 최종 계약에 이르기까지 걸리는 시간도 만만치 않다. 전통적인 Design-Bid-Build 방식에서는 설계가 완료된 이후에

---

1) Ab initio은 '처음부터'라는 뜻을 가진다.

입찰을 진행하여 시공자를 선정하고 시공을 진행하기 때문에 설계-입찰-시공으로 이어지는 각 단계에서 병행 작업이 이루어지지 않아 전체 공기가 상당히 긴 편이다. 이러한 단점을 극복하기 위한 EPC 방식에서는 설계 - 시공에 대한 병행이 가능하나 프로젝트 구조가 복잡하여 입찰 과정이 더욱 복잡해지고 다른 단점들 또한 존재한다(제6장 〈계약과 리스크〉 및 제11장 〈조달 경로의 이해〉 참조).

아울러 기존의 전통적인 방식의 입찰에서는 가격 만을 중요시하여 가장 낮은 가격을 제시한 입찰자를 선정하는 최저가 입찰제가 많이 활용되었는데, 입찰자의 역량 및 품질 수준은 도외시하고 가격만 강조하다 보니 이로 인한 폐단이 많이 발생하여 입찰 과정을 보완하고자 하는 요구 또한 많아지게 되었다. 이러한 배경에서 등장하게 된 Two-stage tendering은 기존의 입찰 방식들이 가지고 있는 많은 문제점에 대한 보완점을 제시해 준다.

Two-stage tendering은 그 이름이 의미하는 바와 같이 입찰 과정을 두 단계로 나누어 진행한다. 우선적으로 Prequalification(PQ)이라는 사전 심사 과정을 통해 프로젝트를 수행할 수 있는 역량을 보유한 기업을 선정한다. 이때 중점을 두는 부분은 입찰자가 제시하는 가격이 아니라 프로젝트를 수행하기 위해 보유하고 있는 역량 및 유사한 프로젝트를 수행한 경험이다. 즉, 능

PQ 선정 기준의 예

평가 항목	비중	가중치	점수
Quality Management Plan	15	60%	9
숙련 인력 보유	10	30%	3
공공 공사 수행 경험	15	85%	12.75
과거 유사 프로젝트 수행 경험	12	75%	9
프로젝트 팀 역량	15	60%	9
팀 워크	5	80%	4
설계 경험	10	75%	7.5
제안서(Proposal)의 품질	5	65%	
과거 Compliance 실적	13	45%	
	100		

력이 되지 않는 입찰자가 단순히 가격을 낮게 제출하여 계약을 따내고, 이후 프로젝트를 제대로 수행하지 못하여 엉망이 되는 경우를 방지하기 위함이다. 따라서 대상이 되는 기업들의 기술력, 품질 준수 역량, 관련 경험 및 기타 제안서(Technical Proposal) 등을 세부적인 기준을 나누어 평가하고 이를 정량화하여 자격을 갖춘 기업들만 선정하는 프로세스라 할 수 있다.

Prequalification(PQ) 과정을 통해 자격을 갖춘 기업들을 선정하고 나면 (Shortlist), 해당 기업들로부터 구체적인 제안서 및 가격 등을 접수 받아 우선 협

Two-Stage Tendering의 프로세스

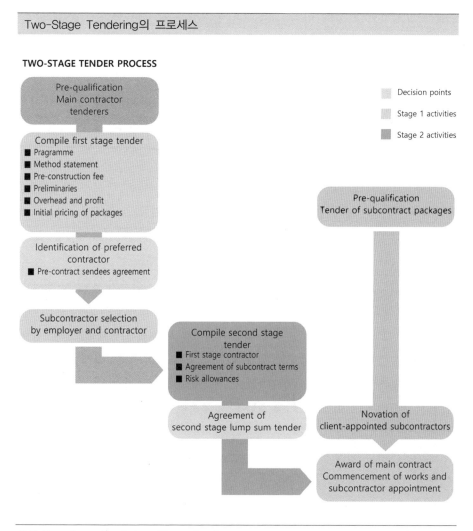

TWO-STAGE TENDER PROCESS

Pre-qualification
Main contractor
tenderers

Compile first stage tender
■ Pragramme
■ Method statement
■ Pre-construction fee
■ Preliminaries
■ Overhead and profit
■ Initial pricing of packages

Identification of preferred
contractor
■ Pre-contract sendees agreement

Subcontractor selection
by employer and contractor

Pre-qualification
Tender of subcontract packages

Compile second stage
tender
■ First stage contractor
■ Agreement of subcontract terms
■ Risk allowances

Agreement of
second stage lump sum tender

Novation of
client-appointed subcontractors

Award of main contract
Commencement of works and
subcontractor appointment

- Decision points
- Stage 1 activities
- Stage 2 activities

출처 Two-Stage Tendering, Simon Rawlinson

상 대상자를(Preferred Contractor) 선정한다. 이때 선정된 Preferred Contractor 와는 계약 전 서비스 합의(Pre-Contract Service Agreement)를 맺어 이른 시점에 계약자가 프로젝트에 참여할 수 있도록 한다. 이후 디자인이 더욱 구체적으로 확정됨과 동시에 Preferred Contractor와는 구체적인 계약 조건, 가격 등에 대 해서 협상을 진행하여 최종 계약을 체결한다.

Two-Stage Tendering은 결국 품질 및 기술적 요소에 대한 경쟁력, 그리 고 가격 경쟁력을 모두 종합하여 계약자를 선정하는 과정이라 할 수 있으며, 어떤 요소를 더욱 중요시할지는 대상 프로젝트의 특성에 따라 다르다. 일반적 으로는 프로젝트 특성에 따라 다음과 같이 중요도를 배분한다고 한다.

- 타당성 검토(Feasibility Studies): 품질 및 기술력 80~90, 가격 10~20
- 혁신적인 프로젝트: 품질 및 기술력 70~85, 가격 15~30
- 복잡한 프로젝트: 품질 및 기술력 60~80, 가격 20~40
- 상대적으로 단순한 프로젝트: 품질 및 기술력: 30~60, 가격 40~70
- 반복 프로젝트: 품질 및 기술력 10~30, 가격 70~90

Two-Stage Tendering 방식이 기존의 입찰 방식 대비 가지는 장점은 명 확하다. 먼저, 본 계약 전 사전 합의를 통해 계약자가 프로젝트에 이른 시점 에 참여하고 입찰 과정을 간소화함으로써 전체 공기를 절약할 수 있다. 또한 계약자가 디자인에 대한 책임을 가져가는 경우는, 설계를 본 계약 전 이른 시 점에 착수하고 시공성을 디자인에 반영할 수 있으며, 설계와 시공을 병행할 수 있는 장점도 있다. 아울러 계약자 입장에서는 사전 작업에 투입됨으로써 본 계약 전 프로젝트 진행 현황에 대해 더욱 잘 이해할 수 있고, 이를 통해 합리적인 수준에서 최종 계약을 체결하게 해 줌으로써 향후 발생할 수 있는 분쟁의 소지를 줄여준다는 장점도 있다. 종합하면 기존 입찰 방식에 비해 정 보의 불균형이 해소되고 품질 경쟁력을 강조하여 투명성을 강화하는 측면이 있다고 할 수 있다.

물론 단점도 있다. 전체 과정이 복잡하기 때문에 입찰 및 계약에 이르는 전 과정에서 세심한 관리가 필요하며, 발주자 입장에서는 기존 방식 대비 가 격이 높게 형성될 소지가 있다. 또한 우선 협상 대상자를 선정한 후에 최종 계약 가격 및 조항들을 협상하기 때문에 발주자의 협상력이 약화되어 두 번째 단계 협상 시 계약자가 이러한 상황을 악용할 수 있다. 따라서 Two-Stage Tendering에서는 상호 신뢰하고 협력할 수 있는 관계를 구축하는 것이 매우 중요하다.

매번 사전 심사(Prequalification) 과정을 거칠 필요가 없을 정도로 반복적인 수요가 있는 경우에는 관련 기업들과 기본 협정(Framework Agreement)을 체결하여 기본 계약 조항들 및 단가 등을 합의하고 필요시 일부만 수정하여 이를 지속적으로 활용하는 경우도 많다. 하지만 대형 공사의 경우에는 프로젝트 특성에 맞춘 특이사항이 많기 때문에 Framework Agreement를 활용하기 어렵고, 지극히 단순하고 반복적인 공사 혹은 주요 공급 체인에 놓여 있는 벤더 및 설계사, 기타 용역 계약 등에 활용하기에 적절하다.

▌Develop and Construct

앞서 언급한 Novation 방식은 발주자가 디자인이나 특정 장비 사양에 대한 통제력을 가지고 싶어할 때 자주 이용된다. Two-Stage Tendering은 입찰 단계를 두 단계로 나눔으로써 계약자를 선정할 때 가격 외 요소를 평가에 반영하고, 1단계에서 선정된 우선 협상 대상자를 이른 시점에 프로젝트에 참여시켜 입찰 기간을 단축시키고 시공성 등의 요소를 디자인에 선 반영할 수 있는 장점이 있다. 그렇다면 Novation과 Two-Stage Tendering을 섞으면 어떻게 될까?

Novation과 Two-Stage Tendering의 혼합형은 Develop and Construct 라 부르며, Design and Build, 즉 EPC 방식의 변형이라 볼 수 있다. Novation과 Two-Stage Tendering이 EPC 방식에서만 이용될 수 있는 것은 아니지만, 두 가지를 혼합할 때 기존의 EPC 방식이 가지는 단점을 상쇄할 수 있기 때문에 리스크 측면에서 효용성이 높은 활용 방안이라 할 수 있다. Develop and Construct 방식을 이해하기 위해서는 먼저 기존의 EPC 방식이 가지는 단점을 생각해 보면 이해가 쉽다.

EPC 방식의 가장 큰 단점은 발주자가 디자인에 영향력을 발휘하기 어렵다는 것이다. 디자인에 대한 책임과 리스크를 계약자에 넘겨버리는 대신, 발주자 또한 계약자가 계약 사양을 준수하는 한 발주자 선호 사항을 디자인에 반영하기 어렵다. 하지만 프로젝트에서 가장 중요하게 여겨지는 '돈의 값' 즉, Value for Money를 결정 짓는 요소 중 상당수는 디자인 및 기술적 사양과 관련되므로, 발주자가 디자인에 대한 통제력을 상실한다는 것은 Value for Money를 약화시키는 이유가 될 수 있다.

EPC 방식의 다른 단점 하나는 상당한 프로젝트 리스크를 계약자가 가져가게 되어 그 반작용, 혹은 부작용으로 계약 당사자 간 관계가 적대적으로 변하는 경우가 많다는 점이다. 비즈니스 세계에서 그까짓 관계가 악화되는 것이 무슨 큰 대수냐 할 수 있겠지만, 많은 정보의 공유 및 소통이 중요한 건설 프로젝트의 특성상 악화된 관계로 인해 정보 공유가 원활히 되지 않거나, 의사소통이 원활히 이루어지지 않아 불필요한 분쟁이 수시로 발생하여 프로젝트 성공 가능성 자체를 낮출 수 있다. 이는 결국 최종 완성품의 품질에 좋지 않은 영향을 끼쳐 최종 수요자인 발주자 입장에서는 분명히 우려해야 할 부분이다.

Develop and Construct 방식을 통해 EPC에 Novation과 Two-Stage Tendering을 도입하면 이러한 문제점들을 완화할 수 있다. 앞서 언급한 바와 같이 EPC 본 계약자를 선정하기 전에 우선적으로 설계에 대한 계약을 맺는다. 설계를 진행하는 동시에 Two-Stage Tendering의 첫 번째 단계로 주 계약자를 선정하는 절차 또한 진행한다. 주 계약자와 본 계약이 맺어지지 않았기 때문에 설계 과정에서 발주자가 디자인에 대한 영향력을 발휘할 수 있고, 본 계약이 체결됨과 동시에 기존에 맺었던 설계 계약을 주 계약자에 Novation 함으로써 설계에 대한 리스크를 계약자에 전가할 수 있다. 또한 설계를 진행함과 동시에 주 계약자 입찰 과정을 진행하기 때문에 일반적인 EPC 대비 입찰에 소요되는 시간을 줄일 수 있으며, 우선 협상 대상자 선정 이후 Pre-Contract Service Agreement(PCSA)를 통해 계약자가 프로젝트에 참여하므로 시공성 등을 디자인에 선 반영할 수 있다. Two-Stage Tendering의 두 번째 단계인 가격 및 계약 조항 협상 과정에서는 설계 진행 과정이 계약자와 공유됨으로써 상호 간에 리스크를 더 잘 이해할 수 있고 협력적인 관계를 구축할 수 있어 합리적인 수준에서 본 계약을 체결할 수 있는 여지를 줄 수도 있다. 이는 향후 발생할 수도 있는 분쟁을 예방하는 효과도 있다.

이 과정에서 발주자에게 아쉬운 부분은 가격에 대한 협상력이다. 기존 EPC 방식에서 발주자가 가지는 가장 큰 강점 중 하나인 가격 협상력을 일부 양보할 수밖에 없다. 하지만 그 대가로 프로젝트의 성공 가능성을 높이기 위한 기타 요소를 강화할 수 있다.

▋Design and Manage(Engineering Procurement and Construction Management; EPCM)

Design and Manage 라는 형태의 조달 방식은 우리에게는 EPCM으로 더 잘 알려져 있다. 기존의 EPC 계약이 설계, 구매 및 시공에 대한 책임과 의무를 하나의 계약자에게 일괄적으로 부과하는 방식이라면, EPCM에서는 단 하나의 계약자와 계약하는 것은 동일하지만 계약자가 책임을 가지는 범위가 다르다. 설계, 구매 및 시공에 대한 책임을 가지는 것이 아니라 설계, 구매는 직접 수행하되, 시공에 대해서는 관리 책임(management)을 가지는 형태이다. 따라서 EPCM 형태에서의 계약자는 기존 EPC 계약형태 대비해서 시공에 대한 책임이 줄어든다고 할 수 있다.

EPCM에서 매니지먼트 역할을 수행하는 계약자는 대체적으로 E(Engineering)와 P(Procurement)는 자체적으로 수행한다. 다만, C(Construction)에 대해서는 발주자가 별개로 계약한 시공자가 수행하며, EPCM 계약자는 시공 작업에 대한 매니지먼트 및 컨설팅 서비스를 제공한다. 기존의 EPC 계약은 발주자가 단독적으로 EPC 계약자와 계약을 맺고, EPC 계약자가 각종 설계, 시공 및 기타 관련 기업들과 하도급 계약을 맺음으로써 프로젝트의 전체적인 책임과 리스크를 EPC 계약자가 가져가는 구조라 할 수 있다. 반면에 EPCM 계약에서 EPCM 계약자는 발주자의 시공 및 기타 관련 계약자들과 같은 레벨에 있는 계약자들 중 하나에 불과하며, 발주자의 다른 계약자들과는 계약 관계를 가지지 않고 그들에게 매니지먼트 서비스를 제공해주는 책임을 가지게 된다. EPC와 EPCM의 계약 구조의 차이는 다음과 같은 그림을 통해 쉽게 이해할 수 있다.

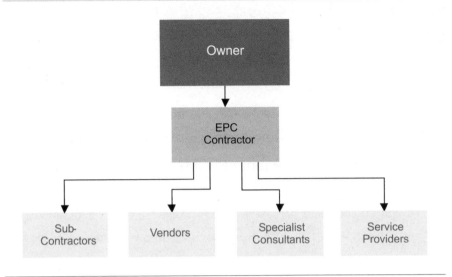

출처: Contracting Strategies in the Oil and Gas Industry, Carlolin Schramm, Alexander Meibner, Gerhard Weidinger

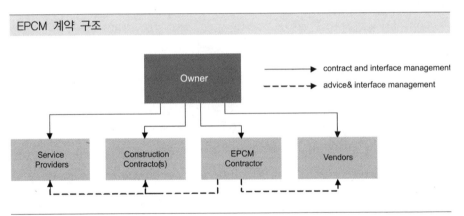

출처: Contracting Strategies in the Oil and Gas Industry, Carlolin Schramm, Alexander Meibner, Gerhard Weidinger

EPCM 계약 구조에서의 가장 중요한 특성은 프로젝트의 시간 및 원가 리스크를 EPCM 계약자가 부담하지 않는다는 점이다. EPCM 계약자가 시공을 직접 수행하지 않아 전체 공기를 통제할 수 없기 때문에 EPCM 계약자가 시간과 원가 리스크를 부담한다는 것은 합리적이지 않기 때문이다. 따라서

EPCM 계약 구조에서는 프로젝트에 내재된 시간 및 원가 리스크는 주로 발주자가 부담하게 된다. 물론, 그 중 시공에 대한 일정 및 원가 리스크는 시공자에 전가시키는 경우가 많다. 이러한 이유로 발주자와 EPCM 계약자 사이의 계약가 산정 방법은 Lump Sum이 아닌, 투입되는 공수를 기준으로 한 Cost plus Fee 혹은 Cost Reimbursable 방식이 일반적으로 이용된다. 서비스에 가까운 설계와 조달에 대한 비용을 LS으로 묶게 된다면 디자인에 대한 통제력 상실과 설계 품질이 우려될 수 있어 굳이 EPC가 아닌 EPCM 방식을 선택하는 이유가 퇴색되기 때문이다.

발주자 입장에서 EPC보다 EPCM을 선호하게 되는 이유에는 어떤 것이 있을까?

먼저 설계 및 조달에 대한 통제력을 유지할 수 있다는 장점이 있다. LS이 아니기 때문에 대부분의 경우에 EPCM 계약자가 발주자의 요청을 거부할 명분이 없다. 또한 EPCM 계약자가 시공 계약자 선정 과정 등 전체 매니지먼트 프로세스에 관여함으로써 상호간에 원활한 의사소통을 통해 시공성 등을 디자인에 반영하기가 쉽다.

마지막으로 언뜻 이해가 되지 않을 수 있으나 EPCM 계약을 통해 전체 원가를 줄일 수 있는 여지가 있다.[2] 우리가 보통 이해하기로는 Cost Reimbursable과 같은 Provisional Sum 계약은 금액이 확정된 Lump Sum 계약과는 달리 원가를 줄이기 위한 동기부여가 되지 않기 때문에 원가 리스크가 더 높은 것으로 알고 있다. 하지만 어떤 통계에 의하면 EPCM 계약에서의 초기 산정된 계약가는 EPC LS 계약보다 오히려 낮다고 한다. 그것은 EPC LS 계약에서 계약자가 안고 갈 수밖에 없는 본질적인 리스크로 인해 상당한 수준의 리스크 프리미엄을 계약가에 반영시키기 때문이다. EPCM 계약에서는 EPCM 계약자가 이러한 리스크 프리미엄을 반영하지 않으므로 초기에 산정한 계약가 EPC LS 계약가보다 낮아질 수 있다. 하지만 이는 단순히 초기에 예상한 계약가일 뿐, 실제 프로젝트가 진행하면서 전체 원가가 초기 계획대비 상당히 초과하는 경우가 상당히 자주 발생한다. 따라서 EPCM 계약에서는 발주자가 전체 원가를 줄일 수 있는 여지는 있으나, Provisional Sum이라는 계약 구조

---

2) 그럴 가능성이 크다 보다는 그럴 가능성 또한 존재한다 정도로 이해하자.

때문에 원가가 예상 대비 상당히 증가할 수 있는 리스크 또한 수반할 수밖에 없다.

그렇기 때문에 발주자가 EPCM 계약 형태를 선택할 때는 예산 초과 리스크를 어떻게 방지하고 줄일 수 있을지에 대해 상당히 고민하게 된다. 이때 크게 두 부분에 주안점을 둔다. 첫째로는 필요한 역량을 충분히 갖춘 EPCM 계약자를 선정하는 것이다. EPCM 계약자는 프로젝트 전체적으로 설계와 조달 역할을 수행할 뿐 아니라, 발주자를 대행하여 시공자를 포함한 여러 계약자들을 매니지먼트 하고 컨설팅해 주는 역할 또한 수행한다. 이러한 고난이도의 매니지먼트는 숙련된 인력을 얼마나 보유하고 있는지, 매니지먼트 시스템을 얼마나 잘 갖추어 놓았는지, 그리고 관련 경험을 얼마나 축적하고 있는지에 따라 그 역량 수준이 결정된다고 할 수 있다. 따라서 다른 무엇보다도 EPCM 계약자가 보유하고 있는 매니지먼트 역량이 그 성과를 좌우한다고 할 수 있으며, 발주자 입장에서는 관련 레퍼런스 및 실적 경험 등을 고려하여 EPCM 계약자를 선정한다. 이때, 발주자는 EPCM 계약자가 그들의 역량 및 경험을 토대로 품질 수준은 맞추되 원가는 EPC LS 계약을 넘어서지 않는 수준에 맞추어 주기를 기대한다. EPC의 단점인 설계 및 품질에 대한 리스크는 낮추고, EPCM의 약점이라 할 수 있는 원가 리스크는 숙련된 EPCM 계약자를 통해 줄이기 위한 노력이다.

이 지점에서 발주자는 두 번째 사항을 고민하게 된다. 기본적으로 EPCM 계약자는 LS 계약이 아니기 때문에 원가 절감에 대한 동기를 가지기 어렵다. 어떻게 EPCM 계약자에게 원가 절감에 대한 동기를 부여할 수 있을 것인가? 이 경우 발주자가 선택할 수 있는 방법은 사실 하나밖에 없다고 할 수 있다. 계약자를 채찍질하거나 당근을 주거나 둘 중 하나인데, 지체상금이나 벌금(Penalty)과 같은 채찍질은 EPCM 계약자에는 통하지 않으므로,[3] 인센티브와

---

3) 설계 계약에서 지체 상금을 적용하는 것은 거의 불가능하다. 지체 상금을 부과할 대상에 대한 정의를 명확히 하기 어렵기 때문이다. 특정 성능을 요구하는 Performance Liquidated Damages는 부과할 수 있지만 이는 기본적으로 맞추어 주어야 할 품질 및 성능에 대한 배상금이지 일정 준수 및 원가 절감을 독려할 수 있는 성질의 것이 아니다. 예를 들어, 전체 일정을 준수하기 위해 중요한 도면, 즉 P&ID와 같은 도면들에 대한 출도일을 LD를 통해 미리 정해 놓는다 하더라도, 설계 담당자 입장에서는 품질이 낮은 수준의 도면을 출도하기만 하면 될 뿐이다. 필요한 수준의 품질을 갖춘 도면을 계약서에 미리 상세하게 정의해 놓는다는 것은 불가능하다. 나

같은 추가적인 보상을 통해 독려할 수밖에 없다. 즉, 전체 원가를 특정 기준 아래로 맞추어 주면 미리 약정한 보상을 지급하거나, 특정 기한 내에 프로젝트를 완료했을 때 약정한 보상을 지급하는 방법 등을 동원하게 된다.

▌Project Management Consultancy(PMC)

EPCM과 유사하게 컨설팅을 기반으로 하여 혼동될 수는 있지만, 다른 구조를 가진 계약 형태가 Project Management Consultancy(PMC)이다. EPCM과는 다르게 E와 P를 직접 수행하는 것이 아니라 순전히 매니지먼트만 수행하고, E와 P, 그리고 C는 모두 다른 EPC 계약자가 수행한다. PMC 계약자는 거의 완전히 발주자를 대행한다. 따라서 프로젝트 기획 단계에서부터 관여하여 틀을 잡아주고 입찰 과정 및 계약자 선정 등 전 과정에서 직접적으로 관여하거나 조언을 제공해준다.

프로젝트가 본격적으로 착수하게 되면 EPC 계약자는 발주자를 대행하여 관리, 감독, 조언하는 역할을 수행하게 된다. 물론 EPC 계약자와 직접적으로 계약 관계를 가져가지는 않으므로 직접적으로 통제하기에는 어느 정도 한계가 있다. 따라서 프로젝트의 목적 달성을 위해 발주자에 전문 인력을 제공해준다는 개념으로 이해할 수 있다. PMC 계약자의 존재로 인해 일반적인 EPC 계약보다는 원가가 상승한다는 단점이 있기 때문에 EPC 계약자가 단독적으로 존재하는 경우보다는, 일반적으로 복수의 EPC 계약자가 존재하는 경우[4] 이를 효과적으로 매니지먼트하고 의사소통을 원활히 하기 위해 이용되는 편이다.

PMC 계약자의 존재 자체로 인해 원가가 높다는 비판이 있기는 하지만 PMC에 지불되는 비용이 발주자의 매니지먼트 인력 유지를 위해 들어가는 원가 및 발주자 인력의 비전문성과 경험 부족으로 인한 프로젝트 실패 리스크

의 개인적인 의견으로는 설계 도면 출도 일정에 대해 LD를 설정해 놓는다는 것은 불필요하게 품질 수준을 악화시킬 수 있는 가능성이 있기 때문에 좋지 않은 아이디어라고 생각한다.

4) 프로젝트의 규모가 상당할 경우, 프로젝트의 최종목적물이 자리잡게 되는 위치나 지역 혹은 각 건축물에 따라 복수의 EPC 계약자를 두는 경우가 있다. 말레이시아의 유명한 페트로나스 타워의 경우 똑같이 생긴 두 빌딩의 시공자가 다르다.

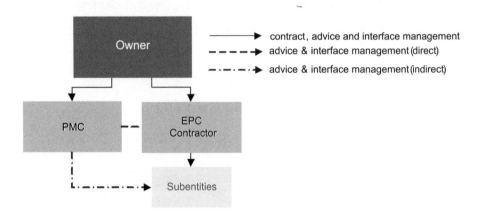

PMC 계약 구조

contract, advice and interface management
advice & interface management (direct)
advice & interface management (indirect)

Owner

PMC

EPC
Contractor

Subentities

출처: Contracting Strategies in the Oil and Gas Industry, Carlolin Schramm, Alexander Meibner, Gerhard Weidinger

를 상쇄해 주기 때문에 PMC 계약이 더욱 효과적일 수 있다는 반론도 있다.

▌Partnering

Partnering은 다른 말로 컨소시엄 형태의 계약 구조라 할 수 있다. EPC 계약자가 단독적으로 존재할 때, 과도한 수준의 리스크가 계약자에 집중되어 리스크 통제 실패로 인해 프로젝트 또한 실패하게 되는 경우가 있다. 계약자 입장에서 이러한 위험을 완화할 필요성을 느끼는데, 하나의 계약자에 리스크가 집중되는 것이 아닌 다른 기업들과 파트너십을 맺어 리스크를 분산시키는 전략을 취할 수 있다.

리스크가 큰 복잡한 대형 인프라 혹은 플랜트 프로젝트 등에서 많이 이용되는 형태이며, 구역 및 플랜트 물성에 따라 기업들이 역할을 분담하여 입찰에 응하는 경우도 있고, 기존 계약들과 유사하게 설계와 조달, 그리고 시공을 담당하는 기업들이 각각 맡은 영역에 대한 책임을 나누고 협력하여 입찰에 응하기도 한다. 이 경우 기업들간 계약 형태는 기존의 하도급 계약(Subcontract)이 아닌 컨소시엄 계약(Consortium Agreement)으로 진행된다.

그 외에도 상황에 따라서는 기업들 간 Joint Venture의 형태로 별개의 법인을 설립하는 경우도 있고, 이러한 Joint Venture 법인은 단순히 하나의 프로젝트를 위해서 만들어질 수도 있지만, 시장 상황에 따라 프로젝트 종료 이후에도 유지되어 여러 프로젝트를 연속적으로 수행하는 경우도 있다. 이렇게 되면 가히 기업들 간의 전략적 동맹 관계라 부를 수도 있을 정도이다.

Partnering 관계에서는 무엇보다도 협력 관계를 구축하는 것이 매우 중요하다. 서로 협력하는 분위기를 갖추지 못하고 컨소시엄 간에 갈등이 잦아지면 이는 리스크를 단독으로 부담하는 것보다 못하는 상황이 될 수 있다.

이렇게 여럿의 계약자가 컨소시엄을 이루어 하나의 계약을 수행할 경우, 당사자 간의 책임과 역할 분배에 더욱 신중을 기할 수밖에 없다. 어떤 문제가 생겼을 때, 계약자 사이에서 누가 책임을 가져갈지 명확하게 규정해 놓지 않는다면 혼선이 생길 수 있고, 심한 경우에는 서로 나 몰라라 하는 경우도 생길 수 있다.

이러한 이유로 발주자는 계약자가 단순히 컨소시엄 계약(Consortium Agreement)을 맺어 참여하는 방안보다, Joint Venture를 설립하여 참여하는 방안을 선호하곤 한다. 하지만 JV 형태로의 참여가 어려울 경우에는 계약자 상호 간 책임 회피를 방지하기 위해, 계약자들에 연대 책임을 지우는 조항(Jointly and Severally Liable)을 계약서에 삽입하기도 한다. 이와 관련해서는 법률 전문가들의 영역이므로 자세한 내용은 생략한다.

▌다양한 형태의 계약을 대하는 자세

이와 같이 프로젝트를 조달하는 방식은 상당히 다양하고 점점 더 진화하고 있다. 기술 발전 및 시대적 흐름에 따라 기업이 처하게 되는 외부 환경이 변하면서 각 프로젝트가 마주하게 되는 리스크의 특성 또한 예전과는 많이 달라졌다. 이러한 리스크에 적절히 대응하기 위해서는 기존의 형태에 집착하지 않는 다양한 조달 방식을 고려해야 하고, 각 실무진들은 어떤 이유로 조달 방식, 즉 계약의 형태가 이렇게 구성 되었을까에 대해 끊임없이 고민해 보아야 한다. 이런 고민을 통해 프로젝트에 내재된 리스크를 계약을 통해 어떻게 배분하고 통제할 수 있는지를 이해할 수 있으며, 그 결과로 프로젝트에서 더 좋은 성과를 얻어낼 수 있다.

그렇다면 이렇게 다양하고 변화하는 조달 형태에서 우리 기업들은 어떠한 방향을 추구해야 할 것인가?

우리 기업들은 주로 시공 계약자의 역할로 글로벌 건설/플랜트 시장에 뛰어들었다. 이후 글로벌 현장에서 많은 경험을 쌓은 것을 무기로 하여 1990년대 후반부터는 본격적인 대형 플랜트 EPC 프로젝트에 뛰어들어 세계 무대에서 점유율을 높여 나갔다. 2000년대 이후 세계적인 경기 호황 및 중국과 중동을 비롯한 신흥국들의 성장은 많은 새로운 프로젝트를 탄생시켰고, 우리 기업들이 그 수혜를 상당수 받을 수 있었다.

하지만 준비 안 된 상태에서의 무리한 진출은 결국 독이 되어 돌아온다. 당시 세계 경기 호황에 의해 중공업을 비롯한 장치 산업에 대한 투자가 많았는데, 발주자들이 EPC LS 계약을 선호하여 기업들이 EPC 형태의 프로젝트를 상당수 수행한 것이다.[5] 당시 한국 기업들은 대형 EPC 프로젝트들을 새로운 성장 동력으로 삼아 글로벌 무대에 진출했지만 EPC 공사는 기존의 공사와 게임의 룰이 달랐다. 이러한 점을 이해하지 못한 채 섣부르게 접근했던 한국 기업들은 지난 수년 간 상당한 적자에 시달려야 했다.

조달 경로 및 이를 뒷받침하는 계약의 구조는 발주자의 가치를 대변하고 각 프로젝트 참여자에 리스크를 배분한다. 발주자의 가치는 프로젝트의 추진 전략이라 할 수 있으며, 이를 이해하면 프로젝트의 목적을 이해할 수 있다. 논점을 확대하면, 조달 경로 및 계약 구조를 이해하면 발주자가 왜 프로젝트를 기획하고, 어떤 추진 전략을 가지고 있으며, 리스크에 어떻게 대응할지에 대한 전략을 이해할 수 있다. 과장하면 조달 경로와 계약 구조는 건설 프로젝트의 모든 것이라 말 할 수도 있다.

앞서 제20장 〈EPC에 대한 생각〉에서도 언급했지만, 우리나라 기업들이 지난 2천년대에 대형 EPC 공사에서 왜 실패했는가에 대한 답은 사실 간단하

---

5) 발주자 입장에서 가지는 EPC LS 계약의 가장 큰 장점은 시간과 돈에 대한 리스크를 EPC 계약자에 효과적으로 전가할 수 있다는 점이다. 반면에 EPC LS 계약에서의 단점은 발주자가 디자인에 대한 통제력을 잃을 수 있다는 점이다. 당시에 경기 호황에 따른 대형 플랜트 프로젝트가 많았는데, 이 경우 발주자들은 EPC LS 형태를 선호하게 된다. 일반적인 건물과는 다르게 플랜트에서는 심미적인 요소가 크게 중요하지 않기 때문이다.

다. 프로젝트의 조달 경로와 계약 구조에 대한 본질적인 이해 없이 프로젝트를 수행해왔기 때문이다. 그렇다면 앞으로 우리 기업이 해외 건설/플랜트 시장에서 경쟁력을 높이기 위해 무엇을 어떻게 해야 하는가? 이에 대한 대답 또한 마찬가지다. 가장 우선적으로 조달 경로와 계약 구조에 대한 이해를 통해 프로젝트에 내재된 리스크를 식별하고, 그에 대한 대응 전략 및 프로세스를 수립하여 프로젝트를 수행해야 한다. 대부분의 사람들에게 이는 하나마나 한 뻔한 얘기로 들리겠지만, 필자의 개인 의견으로는 아직까지도 많은 사람들이 그 중요성을 크게 인식하지 못하고 눈에 띄는 수준으로 개선되지 못하고 있는 부분이라 생각한다.

참고문헌

- Davis Langdon, Simon Rawlinson, 2006, Procurement: Two-Stage Tendering
- A Norton Rose Fulbright guide, 1997, A Guide to EPCM Contracts
- Carlolin Schramm, Alexander Meibner, Gergard Weidinger, 2010, Contracting Strategies in the Oil and Gas Industry
- Irina Steinberg, 2018, Contractor Consortia - Sharing Risk the Right Way

민관협력사업(PPP; Public Private Partnership)

건설 프로젝트는 기본적으로 다른 목적을 달성하기 위한 수단이 된다. 아파트를 짓는다는 행위는 주거를 위한 공간을 제공하고 이를 통해 수익을 창출하기 위한 목적이 있는 것이며, 공장은 제품을 생산하고 판매하여 이익을 내기 위한 목적으로 건설한다. 학교나 도로와 같은 사회 기반 시설은 공공 복리 및 시민의 편익을 증진시키기 위한 목적을 주로 가진다. 따라서 건설 프로젝트를 그 목적에 따라 크게 구분하면 기업이 수익을 내기 위한 목적의 민간 공사와 공공의 복리를 증진하기 위한 공공 공사로 나눌 수 있다.

건설 프로젝트를 추진하는 주인 입장에서 가장 신경이 쓰이는 것 중에 하나는 필요한 자금을 마련하는 방법이다. 건설 프로젝트 규모에 따라 다르지만 이를 수행하기 위해 필요한 자금의 정도는 상당히 큰 편이다. 작은 프로젝트도 많지만 대기업이나 정부에서 추진하는 대형 프로젝트는 수천억에서 조 단위의 자금이 투입되는 경우도 많다. 이 경우 그만한 규모의 돈을 현금으로 쌓아 놓은 경우는 거의 없기 때문에 프로젝트를 추진하기 위해서는 필요한 자금을 조달하기 위한 계획도 함께 세운다. 이렇게 프로젝트에 투입되는 자금은 발주자가 보유하고 있는 내부 자본을 사용하기 때문에 자본적 지출 (CAPEX; Capital Expenditure)이라 하며, 필요한 경우에는 외부로부터 타인 자본, 즉 채권 및 부채의 형태로 자금을 조달하기도 한다. 상대적으로 대규모의 자금이 필요하기 때문에 자금 조달계획은 프로젝트 기획 단계에서 우선적으로 수립되어야 하며, 자금 조달이 용의치 않을 경우에는 기획한 프로젝트가 좌초되는 경우도 자주 발생한다.

특히 공공 프로젝트의 경우에는 자금 조달 방안에 더욱 민감할 수 있다. 국민의 세금을 써야 하기 때문이다. 이러한 공공 건설 프로젝트의 자금은 국가나 지방 정부 예산에서 조달하는데 소위 얘기하는 사회 간접 자본(SOC; Social Overhead Capital) 예산 항목으로 편성된다. 국민의 세금으로 집행됨과 동시에 지역 경제에 직접적으로 자금이 풀리는 효과가 있기 때문에 각 지역구를 기반으로 하는 국회의원들이 관심을 많이 가져 매년 예산 시즌만 되면 쪽지 예산과 같은 문제들이 자주 발생하는 항목이기도 하다. 만약에 반드시 필요한 사업인데 세금만으로 자금을 조달하기 어려운 경우라면 국채나 지방채 등과 같은 채권을 발행하여 자금을 조달하기도 한다. 물론 이 경우에는 부채가 증가하기 때문에 세금에 의한 예산 편성과 마찬가지로 공무원이나 정치인들에게는 민감한 사항이 될 수밖에 없다. 따라서 정부의 입장에서 이러한 대규모 공공 프로젝트의 자금 조달에 대한 리스크를 낮출 수 있는 방안의 필요성이 대두되기 시작한다. 이러한 관점에서 새롭게 등장하게 된 프로젝트 조달 방식이 민관협력사업(PPP; Public Private Partnership)이다.

공공의 자산에 대해 민간의 자본이 투입된다는 측면에서 PPP 방식은 민영화(Privatization)와 유사한 측면이 있다. 하지만 민영화는 공적 자산에 대한 모든 권리를 민간 영역에 넘긴다는 측면이 있는 반면에 PPP 방식에서는 공공 영역의 역할이 여전히 상당수 존재한다. 특히 민간의 자본이 투입되어 건설되지만 그 소유권은 공공 기관이 여전히 가져간다는 측면에서 민영화와 다른 점이 있다.[1]

▌PPP 방식의 도입과 확산

PPP 방식이 처음 도입되게 된 계기는 사회 간접 자본과 같은 인프라 시

---

1) 민간 자본이 투입되어 만들어지는 공적 자산에 대한 소유권이 공공 기관에 넘어가는 시점에 따라 PPP의 다양한 방식이 존재한다. 심지어는 계약 종료 후에도 소유권을 민간이 가져가는 형태의 PPP도 있기는 하지만 극히 예외적인 경우이므로 이 부분은 고려하지 않고 기술하였다.

설을 구축하는 데 있어 생기는 리스크를 민간 영역으로 넘기기 위함이었다. 국민의 세금과 국가의 부채를 동원하여 건설해야 하는 만큼 의사결정자들에게 크고 다양한 리스크가 존재하는데, 이에 대한 부담을 민간 영역에 전가하자는 주장이다. 이 논리를 뒷받침하는 기본적 토대가 공공은 기본적으로 비효율적이라는 것이다. 다시 말해, 정부가 주관을 가지고 진행하는 프로젝트는 본질적으로 효율적일 수 없기 때문에 민간이 가지고 있는 노하우를 적극 활용하여 효율성을 극대화할 수 있다는 취지이다.

하지만 상당한 리스크를 민간에서 부담해야 하는 만큼, 민간 사업자들 또한 그에 합당한 보상, 즉 추가적인 리스크 프리미엄 등을 요구하고 그에 따라 자금 조달 절차 등이 더욱 복잡해지는 등 혼선들이 발생하였다. 이러한 혼선을 방지하고 더욱 합리적인 리스크 배분 구조를 만들어 가기 위해 다양한 방식의 PPP 구조가 만들어지기 시작했다.

이렇게 생겨난 다양한 방식의 PPP의 기본 정신은 인프라 시설 타입 및 형태에 따라 사업을 수행하는 주체가 적합한 방식의 조달 방식을 선택할 수 있게 해주고, 리스크를 공공과 민간이 나누어 부담함으로써 최고의 효과를 추

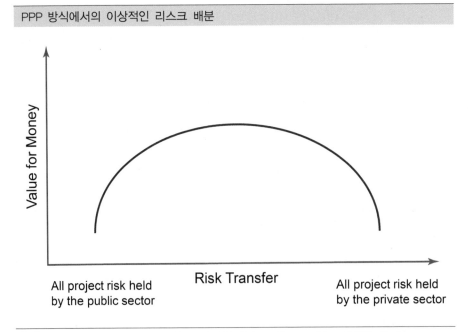

PPP 방식에서의 이상적인 리스크 배분

출처: The Private Finance Initiative - Public Private Partnerships, S.R.T. Grubb

구함에 있다. 공공은 민간의 노하우와 자본 조달 능력 등을 활용하고 공공 또한 인허가 과정 등 민간보다 우월적인 부분이 있기 때문에 이 둘이 협력하면 공공 혼자서 수행하는 것보다 훨씬 더 효과적으로 공사를 진행할 수 있다는 것이다.

특히 기술적인 측면, 다양한 경험으로부터 축적된 노하우들, 그리고 리스크 관리 역량 등의 측면에서 민간 영역이 공공보다 우월한 역량을 갖추고 있기 때문에 국민의 세금이 쓰이는 공공 프로젝트에서 민간과 함께 협력하는 것이 좋은 결과를 만들어낼 수 있다는 인식이 반영되어 있다. 더욱이 단순히 세금과 국채에만 의존해 대형 공사를 일으킬 수밖에 없었던 기존의 공공 사업 방식과 달리 민간 영역에서 자금을 조달할 수 있는 방식은 프로젝트의 리스크를 줄이고 효율성을 높일 수 있기 때문에 PPP 방식이 확산하는 데 큰 일조를 하고 있다.

이러한 PPP 방식이 가져오는 효율성에 대해 1996년 영국 하원의 재무위원회 리포트는 다음과 같이 설명하였다.

전통적으로 사회 기반 인프라 시설을 위해 투입되는 자본의 30%는 건설 과정에서 쓰이고 70%는 수십 년 동안 운영하는 데 쓰인다. 인프라 시설의

공공 영역과 민간 영역의 장단점

	공공 영역	**민간 영역**	
Strong ↑ **Skills** ↓ **Weak**	Client understanding Process understanding Political Skills Specialist sector knowledge (예: Healthcare)	PFI experience Construction experience Financial modelling Technical advice Legal advice Risk appreciation	**강점**
	Negotiation skills Management skills Whole life costing Construction skills Financial modelling Stakeholder management People skills	Specialist sector knowledge (예: Healthcare)	**약점**

운영을 민간에 맡기는 경우 공공에서 직접 운영하는 것보다 효율성이 20% 증대되므로 운영 과정에서 총 비용의 14%를 절약할 수 있다. 또한 인프라 시설물 건설 비용은 평균적으로 24%만큼 예산을 초과하였다. PPP 방식에서는 건설 비용에 대한 리스크를 민간이 부담하므로 총 예산 중 건설 예산 30%의 24%에 해당되는 약 7%에 해당하는 비용 또한 절약할 수 있는 것이다. 모두 합치면 21% 정도의 비용을 절약할 수 있다.

위 설명은 민간 영역에서의 자본 조달 비용은 고려하지 않았다. 따라서 자본 조달 비용을 전체 총 비용의 4%로 잡으면 총 17% 정도의 비용을 절약할 수 있음으로써 사회 인프라 시설을 조달하는 과정을 효과적으로 전환할 수 있다.

이와 같은 접근 방법은 깊이 들어가면 여러모로 논란이 있을 수 있지만 PPP 방식이 어떻게 논의되고 도입되게 되었는지를 직관적으로 이해하기 위하여 예로 들었다.

이렇게 도입된 PPP 방식을 통한 시설물 조달이 전세계적으로 널리 확산되기 시작한 계기는 중국이다. 최근에는 잠시 주춤하고 있지만 중국이 세계의 패권을 추구하는 과정에서 중점을 둔 '일대일로[2]' 관련해서 중국 당국은 필요한 프로젝트의 상당수를 PPP 방식을 통해 진행하기 위한 준비를 하고 있다. 중국의 지방 정부들은 부채가 상당히 많아 사회적 문제로 부각되고 있기도 한데, PPP 방식을 통해 민간으로부터 필요 자본을 조달하고 민간이 보유한 기술과 노하우를 활용하면 공공서비스의 효율성 또한 재고할 수 있기 때문에 이를 통해 일거 양득을 노리는 것이다.

정부 입장에서는 PPP 방식을 동원하면 세금을 올리거나 부채를 늘리지 않고 필요한 사회 간접자본을 확충하여 사회공공의 이익을 증진시킬 수 있다. 반면 민간에서는 PPP 사업 참여를 통해 자본과 보유하고 있는 여러 형태의

---

[2] 중국이 2014년에 아시아 태평양 경제 협력체 정상 회의에서 주창한 경제권 구상으로, 중국과 중국 이외의 유라시아 국가들을 연결하고 협동하도록 하는 것이 목표이다. 크게 두 가지로 나뉘는데, 하나는 육지기반의 실크로드 경제벨트 계획이고 다른 하나는 해상기반의 21세기 해상 실크로드 계획이다. 소위 중국 중심의 글로벌 물류 전략이라 할 수 있으며, 동유럽, 러시아, 남아시아 및 동남아시아 등 많은 국가들에서 부두, 항만 및 철도를 건설하여 하나로 잇는다는 계획을 가진다. 이를 위해 중국은 아시아 인프라 투자 은행(AIIB)의 설립을 제안하고 2015년 공식 출범하였다.

기술 및 노하우를 제공하여 효율성을 높일 수 있을 뿐더러, 인프라 시설의 지분을 가져가기 때문에 도로 통행료, 항만 이용료 등을 통해 수익을 장기적으로, 그리고 꾸준히 가져갈 수 있다. 특히 정부가 프로젝트의 주인이고 대상물이 사회에 필요한 기반 시설물이기 때문에 디폴트 리스크가 거의 없고, 수익이 안정적이라는 장점이 있다.

PPP 방식이 정부와 민간의 노하우를 모두 취할 수 있고 리스크를 공유할 수 있다는 장점이 있기 때문에 점차 널리 이용되고 있기도 하지만, 무엇보다도 PPP 방식이 매력적인 이유는 앞서 언급한 바와 같이 정부 입장에서 부채를 늘리지 않아도 되기 때문이다. 서구 선진국들은 대부분 상당한 양의 복지 비용 등의 이유로 정부 재정의 여유가 없고 부채가 높은 편이기 때문에 인프라 프로젝트를 위해 부채를 더 일으키는 것은 부담이 클 수밖에 없다. 이때, PPP 방식을 통해 민간 자본을 공급받아 프로젝트를 진행하면 이는 정부 재정수지에 부채로 잡히지 않게 되며, 이는 정치인 입장에서 지역 사회의 숙원이었던 개발 사업을 지금 당장의 추가 부채를 일으키지 않고 시작할 수 있기 때문에 거부하기 어려운 매력적인 조건의 사업이 될 수 있다. 우리나라도 아직까지는 부채 수준이 높은 수준이 아니라 여력이 있지만, 차후 복지 비용 혹은 그 외의 예산 항목에 대한 필요성이 증가함에 따라 SOC 사업은 민간 자본을 동원하여 진행할 수밖에 없는 상황으로 가게 될 가능성이 크다.

개발도상국 또한 마찬가지이다. 개발도상국은 선진국처럼 복지 비용 등의 이유로 재정 여력이 없는 것은 아니지만, 부패와 세금 탈루 등으로 세금이 제대로 걷히지 않아 재정 여력이 되지 않는 경우가 있다. 역시 마찬가지로 필요한 공공 인프라 사업에 대한 자금을 민간으로부터 조달할 수 있다면 정부의 부담을 상당수 줄일 수 있기 때문에 매력적이다.

물론 이러한 PPP 방식이 장점만을 가지고 있는 것은 아니다. 우선 전체적인 프로젝트 조달 방식이 매우 복잡하기 때문에 전체 소요되는 비용이 다른 조달 방식에 비해 일반적으로 큰 편이다. 특히, 입찰 단계에서 매우 복잡한 형태의 계약 구조 등을 다뤄야 하기 때문에 시간과 비용이 많이 소요된다. 또한 초기 자금을 민간으로부터 조달한다는 것은 결국 장기적으로 민간에 보상해 주어야 하기 때문에 납세자들이 지불한 세금이 결국 장기간에 걸쳐 이자 비용과 함께 민간 사업자에 비싼 비용으로 되돌려 주어야 한다는 것을 의미한다. 따라서 지금 당장의 부담을 줄이기 위해 후손에게 부채 부담을 떠넘기는 형태라는 비판도 있다.

요약하면 PPP 방식은 대규모 자본적 지출에 대한 정부의 부담을 현재 시점에서 미래로 이연시키는 효과를 가진다고 할 수 있다. 정치인 및 관료들에게 매력적으로 보일 수밖에 없다. 이러한 이유로 영국이나 미국과 같은 나라에서는 심지어는 감옥 마저도 PPP 방식으로 기획되어 민간 자금으로 지어지고 운영되는 경우도 있다.

▌PPP의 프로젝트 구조

PPP 방식으로 프로젝트가 기획되면, 필요한 자본의 대부분은 프로젝트에 참여한 민간 사업자로부터 조달한다. 조달된 자금은 목적물인 시설물을 설계하고 시공하며 준공 후 운영하는 데 사용된다. 이렇게 사업에 필요한 자본을 공급해 주는 대가로 민간 사업자는 시설물을 운영하고 그 과정에서 수익을 창출할 수 있는 권리를 얻는다. 이러한 계약은 대개 20~30년 동안 유지되어 민간 사업자는 초기 지출된 자본을 오랜 기간에 걸쳐 회수하고 이익을 만들어야 하기 때문에 초기에 프로젝트 기획 및 자금 조달 계획을 세울 때 이러한 점을 충분히 고려해야 한다. 이것이 일반적인 PPP 방식의 형태이다.

일반적인 PPP 프로젝트에서는 프로젝트를 위해 만들어진 특수 목적 법인(SPV; Special Purpose Vehicle)이 중심이 되어 진행된다. 이 특수 목적 법인을 중심으로 두고 다양한 형태의 민간 기업들이 사업에 참여한다. 먼저 설계와 시공에 관련된 기업들이 있고, 준공 후 직접 시설물을 운영하는 기업이 있다. 또한 자금을 공급해 주는 금융 기업들이 참여하고, 보험 기업 또한 있어야 하며, 주식 및 채권 등에 투자하는 각종 투자자들이 있고 전문적인 컨설턴트들 또한 존재한다. 이렇게 다양한 기업들이 특수 목적 법인과 함께 프로젝트를 전반적으로 기획하고 자금 조달 계획을 세우며, 설계/시공 전 단계에 참여하고 준공 후 운영한다.

특수 목적 법인은 직접적으로 자금을 조달하고 설계, 시공 및 운영에 대한 총 책임이 있으며 정부와 거래를 하는 당사자이기도 하다. 초기에 투입한

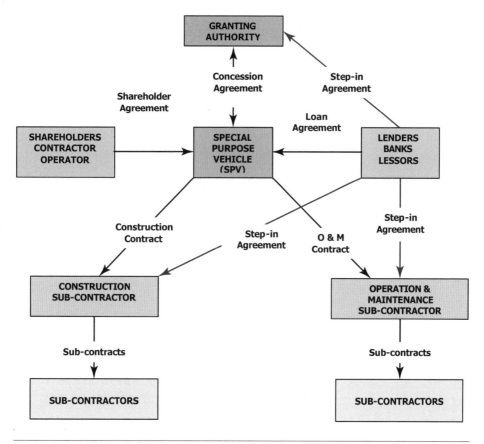

출처: A Comparison of PFI, BOT, BPP, and BOOT Procurement Route for Infrastructure Construction Projects, R. Akbiyikli, D.Eaton

대규모의 자금은 오랜 기간 동안 시설물을 운영하며 수익을 내어 회수하는데, 회수 방법은 시설 이용료를 직접적으로 징수하거나 혹은 정부로부터 정해진 금액을 일정 기간마다 지급받는 방법이 있다. 예를 들어, 도로의 경우 정부로부터 매 월 정해진 금액을 지급받거나 아니면 운전자들로부터 톨 비를 직접 거두어서 특수 목적 법인의 수입으로 책정한다.

▌PPP와 리스크

PPP라는 단어를 그 뜻 그대로 풀면 민간(Private)과 공공(Public)의 협력이다. 정부 기관과 같은 공공 기관과 일반 사기업이 같이 협력하여 프로젝트를 수행하면 이를 PPP라고 일반적으로 얘기하곤 한다. 그렇다면 단순히 민간과 공공이 협력하기만 하면 이를 PPP라 부를 수 있을까? 예를 들어, 공공 개발 사업을 추진하는 공공 기관이 해당 사업에 대한 시공을 민간 건설사에 맡기면 이는 민간과 공공이 협력하는 형태이므로 PPP라 할 수 있을까?

여러 국제 개발 은행[3] 등이 주관하여 수립한 APMG PPP Guide에 따르면 민간 계약자가 상당한 수준의 리스크를 부담하는 경우에만 PPP의 형태로 간주한다. 이를 직접적으로는 "The private party bears significant risks"라고 표현한다. Significant라는 단어 자체가 구체적인 기준을 내포하고 있지는 않기 때문에 구체적이고 명료한 기준이라고 평가할 수는 없겠지만, 이를 통해 PPP의 핵심이 무엇인지 이해할 수 있다.

PPP라는 복잡한 조달 경로가 등장하게 된 근본적인 이유가 무엇일까? 왜 공공 기관이 민간 영역에 단순히 설계나 시공만 맡기는 것이 아니라 자금 조달, 시공, 운영 및 유지 보수 등을 맡기는 구조를 채택할까? 이는 공공 기관이 태생적으로 가지고 있는 관료주의적 비효율을 타파하고 민간 영역의 효율을 이용해서 더 나은 형태의 공공 자산을 조달하기 위함이다. 결국 민간 영역의 효율성이 핵심이다. 그렇다면 이윤이 보장된 형태의 계약에서 효율성이 생기고 혁신이 발생할 수 있을까? 리스크를 부담하지 않는 민간 영역의 참여는 새로운 관료주의적 조직의 등장과 다를 바 없다.

따라서 우리가 일반적으로 인식하는 PPP의 형태인 DBFO/DBFOM[4]과 같은 조달 방식에서는 우선적으로 민간 영역에 자금 조달에 대한 책임을 부여한다. 대형 인프라 투자는 초기에 큰 규모의 자금을 투입하고 이를 회수하는 데 오랜 시간이 소요되기 때문에 자금 조달에 상당한 수준의 리스크가 존

---

3) Asia Development Bank(ADB), European Bank for Reconstruction and Development(EBRD), Inter-American Development Bank(IADB), Islamic Development Bank(IsDB), World Bank Group(WBG) 등

4) Design, Build, Financing, Operation and(Maintenance) 민간 계약자가 자금 조달에서부터 시작해서 설계, 시공, 운영 및 유지 보수까지 모두 책임을 지는 형태를 뜻한다.

재한다. 이러한 리스크를 민간 영역에 전가하여 효과적으로 대응하기 위한 방안이 PPP이다.

PPP를 이용하여 조달하는 자산 중에 사용자로부터 요금을 부과할 수 있는 자산이 있다. 고속도로나 철도, 박물관 및 항만 등이 그러한 경우에 해당될 수 있다. PPP를 이용해 자산을 조달한 민간 계약자가 이러한 사용자 요금을 통해 투입 자본을 회수하고 이윤을 창출해야 하는 경우가 있다. 이러한 방식을 일반적으로 Concession이라 칭한다.

이러한 Concession의 경우, 사업 기획 시에 예상 이용 숫자를 잘못 예측한다면 차후에 큰 손실을 볼 수 있다. 예를 들어, 특정 고속 도로 건설이 사업성이 있기 위해서는 매일 만 대 이상의 통행량이 있어야 하는데, 완공 후 통행량이 5천 대 수준 밖에 되지 않는다면 큰 손실이 생긴다. 이러한 일이 생길 경우, 계약에 의해 정부가 민간 계약자에 손실 금액을 보전해 주는 경우가 있다. 이렇게 예상과 다른 결과로 인해 손실을 보전 받는 경우 이는 민간 영역에 상당한 수준의 리스크를 전가했다고 할 수 있을까?

PPP의 본질적인 취지를 잘 살리기 위해서는 민간 계약자가 본인의 매출 및 이윤이 프로젝트의 성과에 연동될 수 있도록 하는 점도 필요하다. 손실이 생겨도 이를 쉽게 보전 받을 수 있다면 성과에 대한 동기 부여를 가지기 어렵고, 이 경우 PPP를 통해 조달하고자 하는 자산은 원래 의도했던 대로 완성하기는 쉽지 않다.

물론 자금 조달을 민간이 수행하지 않고, 민간 계약자의 매출이 프로젝트 성과에 연동되지 않는다고 해서 꼭 PPP가 아니라는 얘기는 아니다. 하지만 PPP의 원래 취지가 민간 영역의 효율성을 활용하여 전체적인 생산성을 높인다는 측면을 생각해보면, PPP 조달 방식에서 리스크를 어떻게 다룰지에 대해 이해할 수 있다.

다음은 민간 영역에서 자금을 조달하는 PPP, 즉 Private Finance PPP에 대한 APMG PPP Guide의 정의이다. 이를 통해 PPP가 진정 의미하는 바가 무엇인지 생각해보자.

1) *A long-term contract* between a public party and a private party,
2) For the development and/or management of a public asset or

service, in which

3) *The private agent bears significant risk and management responsibility* through the life of the contract,

4) *Provides a significant portion of the finance at its own risk*, and

5) *Remuneration is significantly linked to performance*, and/or the demand or use of the asset or service so as to align the interests of both parties

— "Private Finance" PPP Contract, APMG PPP Guide

참고문헌

- KIEP 북경사무소, 2017, 최근 중국의 민관협력사업(PPP) 추진 현황 및 평가와 전망
- RICS, 2013, Developing a Construction Procurement Strategy and Selecting an Appropriate Route
- Deloitte, 2019, Closing America's Infrastructure Gap: The Role of Public-Private Partnerships
- S.R.T. Grubb, 1998, The Private Finance Initiative - Public Private Partnerships
- APMG, 2020, Public-Private Partnership (PPP) Certification Guide

New Engineering Contract(NEC)

1980년대 후반, 영국의 토목 엔지니어 협회(Institute of Civil Engineers; ICE)는 새로운 유형의 표준 계약 도입을 추진하기 시작한다. 수년 간의 노력을 거쳐 1993년, 협회는 드디어 말 그대로 새로운 표준 계약의 한 형태인 New Engineering Contract(NEC)를 공식적으로 도입했다. 이렇게 시작된 NEC는 서서히 퍼지기 시작하였으며, 특히 2012년 런던 올림픽을 기점으로 하여 급속도로 산업 전체에 확산되고 있다.

현재는 영국의 공공 인프라 프로젝트의 대부분이 이러한 NEC를 기반으로 하여 추진되며, 민간 프로젝트 또한 NEC를 많이 이용하기 시작하여 2015년 기준 기존에 영국에서 가장 많이 사용되던 표준 계약인 JCT를 넘어서 가장 많이 사용되는 표준 계약이 되었다. 이러한 NEC의 확산은 영국에만 국한된 것은 아니다. 홍콩, 두바이, 호주, 뉴질랜드, 남아프리카 공화국 등 영연방 국가들을 중심으로 하여 NEC의 사용 빈도가 늘어나고 있다. 지금까지 수백조 원 이상의 시설물이 NEC 방식을 통해 조달되었으며, 현재 영국에서 진행 중인 약 80조 원 규모의 고속 철도 사업 또한 NEC 방식이 이용된다.

NEC 계약 형식을 채택하여 진행한 프로젝트 중 가장 유명한 것은 2012년 런던 올림픽 관련 시설물들이다. 총 약 15조 원 규모의 런던 올림픽 프로젝트를 추진하기 위해 NEC 계약이 채택되었고, 성공적으로 마무리되어 올림픽을 진행한 것으로 평가받는다.

우리나라에서 멀리 떨어진 한 나라에서 새롭게 등장한 계약 형태에 대해서 한 장을 할애해서 소개하려고 하는 이유는 크게 두 가지이다. 첫 번째로는, 기존 건설 관련 표준 계약들은 JCT이든 FIDIC이든 혹은 각 개별 기업들이 가지고 있는 표준 계약이든 계약의 형태, 프레임은 크게 다르지 않았다. 하지만 NEC는 기존의 계약들과는 다른 형태의 계약 메커니즘을 제시하며 그들과 차별화하고자 한다. 두 번째 이유는, 영국은 지난 수백 년간 단순 계약의 프레임뿐만 아니라 건설 산업 관련하여 다양한 표준을 만들어왔던 국가로서, 그들이 스스로 표준을 바꾸어 나가기 시작했다는 것은, 차후 세계적으로도 영국의 새로운 표준을 받아들일 가능성이 있기 때문이다.

NEC 방식을 통해 건설된 2012 런던 올림픽 주경기장

출처: https://www.neccontract.com/About-NEC/News-Media/NEC-in-Action-Olympic-Velodrome

약 20조 원 이상의 자금이 투입되는 영국의 Crossrail 사업, NEC 방식으로 진행 중이다

출처: https://www.ianvisits.co.uk/blog/2013/09/29/photos-of-the-crossrail-station-at-paddington/

NEC 방식을 통해 건설된 런던 히드로 공항 2 터미널

출처: https://www.virtua.uk.com/projects/heathrow-terminal-2

NEC 방식을 통해 추진된 약 10조 원 규모의 UAE Al Raha Beach 프로젝트

Aldar Properties is using NEC3 to procure the £7.3 billion Al Raha Beach mixed-use waterfront development in Abu Dhabi, UAE

출처: International Application of NEC in Practice, Ian Heaphy

이러한 관점에서 보면 NEC라는 새로운 표준 계약은 기존 표준 계약들이 가지고 있는 문제점들을 개선하여 합리적으로 프로젝트를 수행할 수 있도록 해 주는 새로운 수단임과 동시에 앞으로는 우리가 마주하게 될 전세계적인 새로운 표준 계약이 될 수도 있다. NEC가 현재 FIDIC이 차지하고 있는 위치를 점하지는 못한다고 하더라도, NEC를 통해 새롭게 등장한 계약 메커니즘의 장점은 기존의 표준 계약에서도 받아들여질 여지가 매우 크다.

▌NEC의 등장 배경 및 특성

NEC가 등장하게 된 배경은 전적으로 기존의 표준 계약들이 가지고 있는 문제점들을 개선하기 위해서이다. 많은 연구들은 기존의 계약 형태가 가지고 있는 대표적인 문제점을 상호간에 협력적이지 않고 갈등을 유발하기 쉬운 계약 구조라고 지적한다. 특히 계약의 본질적인 특성상 계약서는 문제가 생겼을 시에 잘잘못을 가리기 위해 책임을 규정하는 형태로 되어 있고, 이 때문에 프로젝트에 참여하고 있는 이해관계자들 사이에서 책임을 회피하기 위한 매니지먼트 방식이 형성되는 경우가 많다. 두말할 나위 없이 이런 방식과 관행적 태도는 서로 신뢰하여 협력적으로 진행하는 방식보다 성과가 좋지 않다는 관점이다.

특히 분쟁이 발생하게 되면 각 참여자는 프로젝트의 결과나 목표한 성과를 달성하기 위해 노력을 쏟기보다, 책임을 회피하거나 손실을 만회하기 위한 목적으로 생산적이지 않은 자원의 투입이 너무 많이 발생하기 때문에 이를 방지하는 데에도 초점을 맞춘다.

현재 세계적으로 널리 쓰이고 있는 표준 계약인 FIDIC에 대해 많은 사람들이 가지는 아래와 같은 비판적인 시각을 고려하면 NEC가 왜 등장하게 되었는지 이해하게 된다.

"FIDIC에서 가장 많이 사용되는 조항은 Claim, Dispute, Arbitration일 것이다."

"계약 본문에 해당하는 General Condition이 너무 복잡하여 세부 조항들 사이의 논리적 관계를 찾기가 어렵다. 기대하던 내용이 바로 뒤에 따라 나오지 않고 엉뚱한 곳에 위치해 있어 놓치는 경우가 많다"

이러한 배경에서 등장하게 된 NEC는 그렇기 때문에 기존 계약 관계에서 발생하던 상호 대립적인 관계를 극복하고 협력을 증진할 수 있도록 접근한다. 이를 위해서 기존 계약들이 각 계약 당사자가 가져야 할 책임과 의무를 규정하는데 초점이 맞춰져 있다면, NEC에서는 협력적인 해결 방안을 추구하기 때문에 이 부분에서 조금 더 유연적이다. 계약서 첫 구절에서부터 'in a spirit of mutual trust and cooperation'을 언급한다.

또한 기존의 계약 형태들이 가지고 있던 복잡성을 지양하고 명료함을 추구하여 계약 당사자들이 오해와 혼선 없이 효과적으로 계약을 수행할 수 있도록 한다. 특히 어려운 법률 용어 혹은 예전 라틴어 관용구 등을 오용하는 것이 아닌, 평이한 현대식 영어를 사용하여 당사자들의 이해를 돕는다.

NEC가 추구하는 세 가지 원칙은 다음과 같다.

• 좋은 매니지먼트를 독려한다.

• 광범위한 상업적인 해결책을 모색하기 위해 유연성을 갖춘다.

• 단순하고 명확해야 한다.

상호 협력적인 관계를 가지기 위해 필요한 자세 중 하나가 서로 간에 뒤통수를 치지 않아야 한다는 것이다. 무슨 문제가 있을 때 혼자만 알고 미리 대비해 두고 있다가 갑자기 터트리는 소위 'surprise'한 자세를 취하지 않아야 한다는 것이다. 이를 위해 NEC에서는 'Early Warning'이라는 개념을 도입하는데, 이는 NEC의 주요 특징 중 하나이므로 아래에서 상세히 설명한다.

또 하나 NEC의 중요한 특징 중 하나는 이렇게 투명성을 중시하기 때문에 스케줄[1]을 매우 중요한 문서로 간주한다는 점이다. NEC는 스케줄이 명확하게 정의되어야 하고, 현실을 그대로 반영하여야 하며, 이를 위해 지속적으로 업데이트되어야 한다고 간주한다.

NEC는 현재 2017년에 개정된 NEC4가 최신 버전이지만, 여기서는 그 전에 NEC가 널리 보급된 형태인 NEC3를 기준으로 설명한다. NEC3는 크게 다음과 같이 구분할 수 있다.

• Work Contract
  − NEC3 Engineering and Construction Contract(ECC)
  − NEC3 Engineering and Construction Short Contract(ECSC)
  − NEC3 Engineering and Construction Subcontract(ECS)
  − NEC3 Engineering and Construction Short Subcontract(ECSS)
• Service Contract
  − NEC3 Term Service Contract(TSC)
  − NEC3 Term Service Short Contract(TSSC)
  − NEC3 Professional Services Contract(PSC)
• Supply Contract
  − NEC3 Supply Contract(SC)
  − NEC3 Supply Short Contract(SSC)

---

1) NEC에서는 Programme이라 표기한다. 제10장 〈Baseline과 Programme〉 참조.

- 기타
  - NEC3 Adjudicator's Contract(AC)
  - NEC3 Framework Contract(FC)

여기서 물론 우리가 알아두어야 할 가장 대표적인 계약은 Engineering and Construction Contract이다. 이를 NEC3 ECC라 부른다. 아래에서 NEC3 ECC가 어떻게 구성되어 있는지 간략히 알아보도록 하자.

▌NEC3 ECC의 구성

NEC3 ECC 계약 구조는 기본적으로 아래 그림과 같이 구성되어 있다.

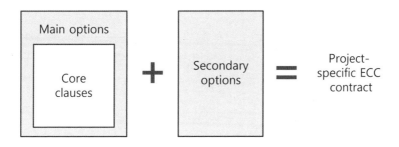

위에서 Main option에서는 대금 지불 방법을 규정한다. 그리고 Core clauses에서는 계약 주체 사이의 관계와 관련된 기본적인 요소를 규정하고 Secondary options를 통해 필요로 하는 항목을 선택한다. 하나 하나 어떻게 구성되어 있는지 살펴보도록 하자.

Main Options

Main Option에서는 계약가 산정하는 방식과 대금을 지불하는 방식을 규정한다. 건설 프로젝트에서는 계약가를 정하는 방법들이 다양하게 있고 그에 따라 리스크가 배분되는데, 그 중 하나(혹은 여러 개)를 프로젝트 특성에 맞춰서 선택할 수 있게 되어 있다. NEC3 ECC에서는 기본적으로 다음과 같은 6가

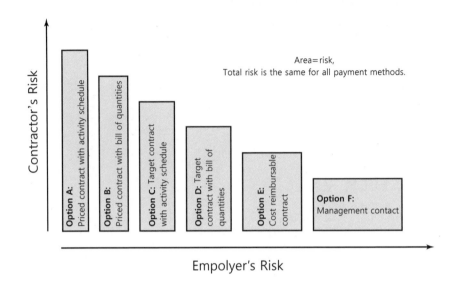

- Option A: Lump Sum
- Option B: Remeasurement
- Option C: Target Cost based on Lump Sum
- Option D: Target Cost based on Bill of Quantities
- Option E: Cost Reimbursable
- Option F: Management

Main Option에서의 각각의 옵션들은 리스크를 어떻게 배분하는지를 나타내며, 이것은 프로젝트를 조달하는 전략에 따라 달라질 수 있다. 프로젝트에 내재되어 있는 리스크의 총량은 동일하지만, 프로젝트 특성에 따라 어떤 리스크를 누가 부담하느냐를 프로젝트 전략에 맞춰 배분하는 옵션인 것이다.

Core Clauses

NEC3 ECC에서의 Core Clauses는 9개의 항목으로 구성되어 있으며, 이들은 주로 발주자와 계약자 사이의 관계에 대한 기본적인 요소를 제공해 준다. 9개 항목은 다음과 같다.

1. General
2. The Contractor's Main Responsibilities
3. Time
4. Testing and Defects
5. Payment
6. Compensation Events
7. Title
8. Risks and Insurance
9. Termination

이 조항들은 발주자와 계약자의 가장 기본적인 의무와 권리를 규정한다.

Secondary Options

Secondary Option에 해당되는 항목들은 계약 자체를 구성하는 데 있어서는 반드시 필요하지는 않은 항목들이다. 하지만 계약을 통해 더욱 명확한 관계와 책임을 정의하고자 할 때 필요한 항목들이기도 하다.

- Option X1: Price Adjustment for Inflation
- Option X2: Changes in the Law
- Option X3: Multiple Currencies
- Option X4: Parent Company Guarantee
- Option X5: Sectional Completion
- Option X6: Bonus for Early Completion
- Option X7: Delay Damages
- Option X12: Partnering
- Option X13: Performance Bond
- Option X14: Advanced Payment to the Contractor
- Option X15: Limitation of the Contractor's Liability for his Design to

Reasonable Skill and Care

- Option X16: Retention

- Option X17: Low Performance Damages

- Option X18: Limitation of Liability

- Option X20: Key Performance Indicators

이 중 우리가 경험해 왔던 기존의 계약들과 차이가 나는 몇 가지를 살펴
보자.

기존 형태의 계약에서 '배상'의 개념은 'Liquidated Damages'라는 형태
로 다룬다. 여기서 'Liquidated'라는 개념은 '확정된'이라는 의미를 가지며 '손
해'라는 불분명한 개념을 'Liquidated Damages'를 통해서 확정적인 금액으로
나타낸다. 즉, Liquidated Damages는 차후에 발생할 수 있는 손해를 계약 시
확정된 금액(주로 daily)으로 묶어 버리는 속성을 가진다. 대부분의 건설 계약
에서는 손해를 Liquidated Damages의 형태로 배상하게 되어 있다.

하지만 NEC3 ECC 에서는 손해에 대한 배상을 'Liquidated' 형태뿐 아니
라 'Unliquidated'의 형태까지 제공한다. 발생할 수 있는 손해의 크기에 대해
미리 확정하지 않는 형태도 제공한다. 이러한 방식을 선택하면 손해 보상은
미리 확정된 금액이 아닌 실제 발생한 손해에 근거하여 이루어지게 되고,
이 경우 배상해야 하는 금액은 Liquidated Damages 때보다 더 커질 수도
있다.

또 하나 특징적인 부분은 유보금(Retention)에 대한 내용이다. 오늘날
Retention[2]이라는 개념을 포함시키지 않는 계약들도 있긴 하지만, 또 다른 많
은 계약들은 Retention의 개념을 여전히 담고 있다. 하지만 계약서 내
Retention이라는 존재 자체가 프로젝트를 수행하는 데 있어 협력적인 접근을
저해한다는 지적이 많아 NEC3 ECC에서는 Retention 항목을 필수 항목이 아

---

2) Retention이라는 항목은 발주자가 계약자에 지불해야 하는 금액 중에 일부를 지불하지 않고
유보하는 것을 의미한다. 향후 발생할 수 있는 결함(defect) 등의 이유로 일종의 인질을 잡고
있는 셈인데, 대부분의 대금 지급이 실제 작업한 양에 따라 지급하는 구조이므로 실제 작업은
하였으나 돈을 받지 못하는 상황이 될 수 있고, Retention 외에도 Performance Bond나 Bank
Guarantee와 같이 계약자의 계약 이행을 보증하는 장치가 여럿 있기 때문에 안전 장치를 중복
해서 적용한다는 등의 많은 비판이 있다. NEC3 ECC에서는 이러한 점을 종합하여 Retention의
적용을 합리적이지 않은 것으로 간주하는 것처럼 보인다.

닌 secondary option 항목으로 간주한다.

▌NEC3 ECC의 주요 특징들

NEC3 ECC에서는 기존의 주요 계약들(FIDIC과 같은)과 차이가 나는 주요 특징들이 있다.

Accepted Programme

NEC에서 Programme은 우리가 흔히 생각하는 스케줄을 의미하며, 매우 중요한 문서로 간주한다는 것을 이미 언급한 바 있다. 만약 계약자가 스케줄을 발주자의 승인을 위해 정해진 시점까지 제출하지 않는 경우, 발주자는 남아 있는 대금의 1/4을 스케줄을 제출할 때까지 지급을 유보할 수 있다.

Compensation Events

NEC3 ECC에서 견지하는 기본 자세는 발주자와 계약자는 추가 비용의 발생과 공기의 연장을 방지하기 위해 서로 협력해야 한다는 것이다. 따라서 어떤 비용 증가와 공기 지연을 유발할 수 있는 사건이 발생할 수 있음을 인지하게 된다면 빠른 조치를 통해 그 영향을 최소화할 수 있도록 즉각적으로 알려야 할 의무를 Project Manager[3]와 계약자에 부과한다.

발생한 사건에 대한 책임 여부보다 그러한 사건이 발생하지 않거나 발생하더라도 그 영향을 줄이는 데에 중심을 두기 때문에 NEC에서는 '클레임'에 대한 개념을 제공하지 않는다. 대신 앞으로 시간과 비용에 영향을 줄 수 있는 사건(이를 Compensation Event라 부른다)에 대해 서로 통지해 주는 'Early Warning'이라는 개념을 제공한다. 조금이라도 리스크 요인이 감지되면 알리는 형식이니 이 메커니즘이 이상적으로 작동하면 사후 '클레임'은 존재할 수 없다.

이러한 Compensation Events의 개념은 기존 계약에서의 Variation을 대체

---

3) FIDIC의 Engineer와 유사한 역할. 한국에서는 감리나 CM과 비슷하다 할 수 있다.

한다. 언뜻 보면 그 차이를 알기 어려운데, 기존의 Variation과 Compensation Events의 차이는 무엇을 기반으로 하느냐에 있다. Variation은 말 그대로 '계약에 대한 변경'인데, 이는 어떻게 합의하든지 간에 '계약'을 통해 합의한 내용에 대한 변경이다. 직접적인 계약자의 잘못이 아니더라도 포괄적으로 계약자가 그에 대한 책임을 가져가기로 합의했다면 계약자의 잘못이 아닌 이벤트가 발생했다 하더라도 Variation으로 간주되지 않는다.

구체적으로 예를 들어보자. 계약자는 발주자의 책임하에 있는 디자인 팀으로부터 물량 정보를 받아 필요한 자재를 발주하도록 되어 있다. 계약적으로 설계에 대한 책임은 발주자에 있지만 기본 접수한 물량(Materials Take-Off; MTO)을 토대로 해서 그동안 축적된 경험과 노하우를 통해 적절한 마진을 얹어 최종 필요 물량을 예량하는 책임은 계약자가 가져가도록 되어 있다. 만약 차후에 물량이 변동될 경우 기존의 계약 형태에서는 초기에 접수한 물량을 토대로 적절히 예량하는 것은 계약자의 책임이기 때문에 이는 Variation에 해당하지 않는다.

하지만 NEC의 Compensation Event에서는 그렇게 다루지 않는다. NEC는 Compensation Event를 통해 계약적으로 누가 어떤 책임을 가져가느냐 보다는, 이벤트 자체가 일정에 영향을 주느냐 여부에 초점을 맞춘다. 물량 변동이 일정에 영향을 주게 되면 그것은 Compensation Event에 해당되며, 계약자 잘못이 아닌 이상 계약자는 추가적으로 필요한 시간과 돈에 대한 보상이 가능하다. 물론 분쟁을 피하기 위해 NEC는 이렇게 Compensation Event에 해당되는 이벤트들은 애초에 계약 조항을 통해 정의해 놓는다.

정리하면 Variation은 '계약을 통해 합의한 사항'을 주요 기준으로 삼고, Compensation Events는 '일정 및 비용에 영향을 주는 사건, 그러나 계약자의 잘못은 아닌'을 주요 기준으로 삼는다고 간주할 수 있다.

물론 이것은 이상적인 경우이고 실제로는 그렇게 잘 작동하지 않는다. 가장 큰 문제는 프로젝트를 수행하다 보면 잠재적으로 비용과 일정에 영향을 줄 수 있는 항목들이 수없이 많다는 것이다. 그것들을 문서화하고 통지 절차를 준수하는 것 자체가 Overhead 및 Administration 비용을 증가시키는 요인이 될 수 있어 이러한 한계에 대한 비판도 상당히 많다.

Clause	Event	Clause	Event
60.1(1)	Changes in works information	60.1(15)	Take-over before completion
60.1(2)	Late access/use of site	60.1(16)	Failure to provide materials etc.
60.1(3)	Late provision of specified things	60.1(17)	Correction of assumptions
60.1(4)	Stopping/suspension of work	60.1(18)	Breach of contract by Employer
60.1(5)	Late/additional works	60.1(19)	Prevention
60.1(6)	Late reply to communications	60.4	Final quantity differences
60.1(7)	Finding objects of interest	60.5	Increased quantities causing delay
60.1(8)	Changes of decisions	60.6	Correction of bills of quantities
60.1(9)	Withholding of acceptances	X2.1	Changes in the law
60.1(10)	Searches for defects	X12.3(6)	Changes in partnering information
60.1(11)	Tests or inspections causing delay	X14.2	Delay in making advanced payment
60.1(12)	Physical conditions	X15.2	Correction of a defect not Contractor's liability
60.1(13)	Weather conditions	Y2.4	Suspension under the Construction Act
60.1(14)	Employer's risk		

Early Warning

앞서 언급했듯이 'Early Warning'은 NEC3 ECC를 특징짓는 매우 중요한 요소이다. NEC3 ECC는 계약자뿐 아니라 발주자에게도(Project Manager를 통해) 비용 및 일정 증가 리스크를 인지했을 때 상호 간에 통지해 주어야 하는 의무를 부과한다.[4]

'Early Warning'을 통해 프로젝트 리스크를 이른 시점에 인지하고 나면, 서로가 협력하여 리스크를 해소하고, 이렇게 발 빠르게 대응하면 리스크에 의한 영향을 최소화할 수 있다. 만약 계약자가 제때 'Early Warning'을 주지 않고 사후에 보상을 청구한다면, 발주자는 제 시점에 'Early Warning'을 주었을 때를 근거로 비용을 재 추정하여 해당되는 금액만 보상해 줄 수도 있다.

---

4) 광범위하게 사용되는 계약은 아니지만 노르웨이의 표준 계약인 NTK/NF 또한 NEC의 Compensation Event 및 Early Warning의 개념을 일부 차용한 것으로 보인다. 다만, 필자의 의견으로는 NEC 보다는 다소 발주자 친화적이다.

▌NEC3 ECC에 대한 한계 및 비판

지금까지 소개한 NEC3 ECC가 물론 여러 장점이 있지만, 그가 가지는 한계점들에 대한 지적도 여럿 있다. 대표적인 경우가 앞서 언급한 Compensation Event의 남발로 인한 과한 서류 작업 및 수반되는 행정 비용이다. FIDIC과 같은 다른 표준 계약에서는 제한된 상황에서만 그러한 통지 및 문서 절차를 통하도록 되어 있는데, NEC3 ECC에서는 협력적인 자세와 개방성을 추구하자는 취지에 의해 모든 가능성을 통지해 주어야 하기 때문에 의도하지 않은 과도한 서류 작업을 불러온다.

위와 같이 관리되는 Compensation Events 서류는 대개 프로젝트 내부에서 관리하는 리스크 레지스터(Risk Register)와 유사하다. 다만, 우리가 많이 이용하는 리스크 레지스터는 그 가능성과 영향도에 대해 상세한 내용까지 담지는 않는데, Compensation Events는 NEC 계약에서 공식적으로 요구하는 중요한 절차로, 발주자 및 Project Manager와 공유하면서 그 가능성 및 영향도에 대해 상세히 분석하고 시나리오까지 제시할 수 있어야 하기 때문에 상당히 서류 작업이 많은 편이라 할 수 있다.

또 하나 지적되는 사항은 복잡성이다. NEC3 ECC는 프로젝트 특성에 맞춘 유연성을 추구하기 위해 여러 선택적 옵션을 부여하였는데(Main Options, Secondary Options), 다양한 경험을 갖춘 발주자라면 모르겠지만, 경험이 많지

Compensation Events와 Early Warning requirement에 의한 서류 작업 예시

않은 발주자라면 이를 구성하는 데 많은 어려움이 있을 수 있다.

그리고 시간이 지나면 좋아지겠지만, 아직까지는 본질적으로 가질 수밖에 없는 한계도 있다. 그것은 아직 역사가 짧다는 것이다. 계약서라는 문서는 사람이 만드는 이상 본질적으로 완벽할 수 없으며,[5] 많은 시행착오를 거쳐 점차적으로 개선되어야 한다. 특정 조항들이 법에 위배되지 않는 것인지에 대한 검증도 있어야 하며, 발생할 수 있는 다양한 상황에 대해 전문가들에 의한 계약적인 해석과, 그리고 이에 대한 법의 판단이 어떻게 되는지에 대한 검증 또한 필요하다. 소위 선례가 부족하여 NEC에 내재된 불확실성이 상대적으로 큰 상황이라 할 수 있는데, 이는 시간이 해결해 줄 문제이다.

█ NEC vs FIDIC

마지막으로 가장 널리 사용되는 표준 계약인 FIDIC과 NEC를 간단하게 비교해 보고자 한다.

우선 NEC와 FIDIC의 공통점을 먼저 찾아보면, 두 계약 모두 전세계적으로 사용될 수 있도록 준거법과 계약 언어(Contract Language)를 선택할 수 있도록 디자인되어 있다. 두 계약 형태 모두 영미법(Common Law) 체계로부터 기원하고 있지만, 시민법(Civil Law) 체계 안에서도 잘 작동됨을 입증해 왔다.

Time

FIDIC에서는 상세한 Programme(즉, 스케줄)을 초기에 제출하도록 하며, 이후 실제 진행 상황에 부합하지 않을 경우, 이 스케줄을 업데이트하도록 되어 있다. 하지만 NEC에서는 스케줄을 단순한 일정에 대해 현황을 체크하고 보고하기 위한 자료가 아니라, 전체 프로젝트에서 가장 중요한 문서로 간주한다. 스케줄을 기준으로 현황을 지속적으로 모니터링하고, 변경 관리를 수행하며, NEC의 중요한 개념인 Early Warining과 Compensation Events를 관리하

---

5) 여기서 의미하는 '완벽'이라 함은 어느 한 쪽에 치우치지 않는 '공정성'과 그 의미를 해석하는 데 있어 애매하지 않고 보는 누구나가 같은 의미로 해석할 수 있는 '명확함'을 뜻한다.

Role	NEC3 ECC	JCT SBC/Q	FIDIC Red Book
Design of the works	Employer's design team (Contractor design also possible, but not considered by this course)	Employer's design team (Limited contractor design also possible, but not considered by this course)	Employer's design team (Contractor design also possible, but not considered by this course)
Payment for the works	Employer	Employer	Employer
Control of the works	Project Manager	Contract Administrator	Engineer
Controlling time	Project Manager	Contract Administrator	Engineer
Valuation of works	Project Manager	Quantity Surveyor	Engineer
Change of the works	Employer requests change Project Manager instructs changes Contractor quotes for changes Project Manager assesses changes	Employer requests Variations Contract Administrator instructs Variations Quantity Surveyor ascertains Variations	Employer requests Variations Contractor makes value engineering proposals Engineer instructs Variations Engineer evaluates Variations
Constructing the works	Contractor Subcontractors	Contractor Subcontractors	Contractor Nominated subcontractors Subcontractors
Quality of works	Supervisor	Clerk of Works	Engineer
Settlement of disputes	Adjudicator tribunal	Adjudicator Arbitrator (if agreed)	Dispute Adjudication Board Arbitrator

는 도구로 사용되기도 하며, 대금 지급의 기준이 되기도 한다.

NEC에서는 또한 계약 일정보다 이른 시점에 완료하였을 시 보너스를 받을 수 있는 메커니즘을 옵션으로 선택할 수 있다.

NEC가 FIDIC과 같은 기존 계약과 가장 크게 다른 점은 리스크가 발생하기 이전에 상호간에 통지하여 리스크에 대한 영향을 줄이는 데 초점을 맞춘다는 점이다. FIDIC 에서는 리스크 이벤트가 발생한 이후에야 통지하는 절차로 되어 있어 발주자가 프로젝트 리스크를 매니지먼트하기 어려운 구조로 되어 있다.

Cost

FIDIC에서는 계약가를 산정하는 방식을 Bill of Quantities 혹은 각 단계별로 정해진 대금을 지급하는 구조로 구성되어 있다. NEC는 이에 더하여 Lump Sum 및 원가를 기준으로 책정하는 다양한 방식, 즉 Cost Reimbursable이나 Target Cost와 같은 방식 또한 택할 수 있도록 되어 있다.

계약 변경에 대하여(FIDIC에서는 Variations & Claims로 표기, NEC에서는 Compensation Events로 표기) FIDIC은 시간과 돈을 구분하여 각각 별개로 접근하도록 되어 있다. 반면에 NEC에서는 시간과 돈을 하나로 묶으며, 각각 발생할 수 있는 상황 및 시나리오에 따라 시간과 그에 따라오는 발생 비용을 다양하게 견적하여 제출할 수 있는 구조로 되어 있다. 이는 Project Manager로 하여금 전체적으로 시간과 돈의 균형을 맞추어 더욱 합리적인 예측을 기반으로 하여 매니지먼트 할 수 있도록 해준다.

많은 부분에서 FIDIC은 용어를 주관적으로 서술하지만 NEC에서는 이를 객관적으로 명료하게 표기한다. 대표적인 예가 날씨(Weather)에 대한 것으로, FIDIC에서는 'exceptional adverse climatic conditions'이라 표기하지만, NEC에서는 'worse than 1 in 10 year approach to weather'으로 표기한다. 즉, NEC에서는 주관적인 해석을 통해 분쟁이 발생하는 상황을 지양한다.

Quality

NEC와 FIDIC 모두 결함(Defect)를 찾아내고, 결함을 수정하며 이를 이행하지 못한 경우에 대해 계약자에 책임을 부과한다. 하지만 NEC에서는 결함(Defect)을 인지하였을 때, 상대방에 이를 통보해 주어야 할 책임을 계약자뿐 아니라 supervisor에게도 부과한다. 결함이 생겼을 때 더욱 개방적인 자세로 결함을 처리하고자 하는 취지인데, supervisor에 대한 이러한 의무사항은 FIDIC에 존재하지 않는다.

또한 NEC에서는 결함을 처리하는 과정에서 그에 상응하는 비용과 시간을 감안하여 합리적이라 판단되면 결함을 그대로 승인하는 프로세스도 제공한다. 물론 Project Manager의 승인을 얻어야 한다.

마지막으로 NEC는 성과 지표(Key Performance Indicators; KPI)를 포함시

켜 발주자에게는 필요하나 계약자에게는 동기 부여가 되지 않는, 즉 시설물의 운영 비용 측면에서의 가치 증대와 같은 사항을 추진할 수 있도록 인센티브를 제공한다.

종합적으로 NEC와 FIDIC을 비교해 볼 때, 한 연구 자료[6]는 NEC가 가지는 장점을 다음과 같이 얘기한다.

'NEC는 FIDIC과 비교하여 특히 명료함, 유연성, 명쾌한 프로젝트 매니지먼트 절차, 협력과 팀웍 구축, 리스크 매니지먼트, 날씨와 그라운드 컨디션 리스크에 대한 객관적인 기준 제시, 그리고 계약 변경(Variations)에 대해 많은 장점을 가진다.'

참고문헌

- Rob Gerrard, 2019, A Comparison of NEC and FIDIC
- Nec.com, 2021, History of NEC
- Haytham Besaiso, 2016, Comparing the Suitability of FIDIC and NEC Conditions of Contract in Palestine
- Ian Heaphy, 2013, International Application of NEC in Practice

---

6) Comparing the Suitability of FIDIC and NEC Conditions of Contract in Palestine, Haytham Besaiso

건설 산업의 미래 기술들

이 장은 제목만 보면 본 저서의 주제인 계약과는 동떨어진, 뜬금없는 내용으로 받아들일 독자들이 꽤 많을 것으로 생각된다. 하지만 오늘날 기술의 발전이 세상을 변화시키는 모습을 보면 기술 친화적이지 않은 건설 산업도 결국은 영향을 받을 수밖에 없고, 산업이 작동하는 방식이 바뀌게 되면 계약의 구조 또한 바뀔 수밖에 없기 때문에 계약을 담당하는 사람들도 기술이 변화하는 동향에 관심을 둘 필요가 있다.

앞서 2장에서 언급했듯이 건설 산업은 여러가지로 인해 악평이 많다. 각단위 국가 내에서 GDP 및 일자리 측면에서 차지하는 비중이 상당히 높지만, 수많은 자재의 낭비, 탄소 배출, 저 생산성, 반 혁신적 산업 문화 등으로 인해 개혁이 더디고 사회 전체의 생산성 향상에 걸림돌로 여겨지곤 한다.

최근 들어 대두되고 있는 새로운 기술들은 이러한 건설 산업의 생산성을 높여주는 데 큰 도움이 될 수 있을 것으로 여겨진다. 우리는 이러한 기술들에 의한 산업의 변화를 기존의 산업 혁명들에 버금갈만 하다 하여 '4차 산업혁명'이라고 부르기도 하며, 혹은 그냥 간단하게 '스마트 팩토리' 및 '공장 자동화' 등으로 부르기도 한다. 어떻게 부르던 이 기술들은 우리의 산업 현장에 새로운 바람을 불어 일으키고 있으며, 일하는 방식에 많은 변화를 줄 것으로 기대하고 있다.

다음 그림은 세계적인 컨설팅 회사인 Boston Consulting Group이

Top 10 disruptive technologies in construction

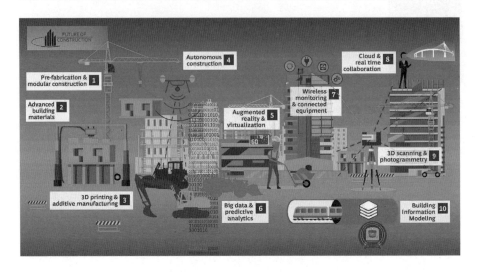

출처: World Economic Forum, Boston Consulting Group

World Economic Forum에서 발표한 건설 산업에서의 열 가지 혁신적인 기술을 그래픽으로 나타낸 것이다(top 10 disruptive technologies). 위 기술들은 지금 알게 모르게 산업에 도입되고 있으며 우리가 일하는 방식을 바꾸어 줄 것이다. 이 장에서는 위 기술들 중에 일부 기술들에 대해 간단히 살펴보며 건설 산업 및 일하는 방식에 미치게 될 영향에 대해 알아보려고 한다.

▋조립식 공법(Pre-fabrication) 및 모듈화(Modularization)

건설 산업의 큰 한계점 중에 하나는 작업이 이루어지는 현장이 프로젝트에 따라 다르며, 실내가 아닌 실외에 위치해 있다는 점이다. 건축물이 최종적으로 위치하는 곳에서 대부분의 작업이 이루어질 수밖에 없어 숙련된 노동력을 상시적으로 조달할 수 없으며, 필요한 중장비류 등 또한 임차해 와야 하기 때문에 생산성이 낮다. 실외에서 이루어지는 작업은 외부 환경의 영향을 많이 받기 때문에 목표로 하는 생산성을 유지하기 어렵게 만들며, 지속적인 품질 관리 또한 쉽지 않다.

이러한 단점을 극복하기 위해 최근에 점차적으로 도입되고 있는 방식이 조립식 공법(프리패브 공법; Pre-fabrication)이다. 기존에 건설 현장에서 진행되던 작업을 공장에서 미리 수행한 후 현장에서는 조립 및 탑재만 하면 된다. 야외에서 작업하는 것이 아닌 공장 내에서 작업하는 것이기 때문에 유사한 작업을 여러 번 수행한 경험이 있는 숙달된 인력이 작업할 수 있고, 환경의 영향을 덜 받으며 필요한 장비는 상시 갖추고 있어 필요한 수준의 품질을 유지하면서 생산성을 훨씬 높일 수 있다. 해양플랜트 건설 시에는 선행 작업이라는 스테이지가 따로 있어서 이때 필요한 작업을 얼마나 더 많이 완료할 수 있느냐(선행의장 완성률)에 따라 프로젝트 전체의 생산성이 좌우되기도 한다.

이를 더욱 발전시킨 것이 모듈화 공법(Modularization)이다. 해양플랜트에서는 본질적으로 최종 현장에서 건설 작업을 할 수 없기 때문에 이러한 모듈화 공법을 통해 최종 현장과는 거리가 떨어진 야드에서 시공을 하고 배를 통해 운송해서 해상에 설치한다. 최근에는 해양플랜트뿐 아니라 육상에서도 다양한 방식으로 시도되고 있다. 필요한 인력 및 장비 등을 조달하기 어려운 오지 지역 등에 플랜트를 건설할 필요가 있을 때, 이를 해양플랜트와 같이 모듈

Modular House 시공 장면

출처 Financial Times

화시켜서 생산성 좋은 야드에서 시공한 후, 이를 배를 통해 운송해서 설치 현장에서 대형 크레인 등을 동원하여 설치 완료한다.

이러한 방식은 대형 플랜트뿐이 아닌 일반 주택 시공에서도 쉽게 발견할 수 있다. 일반 주택을 현장에서 작업하는 것이 아닌 모듈화시켜서 공장에서 작업하면 품질이 더욱 좋아지고 가격을 대폭 낮출 수 있다.

산업에서 지속적으로 공법을 조립식화 하고 모듈러화 하려는 노력을 하고 있지만 아직까지는 나아가야 할 길이 많다. 기존 공법 대비 생산성은 좋아질 수 있지만 단점들 또한 있기 때문이다. 대표적인 예가 설계 오류이다. 설계가 잘못되어 제작 후 현장에서 조립할 시에 부품별, 모듈별 접합 부분이 제대로 연결되지 않는다면 현장에서 수정하기가 쉽지 않기 때문에 시간, 비용 측면에서 상당한 손실이 발생할 수 있다. 대형 프로젝트일수록 한군데에서 작업을 하는 것이 아닌 여러 협력 기업들에서 제작 공정을 수행하기 때문에 인터페이스 부분에 대한 정확도가 더욱 중요해진다. 이러한 리스크를 미리 방지하기 위해서는 상호간에 원활한 의사소통이 필수적이다. 조립식화, 모듈화를 통해 조달 루트가 더욱 다양해지기 때문에 잘못된 정보의 전달은 복잡한 프로젝트에서 리스크를 더욱 키울 수 있다. 다양한 이해관계자 사이에서 의사소통의 정확도를 높이기 위해서는 BIM의 도입이 한 가지 방도가 될 수 있다. BIM에 대해서는 다음 장에서 따로 논의할 예정이니 상세한 사항은 그때 논하기로 하겠다.

조립식, 모듈화 공법이 더욱 많아지게 되면 계약의 구조는 어떠한 방식으로 바뀌게 될까? 공법이 대중화됨에 따라 많은 시행착오를 겪으며 계약 구조가 진화될 것임은 분명하지만, 어떻게 바뀌게 될 것인지는 아직 알 수가 없다. 다만, 모듈화 공법의 장점을 살리기 위해서는 기존 공법 대비 더 많은 하도급 기업들이 참여하게 될 수 있기 때문에 프로젝트의 전체 계약 구조가 더욱 다양하고 복잡하게 될 수 있는 가능성이 높다. 이런 환경에서는 주 계약자 혹은 발주자와 같이 프로젝트를 리드하는 기업이 좀 더 주도적으로 세밀하게 계약 및 인터페이스 관리를 수행해야 할 필요가 있다.

▌가상(Virtual) 및 증강(Augmented) 현실

어렸을 때 영화에서나 보던 미래 세계의 모습 중 오늘날 기술의 발전과 더불어 대중화되고 있는 대표적인 것이 바로 가상(Virtual) 및 증강(Augmented) 현실이다. 실제 존재하지 않는 공간을 만들어서 그 안에서 게임을 하고 가상 이미지를 현실 세계에 띄워서 그 이미지와 대화를 하는 모습은 어느새 현실이 되었다.

이러한 새로운 기술들은 컴퓨터 게임에서나 적용될 수 있을 것 같지만, 어느새 산업 현장에서도 빠르게 확산되고 있고 건설 산업 또한 빠른 속도로 받아들이고 있다.

가상(Virtual) 현실 관련된 기술의 경우는 실제 발생할 수 있는 일을 가상 현실에서 미리 체험하게 해줌으로써 리스크에 선제적으로 대응할 수 있고 생산성을 더욱 높여준다. 대표적인 예가 가상 현실을 통해 최종 사용자의 선호 사항을 디자인에 선 반영하는 것이다. 어떤 건축물이든 그 건축물을 사용하는 사람은 설계자나 시공자가 아닌 그 건축물에 거주하거나 운용하는 사람이다. 이러한 최종 사용자의 사용 편의성을 극대화하는 것이 건축물의 가치를 높이는 방법이라 할 수 있는데, 많은 경우는 디자인에 대한 인식 수준의 한계 등으로 인하여 사용자의 편의성이 디자인에 충분히 반영되지 않는다. 하지만 가상 현실을 이용하면 이와 같은 한계를 극복할 수 있다.

예를 들어, 건축물이 학교라고 하면 가상 현실을 통해 최종 사용자인 교사, 행정 직원이나 학생들이 최종 완성된 학교를 미리 경험하게 해 줄 수 있다. 가상 현실을 통해 미리 이용해보고 그대로 지어졌을 때 사용자 입장에서 가질 수 있는 불편함이나 문제점들에 대해 미리 의견을 받아 디자인에 반영할 수 있다. 지금도 2D 도면이나 3D 모델링 등을 통해 디자인을 시공 전에 미리 검토해 볼 수는 있지만 전문가가 아닌 사용자가 도면 및 모델링을 검토해서 적극적인 의견을 개진하기에는 실질적으로 한계가 있다. 이러한 의견 개진이 전체 예산의 증가로 이어질 수도 있지만, 추가 비용 없이 편의성을 높이는 방향도 충분히 기대할 수 있다. 투입되는 예산에 합당한 가치(Value for Money)를 지닐 수 있도록 해 주는 좋은 수단이다.

한편으로는 가상 현실을 통해 작업자들을 훈련시킴으로써 발생할 수 있

출처: compactequip.com/tracffictechnologytoday.com

는 안전 사고 등을 미연에 방지할 수 있고 작업 생산성을 높일 수 있다.

　증강(Augmented) 현실은 가상 현실과는 달리 디지털화된 정보를 현실에 투영하는 기술이다. 널리 알려진 포켓몬고와 같은 게임이 증강 현실의 기술을 이용한 대표적인 예이다. 증강 현실 기술 또한 가상 현실과 마찬가지로 건설 산업에서 활용할 수 있는 가능성이 매우 높다. 가장 많이 쓰일 것으로 예상되는 부분이 검사(Inspection) 영역이다. 건설 산업에서 특정 부분이 시공되면 이 부분에 대한 적격성 여부를 판단하기 위한 검사가 필수적인데, 이때 증강 현실 기술을 사용하면 그 효과를 극대화할 수 있다. 검사 시 필요한 각종 데이터 및 정보를 들고 다니면서 확인할 필요 없이 특수 제작된 IT기기를 통해 해결할 수 있는 것이다. 모델 및 시스템과 연결되어 있기 때문에 설계한 대로 시공되었는지 도면과 일일이 비교할 필요가 없고, 자재의 사양(Specification)과 같은 정보도 자동적으로 불러올 수 있다.

　실제 작업을 수행하기 전에도 설계 정보를 현실에 투영시킴으로써 작업

출처: Trimble

시 간섭 여부 등을 미리 확인할 수 있고 이를 통해 작업 순서 등을 정할 수도 있다. 설계 정보가 바뀌면 이를 통해 바뀐 정보를 실시간으로 현장에 전달해 주는 것도 가능하다. 설계자와 시공자가 같은 장면을 보며 시공 방법에 대해 조언해 줄 수도 있다.

　　가상 및 증강 현실 기술의 건설 산업 적용은 먼 미래의 이야기가 아니라 이미 진행되고 있는 중이다. 비용 등의 문제로 전체 산업으로 확산되는 데에 는 시간이 걸리겠지만 서서히 산업에 전반적으로 퍼지고 있다. 빠르던 늦던 이와 같은 기술들의 도입은 계약서에 반영되며 공정 및 예산 등에 영향을 끼 칠 수밖에 없다.

▌데이터 사이언스(Data Science)와 예측 분석(Predictive Analysis)

　　최근 유행하는 4차 산업혁명의 정의에 포함되는 여러 가지 새로운 기술들이 있지만 그 중에서 핵심을 꼽으라 하면 데이터 사이언스라고 할 수 있을 것이다. 인간 사회는 오랜 기간 인류와 함께 존재하던 데이터를 IT 기술의 발달과 더불어 현 시점에서부터 효율적으로 활용하려고 준비 중이다.

건설 산업은 지식 기반 산업(Knowledge-based Industry)이라 할 수 있고 지식은 파편화된 데이터를 모으고 분석하는 능력에서부터 나온다. 데이터 사이언스의 발달이 건설 산업에 중대한 영향을 끼칠 수밖에 없는 이유이다. 하지만 가상 및 증강 현실 기술과는 달리 현업에서는 요즘 유행하는 데이터 관련 기술들을 적용하려는 움직임은 크게 보이지 않는다. 어떤 이유에서일까?

데이터와 그로부터 생성되는 정보는 오랜 기간 동안 글을 읽고 쓸 수 있는 엘리트 계층만의 전유물이었다. 라디오와 티비가 등장하기 전까지는 책과 신문을 통해서만 정보가 공유될 수 있었다. 티비나 라디오와 같은 기기의 등장은 더 많은 대중들이 정보를 접할 수 있게 해 주었다. 하지만 이때까지도 정보의 교류 및 교환은 특정 지식 집단이 불특정 수많은 대중들에게 지식을 공유해주는 단계에서 벗어나지 못했다.

이러한 흐름을 바꿔준 것이 인터넷의 등장이다. 인터넷이 보급되면서 더 많은 사람들이 정보를 접하고 이를 이용하여 교류할 수 있게 되었다. 하지만 인터넷 보급 초기까지만 해도 여전히 이전의 교류 형태에서 크게 벗어나지 못했다. 이는 소셜 미디어라 불리는 SNS가 활성화되면서 드디어 크게 바뀌게 된다. SNS가 등장하면서 정보의 교류는 일방적인 소통에서 벗어나 쌍방의 소통이 가능하게 되었다. 특정 지식인 집단이 만들어내는 정보를 불특정 대중이 받기만 하는 것이 아니라, 각각의 개인들이 정보를 생산해내는 생산 주체가 되었다.

이 과정에서 데이터의 총량은 기하급수적으로 증가하였고, 이를 바탕으로 한 새로운 기술 트렌드가 등장하게 된다. 인터넷의 세상에서 엄청난 속도로 생성되고 있는 데이터들을 통해 소비자의 행동 양식을 분석하고 향후 행동 패턴을 예측하여 최선의 결과를 낼 수 있도록 효과적인 의사결정을 내릴 수 있게 해 준다. 과거에도 데이터를 분석하여 이를 예측에 활용하고자 하는 노력은 항상 있어왔지만 과거와 비교해서 의사결정의 기반이 되는 데이터의 양이 비교할 수 없을 정도로 풍부해졌다. 그래서 소위 빅 데이터(Big Data)라 부른다.

최근에는 여기에 기계가 스스로 학습하는 머신 러닝(Machine Learning)이라는 알고리즘이 더해진 인공 지능(Artificial Intelligence)이 적용된다. 데이터 분석을 사람이 아닌 인공 지능이 수행한다. 이러한 기술이 적극적으로 도입되고 있는 분야가 의료 산업이다. 그동안 축적된 의료 데이터를 기반으로 인공 지능이 이를 분석하고 해석하여 새로운 환자에 대한 진단을 사람이 아닌 인공지능이 내린다. 인공지능이 내린 진단의 정확도는 놀라울 정도라 하며, 점점 더 많은 병원이 인공 지능 진단 시스템을 도입하고 있는 추세이다. 이 기술 혁신을 선도하고 있는 미국 IBM은 인공 지능의 도입을 보험 분야 등 점점 더 많은 산업으로 확대하고 있다.

건설 산업의 경우에는 일견 이러한 시대적 흐름에 매우 잘 부합할 수 있는 것으로 보인다. 건설 산업 내에서 수행되는 상당수의 일들이 데이터에 대한 분석에 기반하기 때문이다. 새로운 건축물을 짓기 위해 가장 먼저 해야 하는 일 중에 하나는 건축물을 짓기 위해 필요한 금액을 대략적으로 산출해 내는 것이다. 이때 예상 비용을 산출하는 방법으로 여러 가지가 있지만, 가장 신뢰할 만한 방법은 실적 데이터를 기반으로 여러 변수들(인플레이션, 지역적 특성, 작업 및 자재 내역의 차이 등)을 감안한 보정을 통해 금액을 산출하는 방법이다. 프로젝트 수행 단계에서는 주기적으로 공정을 체크하고 분석하여 남은 일정에 대한 예측과 전망(forecast)을 하고 지출되는 비용 또한 지속적으로 집계 및 분석하여 주어진 예산 내에서 프로젝트를 완료할 수 있을지에 대해 검토한다. 이 모든 일이 데이터를 집계하고 분석하여 진행 방향을 전망함으로써 효과적인 의사결정을 추진하는 과정이다. 여기까지만 보면 최근 각광받고 있는 데이터 활용 기법을 건설 산업에 도입함으로써 건설 산업은 큰 수혜를 받을 수 있을 것처럼 여겨진다.

하지만 건설 산업의 다른 측면을 보면 왜 데이터 기반 최신 기술이 건설 산업에 적용하기 어려운지 알 수 있다. 현재 진행되고 있는 데이터 혁명은 기본적으로 빅 데이터(Big Data)를 기반으로 한다. 이는 불특정 다수로부터 생성되는 데이터를 집계하여(Big Data) 적절하게 분석하고 이를 활용하여 최적화된 의사결정을 내리는 과정인데, 건설 산업에서는 이 프로세스의 기반이 되는 빅 데이터(Big Data)를 생성하기가 어렵다. 각 기업의 대외비로 간주되어 상호 간에 공유되지 않기 때문에 제한된 영역의 데이터에만 접근할 수 있다. 예를 들어, 건설 기업이 신규 댐 공사 견적을 준비하기 위해 활용할 수 있는 데이터는 그 기업이 이전에 수행했던 유사 공사의 실적 데이터에 국한될 뿐, 전세계에 수많은 댐들을 건설할 때 생성된 실적 데이터를 활용할 수 없다. 미얀마에서의 신규 도로 공사를 견적하기 위해 필요한 데이터는 미얀마 현지 노무비 수준 및 관련 경비에 대한 실적값인데, 기업 내에서 이를 구할 수가 없으므로 베트남 실적 공사에서 데이터를 구해오는 식이다. 영국의 BCIS(Building Cost Information Service)와 같이 공유되는 데이터베이스가 구축된다면 이러한 문제점을 약간은 해결할 수 있겠지만 이는 원가 측면에서만 데이터를 공유하는 것이고 건설 과정에서 필요한 일정 및 디자인 등의 기타 데이터에 대해서는 다루지 않기 때문에 한계가 있다.

또한 건설 산업의 최종 목적물이 유일무이하다는(unique) 본질적인 특성 또한 데이터에 대한 분석을 어렵게 만든다. 세상에 어느 하나도 완전히 같은 건축물이 없기 때문에 다른 영역에 비해 분석 시에 고려해야 할 변수(Variance)가 많아져 결과에 대한 신뢰성을 떨어지게 만든다. 이와 같은 이유로 아직까지는 현재 널리 퍼지고 있는 데이터 관련 혁신이 건설 산업에 적용되기에는 시기상조라는 견해가 지배적이다.

하지만 난이도에 따른 시기의 문제일 뿐 건설 산업 또한 결국은 이러한 흐름을 받아들일 수밖에 없다. 데이터는 지속적으로 축적될 것이고, 공유할 수 있는 방안이 논의될 것이며, 이를 분석하는 알고리즘 또한 지속적으로 시도될 것이다. 그 과정에서 기존에 프로젝트 담당자들이 하던 많은 일들이 컴퓨터로 대체될 수도 있다. 수동적으로 시스템에 입력된 데이터를 사람이 직접 ERP에서 확인하여 집계하는 것이 아닌, RFID(Radio Frequency Identification) 혹은 기타 센서들을 통해 필요한 데이터를 자동적으로 집계할 수 있다. 이렇게 수집된 데이터는 엑셀 작업을 통해 리포팅 하고 분석하고 전망하는 것이 아닌, 알고리즘을 통해 자동적으로 일정 및 원가 요소를 분석하고 전망한다. 심지어는 인공 지능의 머신 러닝 기능을 통해 알고리즘을 지속적으로 개선시킬 수도 있다. 언제가 될지 모르지만 우리가 하는 많은 일들이 대체될 수 있다.

이런 세상이 오면 단순히 계약 구조뿐이 아닌 산업 자체가 바뀔 수밖에 없다. 산업 전체의 패러다임이 바뀐다고 할 수 있다. 이러한 변화가 우리가 일하는 방식에 긍정적인 영향을 줄지는 모르겠지만, 분명한 것은 악명 높은 건설 산업의 저생산성을 개선시킬 수 있는 기회가 될 수 있다.

▌연결 기술(Connectivity)

　세상은 초 연결 시대라고 얘기한다. 앞으로는 모든 것이 연결된다는 뜻이다. 단순히 컴퓨터나 모바일 폰뿐만이 아닌 가전 제품, 그리고 생활 용품 등에 인터넷이 연결된다고 해서 사물인터넷(IoT; Internet of Things)이라 부른다. 심지어는 모바일 폰이나 컴퓨터를 통해 중앙 통제식으로 연결 및 지시를 내리는 것이 아닌 연결 대상들끼리 자동적으로 정보를 주고 받고 소통한다 하여 단순 사물 인터넷(IoT; Internet of Things)을 넘어선 만물 인터넷(IoE; Internet of Everything)이라고 부르기도 한다.

만물 인터넷(Internet of Everything) 개념도

출처: Aiconimage/Dreamstime.com

먼 미래의 일 같아 보이겠지만 현실 세계에서 이미 적용되고 있는 기술들이다. 대표적인 예가 스마트 홈 시스템이다. 집 안에 있는 가전기기들 등을 핸드폰으로 통제할 수 있는 기술들은 이미 상당수 널리 퍼져 있으며, 새로 지어지는 아파트들은 이러한 시스템이 거의 필수적으로 적용된다. 시간이 지나면 지날수록 핸드폰은 주변 많은 기기들에 대한 리모컨 역할을 수행할 것이다. 이러한 기술들이 구현되기 위해서는 주변 기기들에 연결(connectivity)을 위한 무선칩이 설치되어 있어야 한다.

건설 산업에서 이러한 기술들이 적용될 수 있는 영역은 단순히 건축물에 들어가는 스마트 홈 시스템뿐이 아니다. 건설 작업 과정에서 발생하는 많은 일들에 이러한 연결(connectivity) 기술을 적용함으로써 생산성을 향상시킬 수 있다. 건설 현장에서 사용되는 중장비들에 상호 연결을 위한 무선칩 및 센서 등이 설치되고 필요한 정보를 교환한다면 각 중장비들의 위치 및 동선 등에 대한 정보를 파악함으로써 안전 사고를 미연에 예방할 수 있다. 작업자의 안전모에 연결 기술이 적용된다면[1] 작업자의 작업 내용 및 동선 등의 파악을 통해 공정 현황을 실시간으로 파악할 수 있고 안전 사고에 즉각적으로 대응할 수 있는 장점이 있다.

건축 자재에 연결 기술을 적용하는 방법도 있다. 플랜트 공사에서 상당히 큰 비중을 차지하는 배관 스풀 설치 공정의 경우 WLAN(Wireless Local-Area Networking)이나 RFID(Radio Frequency Identification) 기술을 적용하면 복잡한 공정을 효과적으로 관리할 수 있다. 각 스풀 자재의 사양 및 위치를 실시간으로 파악할 수 있어 필요한 시점에 공정을 지연시키지 않고 정확한 스풀을 적재적소에 투입할 수 있다. 설치 시에는 투입된 공수(MH) 등을 자동적으로 파악함으로써 수기에 의존하는 것보다 정확도가 높다. 설치 완료된 공정, 완료되지 않은 공정을 모델과 연계하여 한 눈에 확인함으로써 전체 공정을 쉽게 파악할 수 있다.

배관 스풀뿐이 아니다. 철강 구조물이나 외벽 등 건축물에 설치되는 대부분의 자재에 연결을 위한 무선칩을 설치함으로써 건축 과정 중에 발생하는 모든 정보를 실시간으로 파악할 수 있고 신뢰성 높은 정확한 데이터를 통해

---

1) 작업자들의 작업이 실시간으로 감시되기 때문에 인권측면에서 논란의 여지가 있다.

효과적인 의사결정을 내릴 수 있어 프로젝트 수행 과정 중에 발생하는 많은 낭비 요소를 없앨 수 있다.

이러한 연결 기술은 독립적으로 존재하는 것이 아니라 데이터 분석을 위해 필요한 기반 데이터의 신뢰성을 강화하기 때문에 예측 능력의 질을 향상시킬 수 있어 그 의의가 크다. 사람들이 수기로 데이터를 확인하고 입력하면 그 과정에서 의식/무의식적 편향 및 인지적 오류가 수반될 수밖에 없다. 왜곡된 데이터를 기초로 하여 분석 작업을 하면 아무리 분석 방법론이 좋다고 하더라도 좋은 결과를 도출해낼 수 없으며, 실제와는 거리가 먼 전망이 이루어지므로 의사결정 과정에 심각한 악영향을 끼친다. 따라서 연결 기술을 통해 데이터를 수집하는 프로세스, 수집된 데이터를 분석하는 방법론, 딥 러닝(Deep Learning)과 인공 지능의 도입을 통해 예측 능력을 향상시키는 것은 모두 유기적으로 묶일 수밖에 없는 주제이다.

건설 산업은 본질적인 특성으로 인하여 데이터의 활용도를 좌우할 변수가 다양하고, 오픈 데이터 소스를 확보하기 어렵기 때문에 현재 사회 전체적으로 발생하고 있는 커다란 변화가 산업에 즉각적으로 적용되기는 어려운 상황이다. 하지만 연결(connectivity) 기술과 같은 경우는 비용 문제를 제외하고는 기술적으로 현재도 건설 산업에 적용 가능하며, 이를 통해 의사결정의 기반이 되는 데이터의 신뢰성을 향상시킬 수 있다. 특히 이는 건설 과정뿐이 아닌 향후 유지 보수(O&M) 단계에서 또한 센서 등을 통해 각 부재 및 자재의 상태 등을 점검하는 데 활용될 수도 있기 때문에 차후 건설 프로젝트에서는 이러한 기술의 적용이 계약의 필수 요소로 자리잡을 가능성이 농후하다. 그렇게 되면 해당 기술을 적용함으로써 추가되는 원가 요소에 대한 고려뿐만이 아닌, 적용 가능한 공급사를 조달 및 선정하는 역량(sourcing), 수집된 데이터를 통해 진행 현황 및 일정/비용 등을 전망할 수 있는 Project Control 역량, 그리고 필요한 사양 등을 정확하게 적용시킬 수 있는 설계 역량(Design) 등이 종합적으로 고려되어야 하기 때문에 산업 전반적으로 포괄적인 변화를 일으킬 수 있는 가능성이 있다. 계약적으로는 수집되는 데이터가 자동적으로 BIM에 업로드 되어 관련된 모든 이해관계자에게 공개되는 방안이 강제될 수도 있다. 데이터 기술과 더불어 이러한 연결 기술이 건설 산업에 어떤 변화를 일으키는지 지켜보도록 하자.

▌3D 레이저 스캔 & 사진측량법(Photogrammetry)

건설 공사가의 계약가를 정하는 방식으로는 일반적으로 공사가를 정해 놓는 확정 총액 방식의 계약(Lump Sum Contract)이 있지만, 공사가를 확정짓지 않고 변동 가능하게 해 놓은 잠정 총액(Provisional Sum) 기준의 계약 방식도 있다. 이러한 잠정 총액 방식의 계약에서 계약가를 확정짓는 방법 중에 하나가 설계 및 시공이 완료된 후 실제 시공된 물량을 측정하여 사전에 합의된 유닛당 단가를 적용하여 정하는 방법이다. 여러 가지 부르는 이름이 있지만 통칭하여 Measurement 계약 방식이라 부른다.

계약 당사자 간 합의에 따라 달라질 수 있지만 일반적으로 Measurement 계약 방식의 기본 원칙은 크게 두 가지이다. 첫 번째는 단위 유닛당 단가는 사전에 합의하는 것으로 계약에서 허용하는 상황 외에는 바뀔 수 없다는 것이고, 두 번째는 최종 계약가를 결정짓는 최종 물량은 실제 설치된 물량을 기준으로 한다는 것이다. 이때 실제 설치된 물량 부분에 있어서 논쟁이 많이 발생하곤 한다. 특히 프로젝트가 크고 복잡할수록 더욱 그러하다.

상식적으로 생각하면 설계된 도면대로 시공해야 하므로 도면 기준으로 설치 물량을 책정하면 되지만 현실은 그렇지 않은 경우가 많다. 도면이 실제 시공 과정에서 발생하는 모든 일들을 담아내지 못하므로 도면은 원칙을 제시하되 정확한 과정은 현장의 판단에 의존하는 경우도 많다. 그 대표적인 예가 케이블이다. 실제로 케이블을 포설하고 장비 등과 연결하는 과정에서 도면과는 달리 현장 상황에 맞추어 케이블 길이가 조절될 수가 있다. 아울러 현장에서 가벼운 수정 작업이나 설계 변경 등이 발생할 때에는 도면과 현장의 상태가 일치하지 않는 경우도 종종 발생한다. 물론 원칙적으로는 발생하면 안 되는 일이기는 하지만 현실은 이론과는 다르다.

이런 이유로 프로젝트 완료 시점에 실제 설치 물량에 대한 의견에 합의를 보지 못하는 경우가 의외로 많다. 작은 프로젝트는 양측의 엔지니어 혹은 서베이어들이 직접 현장을 다니며 점검하고 합의점을 찾는 경우도 있지만 대형 플랜트와 같은 복잡한 프로젝트는 이렇게 일일이 눈으로 확인할 엄두도 내지 못하는 경우가 많다. 대형 플랜트의 경우 포설된 케이블 길이만 수십만에서 수백만 킬로미터가 되는데 이를 어떻게 일일이 잴 수 있겠는가.

최근의 급격한 기술 발전은 이러한 부분에 대한 해결책을 제시하여 준다. 다양한 기술을 이용하여 건축물을 스캔 및 촬영하고 이를 3D 모델과 맵핑(mapping)하는 것이다. 레이저를 이용해서 스캔하면 매우 정확한 정밀도로 실제 규격을 잴 수 있다. 건물 바깥쪽에 위치해 있는 부분은 드론을 띄워서 레이저 스캔을 통해 정밀 측정이 가능하며, 레이저로 불가능한 부분은 사진 측량 기법(Photogrammetry)을 통해 보완이 가능하다. 외벽에 가려져 드론을 통해 정밀 측정이 불가능한 실내는 간섭물을 피해 드론을 내부로 들여보내 측정할 수도 있고, 사람이 직접 들고 다니면서 측정할 수도 있다. 사람이 직접 측정하는 경우에는 드론을 활용할 때보다 여러모로 번거로움이 있으나 자를 들고 다니면서 길이를 직접 재는 것보다는 더 편하고 정확하다.

Boston Dynamics의 Spot 로봇

출처: Youtube Boston Dynamics 채널

드론뿐이 아니다. 로봇으로 유명한 Boston Dynamics는 얼마전 Spot이라는 이름으로 개의 형상과 움직임을 모티브로 한 로봇을 출시하였다. 다양한 분야에서 활용할 수 있지만, 건설 현장이 이 로봇이 활동하게 될 주 무대 중에 하나이다. 이 로봇은 우선적으로 건설 현장 곳곳을 누비며 장착된 카메라를 통해 데이터를 수집한다. 카메라뿐 아니라 라이다(LiDAR) 장착을 통해 레이저 스캔 또한 가능하다.

이렇게 측정되는 데이터는 설계 결과물인 3D 모델과 맵핑(mapping)되어 그 차이를 분석한다. 3D 모델이 잘못되었거나 반영되지 못하여 누락되는 정보가 있는 경우에는 스캔 및 측량을 통해 입수한 정확한 정보를 반영하고, 결과적으로는 모델을 통해 필요한 물량에 대한 정보를 산출해낼 수 있다. 건설/플랜트 프로젝트에서 상당히 문제가 되어 왔던 모델/도면과 실제 현장 사이에서의 불일치를 이러한 맵핑 작업을 통해 개선할 수 있다. 모델과 현장을 정확히 일치시킨다는 의미에서 이를 'Digital Twin Creation'이라고 부른다.

이렇게 모델/도면과 실제 현장을 실시간으로 매칭시킬 수 있다면 이를 통해 현장의 오류를 최대한 빠른 시점에 수정하는 것도 가능하다. 이는 재작

Boston Dynamics Spot이 스캔을 통해 데이터를 수집하는 모습

출처: Boston Dynamics website

업을 최소화하여 전체적으로 생산성을 향상시킨다.

　3D 스캔과 사진측량을 통해 얻어낼 수 있는 상세 정보가 단순히 최종 물량 확정을 위한 것만은 아니다. 지속적인 스캔 활동은 더욱 정확한 공정률을 산출해 낼 수 있는 근거가 된다. 대부분의 건설 대금 지불 방식이 공정률에 기반하는바, 완료한 작업의 양(공정률, work performed/completed)은 발주자와 계약자 간에 또 하나의 주요 쟁점이 되는 경우가 많다. 현재는 공정률을 측정하는 방식이 대부분 완전한 수기이거나 혹은 수기로 입력된 내부 시스템(ERP)에서 뽑아낸 데이터를 기반으로 한다. 시스템을 통해 신뢰성을 높이는 노력을 한다 하더라도 원천 데이터 자체가 수기로 입력되는 것이기 때문에 한계가 있어 발주자가 문제 제기를 하는 경우가 많다. 스캔 및 사진측량을 통해 실시간 혹은 주기적으로 실측을 한다면 이는 공정률에 대한 확고한 근거가 될 수 있으며, 실제 작업한 양만큼 합리적으로 대금을 지불 받을 수 있어 불필요한 논쟁을 방지할 수 있다.

3D 레이저 스캔

출처: Surveypro

3D 레이저 스캔

출처: PIX4D

출처: UAVCOACH

위와 같은 모습은 이미 건설 프로젝트에 일부 적용되고 있으며 기술적인 어려움은 이미 극복되었다고도 할 수 있다. 비용 및 일하는 방식의 문제이기 때문에 시간이 지남에 따라 서서히 적용될 것으로 보인다.

▌우리가 맞이하게 될 변화

앞서 언급한 건설 프로젝트에 적용될 새로운 기술들은 빠르나 늦으나 결국에는 도입될 수밖에 없다. 이에 따라 건설 산업에 종사하는 전문 인력들은 이에 적응할 수밖에 없으며 일하는 방식 또한 바뀌게 될 가능성이 높다. 인공지능의 본격적인 적용과 같은 가까운 미래에는 일어날 것으로 보이지 않는 기술은 제외하고 당장 10~20년 이내에 현실화될 기술들이 보급되면 어떻게 바뀔지 생각해 보자.

가상 현실(Virtual Reality) 기술의 가장 큰 장점은 입체적으로 시뮬레이션이 가능하다는 것이다. 특히 사용자 측면에서 디자인 단계에서 시뮬레이션이 가능하기 때문에 건축물의 효용성을 극대화하기 위해 설계 단계가 마무리되기 전에 시뮬레이션 후 개선 사항을 디자인에 반영할 수 있다. 이를 위해서는 가상 현실 기술을 이용한 최종 사용자 검토 단계가 절점화되어 주요 계약 마일스톤으로 간주될 수도 있다. 하지만 합의된 계약 범위(Scope)를 무시하고 무분별하게 사용자의 편의만 우선적으로 고려한 디자인의 반영을 강제할 수는 없으므로 이를 위해 계약 구조가 유연화될(flexibility) 가능성이 있다.

연결 기술(connectivity)들이 도입되면 모든 자재에 전자화된 ID가 부여되어 실시간으로 자재에 대한 모든 정보 탐색이 가능하다. 앞서 설명한 만물 인터넷(Internet of Everything)의 기능으로 실시간으로 정보가 오가면서 관련된 모든 데이터를 시스템으로 끌어들여 공정 현황 등에 대한 정보를 수기로 관리할 필요가 없어진다. 완료된 작업의 양, 예산 대비 투입 완료된 원가 등에 대한 정보가 실시간으로 업데이트되어 보다 정확한 리포팅이 가능하고 이를 통해 더욱 현실적인 전망이 가능함으로써 잘못된 의사결정에 의한 비효율을 사전에 예방할 수 있다(인공 지능의 도입을 통해 예측 역량을 더욱 강화할 수도 있지만 필자의 의견으로 이는 건설 산업에서 향후 20년 내에 실현 가능한 기술이 아니다). 이 과정에서 사람의 역할은 리포트 및 공정률에 근거한 인보이스를 만들어내는 주체가 아니라 단지 검토만 하는 것으로 제한될 수도 있다.

증강 현실(Augmented Reality)과 최첨단 스캔, 측량 기술은 데이터의 정확도를 교차 검색하여 신뢰성을 강화시키며, 오류를 쉽게 찾아냄으로써 작업 생산성을 높일 수 있다. 이와 같은 모든 기술을 이 장에서는 언급하지 않았지만 다른 장에서 상세히 설명할 Building Information Modeling과 결합되면 강력한 시너지를 일으키며 건설 산업의 생산성을 높일 수 있는 원동력이 될 수 있다.

건설 산업의 본질적인 특성상 오늘날 우리가 사는 세계를 바꾸고 있는 새로운 기술들이 산업에 쉽사리 도입될 것을 기대하기는 어렵다. 초기 투자비용 및 관성 등의 이유로 내부 저항이 만만치 않을 것이며, 초기 단계에서는 신뢰성에 대한 의심을 지우기도 쉽지 않을 것이다. 하지만 건설 산업 역시 새로운 시대에 적응할 수밖에 없기 때문에 이러한 기술들은 알게 모르게 조금씩 도입되어 우리가 일하는 방식에 영향을 끼칠 것이다. 최첨단 기술의 도입으로 인해 생산성이 개선될 수는 있지만 생산성은 투입량과 산출량의 함수이므로 생산성의 개선은 투입량(즉, 노동 시간)의 감소를 의미할 수도 있다. 더 적게 일하고 같은 결과를 내는 유토피아적인 미래를 그릴 수도 있지만 일자리의 감소라는 현업에서 일하는 사람들이 가장 받아들이고 싶지 않은 미래를 만들어 낼 수도 있다. 우리는 이러한 기술들의 도입과 새로운 시대의 도래에 어떻게 대응해야 할 것인가? 200여 년 전 기계들을 파괴하며 벌어졌던 러다이트 운동(Luddite Movement)과 같이 기술 도입에 적극 반대한다고 해서 새로운 시대적 조류를 막을 수 있을 것인가? 오늘날도 어김없이 건설 현장에서 땀 흘리며 열심히 일하고 있는 우리 모두가 깊게 고민해봐야 하는 과제이다.

참고문헌

- C.H.Kim, S.W.Kwon, C.Y.Cho, 2012, Development of Automated Pipe Spool Monitoring System using RFID and 3D Model for Plant Construction Project
- https://www.weforum.org/agenda/2018/06/construction-industry-future-scenarios-labour-technology/
- http://www.constructionworld.org/7-benefits-prefabricated-construction/
- https://www.ft.com/content/c8607b0a-82f7-11e9-b592-5fe435b57a3b
- https://www.pobonline.com/articles/101548-mixed-reality-boosts-bim-in-construction
- https://geniebelt.com/blog/vr-in-construction-management
- https://www.techopedia.com/2/31845/trends/big-data/the-internet-of-everything-ioe-keeping-us-always-on
- Development of Automated Pipe Spool Monitoring System using RFID and 3D Model for Plant Construction Project(C.H.Kim, S.W.Kwon, C.Y.Cho, 2012)
- https://uavcoach.com/lidar-university-interview/
- https://surveypro.co.nz/3d-scanning/
- https://www.pix4d.com/blog/large-scale-industrial-surveying-drone-photogrammetry
- https://www.bostondynamics.com/

BIM(Building Information Modeling)

최근 건설 업계에서는 BIM의 도입이 화두라고 한다. 조달청에서는 앞으로 조달청이 수행하는 맞춤형 서비스[1] 공사의 사업 전 단계에 BIM을 도입할 예정이며, 설계 공모 시에는 BIM 기반 평가를 도입한다고도 한다. 건설 대기업들에서는 BIM 전문팀을 만들어 BIM의 적용을 적극적으로 지원하고 확대하기 위한 준비 중이라고도 한다.

필자는 BIM 전문가가 아니기 때문에 BIM 관련 기술적 혹은 기타 전문적인 영역에 대해 거론할 수는 없지만 BIM의 도입은 건설/플랜트 산업 전반적으로 파급 효과가 클 것으로 예상되며, 계약에 끼치는 영향 또한 상당할 것이기에 이에 대해 논해보고자 한다.

BIM의 각 단계에 대해서 개념을 정의하고 프로세스를 표준화하는 데 앞장서고 있는 영미권 관련 협회에서는 BIM의 개념을 다음과 같이 나타낸다.

- A Building Information Model(BIM) is a digital representation of physical and functional characteristics of a facility.
- A basic premise of BIM is collaboration by different stakeholders at different phases of the life cycle of a facility to insert, extract, update or modify information in the BIM process to support and

---

1) 조달청이 전문 인력이 부족한 수요기관의 시설공사에 대하여 기획, 설계, 시공, 사후 관리 등의 발주기관 업무를 대행하는 서비스

reflect the roles of that stakeholder.

- The BIM is a shared digital representation founded on open standards for interoperability.

BIM에 대해 익숙하지 않은 사람들은 위 개념 정의를 보았을 때는 어떤 것을 이야기하는 것인지 머릿속에 와 닿지 않을 것이다. 좀 더 명확한 개념의 이해를 위해 위 정의에서 개인적으로 생각하는 핵심 단어만 뽑아서 나열하면 다음과 같다.

- Digital representation
- Collaboration
- Shared
- Open
- Interoperability

우리 말로 하면 디지털로 표현되어야 하고, 협력하며, 공유되고, 개방되며, 상호 조작성을 가진 무엇인가를 의미한다. 즉, 디지털상에서 상호간에 정보를 공유하면서 같이 어떤 것을 수행하는 프로세스, 즉 플랫폼이라 이해하면 편하다. 건설/플랜트 산업에서 사용하는 설계 모델링 소프트웨어의 궁극적인 진화 형태라 생각하면 더욱 직관적으로 잘 와 닿을 것이다.

▌BIM은 무엇을 지향하는가

과거에는 설계를 할 때 실제 도면에 직접 그리며 디자인했다. 하지만 지금은 아무도 그렇게 하지 않는다. 수 십년 전 설계를 도와주는 컴퓨터 프로그램이 등장하여 엔지니어들은 이제 컴퓨터로 디자인하기 시작했다. CAD (Computer Aided Design)가 바로 그것이다. 지금은 소프트웨어가 더욱 진보하여 컴퓨터 상에서 3차원적으로 설계를 수행할 수 있는 3D 모델링을 한다.

BIM은 현재 우리가 설계 작업을 수행할 때 기본적으로 사용하는 3D 모델링 프로그램을 기반으로 하여 데이터 및 각종 정보의 처리 등을 효율적으로 수행할 수 있도록 도와주는 하나의 프로세스라 생각하면 된다. 현재 업계에서 BIM을 왜 중요시하고 그 체계와 프로세스를 시급히 도입하려고 하는지 이해하기 위해서 다음과 같은 상황을 생각해보자.

당신은 커다란 플랜트에 신규로 부임한 총 책임자이다. 공장을 효과적으로 운영하고 상부에서 내려오는 연간 사업계획을 달성하기 위해 당신은 공장을 운영하는 데 필요한 세부 사항에 대해서 파악을 하고자 한다. 우선적으로 확인이 필요한 사항을 다음과 같이 정리해 보았다.

a. 경영진에서 요구하는 생산량을 달성하기 위해 필요한 인력 수준
b. 원재료 구매 비용
c. 기타 플랜트 운영 비용
d. 설비 유지 보수 비용
e. 설비 확충 및 교체 비용

위 내용 중 a,b,c는 제품 생산량에 따라 매년 축적된 데이터가 있기 때문에 올해 할당된 목표 생산량 및 시장의 시세 등을 감안하여 계획을 세우고 분석할 수 있다. 다만, d와 e 항목, 즉, 설비와 관련된 항목에 대해서는 이렇게 계산할 수 없다. 과거 데이터를 토대로 올해 예상 비용을 추정하기가 매우 어렵다. 매년 고정적으로 발생하는 유지 비용을 제외하면 작년에 고장났던 설비가 올해 다시 고장날 것이라는 보장이 없으며, 보증기간이 작년부로 만료되어 올해부터는 추가 비용이 발생할 수도 있고, 내구 연한이 다 되어 올해는 추가로 교체가 필요한 장비 및 설비가 있을 수도 있기 때문이다.

이러한 내용을 파악하기 위해서는 플랜트를 구성하는 각 설비 및 장비들이 언제 어떻게 공급자와 계약이 이루어졌는지, 언제 설치되었고 내구 연한은 얼마나 되는지, 언제 유지 보수 작업이 이루어졌으며, 보증 기한은 얼마나 남았는지 등에 대해 파악해야 한다. 하지만 프로젝트 팀 차원에서 발생한 데이터들이 온전한 형태로 설비 운영 조직에 전달되는 경우는 매우 드물다. 방대한 데이터가 생성되는 크고 복잡한 프로젝트일수록 프로젝트 조직은 조직이 지향하는 바가 설비 운영 조직과 다르기 때문에 설비 운영 조직이 필요로 하는 데이터는 진행 중에 유실되거나 애초에 체계적으로 생성되지 않는 경우가 부지기수이다.

가동하고 있는 플랜트를 구성하는 모든 항목에 대한 역사적 정보[2]를 한 눈에 파악할 수 있는 방법이 없을까?

다른 상황도 생각해 보자.

당신은 설계 단계가 진행 중인 프로젝트의 디자인 변경 책임자(design change manager/change coordinator)이다. 회사에서 당신에게 기대하는 역할은 디자인을 개발하는 과정에서 발생할 수 있는 디자인 변경에 의한 영향을 분석하여 프로젝트 결과에 미칠 수 있는 악영향을 최소화하기 위한 의사결정에 반영시키고, 현재 진행하고 있는 디자인보다 더욱 나은 대안이 있다면 그 가치를 판단하여 의사결정자에게 보고하는 것이다.

설계가 한창 진행되는 중, 당신은 프로세스 엔지니어로부터 현재 디자인보다 더 나은 대안이 있다는 제안을 받았다. 필요 사양은 만족시키되, 비용을 아낄 수 있는 시스템을 구축할 수 있다는 것이다. 당신은 이 제안에 대해 분석하고 그 결과를 수치화하여 프로젝트 매니저에게 보고해야 한다. 당신의 분석 결과를 토대로 프로젝트 매니저는 어떤 디자인으로 진행할지에 대한 결정을 내릴 것이다.

당신이 새로운 제안에 의한 영향을 분석하기 위해서는 새로운 시스템으로 디자인할 경우, 각 시스템에 필요한 물량 및 자재 등의 조달 비용, 시공 방법 등에 대한 정보가 필요하다. 하지만 당신에게 정보를 제공해 주어야 할 각 설계 및 구매 담당자들은 바쁘다는 이유로 필요한 정보를 제공해 주지 못하거나, 심지어는 담당자가 없어서 누구에게 요청해야 하는지 알 수 없는 경우도 있다. 다른 설계원들은 기존의 프로세스 디자인에 따라 설계를 진행하고 있기 때문에 만약 새로운 제안으로 진행하는 것으로 결정될 경우, 의사결정 시점이 늦어질수록 그만큼 손해를 보게 된다. 당신은 하루하루 시간이 흐를수록 답답하지만 필요한 정보를 받을 수 없어 발만 동동 구르고 있다.

당신은 '필요한 정보를 찾기가 이렇게 어려운데, 모든 정보가 하나의 데

---

2) 여기서 언급하는 '역사적 정보'란 특정 시스템/장비/설비/부품 등에 대해 생애 주기(life cycle) 전체적으로 발생하고 축적된 데이터들을 의미한다. 예를 들어, 특정 부품이 언제 설치되었고, 어디서 제작되었으며, 단가가 얼마이고, 내구 연한이 어느 정도인지를 정확하게 파악할 수 있다면 어느 시점에 얼만큼의 비용이 추가로 발생할지 추정할 수 있을 것이다. 이 개념은 앞서 상세히 다룬 생애 비용 산정(Life Cycle Costing, Whole Life Costing)과도 연계된다.

이터베이스에 담겨 있어서 누구나 쉽게 찾을 수 있도록 되어 있으면 얼마나 좋을까?'하는 생각을 해본다.

이러한 사례들은 우리가 실제 프로젝트를 수행하며 자주 겪는 일이다. 다양한 조직에서 다양한 사람들이 프로젝트를 위해 처음 만나 기존에 없던 일을 진행하다 보니 의사소통에서 많은 문제들이 비롯된다. 커뮤니케이션 채널부터 정립하는 것이 프로젝트의 시작이라는 말도 이러한 이유에서 나온 것이다.

여기에 BIM이 지향하는 바가 있다. 효과적인 의사소통을 위한 통합 데이터베이스 구축. 다만, 통합된 데이터베이스는 이메일이나 기존의 문서관리 시스템(Document Management System)처럼 단순히 문서 및 정보 교환을 위해 창구 역할만 하는 것은 아니다. 디자인 모델이 데이터베이스로 진화하여 모든 정보의 교환 통로 역할을 하고, 시각화를 통해 쉽게 분석할 수 있게 해 주며, 시간과 돈 같은 디자인 외적인 정보들이 디자인과 연계되어 사용자에게 의미를 부여해준다. 이것이 BIM이 우리가 알던 기존의 다양한 모델, 소프트웨어 등과 다른 점이다.

▌데이터베이스와 플랫폼, BIM

현업에서 일반적으로 사용하는 디자인의 도구가 2D에서 3D로 바뀌었다는 것은 설계자들이 디자인할 때 대상물을 3차원으로 시각화함으로써 오류를 줄여 생산성을 향상시킨다는 것을 의미한다. 이에 더하여 BIM의 일부 과정인 4D(시간), 5D(돈) 기능의 통합은 프로젝트의 주요 요소인 시간과 돈을 디자인과 결합시킴으로써 여러 관리 측면에서의 효율성을 더욱 증대할 수 있을 것으로 기대된다.

하지만 BIM의 전면적인 도입을 통해 기대할 수 있는 것이 단순한 소프트웨어 기술의 발달과 정보의 효율적인 교환을 통한 생산성 향상만이라면 그것은 BIM의 잠재적 가능성을 저평가하는 것일 것이다. BIM의 도입은 모든 데이터의 중앙 집중화를 불러온다. 파편적으로 프로젝트 내외 여러 곳에 분산되어 있던 정보들이 한 곳으로 모이는 것이다. 프로젝트 기반이긴 하지만 건설 산업에서의 플랫폼 역할이 되는 셈이다.

오늘날 IT 기술의 발전과 더불어 인터넷 플랫폼 기업들은 전세계 비즈니스를 장악하고 있다. 구글, 페이스북 등이 대표적이며, 우리나라에는 카카오와 네이버가 있다. 데이터의 생성이 기하급수적으로 늘어나면서 이러한 플랫폼 기업들은 커다란 권력을 만들어가게 되는데, 이는 데이터 분석을 통해 유의미한 가치를 창조해 낼 수 있기 때문이다.

건설 산업에서 BIM이 도입되면 이는 플랫폼 역할을 하게 될 것이다. 기본적으로는 프로젝트 단위에서의 플랫폼이지만 공공 공사의 경우에는 결국에는 통합될 가능성이 높다. 구글과 페이스북 등이 플랫폼으로써 데이터를 분석하여 많은 새로운 성과를 만들어내고 있듯이, BIM이 건설 산업에서의 효과적인 데이터 축적 및 정보 교환의 플랫폼으로 제 역할을 하게 되면, 그 시점 이후에는 산업의 패러다임이 바뀔 수밖에 없다. 오늘날 우리가 스마트폰으로 필요한 대부분의 것들을 해결하듯이, 건설 산업에서는 BIM이라는 플랫폼을 통해 대부분의 업무를 수행하는 것이다. 기획, 견적, 설계, 일정 및 원가 관리, 조달 및 구매 프로세스, 그리고 준공 후 시설물 관리까지 건축물의 전 생애 주기의 모든 영역을 포함한다. 아직은 우리나라뿐 아니라 전 세계적으로도 BIM의 도입 및 적용은 초기 단계이지만, BIM을 바라보고 준비하는 사람들은 BIM의 전면적인 도입이 불러일으킬 변화를 인식하고 대비하고 있다. 시간은 상당히 걸리겠지만, 거스를 수 없는 시대적 흐름인 것이다.

특히 최근의 시대적 조류인 AI 또한 건설 산업에 적극적으로 도입되기 시작한다면, 이러한 AI 알고리즘들은 BIM이라는 통합 플랫폼에 결부될 가능성이 높다. 데이터를 기반으로 한 AI의 특성상 데이터의 저장고인 BIM이 그 기반으로 이용될 수밖에 없기 때문이다. 현재 많은 나라에서 궁극적인 BIM의 목표에 AI 적용이 포함되어 있는 이유이기도 하다. 이미 많은 사람들이 인식하고 있듯이 AI 기술의 도입은 우리가 일하는 방식에 직접적으로 영향을 끼칠 수밖에 없기 때문에 AI 시대를 살아가는 건설 업계 종사자라면 결국은 받아들일 수밖에 없는 미래인 것이며, 우리는 이에 대비하고 있어야 한다.

BIM 적용 로드맵

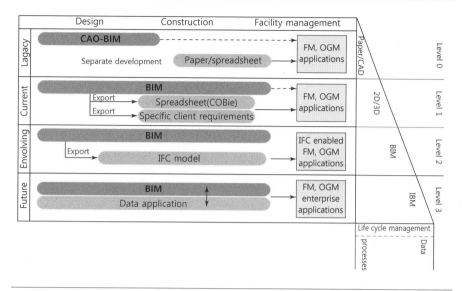

출처: National BI, report 2019_NBS

BIM 프로세스

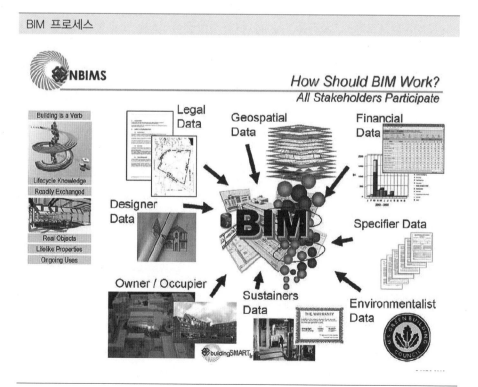

출처: BIM Introduction Best Methods Manual, ACE-2008

▌BIM과 시설물 관리(Facility Management)

많은 사람들이 아직 BIM이라 하면 3D로 구성된 모델 정도로 생각하는 사람이 많다. 2D로 구현하던 디자인을 3D로 구현하고 여러 공종의 설계 엔지니어들이 동시에 모델로 현황을 확인함으로써 설계 과정에서의 오류를 줄이고 협업을 통한 생산성을 높일 수 있는 수단으로 생각한다. 실제로 BIM 도입의 가장 큰 장점은 디자인 과정에서의 간섭 확인(Clash check)을 통해 오류를 줄일 수 있다는 점이라고 얘기하는 사람이 많다. 하지만 BIM 도입을 통해 가장 큰 수혜를 볼 수 있는 다른 부분이 있다. 그것은 바로 시설물 관리(Facility Management)이다.

건설이나 중공업 회사에서 설계/시공을 담당하는 사람들은 보통 시설물 관리, FM에 많은 신경을 쓰지 않는다. 시설물을 만드는 것과 완공된 이후에 그것을 운영하는 것은 철저히 다른 개념이고, 내가 맡은 업무는 초기에 많은 돈이 들어가는 시설물을 주어진 기간 안에, 정해진 예산 안에서 완성시키는 것이다.

하지만 프로젝트 목적물, 즉 하나의 시설물을 단지 프로젝트 수행 기간뿐 아니라 전체 생애 주기의 관점에서 바라본다면, 시설물을 완성하는 데 들어가는 돈과 시간보다 완성 이후에 들어가는 돈과 시간이 훨씬 크다는 것을 알 수 있다. 시설물을 지을 때는 3~4년의 시간이 필요하지만, 완공 이후에는 짧아도 20년, 길면 40~50년 이상 시설물을 운영해야 한다. 시설물의 종류와 특징에 따라 다르겠지만 전체 생애주기 관점에서 시설물의 완공 후 운영 비용이 시설물 전체 생애주기 비용의 85%에 달한다는 연구도 있다. 이렇게 완공 이후의 운영 비용이 상당히 큰 비중을 차지하기 때문에 이 부분을 고려하여 기획 및 설계를 수행해야 하지만 당장 눈에 보이지 않고, 시설물의 설계 주체와 운영 주체가 다른 경우가 대부분이기 때문에 이 부분까지 크게 신경 쓰지 않는다.

또한 위 사례와 같이 실제 시설물 관리에 들어가는 시간 중 80%가 정보를 찾는 데 들이는 시간이라 한다. 필요한 정보가 어디에 어떤 형태로 존재하는지 모르기 때문에 찾아다니는 데 시간을 많이 쏟는 것이다. 이러한 이유로 최근에는 BIM 도입 과정에서 단순히 설계의 편의성, 그리고 설계-시공 통합을 통한 효율성 증대뿐만 아니라 시설물 관리의 특성도 BIM에 충분히 반영되어야 한다는 목소리가 높아지고 있다. 바로 BIM-시설물 관리의 통합(BIM - Facility Management Integration)이다.

BIM-FM 통합이 꼭 설계-시공 단계에서의 모든 정보가 시설물 운영 시 효과적으로 이용될 수 있도록 전달하는 방법에만 방점을 두는 것은 아니다. 어떤 측면에서 보면 단순 효율적인 정보의 전달보다 효율적인 시설물 운영 노하우를 디자인에 선 반영하는 것이 운영 비용을 절감하는 데 더욱 효과적일 수 있다. 물론 이것이 쉽지는 않다. 운영 팀이 설계 과정에서 적극적으로 관여하여 그들의 관점, 즉 공간 배치나 작업자의 동선 및 작업 환경 등에 대한 아이디어를 디자인에 반영하려고 하지만 설계자들이 직접적인 운영 경험이 없기 때문에 운영팀의 아이디어를 디자인에 어떻게 반영할 수 있는지를 몰라 생각처럼 잘 되지 않는 경우가 많기 때문이다.

최근 대두되고 있는 생애주기 비용(Whole Life Costing) 관점에서 볼 때 BIM-FM의 통합은 중요한 화두가 될 수 있다. 지금까지는 중요하게 고려되지 않았지만 점점 더 중요하게 여겨지는 운영 비용에 대해 가치 공학(Value Engineering)적 관점에서 디자인에 반영시킬 수 있는 주요 경로가 될 수 있기 때문이다. 이렇듯 BIM의 도입은 WLC와 가치 공학과의 연결 고리로도 활용된다.

▌BIM 도입의 장애물, 계약

지금까지 언급한 BIM에 대한 내용들은 모두 BIM이 전격적으로 도입될 경우 우리에게 어떤 부분에서 도움이 될 것인가에 대한 것이며, 그대로만 되면 프로젝트의 많은 문제점들이 없어질 것처럼 들린다. 하지만 많은 실무자들이 경험하고 있듯이 이는 아직까지는 이상론에 가까우며 그 목표에 도달하기 위해 극복해야 할 많은 어려움이 있기 때문에 꿈 같은 이야기이기도 하다.

BIM 프로세스에서 기본 전제가 되는 것은 투명성이다. 프로젝트에 참여하는 모든 이해관계자가 BIM이라는 통합된 데이터베이스를 통해 정보를 저장하고 교환하기 때문에 대부분의 정보가 다수의 이해관계자에 개방되어 있어 기존의 프로젝트를 수행하는 방식보다 투명성이 높아진다. 특히, 건축물에 들어가는 각종 제품 등에 대한 가격 정보 혹은 기타 원가 요소와 같은 정보는 다른 이해관계자들과 공유하기 꺼려지는 점이 많기 때문에 민감한 요소가 될 수 있다.

또한 모든 디자인 정보 등이 다수의 이해관계자에 개방되는 것이기 때문에 지적재산권 등에 대한 문제도 있을 수 있다. 과연 모든 이해관계자에게 모든 정보를 개방하는 선별성 문제 또한 고민해야 하며, 각 스테이지 별 모델, 즉, 데이터베이스의 관리 권한 및 책임을 누가 가져가느냐 또한 문제가 될 소지가 있다.

하지만 무엇보다도, BIM 도입에 있어 가장 큰 장애물이 될 수 있는 것은 현재 우리가 건설 프로젝트를 진행할 때 그 기반이 되는 계약 구조라 할 수 있다. 계약의 근본은 계약 당사자 간에 권한과 책임을 명시하고 그 책임을 다하지 못하였을 때 상대방은 어떤 절차를 통해 권리를 찾을 수 있는지 등에 대해 합의한 것이다. 달리 말하면, 계약은 일이 잘못되었을 때 누가 무엇을 잘못했는지 그 귀책 여부를 따질 수 있는 근거가 된다.

상호간에 잘잘못을 명백히 가리자는 것이 계약의 정신이라면, BIM의 정신은 이와 사뭇 다르다. BIM은 일종의 '팀 스피릿'(team spirit)을 발휘하여 정보를 숨기지 않고 개방하는 투명성을 통해 정보를 빠르고 효과적으로 공유함으로써, 일을 좀 더 빠르게, 효과적으로, 그리고 오류 없이 처리하도록 하는데 방점이 있다. 하지만 이는 일이 모두 계획한 대로 잘 진행될 경우의 얘기일 뿐, 일이 잘못되었을 때는 그렇게 생각한 대로 흘러가지 않을 가능성이 높다. 따라서 현재의 계약 구조로서는 BIM이 지향하는 바와 궤를 함께하지 못하는 것이다.

필자가 프로젝트를 수행하면서 실제로 겪었던 일이다. 플랜트 내 특정 구역에 대한 설계가 늦어지면서 발주자가 계약한 시점에 도면을 내려주지 못하여 시공자의 공정이 영향을 받는 상황이 발생하였다. 이에 시공자는 계약에 의거하여 지속적으로 항의하고 잠재적 공기 연장 클레임을 통지하였다. 계속 지연되는 설계에 압박을 받은 발주자는 결국 시공자에 계약을 통해 정의된 IFC(Issue For Construction) 도면이 아닌, 설계 모델을 토대로 시공 작업을 진행해 달라는 제안을 하게 되었다. 하지만 시공자는 이 제안을 받아들일 수 없었다. 설계 모델은 시시각각 바뀌기 때문에 오늘 모델을 통해 확인한 디자인으로 시공을 진행해도, 일주일 후면 모델 내에 디자인이 또 바뀌어 있을 수 있다. 발주자가 요청한대로 모델을 통해 디자인을 확정 짓고 시공을 진행했으니 클레임을 통해 보상 받을 수도 있겠지만, 과연 일주일 전에 이 디자인이었는데, 지금은 다른 디자인이더라는 것을 어떻게 문서화하고 입증할 수 있을 것인가? 그리고 수백 명 이상의 엔지니어가 투입되는 복잡한 플랜트 프로젝트에서 어느 한 사람만이 모델링하는 것이 아닌데, 수많은 사람들이 실시간으로 모델링하는 것을 어떻게 기록·관리하여 변경에 대한 보상 타당성을 입증할 수 있을까? 현재의 계약 구조는 이러한 것을 뒷받침해 줄 수 없기 때문에 시공자는 발주자의 요구를 받아들일 수 없었고, 결국은 기존의 절차인 IFC를 통해 업무를 진행할 수밖에 없었다.

위 사례가 대표적인 BIM의 지향점과 현재의 계약 구조 사이의 괴리라 할 수 있다. BIM을 추구하는 쪽은 개방성과 투명성을 강화함으로써 불필요한 분쟁 등을 제한하고자 하지만, 현재의 계약 구조는 이를 뒷받침하지 못한다. BIM을 도입하고자 하지만 계약 구조는 대표적인 표준 계약인 FIDIC과 같은 형태를 띤다면 프로젝트는 얼마 못 가 좌초하고 말 것이다. 몸에 맞지 않는 옷을 입는 꼴이기 때문이다.

BIM이 본격적으로 도입되기 위해서는 BIM에 맞는 옷, 즉, 오늘날의 계약 형태가 아닌 새로운 계약 형태가 도입되어야 한다. 현실적으로 가능한 일인지 여부는 모르겠지만, 일각에서는 분명히 시도되고 있다. 영국의 NEC와 같은 형태가 바로 그것이다. NEC 계약의 경우는 앞서 설명했듯이, 분명히 계약 상대방 간에 분쟁을 최소화하고 협력적인 자세로 프로젝트를 진행할 수 있도록 내용이 구성되어 있다. 오늘날 건설/플랜트 산업에서 분쟁으로 인한 낭비 및 손실이 너무 과하다고 보고 있는 것이다.

건설/플랜트 산업에서의 BIM의 전격적인 도입은 분명 패러다임의 전환[3] (Paradigm Shift)이 될 것이다. BIM이라는 '발칙한' 발상을 담기에는 현재의 건

---

3) '패러다임의 전환(Paradigm Shift)'은 미국의 철학자 토마스 쿤이 그의 책 '과학혁명의 구조(1962)'를 통해 처음으로 정의한 개념이다. 쿤은 자연과학에만 '패러다임'이라는 용어를 사용하였지만, 오늘날 이 용어는 '근본적인 변화'를 의미하는 포괄적인 개념으로 많이 쓰인다.

설/플랜트 산업 구조는 분명히 낡았다. 새 술은 새 부대에 담아야 하듯이 BIM이라는 새로운 패러다임을 담기 위해서는 산업 전반적으로 혁신이 필요하다. 그 중 하나가 계약 구조가 될 것이다.

많은 사람들이 BIM을 단편적으로만 보고 있지만, BIM의 도입은 많은 변화를 불러 일으킬 수밖에 없다. 우리가 수십 년 혹은 수백 년 동안 일해왔던 방식을 바꿀 수 있는 것이 BIM이다. 그 중에 하나가 계약이며, BIM이 도입되면 계약이 바뀌고, 계약이 바뀌면 그 외 우리가 일하는 수많은 형태의 업무 방식이 바뀔 수밖에 없다. 이뿐 아니라 BIM은 건설/플랜트 프로젝트에서의 모든 데이터의 저장소 역할을 한다. 빅 데이터/인공지능 시대에서 BIM은 또 어떤 형태의 파급 효과를 불러올 것인가?

참고문헌

- 서울경제, 2019, 조달청, 건설정보모델링(BIM) 확산 이끈다
- Alliance for Construction Excellence, 2017, Building Information Modeling; An Introduction and Best Methods Approach
- NBS, 2019, National BIM Report
- RICS, 2016, International BIM Implementation Guide
- Ryan Jang, 2020, Improving BIM Asset and Facilities Management Processes; A Mechanical and Electrical (M&E) Contractor Perspective
- 한국건설기술연구원, 2018, 공공건설분야 BIM 로드맵 및 활성화 전략
- The BIM Principle and Philosophy, https://sites.google.com/site/bimprinciple/

배승윤

한양대학교 신소재공학부를 졸업하고, 영국 Heriot Watt University에서 Commercial Management and Quantity Surveying 석사 학위(Master of Science)를 취득하였다.
국내외 EPC 및 조선 기업에 근무하면서 십 년 이상 다양한 플랜트 프로젝트를 수행하였고 커리어 내내 Project Control과 계약 관리 업무에 종사하고 있다.
네이버에서 '건설계약 공부방'이라는 블로그를 운영 중이다. (Blog.naver.com/40fireballer)

건설플랜트 계약관리의 이해와 실무

초판발행	2021년 9월 17일
지은이	배승윤
펴낸이	안종만·안상준
편 집	전채린
기획/마케팅	장규식
표지디자인	Benstory
제 작	고철민·조영환
펴낸곳	(주)박영사 서울특별시 금천구 가산디지털2로 53, 210호(가산동, 한라시그마밸리) 등록 1959. 3. 11. 제300-1959-1호(倫)
전 화	02)733-6771
f a x	02)736-4818
e-mail	pys@pybook.co.kr
homepage	www.pybook.co.kr
ISBN	979-11-303-1389-4 93540

copyright©배승윤, 2021, Printed in Korea

정 가   23,000원